U0191869

中等职业教育机电类专业改革创新示范教材

Inventor 工业产品设计基础与实战训练

主　编　林将毅
副主编　卢　东　董启迪
参　编　金国星　程可燕　徐立行　李远锋
　　　　梁　耀　殷丽娟　周东东　沈　懿
　　　　张　杰　崔海龙　应志浩　包磊明
主　审　陈定定　童燕波

机 械 工 业 出 版 社

本书根据国家改革发展示范校建设相关精神和实践，借鉴国内外先进的职业教育理念、模式和方法编写而成。本书主要内容包括绪论、零件造型设计、部件装配设计、表达视图及 Inventor Studio、工程图和实战训练，总计 6 章。前 5 章为基础功能介绍，第 6 章实战训练为产品设计的实际应用，内容安排上既注重知识体系又兼顾项目实训，适合学生的认知规律。

本书配有操作过程的动画演示，使用本书的教师可登录 www.cmpedu.com 网站，注册后免费下载。

本书可作为中等职业学校相关专业 Inventor 课程的教材，也适用于从事 CAD 设计的工程人员使用和参考。

图书在版编目（CIP）数据

Inventor 工业产品设计基础与实战训练/林将毅主编. —北京：机械工业出版社，2013.6(2024.8 重印)

中等职业教育机电类专业改革创新示范教材

ISBN 978-7-111-42960-9

Ⅰ.①I… Ⅱ.①林… Ⅲ.①工业产品—计算机辅助设计—应用软件—中等专业学校—教材 Ⅳ.①TB472-39

中国版本图书馆 CIP 数据核字（2013）第 133277 号

机械工业出版社（北京市百万庄大街 22 号 邮政编码 100037）

策划编辑：汪光灿 责任编辑：汪光灿 王莉娜 版式设计：常天培

责任校对：张 薇 封面设计：张 静 责任印制：邓 博

北京盛通数码印刷有限公司印刷

2024 年 8 月第 1 版第 13 次印刷

184mm×260mm · 14.75 印张 · 360 千字

标准书号：ISBN 978-7-111-42960-9

定价：45.00 元

电话服务

客服电话：010-88361066

010-88379833

010-68326294

网络服务

机 工 官 网：www.cmpbook.com

机 工 官 博：weibo.com/cmp1952

金 书 网：www.golden-book.com

机工教育服务网：www.cmpedu.com

中等职业教育机电类专业改革创新示范教材
编写委员会

序

数字化工厂作为新型制造技术与系统是制造业迎接未来挑战的有效手段。数字化工厂根据市场需求，通过数字化设计、数字化工艺系统与数字化制造装备、车间的数字化仿真与制造执行系统等的集成来实现整个工厂的数字化。数字化工厂将会成为越来越多制造企业的选择。

本套书是中等职业教育基于数字化工厂人才培养模式的工作过程系统化、行动导向课程教材。它以企业需求为基本依据，以就业为导向，以提高学生全面素质为基础，以能力为本位，并根据数字化生产职业的岗位能力要求，结合职业资格技能标准及学生职业生涯发展需要设置课程和教学环节。采用理论和实践一体化的编写模式，符合职业教育的发展趋势，具有先进性。本套书采用了新的课程标准，在内容上突出了课程体系的实用性和针对性，提高了课程设置上的科学性，充分反映了企业对技能型人才的需求。

本套书将传统的学校实训工场改造成虚拟企业生产车间，建立现代先进制造业需求的数字化教学和实训环境，充分实现课堂与实习地点的一体化，在数字化工厂工作过程系统化教学中，使学生首先对数字化制造的内容和工作环境等有感性的认识，获得与工作岗位和工作过程相关的知识，然后再开始学习专业知识。

宁波市鄞州职业教育中心学校是首批国家示范校建设单位，数控技术应用专业是其重点建设的专业之一。他们在专业建设与专业教学改革方面进行了有益探索和深入实践，取得了丰硕的成果，提出了基于数字化工厂的人才培养模式，按典型工作任务实践项目化教学；按照工作过程系统化的思路，围绕数字化制造的核心职业能力，提炼出若干典型工作任务，精心设计实训项目。从教学项目入手，把现代化的企业生产流程引入实训教学，真实模拟现代企业的生产经营场景。按照产品的真实生产过程组织教学流程，分析产品特点、进行三维造型、形成二维图样、编制生产工艺、生成加工代码、组织零件加工、实施产品组装，实现适应数字化生产需要的人才培养目标。

本套书共有六册，充分展现了数字化工厂的职业岗位，突出了课堂与实习地点的一体化，学习过程与工作过程的一致性。该套书的出版必定有益于中等职业教育的专业课程建设和技能培训。

浙江大学机械工程学系　教授

浙江大学工程训练中心　主任

傅建中

2012. 6. 18

前　言

本书使用的软件环境是 Autodesk Inventor Professional 2013 中文版。全书以丰富的实例，图文并茂地介绍了 Autodesk Inventor 软件的功能、特点、操作方法和使用技巧。本书根据国家中等职业教育改革发展示范校建设的相关精神，借鉴国内外先进教育理念、模式和方法，并结合职业教育现状编写而成。全书分为 6 章，其中前 5 章介绍 Inventor 2013 软件的基本功能，内容包括零件造型设计、部件装配设计、表达视图及 Inventor Studio 和工程图模块的主要功能与使用方法。第 6 章为实战训练，以 3 个工业产品的实例来综合讲解 Inventor 软件在工业产品设计中的应用。

本书中每一个实例都有详细的操作步骤，书中所有案例包括基础应用、综合应用、实战训练和拓展练习的相关数据文件均存于教学光盘内，方便读者学习和操作，并更好地掌握 Inventor 2013 软件的功能。本书内容简单明了，循序渐进，具有简洁性、易学性、新颖性等特点。

本书由宁波市鄞州职业教育中心学校林将毅担任主编并负责全书统稿工作，卢东、董启迪担任副主编，其中林将毅编写了第 1 章、第 2 章、第 4 章和第 6 章，卢东编写了第 3 章，董启迪编写了第 5 章。金国星、程可燕、徐立行、李远锋、梁耀、殷丽娟、周东东、沈懿、张杰、崔海龙、应志浩、包磊明老师也参与了部分章节内容的编写。

在本书的编写过程中，得到了有关领导的大力支持和帮助，在此对他们的辛勤付出表示感谢。

由于编者水平所限，书中难免出现错误和不妥之处，敬请广大师生和读者提出宝贵意见，欢迎发送邮件至 527768393@ qq. com，以便编者不断修改完善。

编　者

目　录

第1章　绪　　论

1.1　Inventor 概述

Autodesk Inventor 是美国 Autodesk 公司推出的可视化三维实体设计软件。它是一款全面的设计工具，涵盖了产品的草图设计、零件设计、零件装配、分析计算、视图表达、模具设计和工程图设计等全过程，还包括了专业的运动仿真、结构性分析、应力分析、三维布线和三维布管等功能，用于帮助用户创建和验证完整的数字样机，以减少物理样机的投入。用户可在数字样机设计流程中获得极大的优势，并且能在更短的时间内生产出更好的产品，以更快的速度将更多的创新产品推向市场。

Inventor 是面向机械设计的三维设计软件。它融合了当前 CAD 所采用的最新技术，具有强大的造型功能；其独特的自适应技术使得以装配为中心的“自上向下”的设计思想成为可能；具有在微机上处理大型装配的能力；设计师的设计规则、设计经验可以作为“设计元素”进行存储和再利用；与 AutoCAD 有极好的兼容性，具有直观的用户界面、菜单以及智能纠错等优秀功能。

1.2　工业产品三维实体设计的基本方法

在基于特征的参数化三维实体设计系统中，设计工业产品的方法一般可分为下面三种。

1. 自上而下的设计方法

一个工业产品常常是由许多零件顺序组合装配在一起，构成一个装配体的。装配体中的零件和零件之间总是要有功能、大小或位置等方面的关联，常常要参照一个零件来定义、约束另一个零件，即在装配的环境下逐个设计零件。这里的装配环境就是“上”，每个零件就是“下”。这种在装配环境中“在位”设计零件的方法称为“自上而下”的设计方法。

“自上而下”的设计方法的特点是，新零件的设计依赖已有零件的特征形状和位置等信息，是一种以“装配”为中心的设

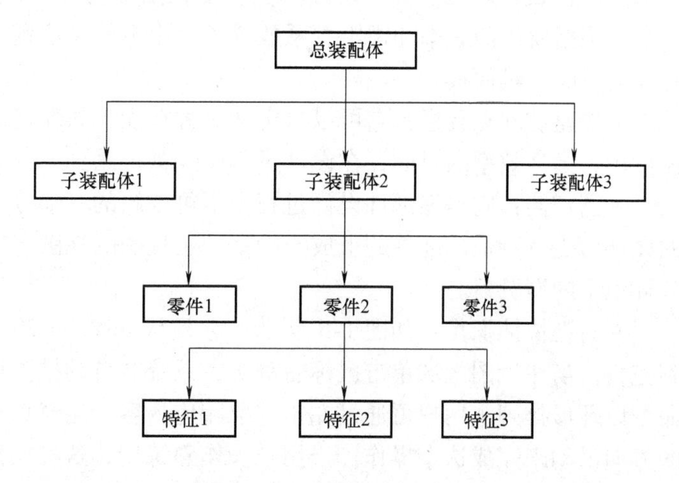

图 1-1　自上而下的设计方法

计思想，是现代三维 CAD 的核心，如图 1-1 所示。

2. 自下而上的设计方法

在装配体中零件间的关联关系已经确定的情况下，可以先设计好每一个零件的模型，然后在三维设计的环境下，按照装配约束关系逐个将零件有序地装配起来，这种设计方法称为"自下向上"的设计方法。在仿制或修改设计时常用这种方法。

3. 单体设计的方法

在特殊情况下，一个产品可能是由一个零件组成的，如瓶子、弹簧和水杯等，如图 1-2 所示。设计这类产品时，通常只考虑产品的功能和外观造型，这种设计方法称为单体设计方法。

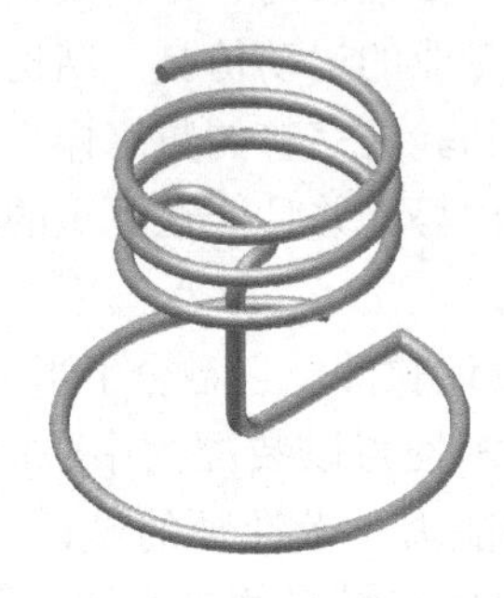

图 1-2　单体设计零件

1.3　Inventor 的基本使用环境

1.3.1　Inventor 界面介绍

Inventor 2013 版界面如图 1-3 所示，其各部分的作用如下：

- 工具面板：它是在设计过程中最常使用的区域。在这里，系统会根据你所选择的设计要求（零件设计环境、部件设计环境和工程图环境等）改变选项卡的位置和内容。在选项卡中，根据使用的频率和逻辑关系放置了大小不等、位置不同的功能图标。图 1-3 所示为部件环境下的工具面板。
- 快速访问工具栏：它可以自定义多种功能，如新建、保存、撤销和恢复等，以达到快速使用、提高效率的目的，在设计过程中经常被用到。
- 浏览器：它是零部件设计过程中不可或缺的一部分。从浏览器中可以清楚地了解零件的设计历史及特征、部件的组成与约束、工程图的视图与图框等重要信息。图 1-4 所示为零件环境下的浏览器。
- 右键快捷操作：如图 1-5 所示，它是从 Inventor 2012 版开始出现的，在 2013 版中得到完善。当在绘图区域单击鼠标右键时，系统会自动推测用户下一步的操作命令，并将这些命令以环形排列。用户可通过左击选取相应内容，当然也可以长按鼠标右键并向需要的命令的方向滑动来完成这个操作。当用户操作熟练后，这种操作方式可以极大地缩短来回单击鼠标所使用的时间，有效地提高设计效率。

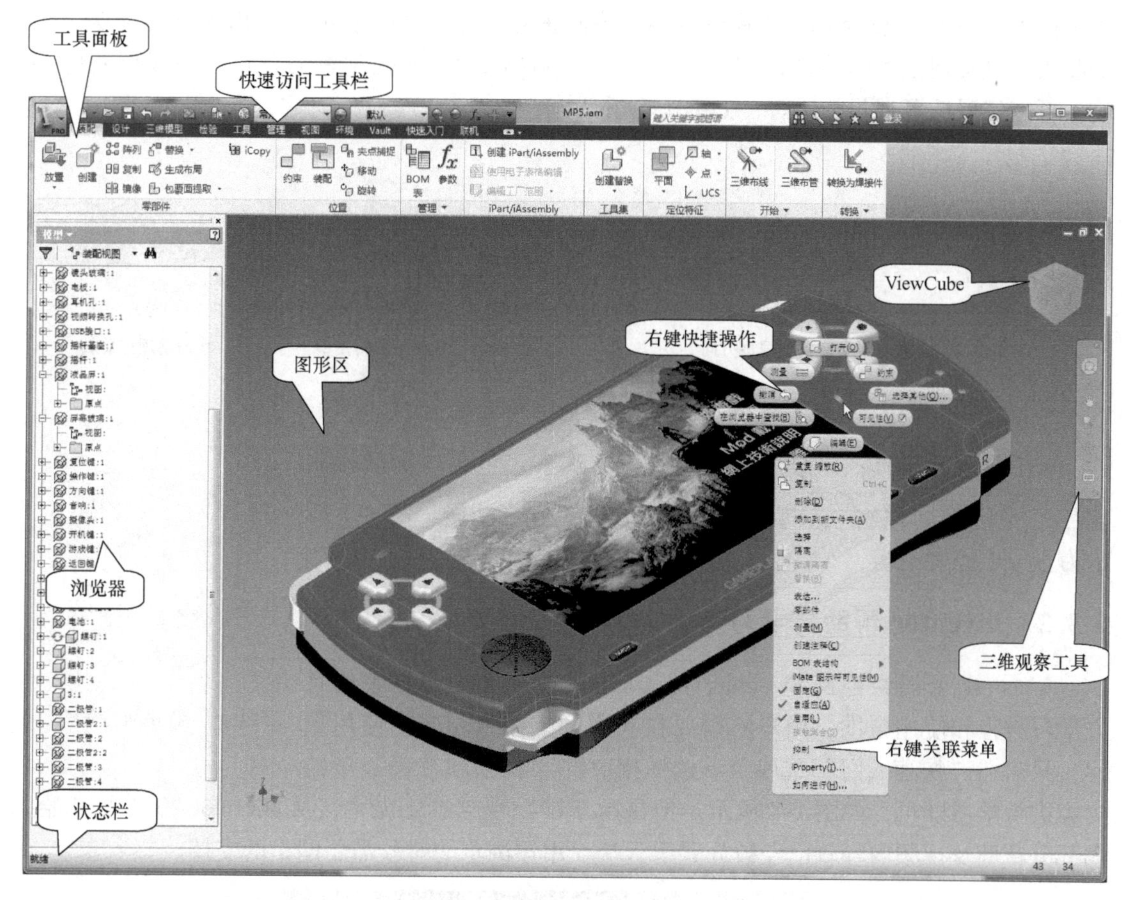

图1-3 Inventor 2013 版界面

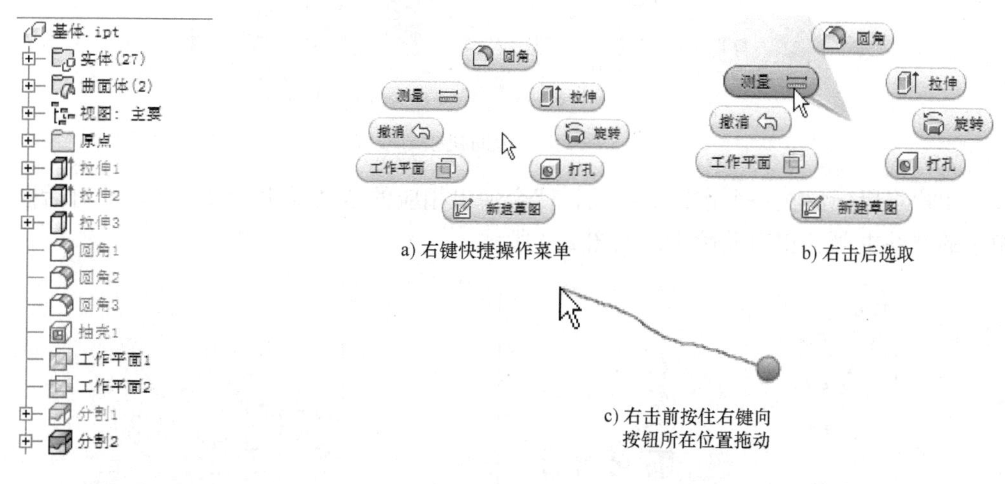

图1-4 零件环境下的浏览器

图1-5 右键快捷操作

- 状态栏：这里能显示一些当前操作过程中的提示。
- ViewCube：它是一个非常实用的工具，其设计基于机械设计中的六视图。通过它，可以快速地选择我们想要的视角，当然也可以单击它的顶点和棱边，那么视图方向也会调整到相应位置，如图 1-6a 所示。当视图的某一平面正对于用户时，右上角会出现旋转箭头，单击箭头可以实现模型的旋转，如图 1-6b 所示。在 ViewCube 控制块的顶点按住鼠标左键不放，可以实现任意视角的旋转，如图 1-6c 所示。

a) 单击顶点、棱边或平面调整观察方向

b) 固定某一平面旋转模型

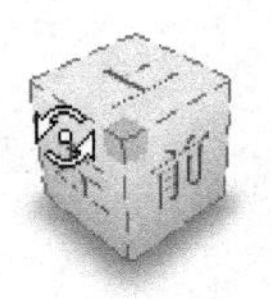

c) 拖动顶点旋转

图 1-6　ViewCube 工具

• 三维观察工具：一般用于对零部件的观察，包含全导航控制盘、平移、缩放、旋转和观察方向等功能。图 1-7 所示为全导航控制盘。

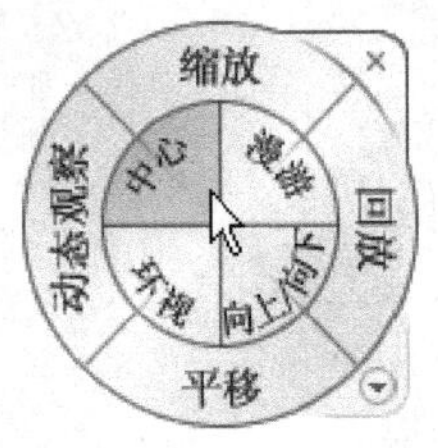

图 1-7　全导航控制盘

1.3.2　Inventor 帮助与学习资源

Autodesk 公司为普及 Inventor，为 Inventor 提供了大量详细的官方学习教程和使用帮助，用户不需要在互联网上搜索相应的使用教程，只需在“快速入门”选项卡下选择相应的“视频和教程”中的内容进行学习即可，如图 1-8 所示。但是由于帮助视频过于庞大，从 Inventor 2012 版开始，大部分帮助及视频内容就已经被放置于云端，用户浏览的时候需要网络的支持。

图 1-8　帮助视频与教程

用户将鼠标放在一个按钮上不动，就会弹出相应的帮助说明，每个弹出的对话框下都有相应的帮助主题，相当人性化，如图 1-9 所示。

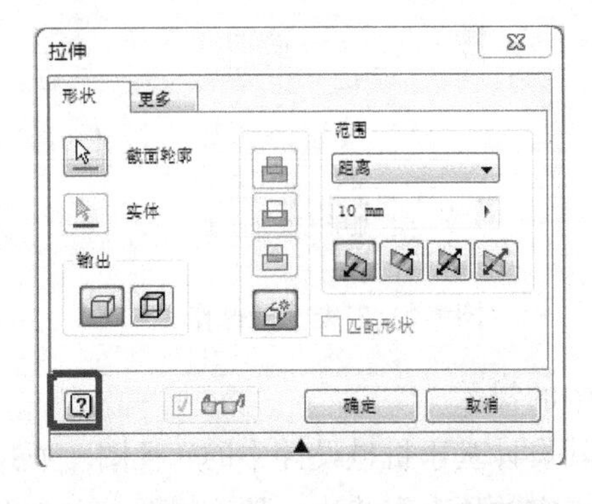

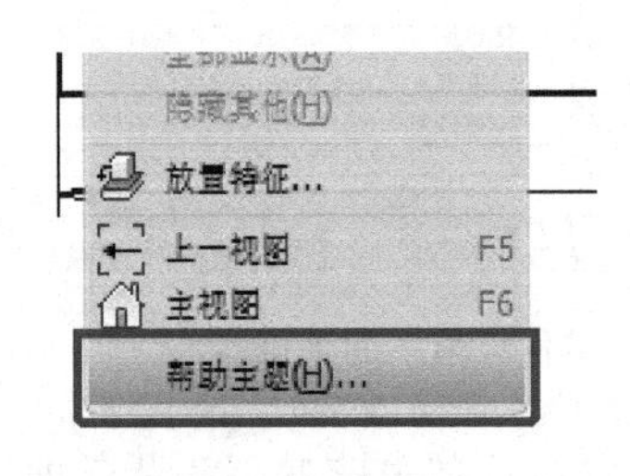

图 1-9　其他帮助

当然，Autodesk 还拥有一个庞大的电子交互社区，包括欧特克 AU（Autodesk University）技术社区（http：//au. autodesk. com. cn/）、欧特克学生设计联盟（http：//students. autodesk. com. cn/）和欧特克三维设计网（http：//3d. acaa. cn/index. html），如图 1-10 所示。

在这里只要注册一个用户，就可以免费下载到学生版正版 Inventor 软件，同时还可以和更多正在学习和使用 Inventor 软件的朋友进行交流和探索。

a) 欧特克AU技术社区

b) 欧特克学生设计联盟

c) 欧特克三维设计网

图 1-10　欧特克学习网站

第 2 章　零件造型设计

在三维 CAD 软件中，零件造型的基础是草图和特征。本章将对零件造型中的草图技术和几个常用的特征功能进行详细的介绍，内容包括草图绘制和编辑、草图的几何约束和尺寸约束、草图特征、放置特征和定位特征等相关技术。

2.1　草图技术

草图是零件模型创建的基础，分为二维草图和三维草图。经常用到的草图是二维草图，在设计空间管路等特殊结构时要用到三维草图。本节将介绍二维草图的绘制、约束及编辑的一般步骤及方法。

2.1.1　草图的基础知识

1. 草图的创建方式

草图的创建有以下三种方式。

1）在原始坐标平面上创建草图，包括 XY 坐标面、YZ 坐标面或 XZ 坐标面，如图 2-1a 所示。

2）在实体平面上创建草图，如图 2-1b 所示。

3）在新建工作平面上创建草图，如图 2-1c 所示。

只有当草图环境被激活时，才可以进行草图的创建和编辑等工作。

2. 草图功能区

在草图功能区空白处单击鼠标右键，即可进行草图功能区的设置，可以进行功能区外观和显示面板设置等，如图 2-2 所示。

在草图功能区中，有的图标按钮之后有“▼”符号，则表示单击“▼”符号之后可以选择更多的同类型工具，如图 2-3 所示。

创建草图时，有时需要更改几何对象的形式，以体现设计意图或者符合设计习惯。这时就要用到草图功能区中的“格式”面板，如图 2-4 所示。

在“格式”面板中，可以设置草图几何图元的样式，如线型、颜色和线宽等。常用的图标按钮有以下两种。

1）构造：可以选择草图对象并激活此命令，使原有的草图对象转换为构造几何图元或者激活该命令并创建新的构造几何图元。构造线的样式为“点线”，主要用于辅助定形或定位。

2）中心线：将选定的草图线更改为构造中心线或者激活此命令后创建新的中心线草图几何图元。中心线的样式为“点画线”。将尺寸应用到草图几何图元和中心线中，可以在镜像的草图几何图元之间建立尺寸关系，或指定“旋转”特征的直径尺寸。

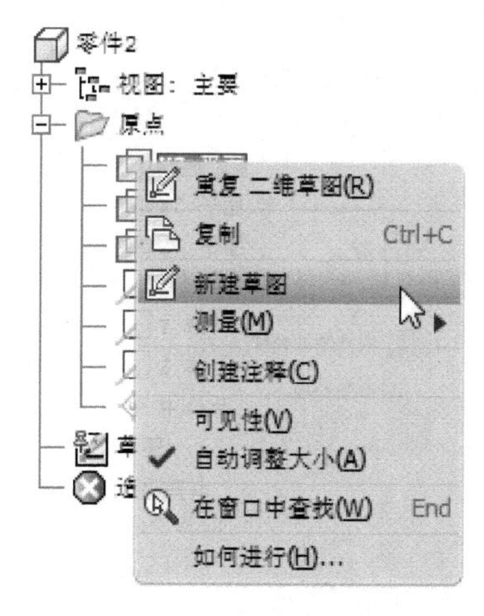

a) 在原始坐标平面上创建草图

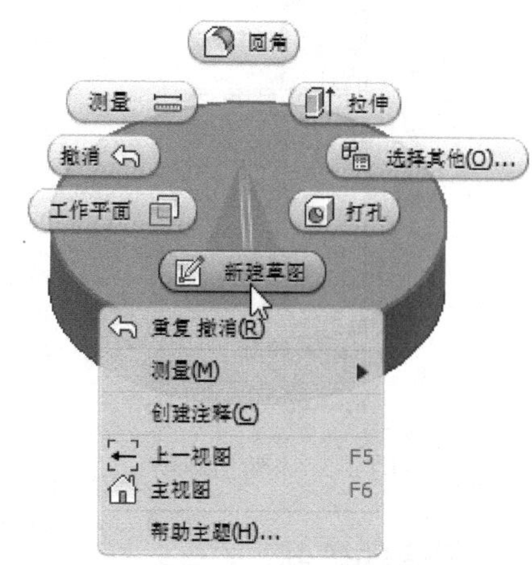

b) 在实体平面上创建草图

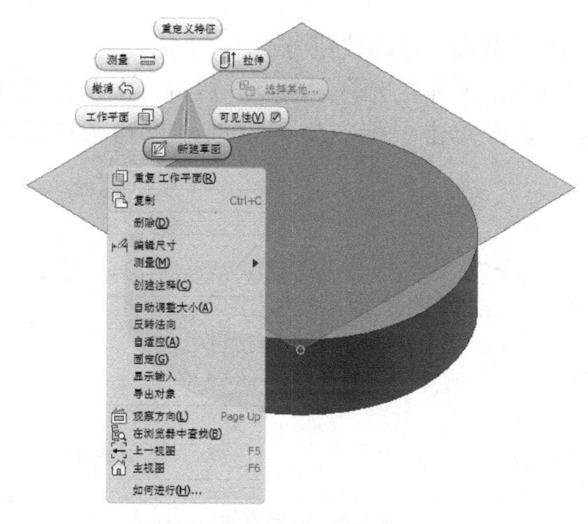

c) 在新建工作平面上创建草图

图 2-1　草图的创建方式

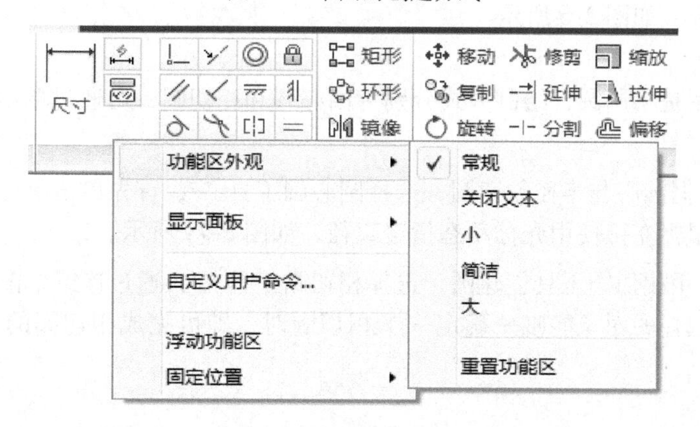

图 2-2　草图功能区的设置

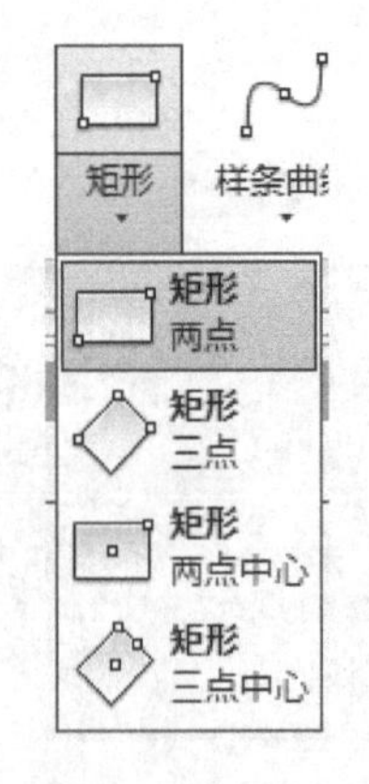

图 2-3　“▼”符号

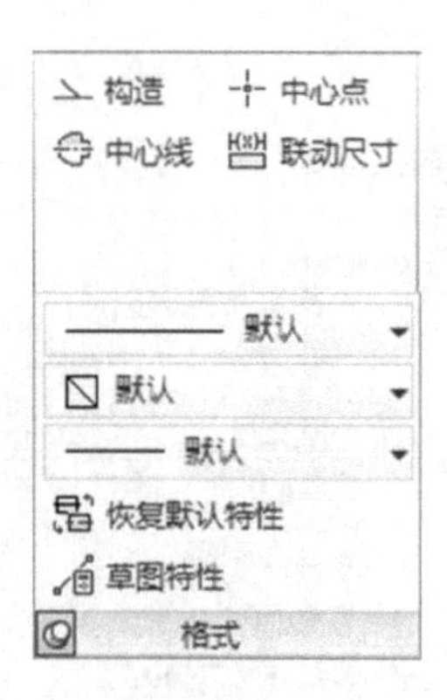

图 2-4　“格式”面板

2.1.2　草图的绘制

1. 直线

直线工具可以绘制直线或圆弧，图标按钮为“ ”。

1）直线的绘制：首先单击鼠标左键确定起点，然后再次单击鼠标左键确定终点，这样可创建一条线段；连续多次单击鼠标左键可以创建首尾相接的多条线段，如图 2-5 所示。

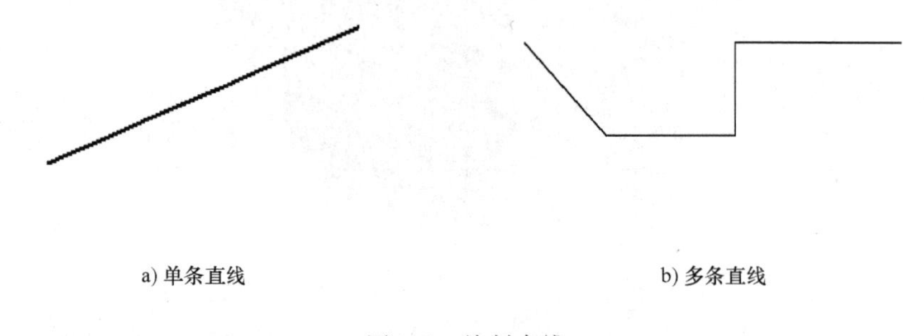

a) 单条直线　　b) 多条直线

图 2-5　绘制直线

2）圆弧的绘制：首先移动鼠标到直线的一个端点，然后按住鼠标左键，在要创建圆弧的方向上拖动鼠标，如图 2-6 所示。

2. 圆

圆工具的作用是绘制圆，绘制方式分别为圆心圆和相切圆，可通过单击工具菜单下的下拉箭头进行选择。

1）如果要根据圆心与半径创建圆，选择圆心圆工具，首先单击鼠标左键指定圆的圆心，然后再单击鼠标左键使用光标动态指定直径，如图 2-7a 所示。

2）如果要使用相切圆工具创建圆，选择相切圆工具，通过连续单击鼠标左键选择相切的对象。当所选择的对象能唯一确定一个相切圆时，即可完成相切圆的创建，如图 2-7b 所示。

3. 圆弧

圆弧工具的作用是绘制圆弧，绘制方式有三点圆弧、圆心圆弧和相切圆弧。

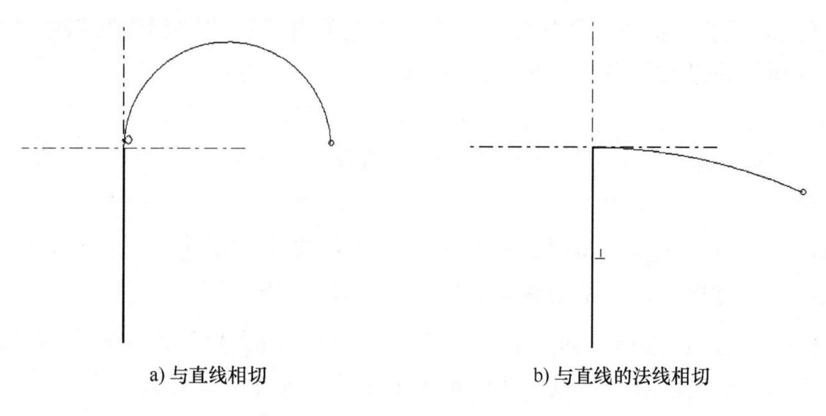

a) 与直线相切　b) 与直线的法线相切

图 2-6　用直线工具绘制圆弧

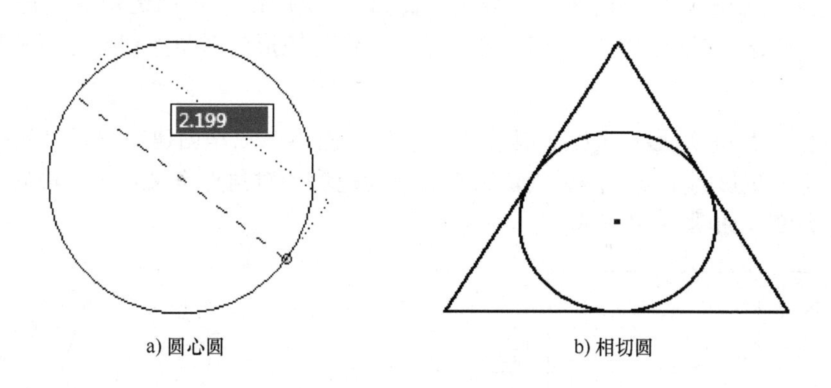

a) 圆心圆　b) 相切圆

图 2-7　绘制圆

1）创建三点圆弧：选择工具按钮“”，在图形区指定前两点作为圆弧的端点，指定第三个点确定圆弧的半径，如图 2-8a 所示。

2）创建与其他实体相切的圆弧：选择工具按钮“”，首先用鼠标左键单击其他几何图元的端点开始绘制圆弧，圆弧在此点处与几何图元相切，然后再单击鼠标左键放置圆弧，如图 2-8b 所示。

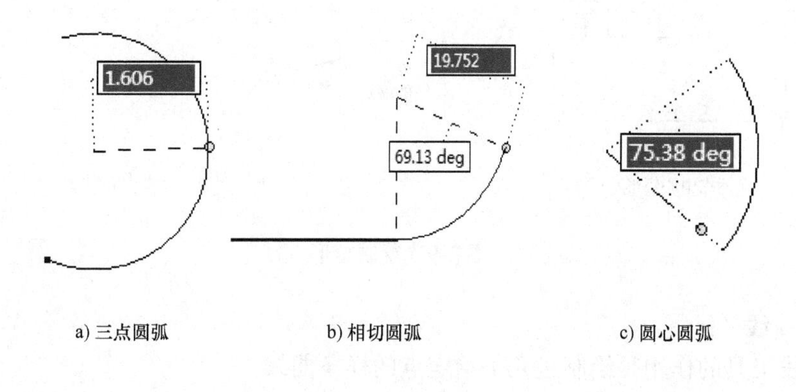

a) 三点圆弧　b) 相切圆弧　c) 圆心圆弧

图 2-8　绘制圆弧

3）创建圆心圆弧：选择工具按钮“ ”，首先单击鼠标左键创建圆弧中心点，然后移动鼠标以改变圆弧的起点和终点，如图 2-8c 所示。

4. 矩形

矩形工具的作用是绘制矩形。绘制矩形的方式有两点矩形、三点矩形、两点中心矩形和三点中心矩形。

1）创建两点矩形：选择工具按钮“ ”。使用该工具创建矩形，需要单击左键两次分别确定矩形的两对角点，从而完成矩形的创建，如图 2-9a 所示。

2）创建三点矩形：选择工具按钮“ ”。使用该工具创建矩形，首先需要通过单击左键两次确定矩形一边的起点与终点，然后再单击左键一次确定其对边的位置，从而完成矩形的创建，如图 2-9b 所示。

3）创建两点中心矩形：选择工具按钮“ ”。使用该工具创建矩形，首先应在图形区指定第一个点作为矩形的中点，然后指定第二点作为矩形的对角点定义宽度和高度，如图 2-9c 所示。

4）创建三点中心矩形：选择工具按钮“ ”。使用该工具创建矩形，首先在图形区指定第一个点作为矩形的中点，然后指定第二点作为矩形的对角点定义宽度，最后指定第三点作为矩形的高度，如图 2-9d 所示。

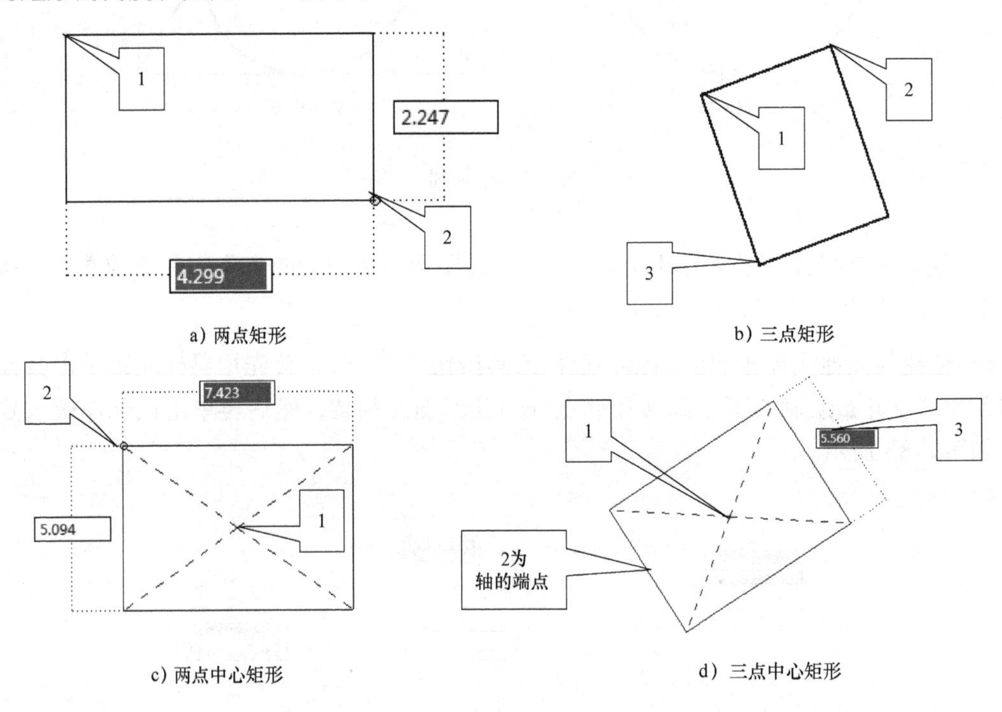

图 2-9　绘制矩形

5. 样条曲线

样条曲线工具的作用是绘制过几个给定点的样条曲线。

创建样条曲线时，选择工具按钮“ ”，首先在图形区指定第一个点作为起始点，然后选定一系列点作为样条曲线的拟合点，当样条曲线绘制结束时，可单击鼠标右键并选择“创建”选项完成曲线绘制，如图 2-10 所示。改变拟合点的位置或改变拟合点或端点处的切线方向，可以改变样条曲线的形状。

图 2-10　绘制样条曲线

6. 椭圆

椭圆工具的作用是绘制椭圆。创建椭圆时，选择工具按钮“”，首先在图形区单击左键确定椭圆的中心点，然后拖动鼠标改变椭圆轴的方向和长度，合适后单击左键确定一个轴的方向和长度，然后拖动鼠标改变第二根轴的长度，再单击左键即可确定椭圆，如图 2-11 所示。

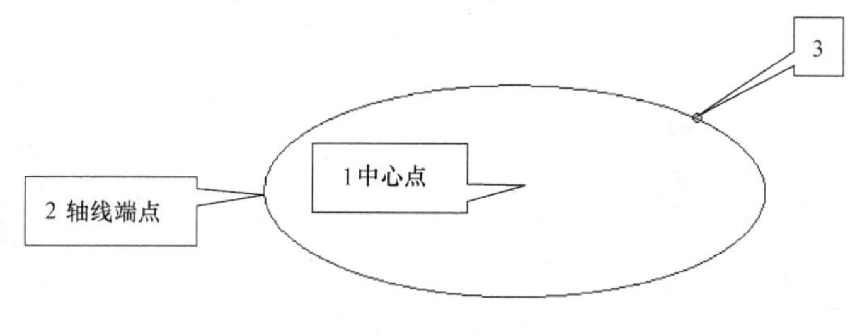

图 2-11　绘制椭圆

7. 点

点工具的作用是确定钻孔特征的孔心位置，也可在草图中起到辅助定位作用，图标按钮为“”。

8. 圆角和倒角

圆角工具的作用是在两线相交处绘制出给定半径的圆弧；倒角工具的作用是在两条非平行线的交点处绘制出倒角。

1）创建圆角：使用工具按钮“”，首先在弹出的“二维圆角”窗口中输入圆角的半径参数，然后在图形区内选择需要创建圆角的两条直线，即可绘制所需的圆角，如图 2-12 所示。

2）创建倒角：使用工具按钮“”，首先在弹出的“二维倒角”窗口中输入倒角的尺寸参数，然后在图形区内依次选择需要创建倒角的直线，即可绘制所需的倒角，如图 2-13 所示。

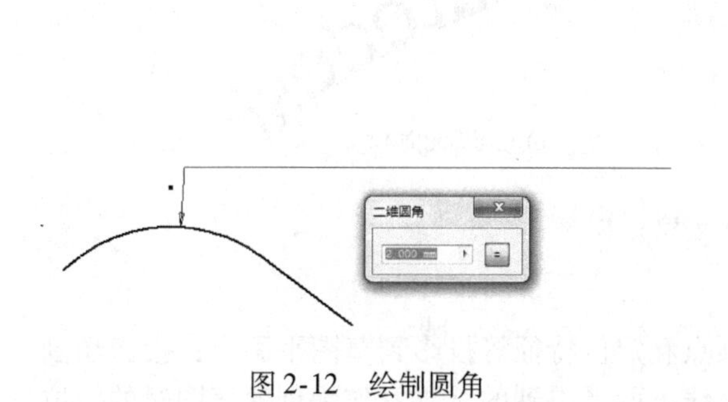

图 2-12　绘制圆角

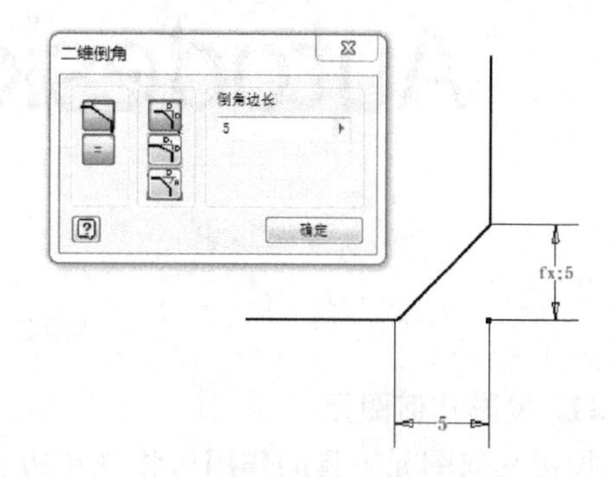

图 2-13　绘制倒角

倒角有三种尺寸参数的输入方式。

① 等边选项：即通过为选定直线指定相同的偏移距离来定义倒角。

② 不等边选项：即通过为每条选定直线指定到点或交点的距离来定义倒角。

③ 距离和角度选项：即由所选定的第一条直线的角度和从第二条直线的交点开始的偏移距离来定义倒角。

9. 多边形

多边形工具的作用是绘制正多边形，图标按钮为“”。创建多边形时，首先在弹出的“多边形”对话框里指定多边形边的数量，并指定需要使用怎样的方式（内接或外切）来创建多边形，然后指定两个点分别确定多边形的中心和大小，如图 2-14 所示。

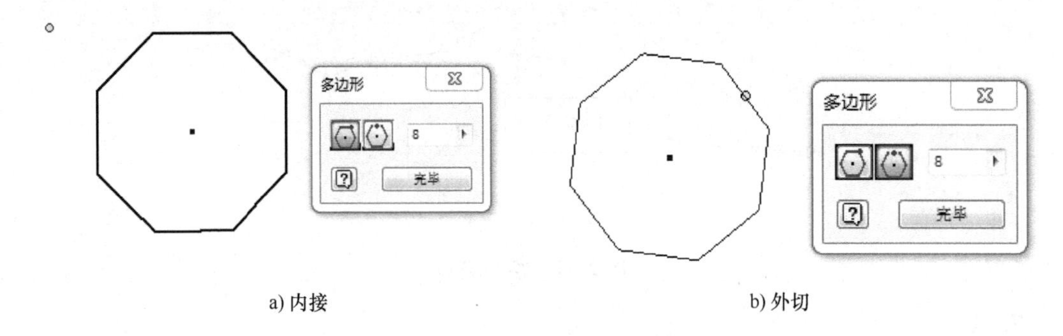

a) 内接　　b) 外切

图 2-14　绘制多边形

10. 文本

文本工具的作用是在指定点开始绘制或在一个指定区域内绘制文字以及沿着一条圆弧或圆绘制文字，或向激活的草图添加文本。文本的创建有普通文本和几何图元文本两种形式。

1）创建普通文本：使用工具按钮“A”，首先在图形区拖动光标绘制文本框，选择文本字体、字号、间距和方向等参数，然后在弹出的“文本格式”对话框中输入需要的文本内容，如图 2-15a 所示。

2）创建几何图元文本：使用工具按钮“A”。选择几何图元后创建的文本将符合选定几何图元的形状，如图 2-15b 所示。

a) 普通文本　　b) 几何图元文本

图 2-15　创建文本

11. 投影几何图元

投影几何图元工具的作用可将现有边、顶点和定位特征等投影到草图平面上；投影切割边工具则可自动求解现有结构与草图平面的交线，两者得到的结果常作为创建草图时的定位参考。

1）创建投影几何图元：使用工具按钮"（图标）"，在图形区选择要投影的对象，该对象将被投影到当前草图上，可以将不在当前草图中的几何图元投影到当前草图以便使用，如图 2-16a 所示。

2）创建投影切割边：使用工具按钮"（图标）"，在图形区选择当前草图与现有结构，可以将当前草图平面与现有结构的截交线求出来，并投影到当前草图中，如图 2-16b 所示。

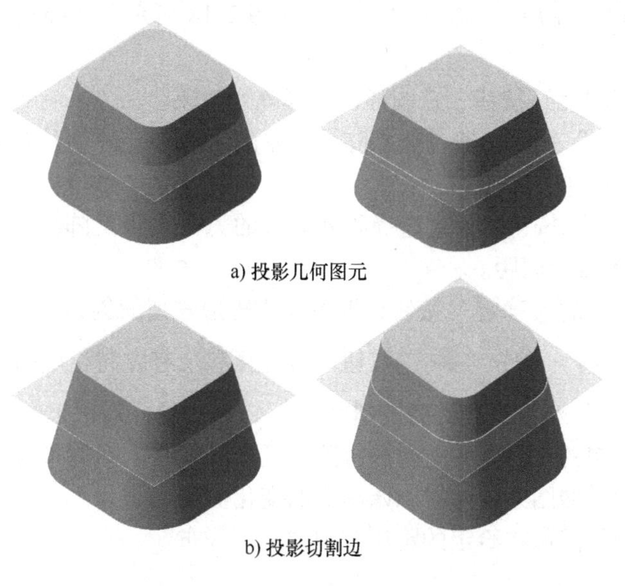

a) 投影几何图元

b) 投影切割边

图 2-16　投影几何图

【实战训练一】　打开光盘中的第 2 章　零件造型设计\实战训练\草图绘制 . ipt，利用草图绘制命令完成图 2-17 所示图形的绘制。

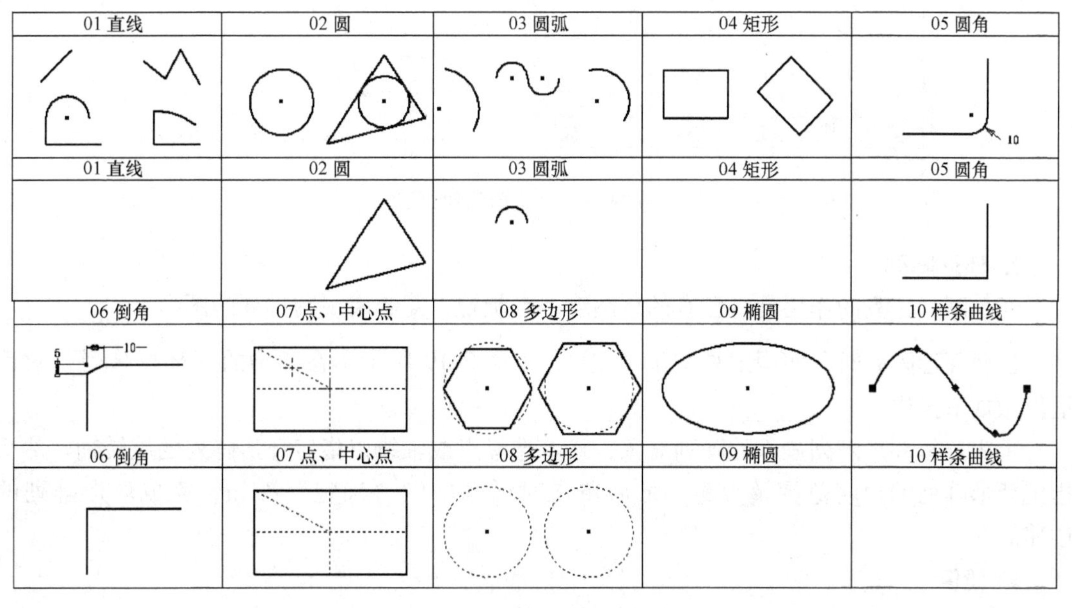

图 2-17　草图绘制

2.1.3　草图编辑

二维草图往往要经过编辑和修改才能达到使用要求。

1. 矩形阵列

矩形阵列工具的作用是将已有的草图沿着直线的一个方向或两条直线的两个方向复制成规则的图形。

创建矩形阵列时，使用工具按钮“”，如图 2-18 所示，在弹出的“矩形阵列”对话框里做如下操作。

1）单击“几何图元”按钮，在图形区选择阵列对象。

2）单击“方向 1”按钮，通过选择阵列对象的一边指定阵列的第一个方向，并同时指定该方向阵列的数量及间距。

3）单击“方向 2”按钮，通过选择阵列对象的另一边指定阵列的第二个方向，并同时指定该方向阵列的数量及间距。

4）单击对话框中的“确定”按钮，即可完成矩形阵列的创建。

在选择阵列方向时，单击“”按钮即可选择和现有方向相反的阵列方向。

单击“矩形阵列”对话框右侧的按钮“>>”，可以展开对话框。

1）抑制：被抑制的几何图元暂时被排除而且变成虚线，不能参与实体建模。

2）关联：阵列后的图元将随着原始图形的变化而变化。

3）范围：阵列的图形在给定的距离范围内平均分布。

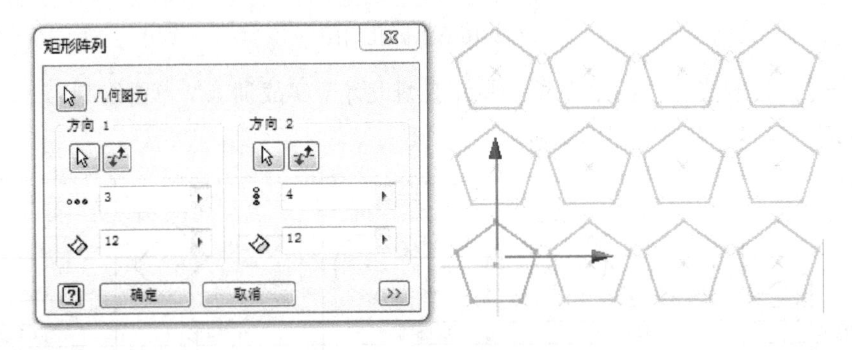

图 2-18　矩形阵列

2. 环形阵列

环形阵列工具的作用是将已有的草图绕一点旋转，复制成规则排列的图形。

创建环形阵列时，使用工具按钮“”，如图 2-19 所示，在弹出的“环形阵列”对话框里做如下操作。

首先选择环形阵列操作的阵列对象，接着选择点或轴线以指定环形阵列的旋转轴，然后指定环形阵列的角度范围及数量，最后单击对话框中的“确定”按钮，完成环形阵列的创建。

3. 镜像

镜像工具的作用是将选定的几何图元复制并进行对称变换。

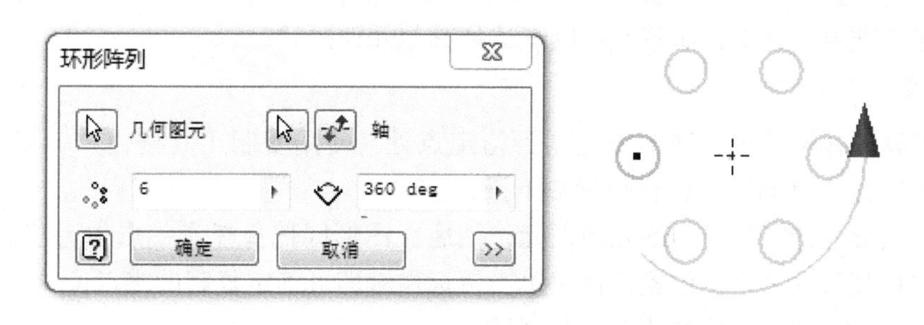

图 2-19　环形阵列

创建镜像图形时，使用工具按钮“ ”，如图 2-20 所示，在弹出的“镜像”对话框里做如下操作。

图 2-20　镜像

首先在图形区选择要镜像的对象，然后单击“镜像线”按钮，在图形区选择一条直线作为本次镜像的镜像线，最后单击对话框中的“应用”按钮，即可完成镜像的创建。

4. 移动

移动工具的作用是将已知图形移动到指定点处。使用移动工具按钮“ ”，如图 2-21 所示，在弹出的“移动”对话框里做如下操作。

首先在图形区选择要移动的几何图元，然后单击“基准点”按钮，在图形区选择任意一点作为移动过程中的基准点，拖动鼠标改变基准点的位置，从而改变所有选中的几何图元在草图平面中的位置。

若勾选移动对话框中的“复制”复选框，则将复制所选几何图元至指定的位置，同时原有的几何图元的位置不变；若勾选“精确输入”复选框，则可通过输入坐标的方式指定几

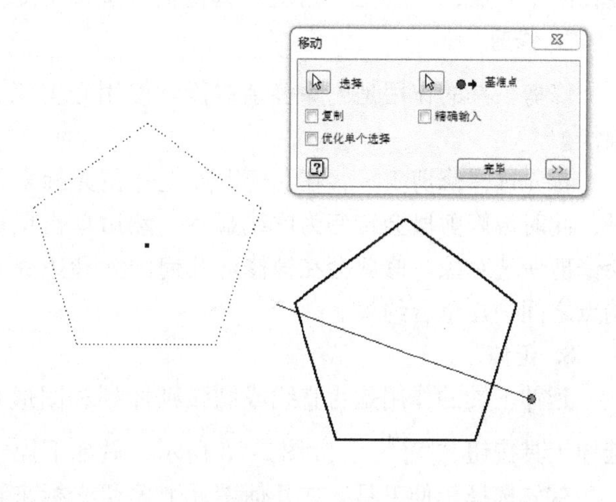

图 2-21　移动

何图元移到的位置；若勾选“优化单个选择”复选框，则选择单一几何图元后，对话框将直接前进到基准点的选择，而不允许继续选择其他几何图元。

5. 复制

复制工具的作用是将已知图形复制到指定点处。使用复制工具按钮“”，如图 2-22 所示，在弹出的“复制”对话框里做如下操作。

首先在图形区选择要复制的几何图元，然后在图形区选择任意一点作为复制的起始点。单击该点并将其移动至指定位置，再次单击鼠标左键即可确定复制的终点位置。继续移动基准点并重复上述过程，即可创建多个复制结果。

若勾选“剪贴板”复选框，则可将选定的几何图元保存到剪贴板中，供再次粘贴使用。

6. 旋转

旋转工具的作用是将所选草图图形绕指定的中心点旋转。如果需要，旋转后原图形可以保留。使用旋转工具按钮“”，如图 2-23 所示，在弹出的“旋转”对话框里做如下操作。

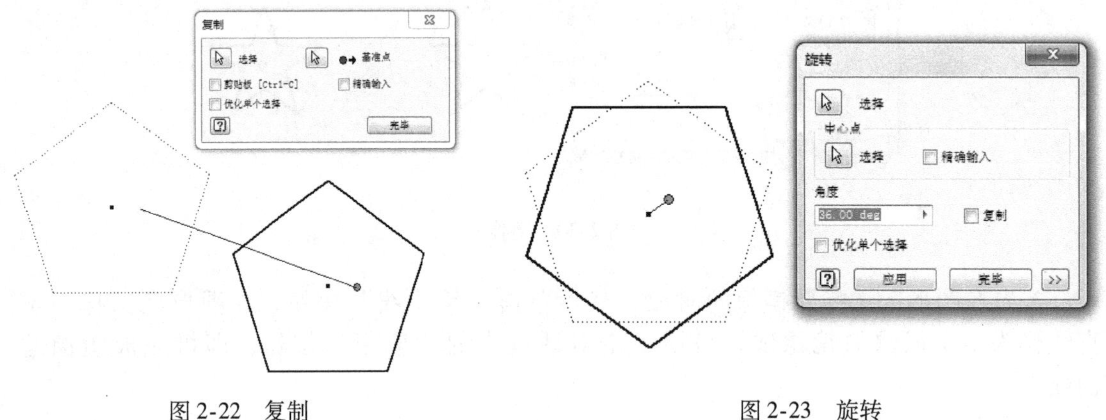

图 2-22　复制　　　　图 2-23　旋转

首先在图形区选择要旋转的几何图元，然后在图形区选择任意一点作为几何图元将绕其旋转的中心点，最后在“角度”框内输入旋转角度，以完成旋转操作。

7. 修剪

修剪工具的作用是删除多余线段。使用修剪工具按钮“”，如图 2-24 所示，做如下操作。

首先选择修剪工具，在几何图元上停留光标来预览修剪效果，此时被修剪段会转变为虚线显示，然后单击鼠标左键，将会修剪所选对象。修剪会在被修剪几何图元和边界几何图元的端点之间创建重合约束。

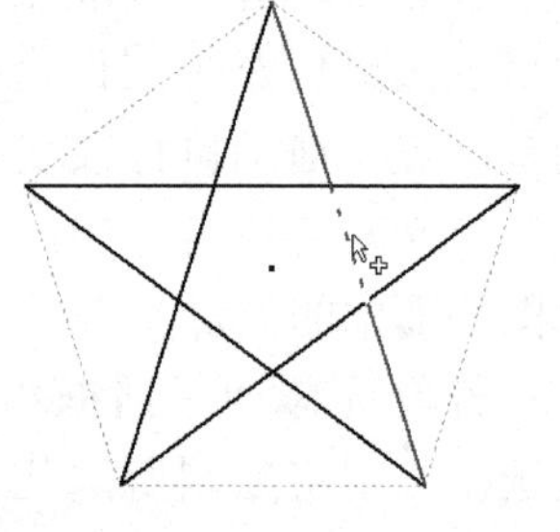

图 2-24　修剪

8. 延伸

延伸工具的作用是将直线或圆弧延伸到和图形相交。使用延伸工具按钮“”，如图 2-25 所示，做如下操作。

首先选择延伸工具，在几何图元上停留光标来预览延伸效果，然后单击左键，将会延伸所选对象。延伸会在被延伸几何图元和边界几何图元的端点处创建重合约束。

9. 分割

分割工具的作用是将直线或曲线分割为两段或更多段。使用工具按钮“”，如图2-26所示，做如下操作。

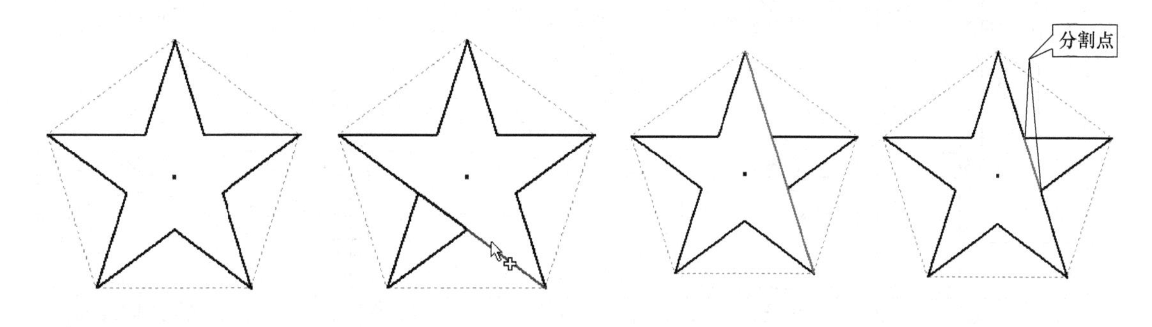

图2-25　延伸　　　　图2-26　分割

首先选择分割工具，在几何图元上停留光标来预览分割效果，然后单击左键，将会分割所选对象。

“修剪”与“延伸”操作之间可通过按下“Shift”键来进行切换。

10. 缩放

缩放工具的作用是按给定比例系数放大或缩小选定图形。使用缩放工具按钮“”，如图2-27所示，在弹出的“缩放”对话框里做如下操作。

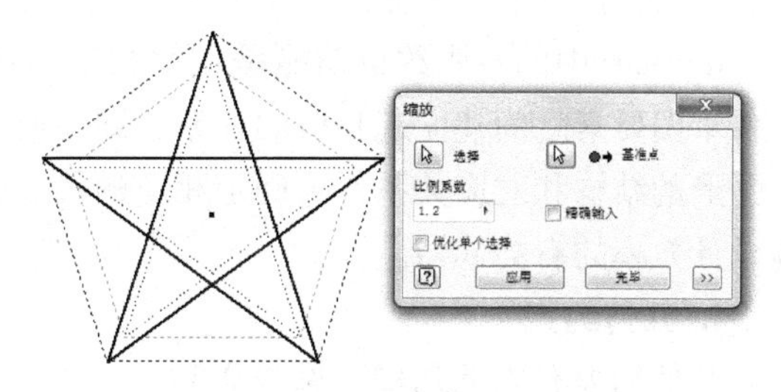

图2-27　缩放

首先在图形区选择要缩放的几何图元，然后单击“基准点”按钮，在图形区选择任意一点作为几何图元将绕其缩放的起点，最后在“比例系数”框内输入缩放的倍数，以完成缩放操作。

单击对话框下方的“应用”按钮，即可完成此次操作并进行下一次操作，单击“完毕”按钮则关闭对话框。

若所选缩放对象与其他对象之间存在约束关系，那么操作时会提示用户是否需要删除约束。

11. 偏移

偏移工具可以生成与已有图形相似且有一个特定距离的图形，图标按钮为“”。向内偏移可以获得较小的相似图形，向外偏移可以获得较大的相似图形，如图2-28所示。

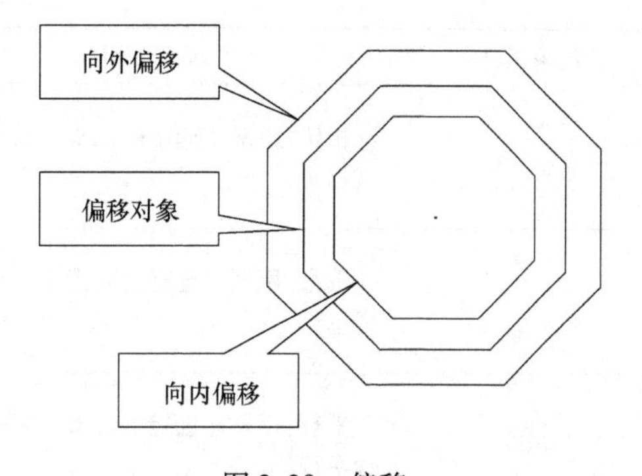

图2-28　偏移

【实战训练二】　利用草图编辑命令完成图2-29的编辑与修改。

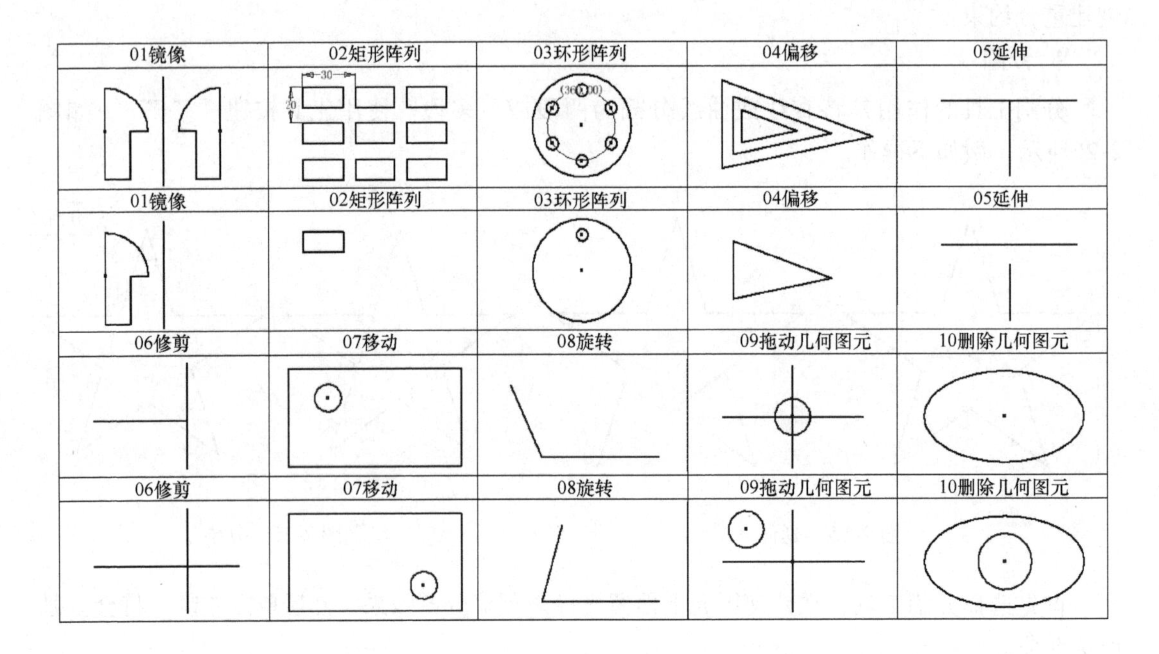

图 2-29　草图编辑

2.1.4　草图约束

Inventor 中的草图约束功能是一个相当实用的功能，它推翻了原有平面草图设计方式，让各草图要素之间建立起相应的关系，即几何关系和尺寸关系。通过草图约束功能可以先确定图形的结构和对应关系，再确定相应的尺寸，这也为今后的修改打下了良好的基础，是提高设计效率的有力武器。

1. 几何约束

几何约束有以下几种，见表 2-1。

表 2-1　几何约束

约束工具	说　明	约束前	约束后
	相切：用来让选定的元素与另一个元素相切		
	垂直：用来让选定的元素与另一个元素垂直		
	平行：用来让选定的元素与另一个元素平行		
	重合：用来让两点重合		

（续）

约束工具	说　　明	约束前	约束后
	同心：用来强制两个圆弧、圆或椭圆共享一个中心点		
	共线：用来强制两条直线或椭圆轴位于同一直线上		
	水平：用来强制元素与当前草图坐标系统的 X 轴平行		
	竖直：用来强制元素与当前草图坐标系统的 Y 轴平行		
	相等：用来强制两个元素长度相等。对于圆弧或圆，则是半径相等		
	固定：用来固定一个元素在当前草图坐标系统中的位置		
	对称：用来使元素沿一条直线对称		
	圆滑：用来使样条曲线与其他曲线、直线、圆弧或样条曲线之间产生曲率连续条件		

（1）重合约束　重合约束工具可以使两个选定点进行重合，其图标按钮为“”。

首先选择一个几何要素上的某点，然后再指定另一个几何要素上的某点，此时后者会移动，并与前者重合，如图 2-30 所示。

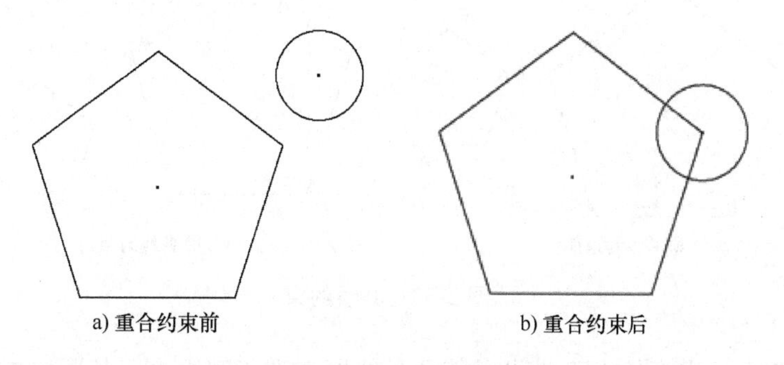

a) 重合约束前　　b) 重合约束后

图 2-30　重合约束

（2）平行约束　平行约束工具可以使线性的几何要素实现相互平行，其图标按钮为“//”。

首先选择被平行几何要素，然后选择需要平行的几何要素，后者就会自动与前者去平行了，如图 2-31 所示。

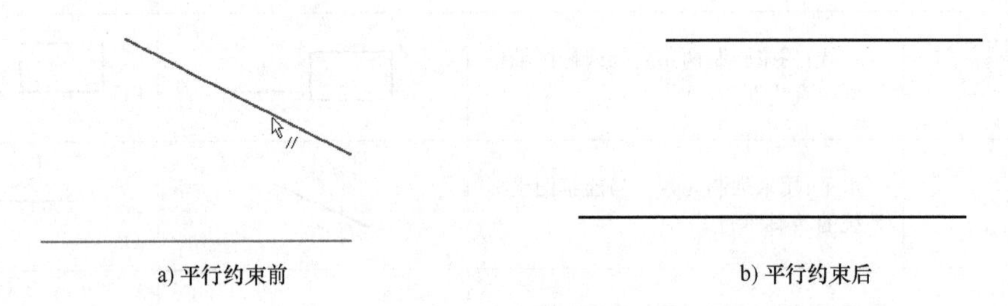

a) 平行约束前　　b) 平行约束后

图 2-31　平行约束

（3）相切约束　相切约束工具可以使曲线要素与曲面或者直线要素产生相切关系，其图标按钮为“”。

首先选择需要相切的曲线要素，接着选择相切对象完成相切，如图 2-32 所示。

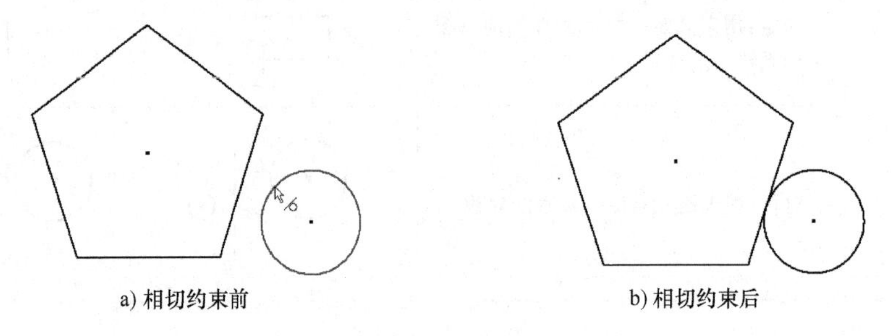

a) 相切约束前　　b) 相切约束后

图 2-32　相切约束

（4）共线约束　共线约束工具可以使两条不共线的线段位于同一条直线上，其图标按钮为“”。

首先选择被共线对象（线段），接着选择需要共线的对象（线段），即能达到共线效果，如图 2-33 所示。

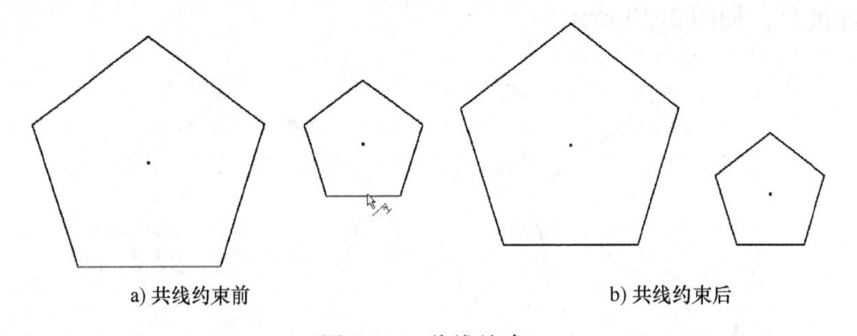

a) 共线约束前　　b) 共线约束后

图 2-33　共线约束

（5）垂直约束　垂直约束工具可以使两条线段实现相互垂直，其图标按钮为“”。

首先选择被垂直对象（线段），接着选择需要垂直的对象（线段），即可使两条线段相互垂直，如图 2-34 所示。

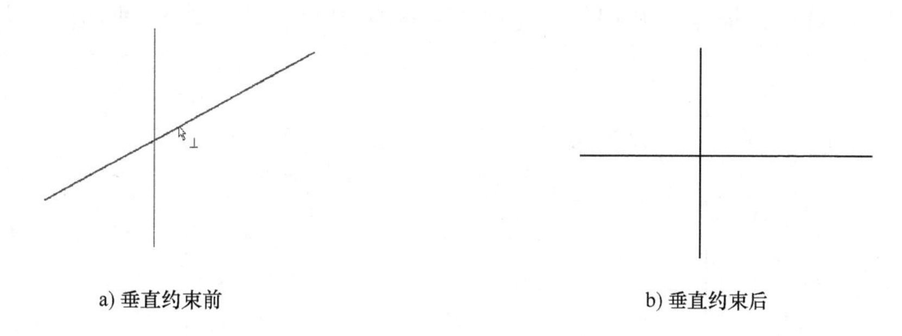

a) 垂直约束前　　b) 垂直约束后

图 2-34　垂直约束

（6）同心约束　同心约束工具可以使圆或圆弧的圆心重合，来达到同心的目的，其图标按钮为“◎”。

首先选择第一个圆或者圆弧的圆心，接着选择第二个圆或者圆弧的圆心，即可完成两个要素的同心约束，如图 2-35 所示。

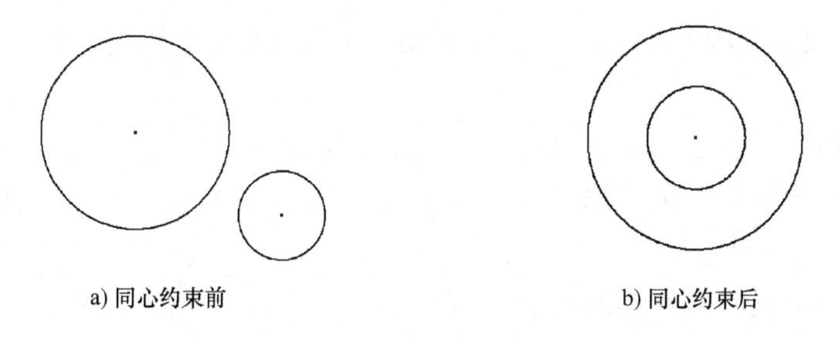

a) 同心约束前　　b) 同心约束后

图 2-35　同心约束

（7）水平约束　水平约束工具可以使线性要素平行于该草图坐标系的水平轴，其图标按钮为“ ”。

单击水平约束工具，再单击要水平的线性要素，该要素与其相应的几何元素便会处于水平位置，如图 2-36 所示。

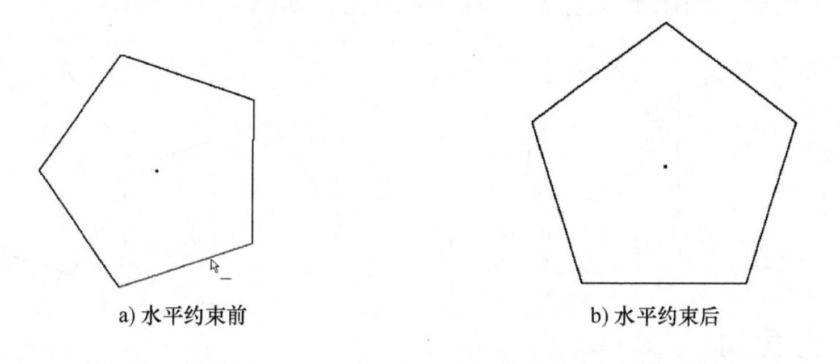

a) 水平约束前　　b) 水平约束后

图 2-36　水平约束

（8）对称约束　对称约束工具可以使两个相似的几何要素关于某个特定直线对称，其图标按钮为“[¦]”。

首先选择两个需要对称的几何要素，然后选择对称直线，即可使这两个几何要素关于这条直线对称。对称后，原来的几何尺寸也会产生相应改变，如图 2-37 所示。

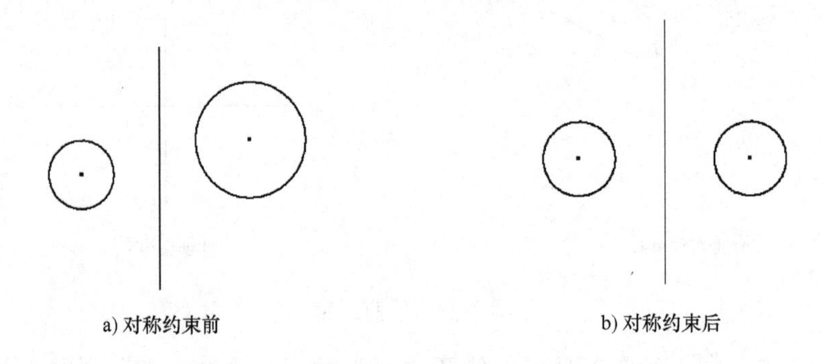

a) 对称约束前　　b) 对称约束后

图 2-37　对称

（9）固定约束　固定约束工具可以使选定的几何要素相对于该草图坐标系固定，其图标按钮为“🔒”。

将某个几何要素运用固定约束后，其位置相对于草图坐标系固定，同时几何要素的颜色更改为全约束颜色。

（10）竖直约束　竖直约束工具可以使线性要素平行于该草图坐标系的垂直轴，其图标按钮为“⫴”。

单击竖直约束工具，再单击要竖直的线性要素，该要素与其相应的几何元素便会处于竖直位置，如图 2-38 所示。

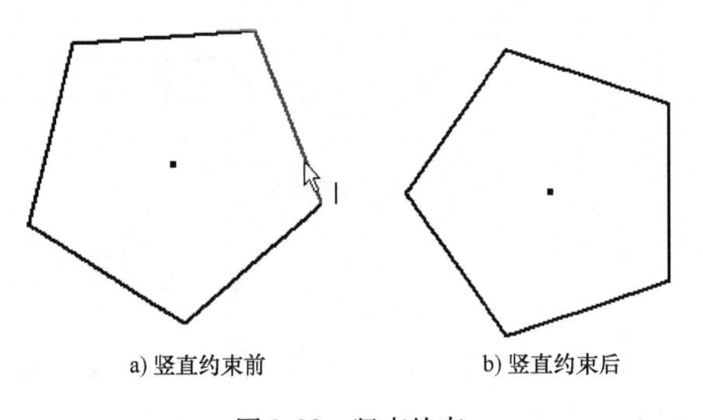

a) 竖直约束前　　b) 竖直约束后

图 2-38　竖直约束

（11）等长约束　等长约束工具可以使两条线段相等或两个圆（弧）直径相等，其图标按钮为“〓”。

首先选择第一个几何要素，接着选择第二个几何要素，这两个要素在发生相等关系的同时，与之有约束关系的几何图形也会发生相应的改变，如图 2-39 所示。

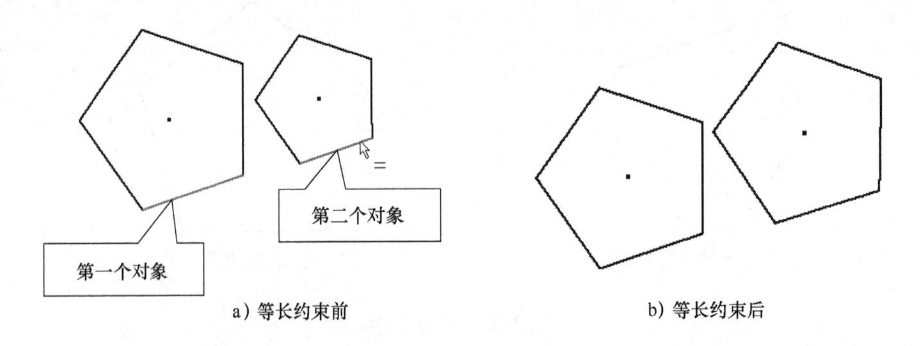

a）等长约束前　　b）等长约束后

图 2-39　等长约束

【实战训练三】　利用几何约束命令完成图 2-40 所示图形的绘制。

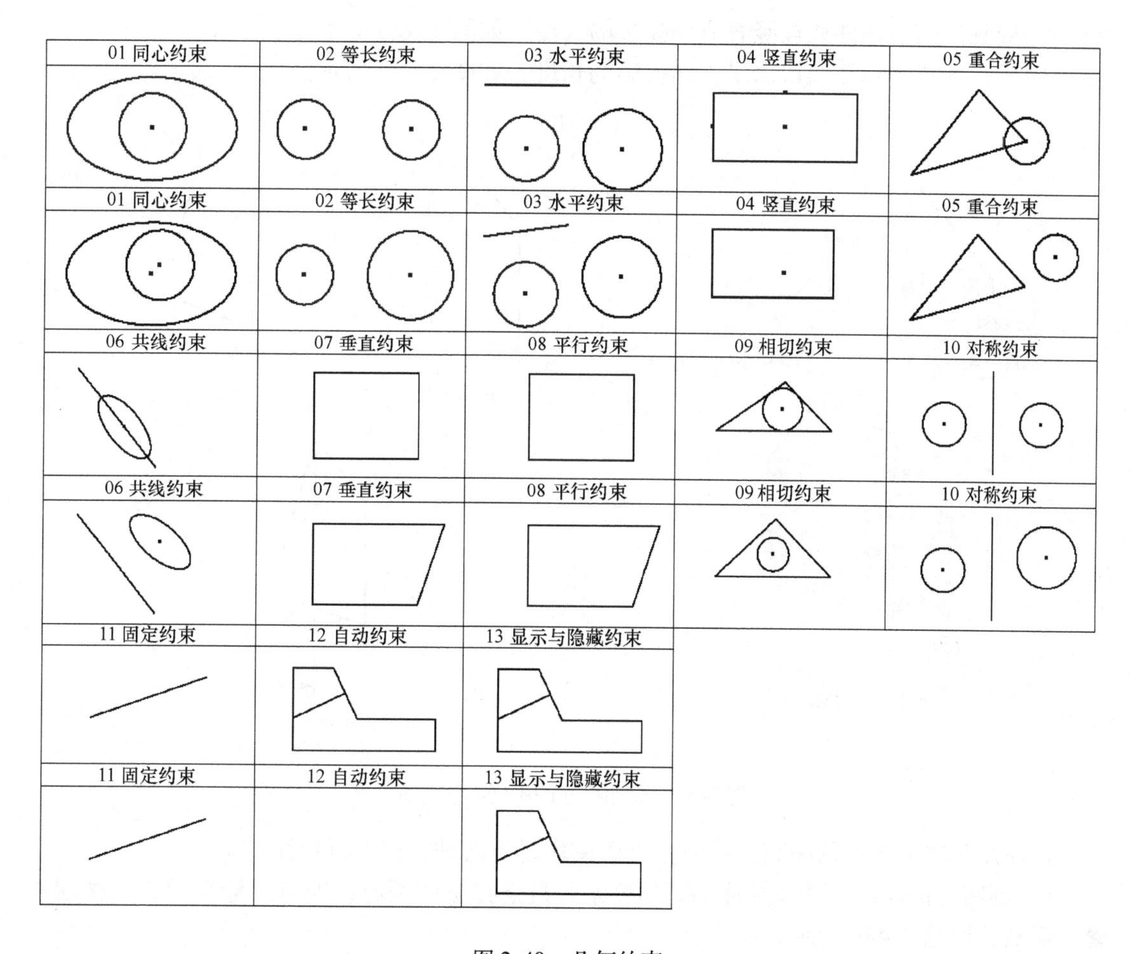

图2-40　几何约束

2. 尺寸约束

Inventor的尺寸标注非常智能化，可以根据所选择的几何要素进行相应的尺寸约束，其图标按钮为“尺寸”。它可以进行线性尺寸、圆类尺寸和角度尺寸等的约束和标注。

（1）线性尺寸　对于线性几何要素进行尺寸约束，可以有两种方法。

1）直接选择线段进行标注，如图2-41a所示。

2）分别选中线段的首尾来进行标注，如图2-41b所示。

值得注意的是，对于倾斜的线段，可以在选择直线后单击鼠标右键选择标注方式，如图2-42a所示。其标注方式有下面三种。

1）对齐方式：标注线段的实际长度，如图2-42b所示。

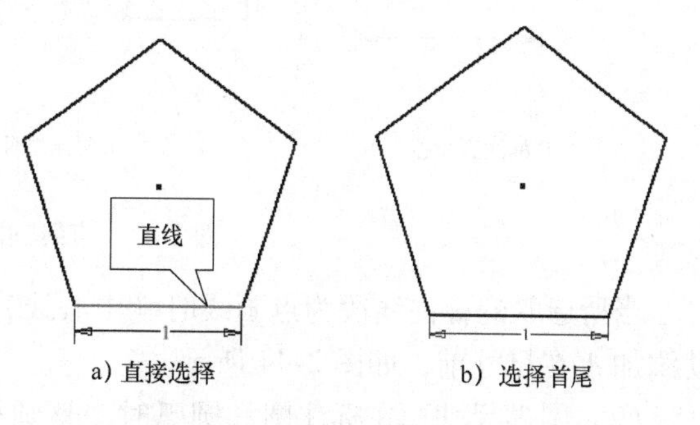

图2-41　线性尺寸的标注方法

2）竖直方式：标注线段竖直方向投影的长度，如图 2-42c 所示。

3）水平方式：标注线段水平方向投影的长度，如图 2-42d 所示。

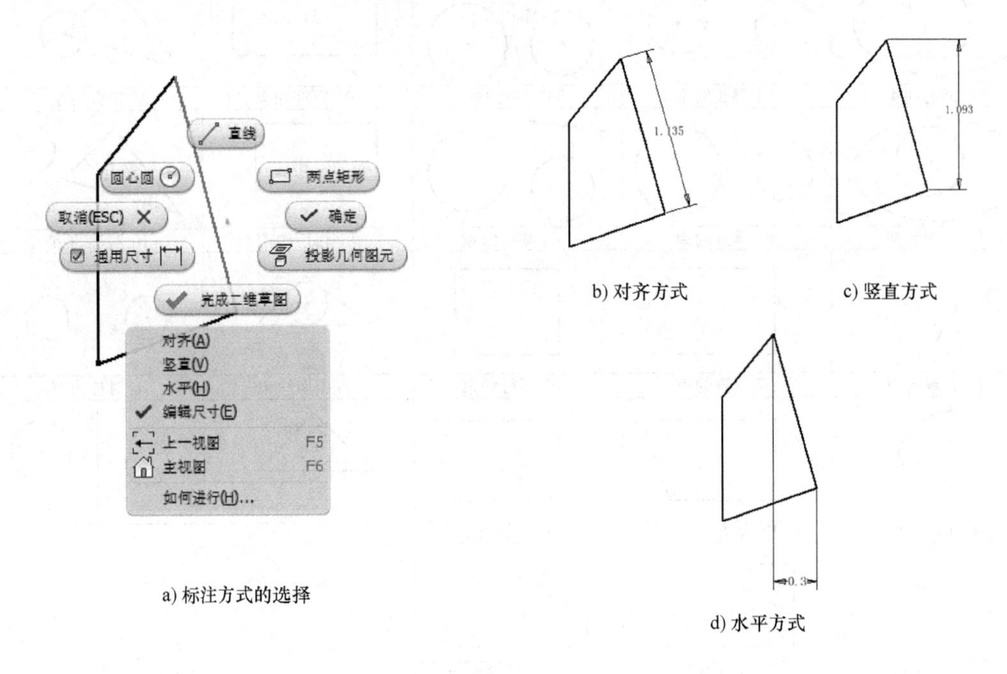

a) 标注方式的选择　　b) 对齐方式　　c) 竖直方式　　d) 水平方式

图 2-42　线性尺寸的不同标注方式

标注几何要素与圆的距离关系时，可以使用以下两种方式进行标注。

1）到圆心的距离：选择标注的起始要素，再选择圆的圆心，即可以标注圆心与被测要素的距离，如图 2-43a 所示。

2）到圆轮廓的距离：选择标注的起始要素，再将鼠标移动到圆轮廓的最大距离处，当鼠标下出现图 2-43b 所示的提示符号时，单击左键完成标注，如图 2-43c 所示。

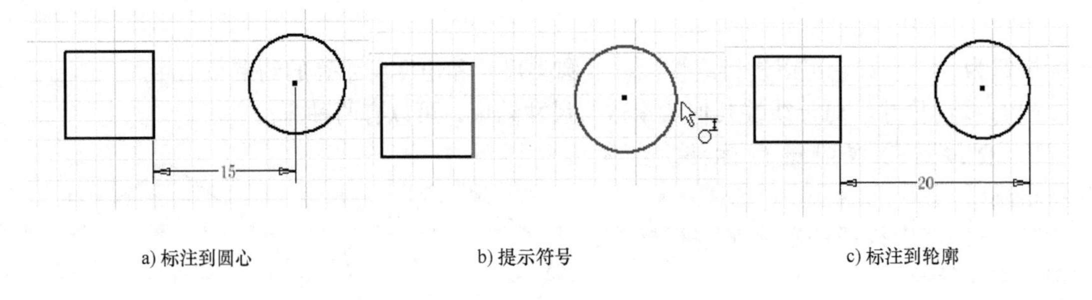

a) 标注到圆心　　b) 提示符号　　c) 标注到轮廓

图 2-43　直线到圆的尺寸标注

当所选取的标注线段为点画线时（中心线），系统默认将其尺寸标注为回转体，即会自动添加 ϕ 在尺寸前，如图 2-44 所示。

（2）圆类尺寸　在标注圆和圆弧时，整圆标注为直径尺寸，圆弧标注为半径尺寸。若需改变标注方式，在标注的过程中，需要单击鼠标右键，在弹出的菜单中选择“尺寸类型”，再勾选“半径”或者“直径”进行标注，如图 2-45 所示。

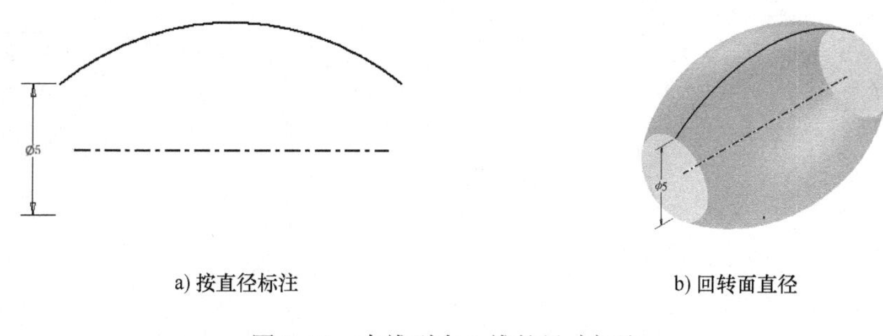

a) 按直径标注　　　b) 回转面直径

图 2-44　直线到中心线的尺寸标注

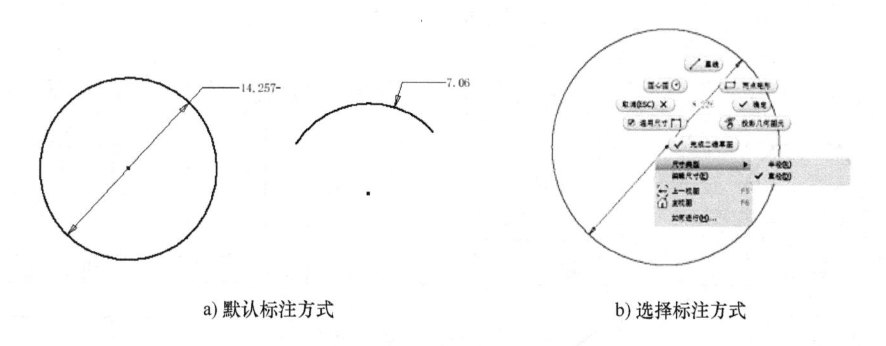

a) 默认标注方式　　　b) 选择标注方式

图 2-45　圆和圆弧的尺寸标注

椭圆的标注比较简单，单击“通用尺寸”图标按钮后，只需单击椭圆便可对其长轴和短轴分别进行标注，如图 2-46 所示。

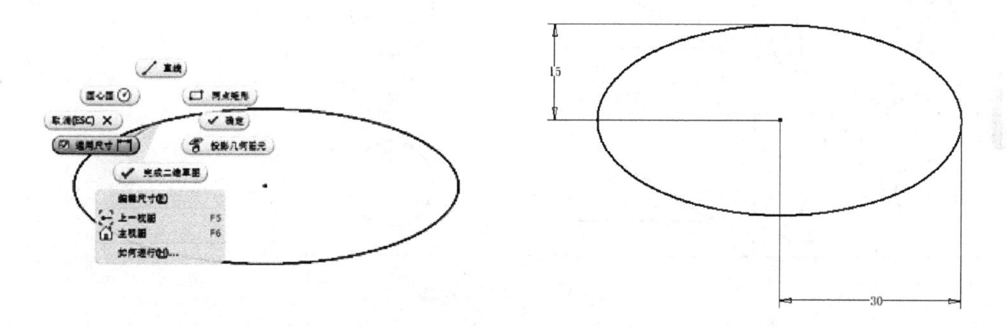

图 2-46　椭圆的尺寸标注

（3）角度尺寸　当选取的几何要素为两条不平行的线段以及三个不共线的点时，系统自动默认标注为角度，如图 2-47 所示。

【实战训练四】　利用尺寸约束命令完成图 2-48 的尺寸标注。

2.1.5　约束的查看与编辑

1. 几何约束

（1）自动应用几何约束　对于几何约束，本软件能智能地推测使用者的设计意图，对放置下的几何要素自动进行几何约束，这个功能可以有效地提高设计速度，也体现了现代软件的便利性。当然，计算机不能代表人脑，肯定有失误的时候，因此如果不希望使用自动约

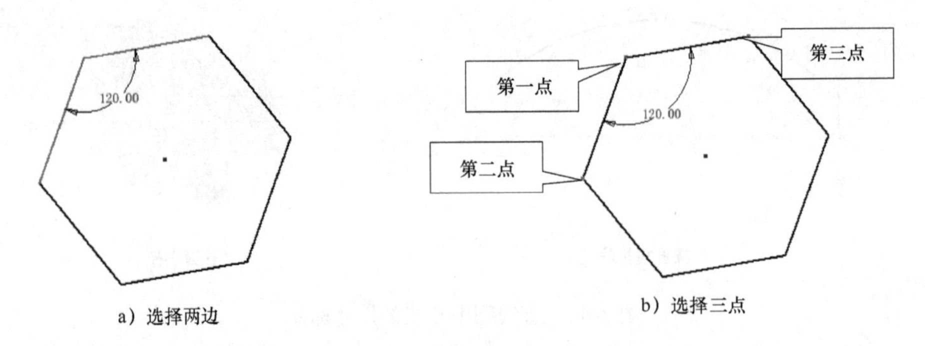

图 2-47　角度的尺寸标注

01 线性尺寸A	02 线性尺寸B	03 线性尺寸C	04 线性尺寸D
56	80	60	Ø35
01 线性尺寸A	02 线性尺寸B	03 线性尺寸C	04 线性尺寸D
05 圆类尺寸	06 角度尺寸	07 尺寸编辑	
30 20 30	30.00	40	
05 圆类尺寸	06 角度尺寸	07 尺寸编辑	
		40	

图 2-48　尺寸约束

束，可以在绘制几何图元的同时按住“Ctrl”键，这样可以禁用自动约束。

（2）显示和隐藏几何约束

1）显示所有约束：在图形区单击鼠标右键，在右键快捷菜单中选择“显示所有约束”，即可查看草图中的所有约束，如图 2-49a 所示。

2）隐藏所有约束：在图形区单击鼠标右键，在右键快捷菜单中选择“隐藏所有约束”，就可以关闭几何约束符号的显示。

3）暂时显示几何约束：如果需要显示单个几何要素的约束，首先单击“显示约束”按钮“”，接着在需要显示约束的几何要素上悬停，即可看到其几何约束，如图 2-49b 所示。

（3）删除几何约束　首先将光标悬停在某个几何约束符号上，与此约束相关的几何图

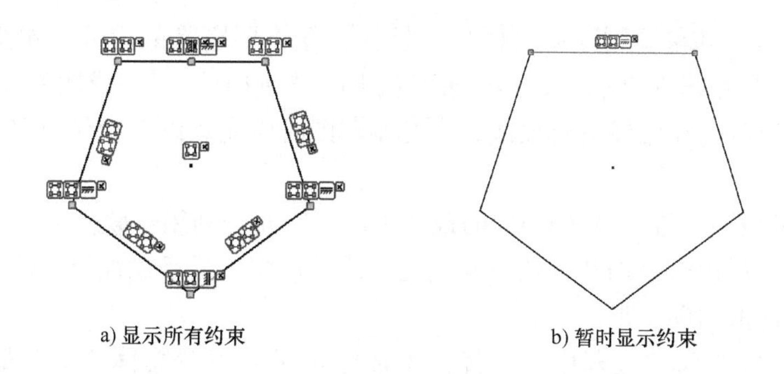

a) 显示所有约束　　b) 暂时显示约束

图 2-49　显示几何约束

元则会变色显示，如图 2-50 所示。接着单击鼠标右键，在快捷菜单中选择“删除”，或者单击鼠标左键，然后按键盘上的“Delete”键进行删除，如图 2-51 所示。

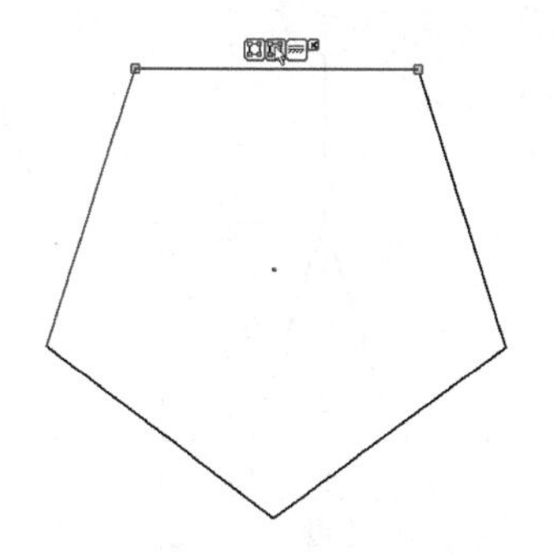

图 2-50　查看约束的相关图元

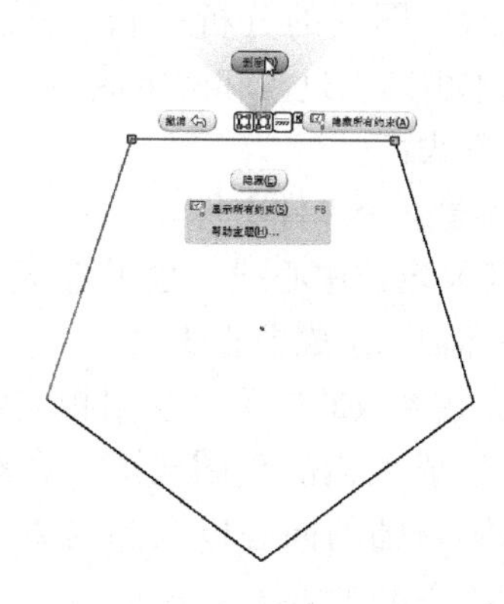

图 2-51　删除几何约束

2. 尺寸约束

（1）编辑尺寸

1）在尺寸约束时进行编辑：选择尺寸按钮以后，在绘图区单击鼠标右键，勾选“编辑尺寸”，这样在每次进行尺寸约束时，都会弹出“编辑尺寸”对话框来改变尺寸，如图 2-52 所示。

2）对已有尺寸进行编辑：可直接双击该尺寸，在弹出的“编辑尺寸”对话框中输入相应数值后回车即可，如图 2-53 所示。

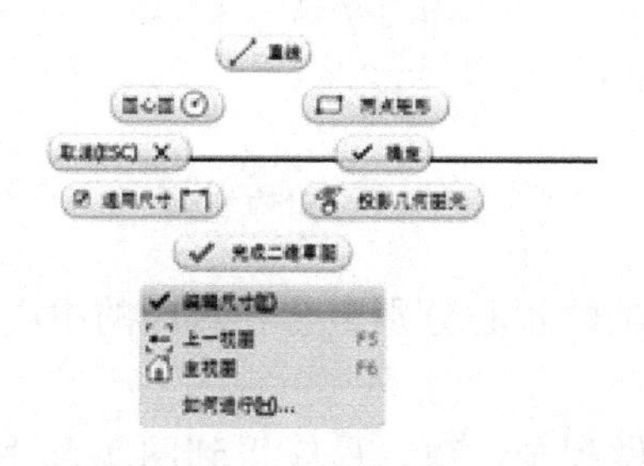

图 2-52　设置编辑尺寸

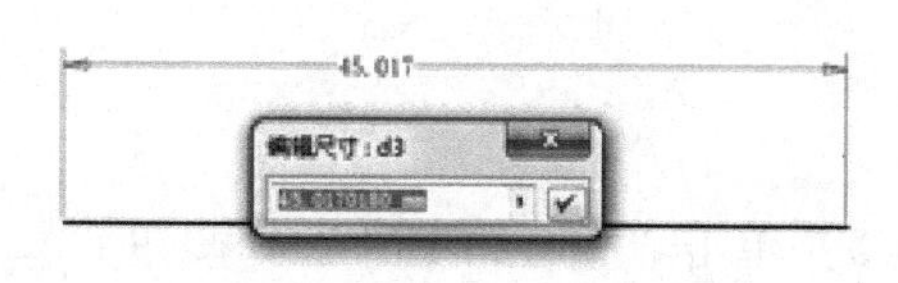

图 2-53　“编辑尺寸”对话框

（2）删除尺寸　如果要删除多余的尺寸标注，在将要删除的尺寸上单击鼠标右键，选择“删除”，或直接单击左键选中，然后按键盘上的“Delete”键完成删除。

至此，草图绘制功能已经讲解完成，在绘制草图时应注意以下操作习惯，可以有效提高设计效率。

1）此软件的设计过程与 AutoCAD 的设计不同，应充分利用本软件的优势，先绘制出草图的基本轮廓，然后优先添加几何约束来确定草图的形状，最后添加尺寸约束，避免约束草图的时候造成草图的扭曲变形。

2）在添加尺寸约束的过程中，应优先添加定位尺寸以及总体尺寸，最后再调整小尺寸，同样可以防止草图的变形。

【综合应用一】　绘制图 2-54 所示的草图。

实例分析：

通过对此图形的分析可知，其左右对称，基本由圆弧过渡和圆组成。

操作方法：

1）新建一个零件文件。

2）绘制定位中心线，也可直接投影原点和坐标轴来组成中心线组。

3）先在大致的位置上绘制相应的几何要素，形成大概的草图轮廓。在绘制时，注意圆与圆的同心以及圆与直线的相切，如图 2-55 所示。

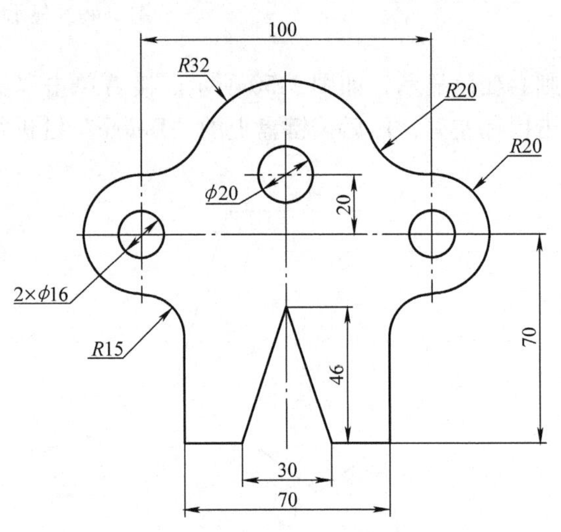

图 2-54　草绘平面图

4）通过“对称”约束工具按钮“[¦]”选取竖直中心线为对称中心，分别将圆、圆弧连接以及直线等可对称要素进行对称约束操作，如图 2-56 所示。

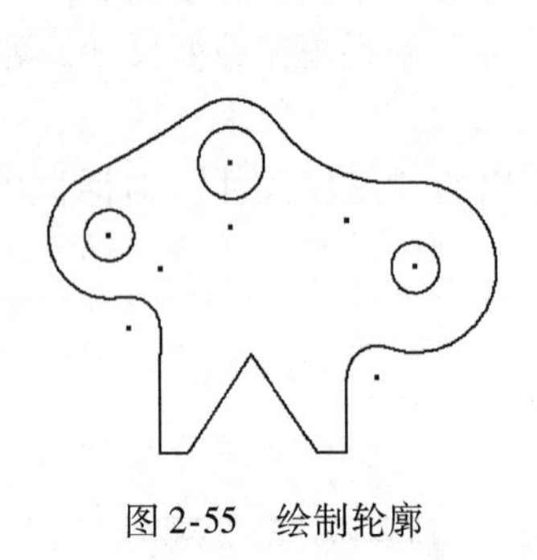
图 2-55　绘制轮廓

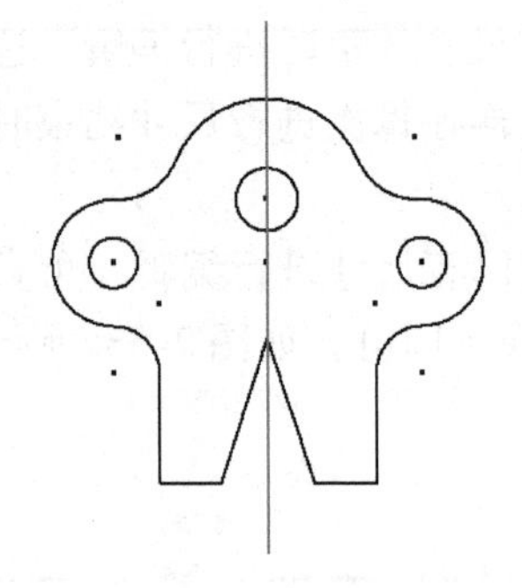
图 2-56　对称约束

5）单击“重合约束”工具按钮“¦_”，将三个圆的圆心分别重合在对应的中心线上，如图 2-57 所示。

6）通过尺寸标注达到图样要求，最后的图样要做到全约束，最终得到图 2-58 所示的草图。

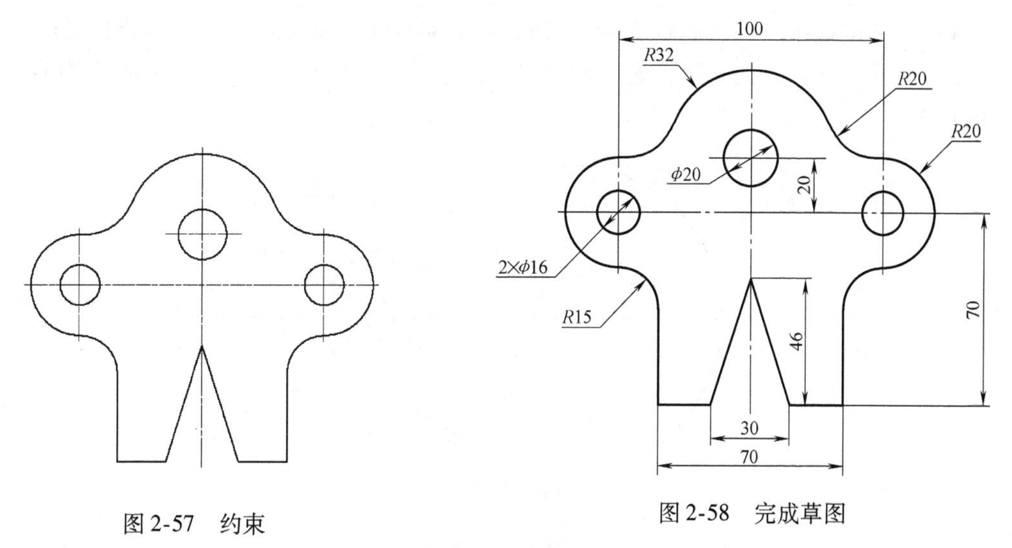

图 2-57　约束　　　　图 2-58　完成草图

【综合应用二】

绘制如图 2-59 所示的草图。

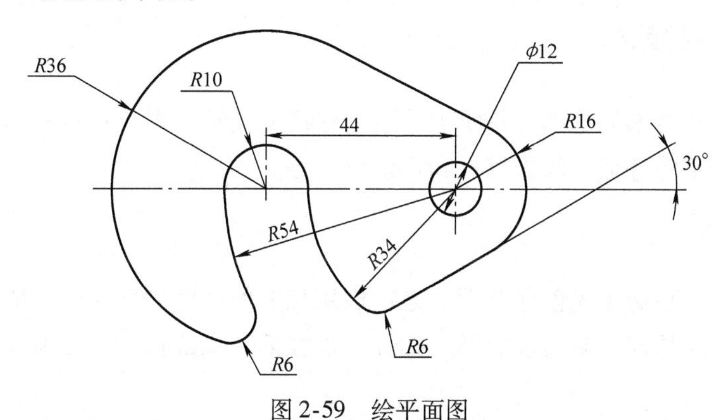

图 2-59　绘平面图

实例分析：

该几何图形的难度在于所有的要素均通过圆弧连接组成，相邻两个要素之间均相切。因此在绘制草图时，首先将绘制可确定的圆或圆弧，再通过相切等约束确定其他几何要素。

操作方法：

1）新建一个零件文件。

2）使用直线命令和圆命令，将零件的大致轮廓绘制出来，如图 2-60 所示。

3）使用同心约束使 $R16$ 和 $R54$、$R34$、$\phi12$ 同心，让 $R10$ 和 $R36$ 同心，如图 2-61 所示。

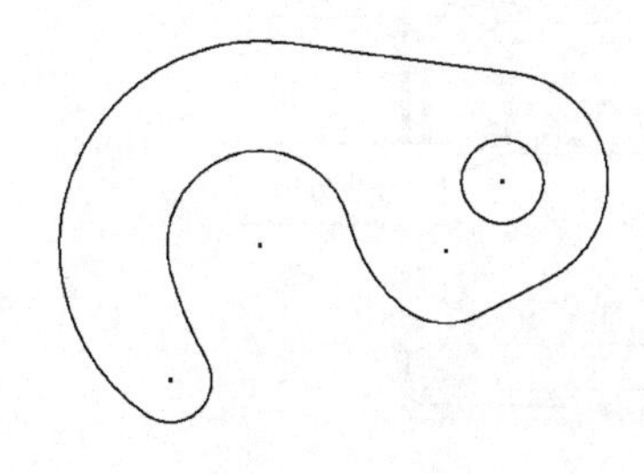

图 2-60　绘制轮廓

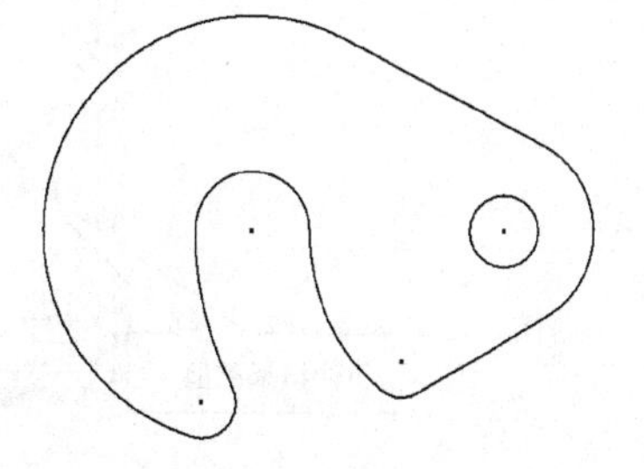

图 2-61　草图约束

4）绘制定位中心线，确定 *R*16（*R*54、*R*34 和 ϕ12）和 *R*10（*R*36）的圆心位置。

5）完成几何约束的草图再通过标注尺寸来达到规定图形的大小，最终得到如图 2-62 所示的草图。

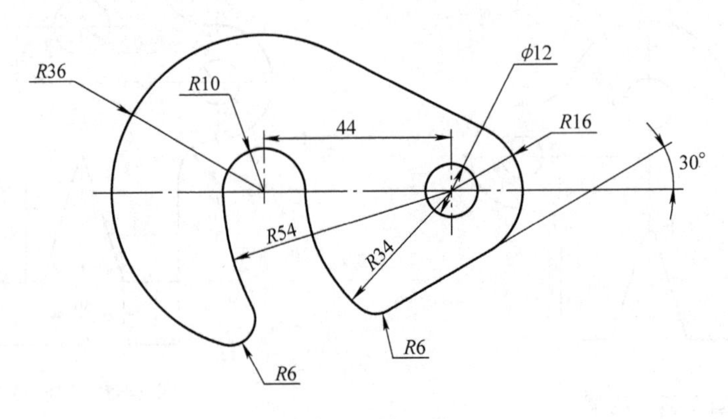

图 2-62 完成草图

2.2 零件造型技术

特征是零件造型技术的基础，是实现参数化建模的关键。本节将对常用的特征功能进行详细的介绍，包括草图特征、放置特征和定位特征等。

2.2.1 草图特征

所谓草图特征，是必须先创建草图，之后启用相关的特征创建功能，依照草图形成实体结构。草图特征包括拉伸、旋转、放样、扫掠、加强筋、螺旋扫掠、凸雕、衍生和贴图。

1. 拉伸

拉伸特征用于将一个或多个草图轮廓沿垂直于草图平面的方向添加或去除零件材料，沿着拉伸方向可控制收缩角度，也可使用草图轮廓创建曲面。

“拉伸”对话框如图 2-63 所示，其中的“形状”选项卡中各项的含义如下：

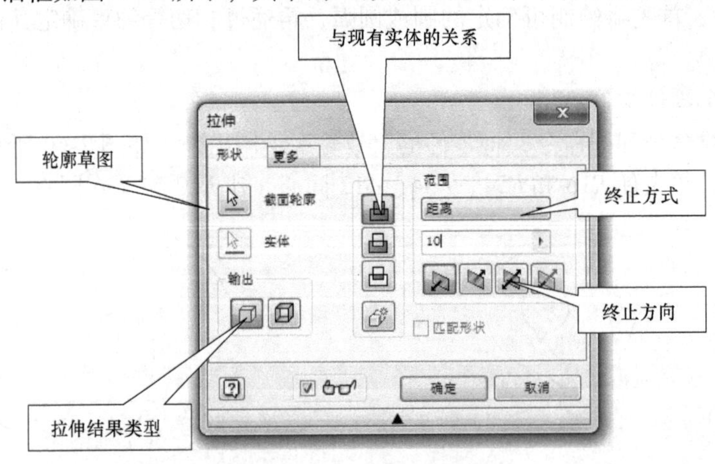

图 2-63 “拉伸”对话框

1）截面轮廓：选择要拉伸的截面轮廓，必须是封闭的草图，对于“曲面”输出结果，可以是开放的草图。如果只有一个截面轮廓，软件会自动选中；如果有多个截面轮廓，可以单击“截面轮廓”，然后在图形区中单击一个或多个截面轮廓。单击选中截面轮廓后，会出现拉伸的结果预览。

2）实体：选择多实体零件中的参与实体。

3）输出形式：输出“实体”和“曲面”两种特征。

4）运算方式：指定拉伸与其他特征或实体进行求并（添加）、求差（切除）还是求交（公共的部分），如图 2-64 所示。

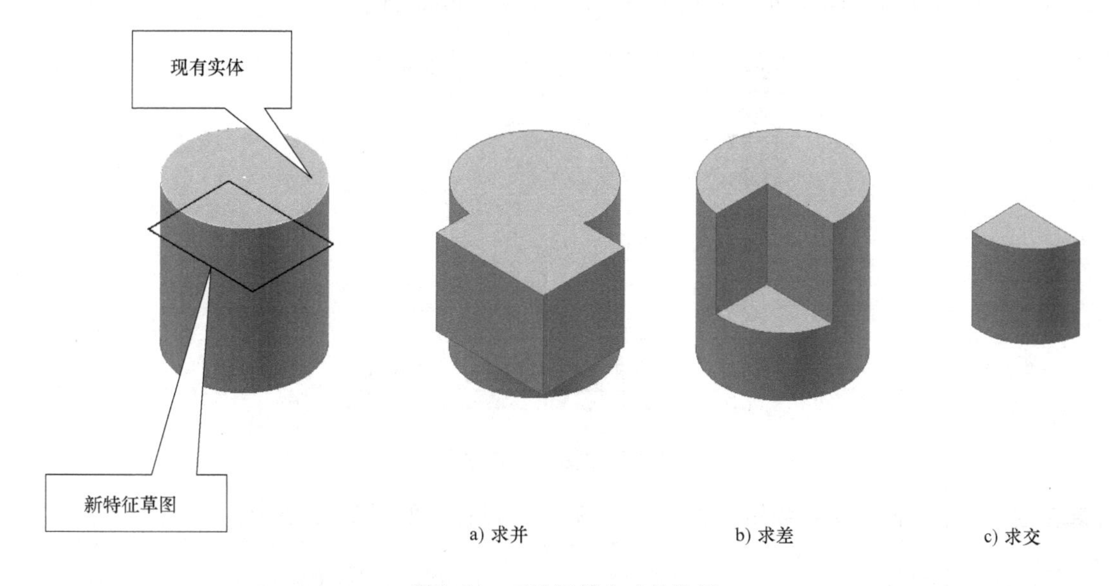

图 2-64　三种运算方式的结果

5）新建实体：创建新实体。如果拉伸是零件文件中的第一个实体特征，则这就是默认的选择。选择该选项可在包含实体的零件文件中创建新实体。每个实体均为与其他实体分离的独立的特征集合。实体可以与其他实体共享特征，在多实体建模中常应用此选项。

6）范围：确定拉伸的终止方式并设置其深度。共有五种终止方式，距离、到表面或平面、到、介于两面之间和贯通，如图 2-65 所示。

① 距离：将截面轮廓沿垂直草图平面方向单向或双向拉伸指定的距离，拉伸终止面平行于草图平面。

② 到表面或平面：选择下一个可能的面、平面或面组，以此终止指定方向上的拉伸。

③ 到：从草图轮廓开始拉伸到指定草图点、工作点、模型定点、工作平面或终止端面。

④ 介于两面之间：选择拉伸范围的起始和终止面。

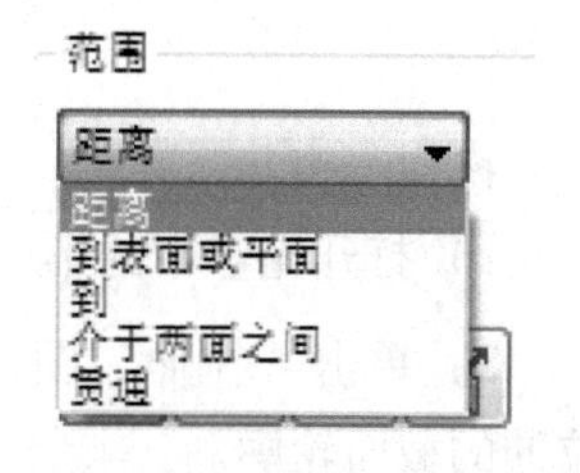

图 2-65　五种终止方式

⑤ 贯通：在指定方向上贯通所有特征和草图拉伸截面轮廓。

7）拉伸距离：指定拉伸的深度。可以直接输入，也可在图形区测量，如图 2-66 所示。

8）拉伸方向：指定拉伸的方向，共有以下四种类型。

① 方向 1 ：拉伸的默认方向。

② 方向 2 ：默认方向的相反方向。

③ 对称 ：从截面轮廓所在草图平面向两个方向等距离拉伸。

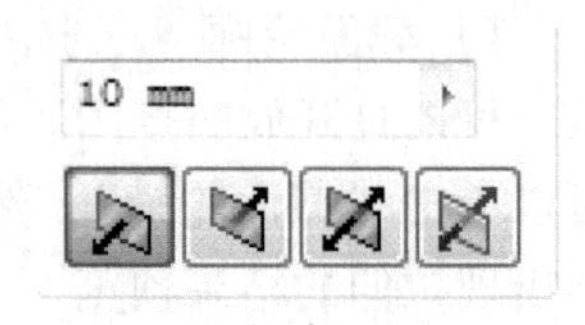

图 2-66 拉伸距离

④ 不对称 ：从截面轮廓所在草图平面向两个方向不等距离拉伸。单击此图标按钮后，需要分别指定向两个方向拉伸的距离。

"拉伸"对话框中的"更多"选项卡（图 2-67）用于指定拉伸时的角度，正的角度将沿拉伸方向增大截面面积，负的角度将沿拉伸方向减小截面面积。

图 2-67 "更多"选项卡

【基础应用一】 下面举例说明拉伸特征的一般添加过程，如图 2-68 所示。

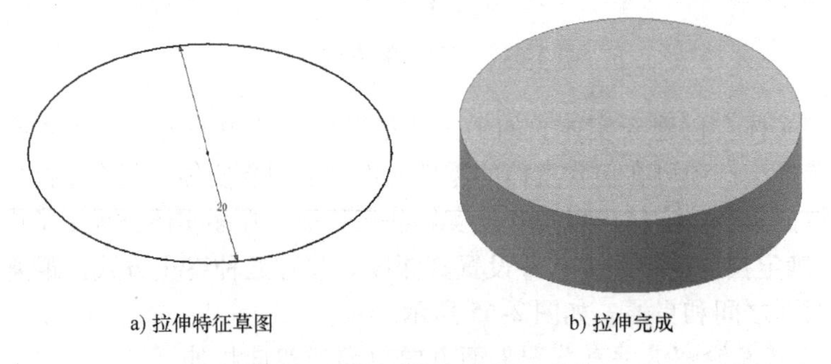

a) 拉伸特征草图　　b) 拉伸完成

图 2-68 添加拉伸特征

操作步骤：

1）打开光盘中的第 2 章　零件造型设计 \ 基础应用 \ 拉伸特征 . ipt。

2）单击"拉伸"图标按钮，由于草图中只有一个截面轮廓，软件自动选择其作为拉伸的截面轮廓。

3）在弹出的"拉伸"对话框中指定拉伸特征的相关参数。

4）单击"确认"按钮，完成拉伸特征的添加。

2. 旋转

旋转特征是将一个或多个草图轮廓绕某一旋转轴旋转一定角度创建实体或曲面，除非要创建曲面，否则截面轮廓必须是一个封闭回路。“旋转”对话框如图 2-69 所示。

旋转轴可以是工作轴、构造线或普通的直线。旋转特征的终止方式有四种，其“形状”选项卡和“更多”选项卡中的其他各项含义与拉伸特征相同，此处不再赘述。

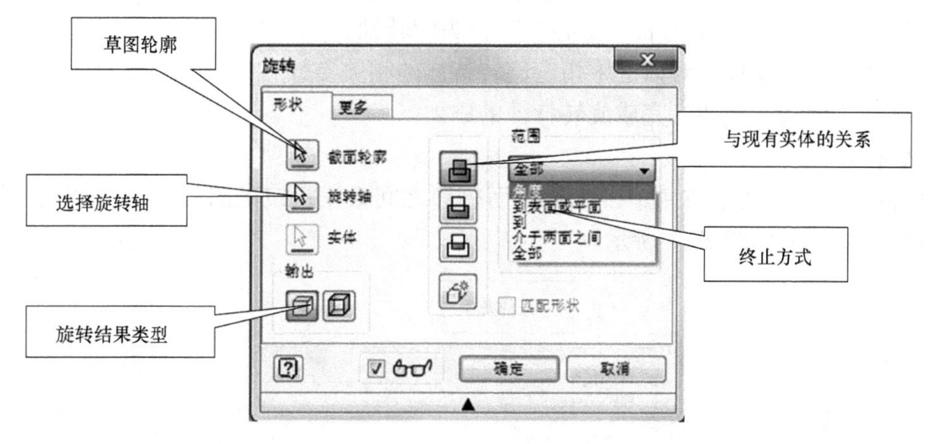

图 2-69　“旋转”对话框

【基础应用二】　下面举例说明旋转特征的一般添加过程，如图 2-70 所示。

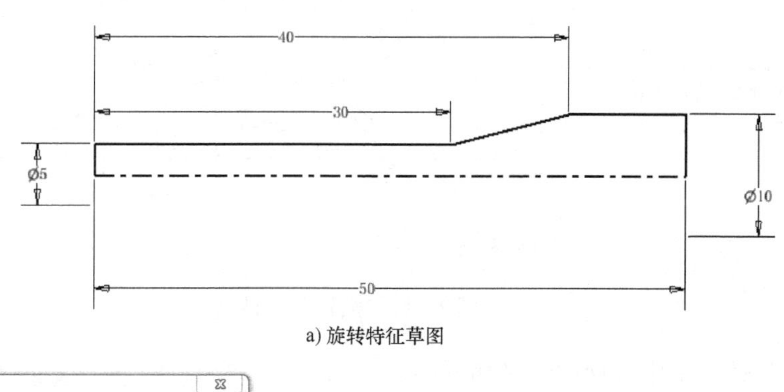

a) 旋转特征草图

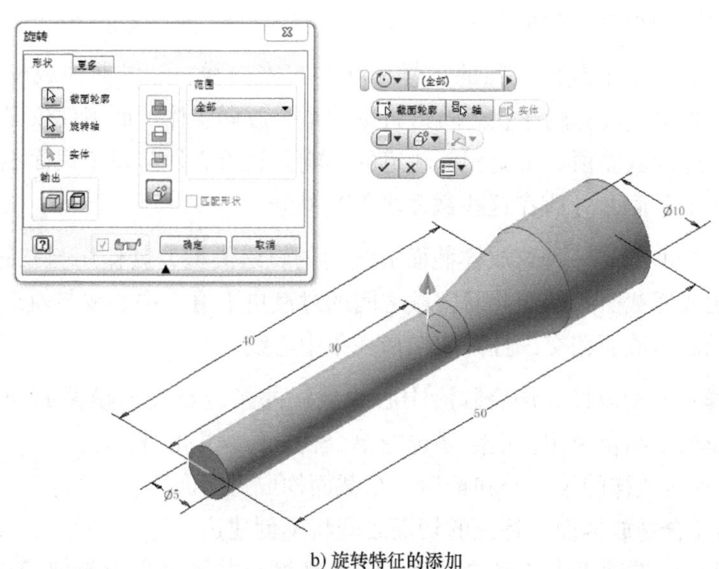

b) 旋转特征的添加

图 2-70　旋转特征

操作步骤：

1）打开光盘中的第 2 章　零件造型设计 \ 基础应用 \ 旋转特征 . ipt。

2）单击“旋转”图标按钮，由于草图中只有一个截面轮廓，软件自动选择其作为旋转的截面轮廓，同时自动选取“中心线”作为旋转轴。

3）在弹出的“旋转”对话框中指定旋转特征的相关参数。

4）单击“确认”按钮，完成旋转特征的添加。

3. 放样

放样特征用于在两个或两个以上的截面轮廓之间根据指定的路径与条件创建实体或曲面。“放样”对话框如图 2-71 所示。

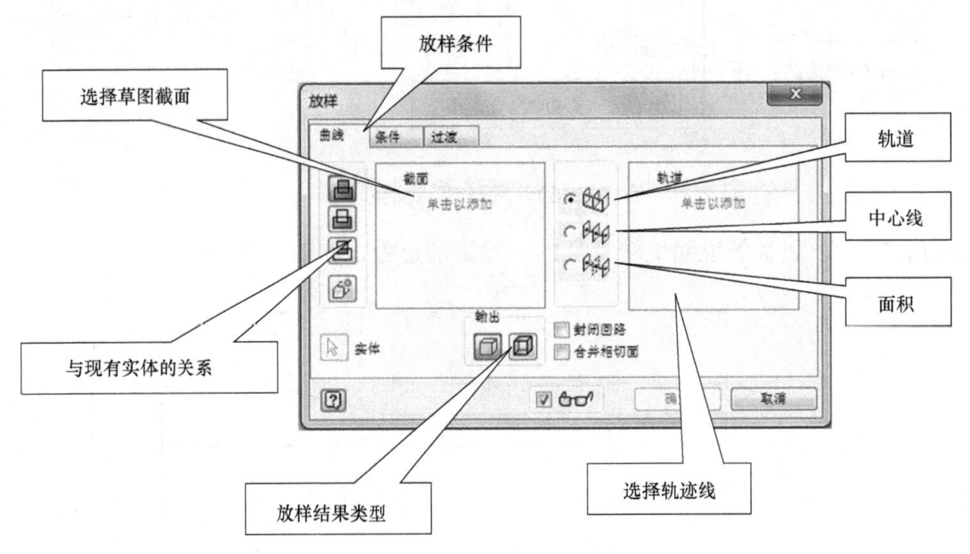

图 2-71　“放样”对话框

“曲线”选项卡中各项的含义如下：

1）轨道：轨道是指定截面之间的放样形状的二维曲线、三维曲线或模型边。可以添加任意数目的轨道来优化放样的形状。轨道将影响整个放样实体，而不仅仅是与轨道相交的截面顶点。没有轨道的截面顶点将受相邻轨道的影响。轨道必须与每个截面相交，并且必须在第一个和最后一个截面上（或在这些截面之外）终止。

2）中心线：中心线是一种与放样截面成法向的轨道类型，其作用与扫掠路径类似。中心线放样使选定的放样截面的相交截面区域之间的过渡更平滑。中心线与轨道遵循相同的标准，只是中心线无需与截面相交，且只能选择一条中心线。

3）面积放样：面积放样允许控制沿中心线放样的指定点处的横截面面积。面积放样可以与实体和曲面输出结合使用，但需要选择单个轨道作为中心线。

4）封闭回路：连接放样的第一个和最后一个截面构成封闭回路。

5）合并相切面：合并放样面，特征的切面之间将不创建边。

“条件”和“过渡”选项卡中的选项主要用于定义终止截面和最外端轨道的边界条件，本书不做深层次讨论。

【基础应用三】 下面举例说明放样特征的一般添加过程，如图 2-72 所示。

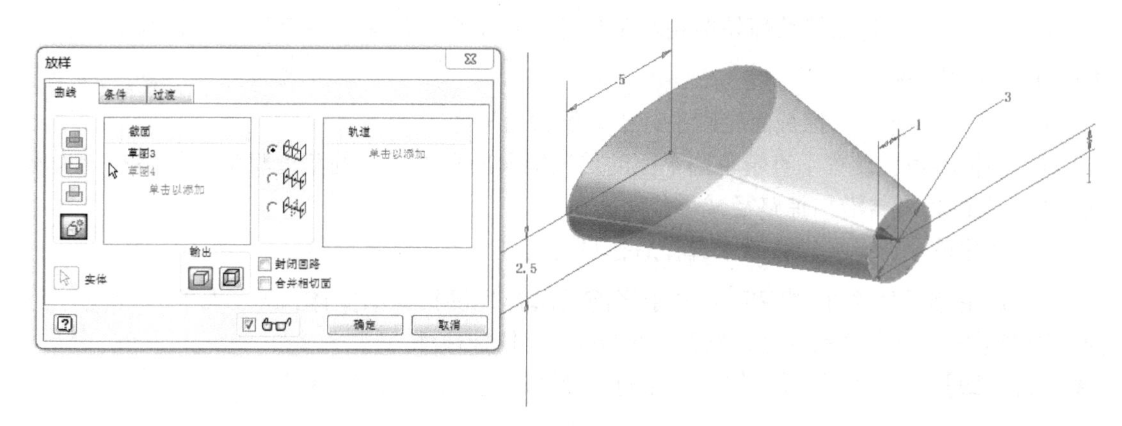

图 2-72　放样特征

操作步骤：

1）打开光盘中的第 2 章　零件造型设计\ 基础应用\ 放样特征 . ipt。

2）单击“放样”图标按钮，在弹出的“放样”对话框中依次指定放样的截面轮廓草图。

3）单击“确认”按钮，完成放样特征的添加。

4. 扫掠

扫掠特征是选定的截面轮廓沿指定的路径移动而生成的实体或曲面。“扫掠”对话框如图 2-73 所示，其中各项的含义如下：

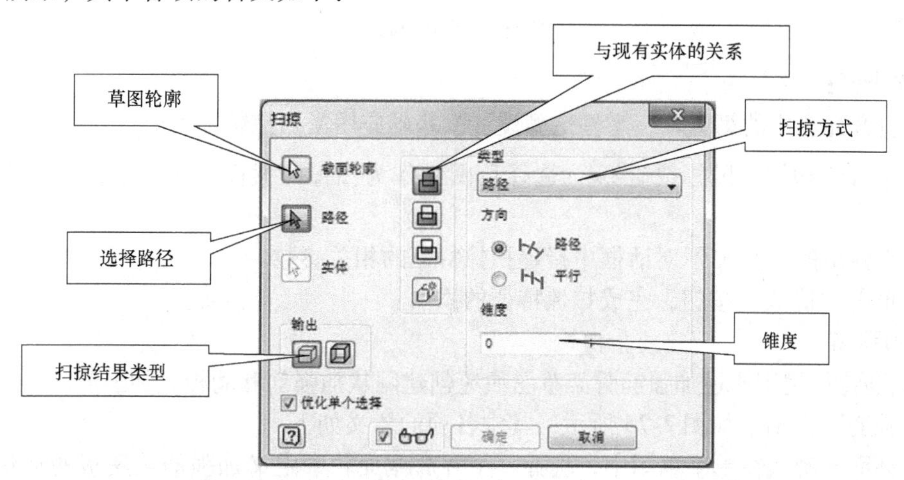

图 2-73　“扫掠”对话框

1）截面轮廓：选择草图的一个或多个截面轮廓以沿选定的路径进行扫掠。可使用封闭的截面轮廓创建实体或曲面扫掠特征，使用开放的截面轮廓仅创建曲面扫掠特征。

2）路径：选择扫掠截面轮廓所围绕的轨迹或路径。路径可以是开放回路，也可以是封闭回路，但是必须穿透截面轮廓平面。

3）类型：指定要创建的扫掠类型。路径和引导轨道与路径和引导曲面两种方式本书不做深层次讨论。

4）方向：分为路径和平行两种。

➢ 路径：保持扫掠截面轮廓相对于扫掠路径不变。所有扫掠截面都维持与该路径相关的原始截面轮廓。

➢ 平行：保持扫掠截面轮廓平行于原始截面轮廓。

5）扫掠斜角：设置垂直于草图平面的扫掠锥角的角度。正的角度将沿扫掠路径增大截面面积，负的角度将沿扫掠路径减小截面面积。

6）优化单个选择：进行单个选择后，自动前进到下一个选择器。

7）启用/禁用特征预览：基于当前的选择提供扫掠的实体预览。如果“预览”已启用而图形区中没有显示预览，则很有可能无法创建扫掠特征。

【基础应用四】 下面举例说明扫掠特征的一般添加过程，如图 2-74 所示。

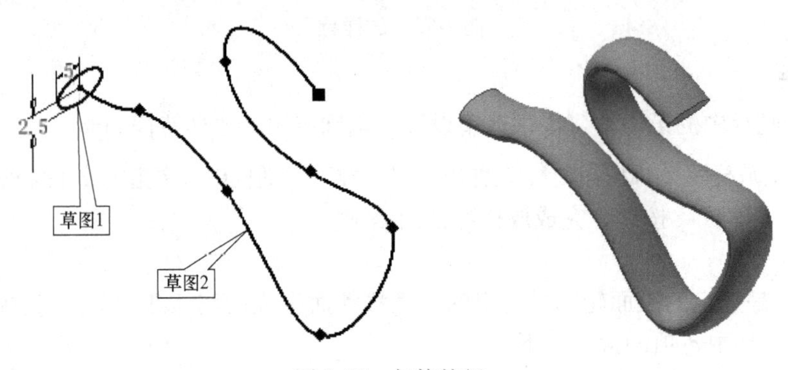

图 2-74　扫掠特征

操作步骤：

1）打开光盘中的第 2 章　零件造型设计 \ 基础应用 \ 扫掠特征 . ipt。

2）单击“扫掠”图标按钮，选择草图 1 作为扫掠的截面轮廓，选择草图 2 作为扫掠路径。

3）在弹出的“扫掠”对话框中指定扫掠特征的相关参数。

4）单击“确认”按钮，完成扫掠特征的添加。

5. 加强筋

加强筋特征用于通过加强筋骨架草图快速创建网状加强筋和肋板式加强筋。

“加强筋”对话框如图 2-75 所示，其中各项的含义如下：

1）截面轮廓：在单个草图中，选择一个开放截面轮廓定义加强筋或腹板的形状，或者选择多个相交或不相交的截面轮廓来定义网状加强筋或腹板。

2）方向：控制加强筋或腹板的方向，指定加强筋是沿平行于草图几何图元的方向延伸，还是沿垂直的方向延伸。

3）厚度：指定加强筋或腹板的厚度。厚度数值输入框下方的方向按钮功能与拉伸特征中相同。

4）范围：指定加强筋或腹板的终止方式。

➢ 到表面或平面：截面轮廓被投影到下一个面上，将加强筋或腹板终止于下一个面，用于创建封闭的薄壁支撑形状，即加强筋。

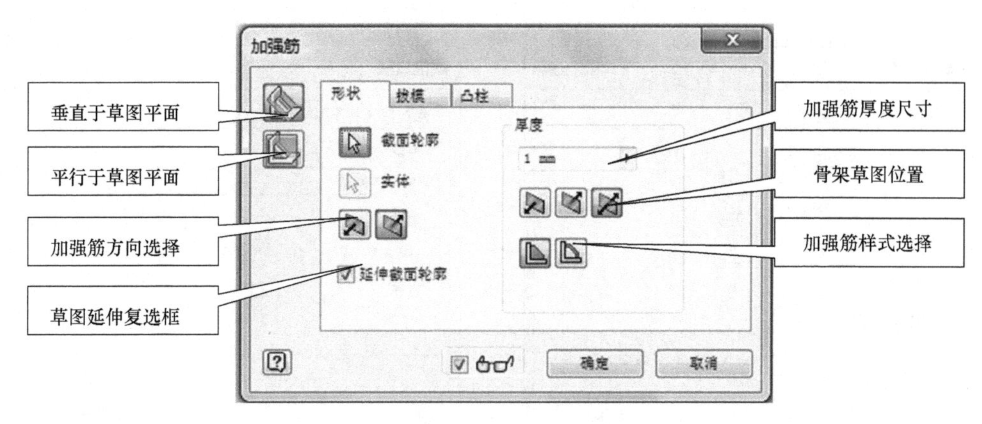

图2-75　“加强筋”对话框

➢ 有限的：截面轮廓以一个指定的距离投影其深度，用来创建开放的薄壁支撑形状，即腹板。

5）锥度：为加强筋和腹板（与草图平面成法向）设置扫掠斜角。

6）延伸截面轮廓：默认情况下，截面轮廓延伸与面相交，清除复选框可以禁止截面轮廓延伸。

【基础应用五】 下面举例说明加强筋特征的一般添加过程，如图2-76所示。

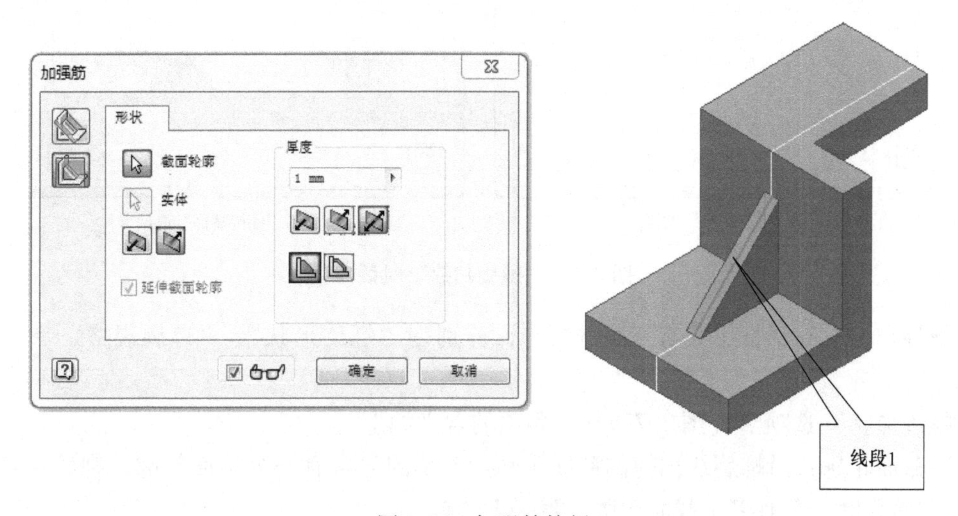

图2-76　加强筋特征

操作步骤：

1）打开光盘中的第2章　零件造型设计\基础应用\加强筋特征.ipt。

2）单击“加强筋”图标按钮，选择线段1作为加强筋特征的截面轮廓，并选择范围和方向。

3）在弹出的“加强筋”对话框中指定加强筋特征的厚度等参数。

4）单击“确认”按钮，完成加强筋特征的添加。

6. 螺旋扫掠

螺旋扫掠是截面轮廓沿螺旋线进行的扫掠特征。“螺旋扫掠”对话框如图2-77所示。

a)“螺旋形状”选项卡

b)“螺旋规格”选项卡

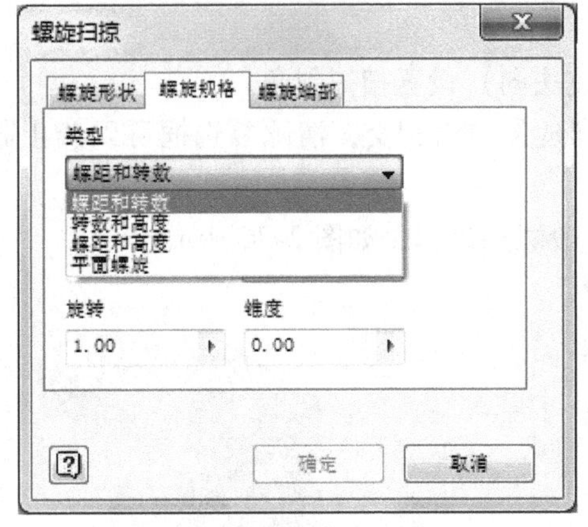

c)“螺旋规格”类型

d)“螺旋端部”选项卡

图 2-77　“螺旋扫掠”对话框

“螺旋扫掠”对话框中共有三个选项卡，分别是“螺旋形状”、“螺旋规格”和“螺旋端部”。

“螺旋形状”选项卡（图 2-77a）中各项的含义如下：

1）截面轮廓：沿螺旋线扫掠的截面轮廓。若草图只含有一个截面轮廓，则软件自动选择这个截面轮廓；若有多个截面轮廓，需手工选择。

2）轴：定义旋转所围绕的直线或工作轴。它不能与截面轮廓相交。选择方向图标以反转螺旋扫掠的方向。

3）旋转方向：指定螺旋扫掠按顺时针方向还是逆时针方向旋转。

“螺旋形状”选项卡中的剩余选项与其他特征中的含义相同，此处不再赘述。

“螺旋规格”选项卡（图 2-77b）中各项的含义如下：

1）类型：选择要指定的参数，有“螺距和转数”、“转数和高度”、“螺距和高度”和“平面螺旋”四种类型，如图 2-77c 所示。

2）螺距：指定螺旋线绕轴旋转一周的高度增量。

3）高度：指定螺旋扫掠从开始轮廓中心到终止轮廓中心的高度。

4）转数：指定螺旋扫掠过程中截面轮廓绕旋转轴转过的圈数，必须为正值。

5）锥度：定义锥度后，螺旋扫掠的旋转半径将逐渐变化。

“螺旋端部”选项卡（图2-77d）中各项的含义如下：

1）“开始”和“结束”：为螺旋扫掠的“开始”和“终止”指定终止条件，分为“自然”和“平底”两种方式。

2）过渡段包角：指定螺旋扫掠获得过渡的距离（单位为度数，一般少于一圈）。

3）平底段包角：螺旋扫掠过渡后不带节距（平底）的延伸距离（单位为度数），使从螺旋扫掠的正常旋转的末端过渡到平底端的末尾。

【基础应用六】 下面举例说明螺旋扫掠特征的一般添加过程，如图2-78所示。

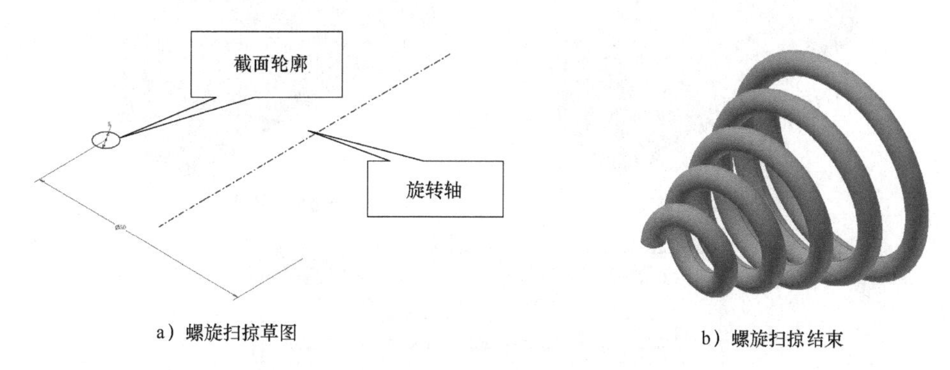

a）螺旋扫掠草图　　b）螺旋扫掠结束

图2-78　螺旋扫掠特征

操作步骤：

1）打开光盘中的第2章　零件造型设计\基础应用\螺旋扫掠特征.ipt。

2）单击“螺旋扫掠”图标按钮，激活螺旋扫掠功能。

3）在弹出的“螺旋扫掠”对话框中指定螺旋扫掠特征的相关参数。

4）单击“确认”按钮，完成螺旋扫掠特征的添加。

7. 凸雕

凸雕特征用于将草图截面轮廓按一定的厚度以凸起或凹进的方式缠绕或投影至零件的表面。“凸雕”对话框如图2-79所示，其中各选项的含义如下：

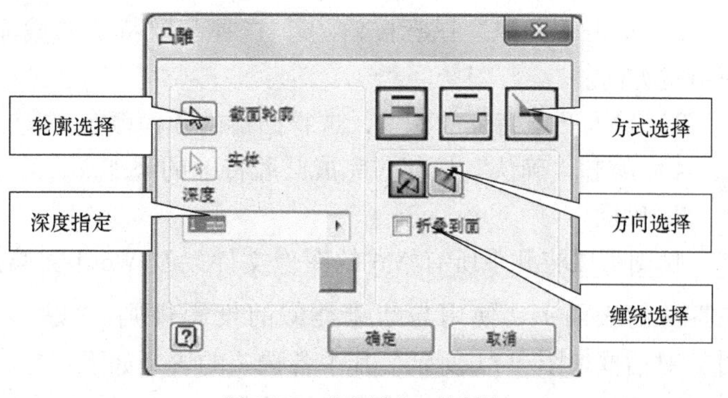

图2-79　“凸雕”对话框

1）截面轮廓：选择草图中的截面轮廓用于凸雕图像。

2）深度：指定凸雕或凹雕截面轮廓的偏移深度。

3）凸雕方向：指定凸雕区域的方向，包括以下三种类型。

① 从面凸雕：升高零件表面上对应的截面轮廓区域。

② 从面凹雕：凹进零件表面上对应的截面轮廓区域。

③ 从平面凸雕/凹雕：将草图平面向两个方向或单向拉伸，向模型中添加和从中去

除材料。

4）折叠到面：对于“从面凸雕”和“从面凹雕”类型，指定截面轮廓是否缠绕在曲面上。清除该复选框，则图像将投影到面而不是缠绕到面。

5）顶面外观■：指定凸雕区域面（而非其侧边）上的颜色。在“外观”对话框中，单击向下箭头显示一个列表，可在列表中选择所需的颜色。

【基础应用七】 下面举例说明凸雕特征的一般添加过程，如图 2-80 所示。

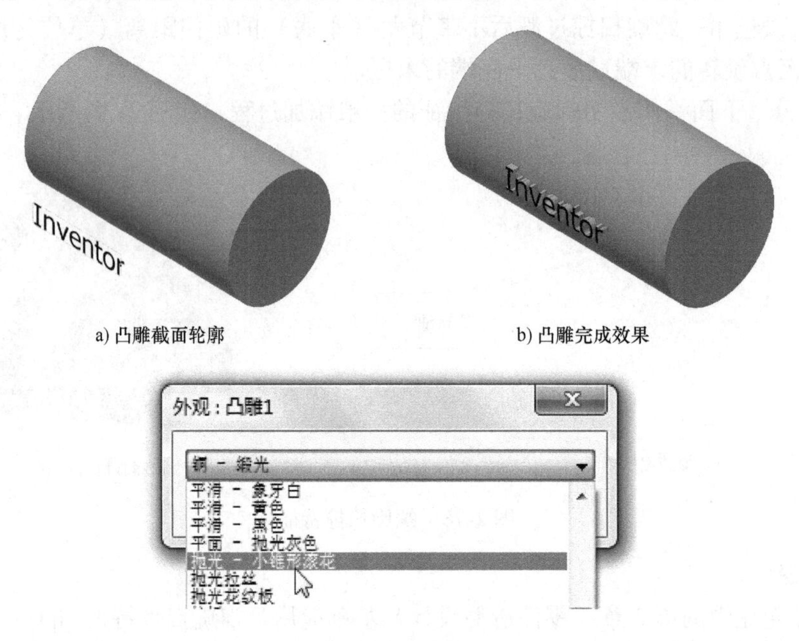

图 2-80　凸雕特征

操作步骤：

1）打开光盘中的第 2 章　零件造型设计\基础应用\凸雕特征 . ipt。

2）单击“凸雕”图标按钮，选择凸雕特征的截面轮廓，在弹出的“凸雕”对话框中指定方向。

3）输入凸雕特征的深度，选择凸雕的顶面颜色。

4）单击“确认”按钮，完成凸雕特征的添加。

8. 贴图

贴图可以将几乎所有格式的图像文件以及 Word 文档或 Excel 电子表格等像标签一样贴在零件的表面上，使用与凸雕类似的投影规则。“贴图”对话框如图 2-81 所示，其中各选项的含义如下：

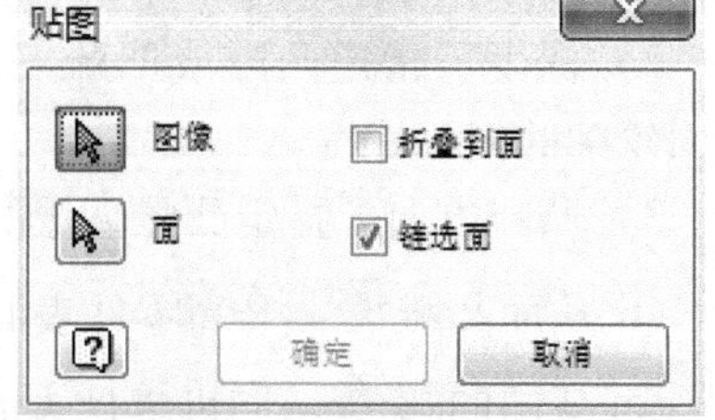

图 2-81　“贴图”对话框

1）图像：选择 jpg、. bmp、gif 或 doc、xls 格式的图像。图像的大小可以调整，但仍保持原来的纵横比。可使用尺寸和约束在草图上定位图像。

2）面：选择要应用贴图的面。

3）折叠到面：控制贴图的投影方式。清除该复选框则图像将投影到面上，而不进行缠绕。

4）链选面：控制是否将贴图放在与选定面有公共边界的相邻面上。

【基础应用八】 下面举例说明贴图特征的一般添加过程，如图 2-82 所示。

操作步骤：

1）打开光盘中的第 2 章　零件造型设计 \ 基础应用 \ 贴图特征 . ipt。

2）单击“贴图”图标按钮，选择贴图特征的图像和面，在弹出的“贴图”对话框中指定“折叠到面”。

3）单击“确认”按钮，完成贴图特征的添加。

a) 贴图特征完成前　　b) 贴图特征完成后

图 2-82　贴图特征

2.2.2　放置特征

放置特征是在已有特征上添加的特征。创建这些特征不需要草图，但必须有已经创建的基础特征。放置特征包括孔、圆角、倒角、抽壳、拔模斜度、螺纹、分割、折弯零件、矩形阵列、环形阵列、镜像和合并。

1. 孔

孔特征是一种去料特征，需要依附在实体对象上。“孔”对话框如图 2-83 所示，其中各选项的含义如下：

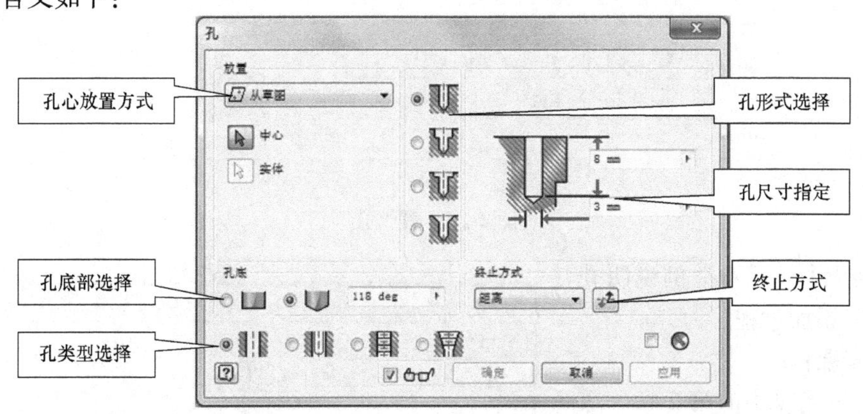

图 2-83　“孔”对话框

1）放置：指定孔的中心位置，有以下四种放置方式。

➢ 从草图：此选项是根据草图上的位置创建孔。孔位置可以包括点、孔中心对象、直线或圆弧的端点或者投影几何图元的中心。

➢ 线性：根据两条线性边在面上创建孔。选择此种方式后，需要指定放置孔的平面和为标注孔放置而参考的线性边。

➢ 同心：在平面上创建与环形边或圆柱面同心的孔。选择此种方式后，需要指定放置孔的平面和孔中心放置所参考的对象，一般选择圆形边或圆柱面。

➢ 参考点：创建与工作点重合并且根据轴、边或工作平面定位的孔。

2）孔的形式及尺寸：有直孔、沉头孔、沉头平面孔和倒角孔四种，需要分别指定孔的尺寸参数，如图 2-84 所示。

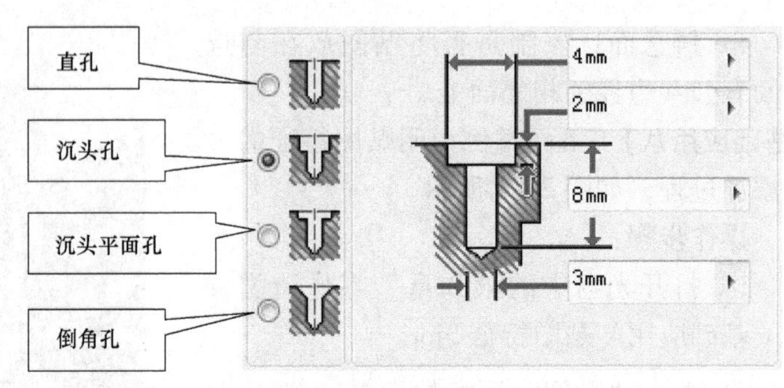

图 2-84　孔的形式及尺寸

3）孔底：有平直和角度两种，角度值可在参数框中修改，默认为 118°。

4）终止方式：有三种，各选项的含义与“拉伸”特征中相同，此处不再赘述。

5）孔类型：分为简单孔、配合孔、螺纹孔和锥螺纹孔。除简单孔外，选择其他类型孔都需输入参数。常用的为螺纹孔，选择该选项后，出现扩展对话框，可进行螺纹类型、大小和规格等的设置，如图 2-85 所示。

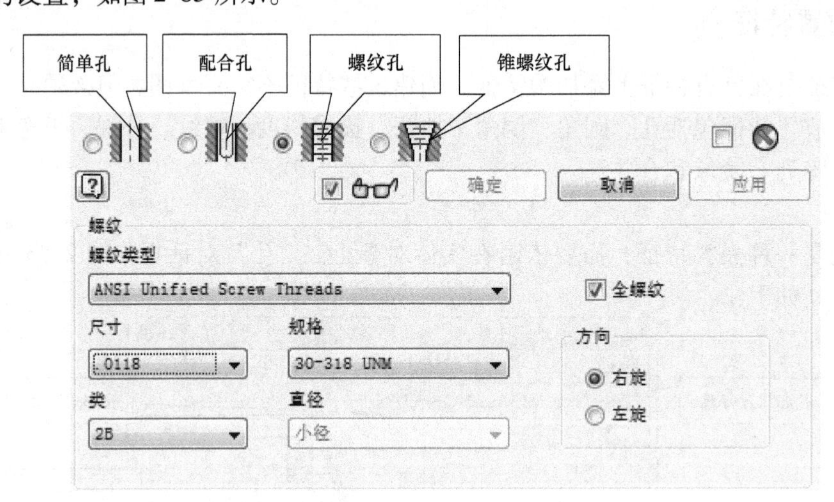

图 2-85　螺纹孔

【基础应用九】 下面举例说明孔特征的一般添加过程。

操作步骤：

1）打开光盘中的第 2 章　零件造型设计 \ 基础应用 \ 孔特征 . ipt。

2）单击“孔”图标按钮，在弹出的“孔”对话框中指定孔特征的放置方式、形式、孔底和终止方式等，本例中具体参数如图 2-86 所示。

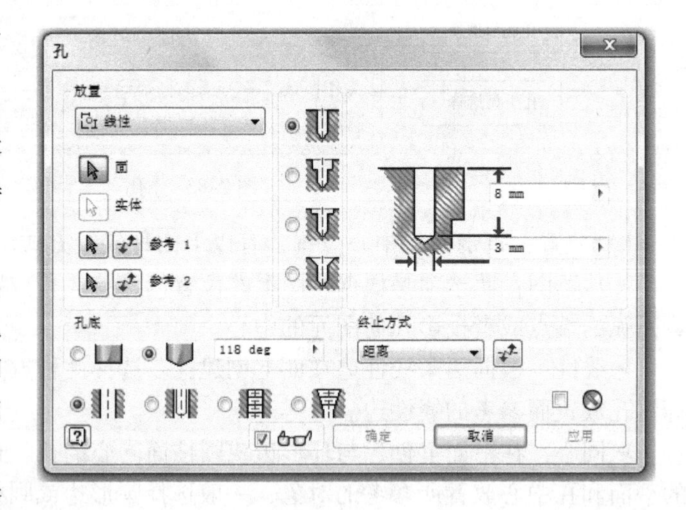

图 2-86　孔参数设置

3）指定孔特征的中心位置参数，如图 2-87 所示。

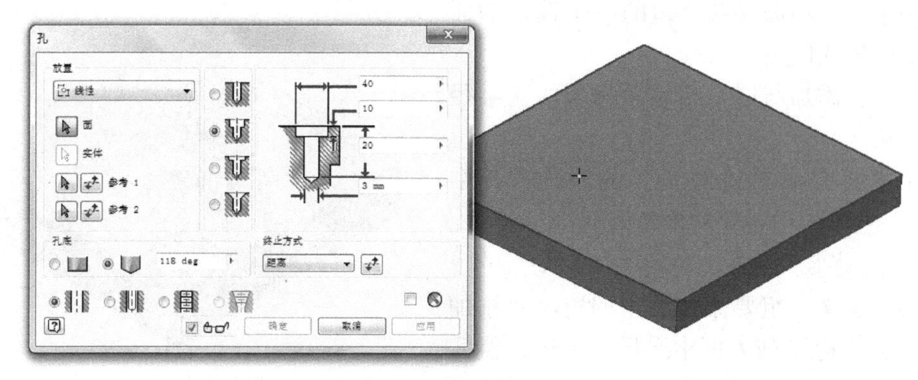

a) 选择打孔面

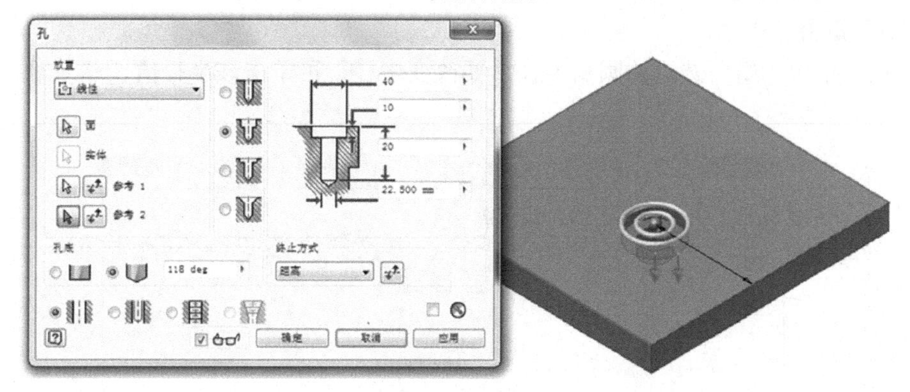

b) 选择“参考1”并指定距离

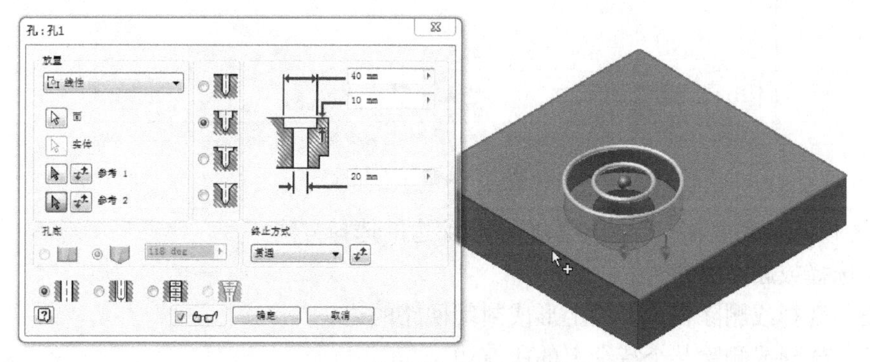

c) 选择“参考2”并指定距离

图 2-87　指定孔中心位置

4）单击“确认”按钮，完成孔特征的添加，如图 2-88 所示。

2. 圆角

圆角特征用于在实体的边或实体的表面之间添加具有固定半径和可变半径的弯曲面，使之圆滑过渡。“圆角”对话框如图 2-89 所示。

Inventor 提供三种类型的圆角，即“边圆角”、“面圆角”和“全圆角”。

边圆角：在零件的一条或多条边上添加圆角或圆边。

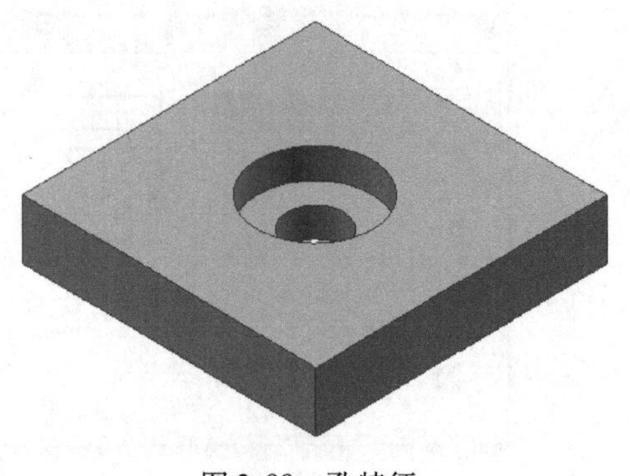
图2-88　孔特征

面圆角：在不需要共享边的两个选定的面之间添加圆角或圆边。

全圆角：添加与三个相邻面相切的变半径圆角或圆边。

本书主要介绍“边圆角”的添加，其中“等半径”选项卡中各项的含义如下：

1）边、半径列表框。

➢ 边：定义一组要添加圆角的边。要添加边，可以从“边”列表框中选择一组边，然后在图形区中单击这些边。要删除某些边，可以按下“Ctrl”键并单击边。

➢ 半径：指定一组所选边的圆角半径。要改变半径，可单击该半径值，然后输入新的半径值。

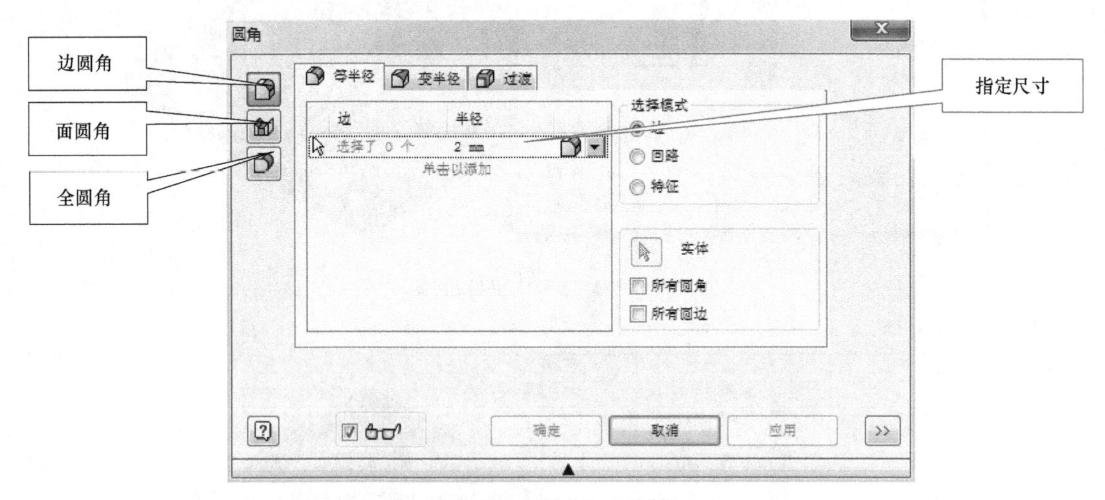

图2-89　“圆角”对话框

2）选择模式：改变在一组边中添加或删除边的选择方法。

➢ 边：选择或删除单条边。

➢ 回路：选择或删除在一个面上形成封闭回路的边。

➢ 特征：选择或删除某个特征上的所有边。

3）实体：选择多实体零件中的参与实体，在单个实体零件中不可用。

➢ 所有圆角：选择或删除所有没有进行过圆角处理的凹边和拐角，如图2-90a所示。

➢ 所有圆边：选择或删除所有没有进行过圆角处理的凸边和拐角，如图2-90b所示。

“变半径”选项卡用于添加变半径圆角的参数，如图2-91所示，其中各选项的含义如下：

1）边：指定要添加圆角的边。要添加一条边，可以从“边”列表框中选择提示行，然后在图形区单击要添加的边。

2）点：选择起点、终点或中间点，以便输入圆角半径。

3）半径：设置所选控制点处的圆角半径。若要改变半径，可以在控制点列表中选择控

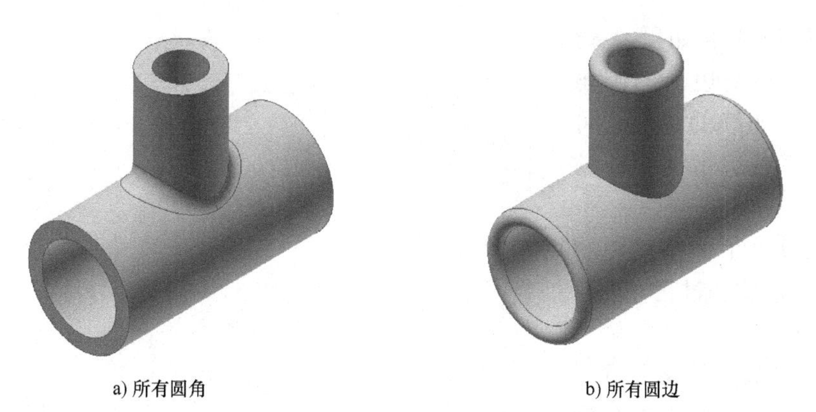

a) 所有圆角　　b) 所有圆边

图 2-90　同一零件的两种圆角模式

图 2-91　“变半径”选项卡

制点，然后输入新的半径值。

4）位置：指定所选控制点的位置。若要更改此位置，可在点列表中选择点，然后输入一个 0 ~ 1 的值（表示边长的百分比）。

5）平滑半径过渡：定义变半径圆角在控制点之间是如何创建的，默认为“平滑过渡”。选中该复选框，可以使圆角在控制点之间逐渐混合过渡，过渡是相切的；清除该复选框，则在点之间用线性过渡来创建圆角，如图 2-92 所示。

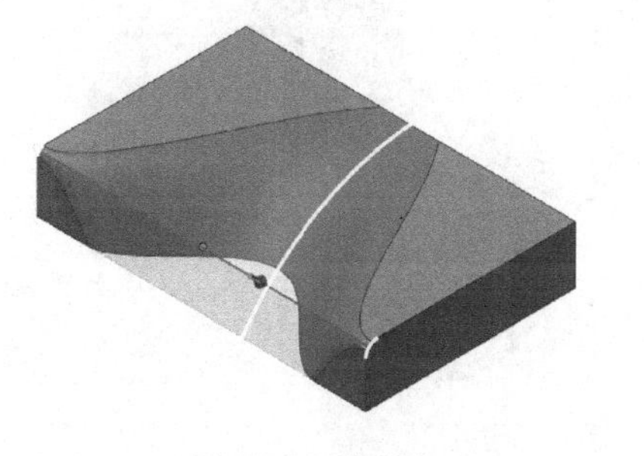

a) 勾选平滑半径过渡

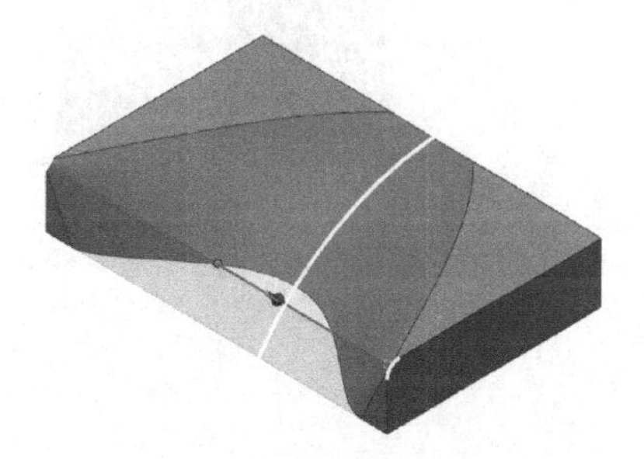

b) 不勾选平滑半径过渡

图 2-92　平滑半径过渡

“过渡”选项卡如图 2-93 所示，用于在相交边上的圆角之间定义相切连续的过渡，可以对相交的每条边指定不同的过渡。

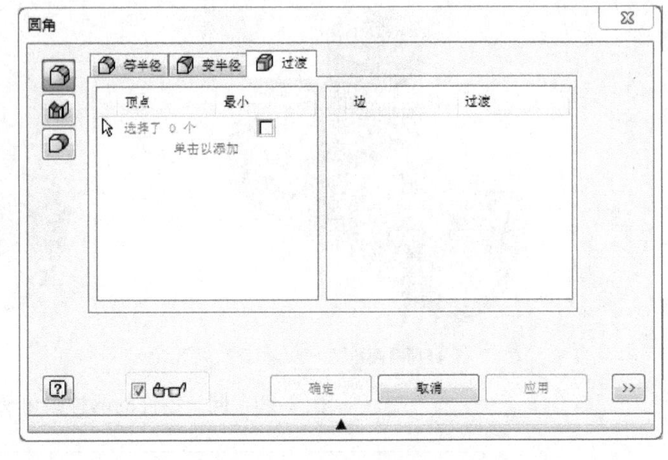

图 2-93　“过渡”选项卡

【基础应用十】 下面举例说明圆角特征的一般添加过程。

操作步骤：

1）打开光盘中的第 2 章零件造型设计 \ 基础应用 \ 圆角特征 . ipt。

2）单击“圆角”图标按钮，在弹出的“圆角”对话框中指定圆角特征的半径。本例中具体参数如图 2-94 所示。

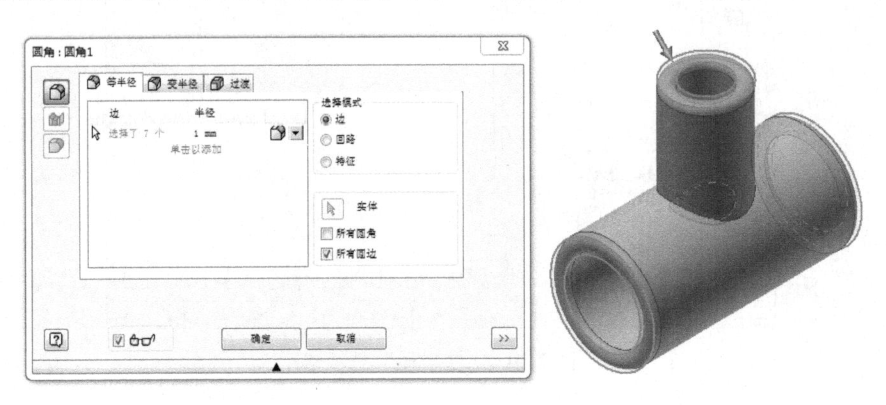

图 2-94　圆角特征参数

3）单击“确认”按钮，完成圆角特征的添加，如图 2-95 所示。

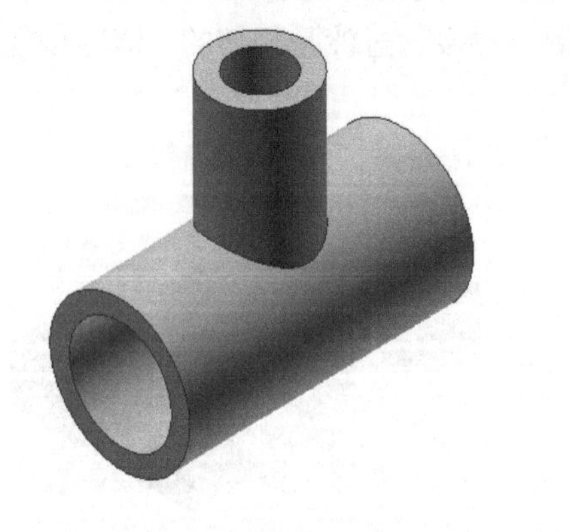

a) 添加圆角特征前

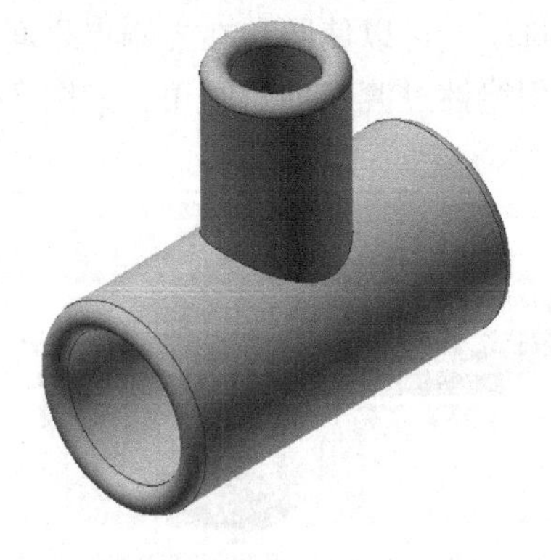

b) 添加圆角特征后

图 2-95　圆角特征

3. 倒角

倒角工具用于在零件的棱边创建斜角。“倒角”对话框如图 2-96 所示，其中各选项的含义如下：

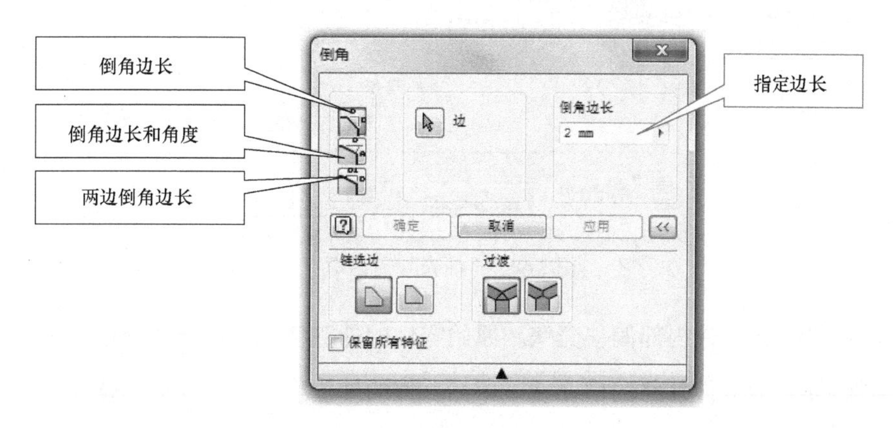

图 2-96　“倒角”对话框

1）倒角边长：通过指定与两个面的交线偏移同样的距离来创建倒角。

2）倒角边长和角度：通过定义自某条边的偏移和面到此偏移边的角度来创建倒角。

3）两边倒角边长：指定每个面的距离在单条边上创建倒角。

4）链选边：选择共享切点的所有边。

5）过渡：对于“距离”倒角方法，定义三条倒角边相交于拐角时拐角的外观。共有两种外观。

- ：可在平面相交处连接倒角，如图 2-97a 所示。
- ：倒角可在该相交处形成角点，就像对三条边进行铣削，如图 2-97b 所示。

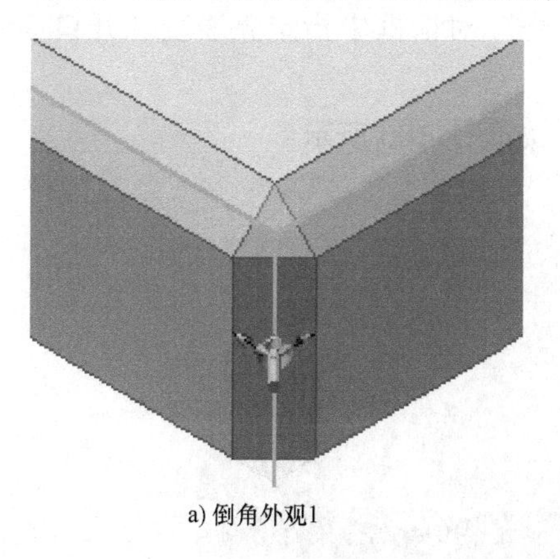

a) 倒角外观1

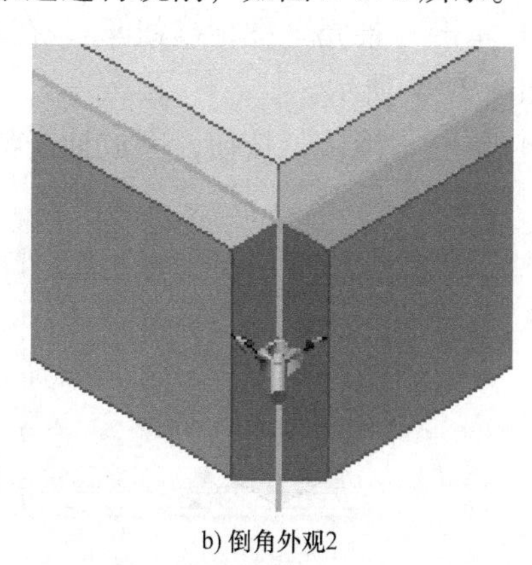

b) 倒角外观2

图 2-97　倒角外观

4. 抽壳

抽壳工具用于去除零件内部的材料，使零件内部成为空腔，可以移出零件的一个或多个表面形成开放空腔。“抽壳”对话框如图 2-98 所示，其选项卡中各项的含义如下：

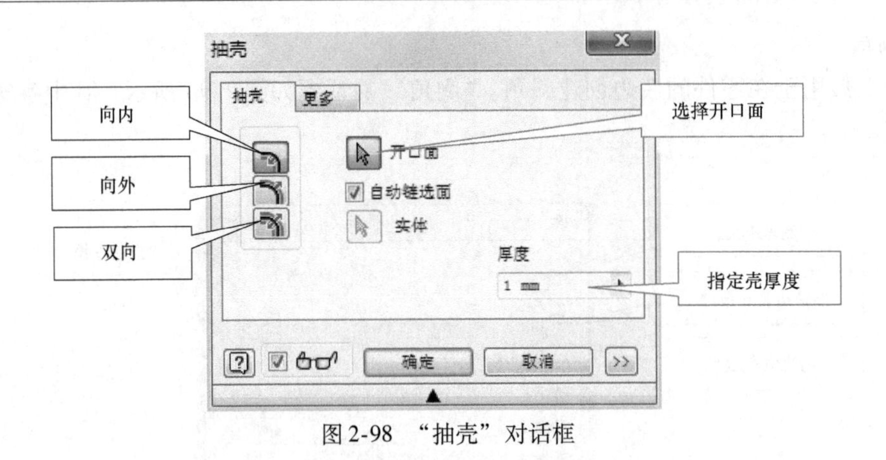

图 2-98　“抽壳”对话框

1）向内 ：向零件内部偏移壳壁。原始零件的外壁将成为抽壳的外壁。

2）向外 ：向零件外部偏移壳壁。原始零件的外壁将成为抽壳的内壁。

3）双向 ：向零件内部和外部以相同距离偏移壳壁。零件的厚度将增加抽壳厚度的一半。

4）开口面：选择要删除的零件面，保留剩余的面作为壳壁。可以选择多个开口面，要取消选择某个面，可按住“Ctrl”键并单击该面。如果没有选择要去除的零件面，则抽壳空腔会完全封闭在零件内。

5）自动链选面：启用或禁用自动选择多个相切、连续面。默认设置为“开”。

6）厚度：壳壁的厚度。

【基础应用十一】 下面举例说明抽壳特征的一般添加过程。

操作步骤：

1）打开光盘中的第 2 章　零件造型设计 \ 基础应用 \ 抽壳特征 . ipt。

2）单击“抽壳”图标按钮 ，在弹出的“抽壳”对话框中指定壳厚度和开口面等参数，如图 2-99 所示。

3）单击“确认”按钮，完成抽壳特征的添加，如图 2-100 所示。

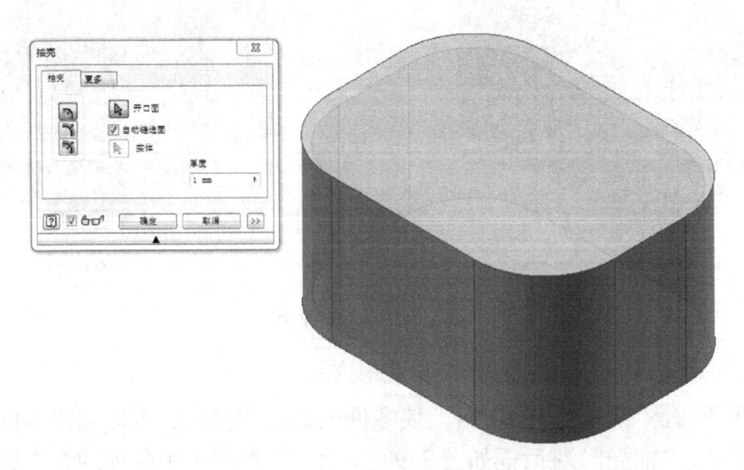

图 2-99　抽壳参数

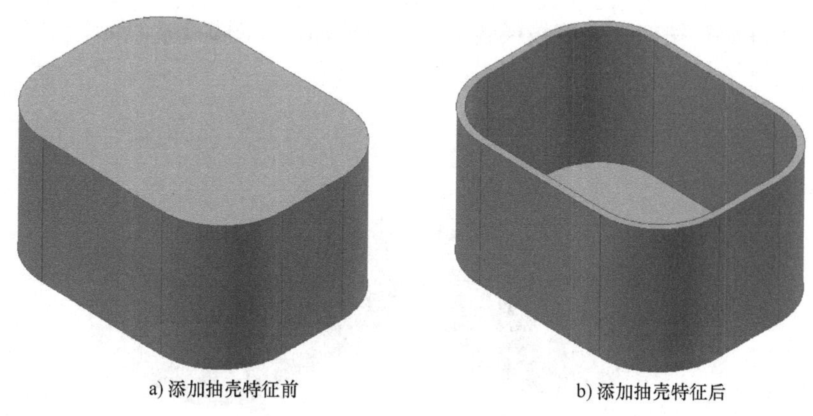

图 2-100　抽壳特征

5. 拔模斜度

拔模工具用于为零件的表面添加斜度，从而方便零件从模具中取出。“拔模斜度”对话框如图 2-101 所示，其中各选项的含义如下：

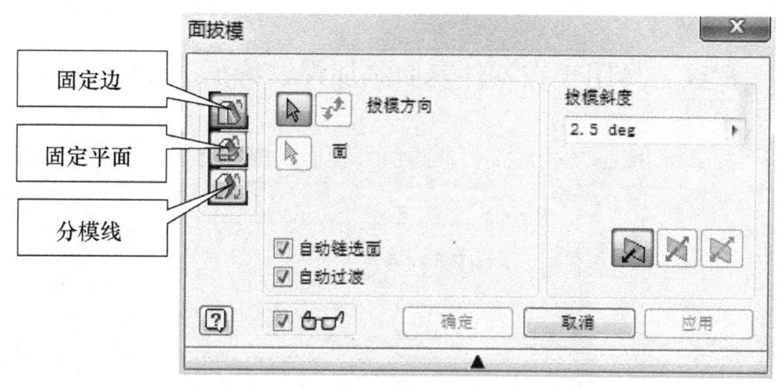

图 2-101　“拔模斜度”对话框

1）拔模类型：选择“固定边”拔模或“固定平面”拔模。

➢ 固定边：在每个平面的一个或多个相切的连续固定边处创建拔模，结果将创建额外的面。

➢ 固定平面：选择一个平面或工作平面并确定拔模方向。拔模方向垂直于所选面或平面。

2）拔模方向：模具拔出的方向。

3）面：选择要将拔模应用到的面或边。

4）拔模斜度：设置拔模的角度，可输入正的或负的角度，或者从列表中选择一种计算方法。

【基础应用十二】　下面举例说明拔模斜度特征的一般添加过程。

操作步骤：

1）打开光盘中的第 2 章　零件造型设计 \ 基础应用 \ 拔模斜度特征 . ipt。

2）单击“拔模斜度”图标按钮，在弹出的“拔模斜度”对话框中（图2-101）指定拔模类型为“固定边”，设置拔模方向、拔模面和拔模角度，如图 2-102 所示。

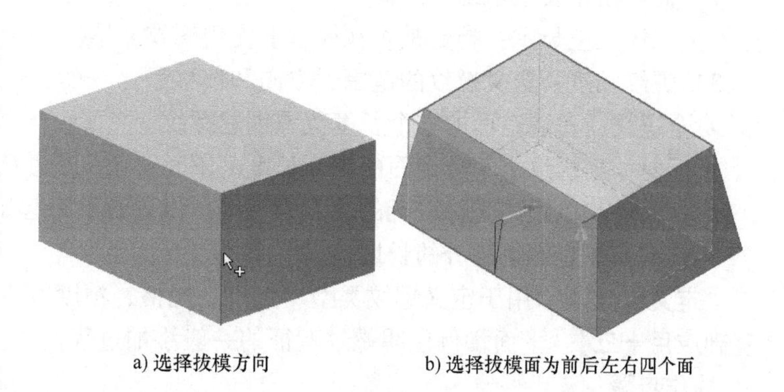

图 2-102　添加拔模斜度特征的步骤

3）单击“确认”按钮，完成拔模斜度特征的添加，如图 2-103 所示。

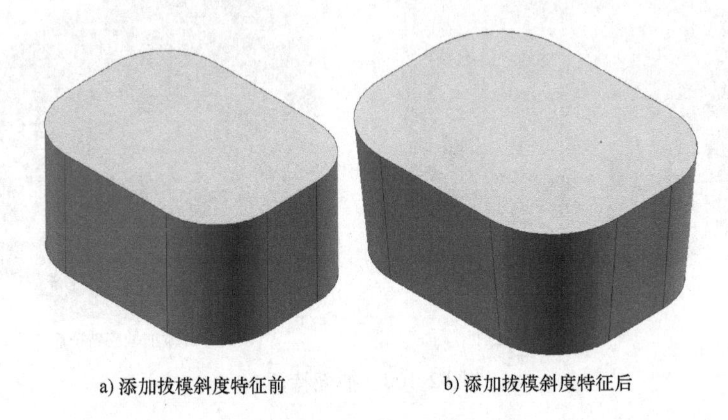

a) 添加拔模斜度特征前　　b) 添加拔模斜度特征后

图 2-103　拔模斜度特征

6. 螺纹

螺纹工具用于在零件表面添加螺纹特征。“螺纹” 对话框如图 2-104 所示。

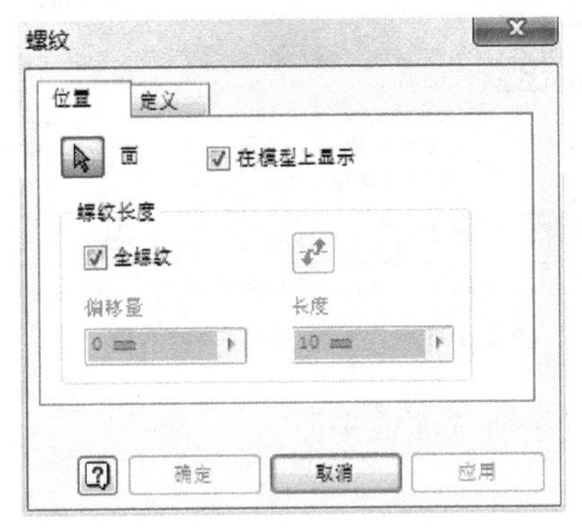

a）“位置”选项卡

b）“定义”选项卡

图 2-104　“螺纹” 对话框

“位置” 选项卡中各项的含义如下：

1）面：指定要创建螺纹的面。

2）在模型上显示：指定是否在模型上使用螺纹表达。

3）螺纹长度：定义螺纹的范围、方向和偏移量。

➢ 全螺纹：对选定面的整个长度范围创建螺纹。

➢ 反向：当螺纹小于选定面的整个长度范围时，改变螺纹方向。

➢ 偏移量：以距离光标较近的端面为基准，设置螺纹距起始面的距离。

➢ 长度：指定螺纹部分的长度。

“定义” 选项卡用于定义螺纹类型、大小、规格、精度等级和旋向。

【基础应用十三】 下面举例说明螺纹特征的一般添加过程。

操作步骤：

1）打开光盘中的第 2 章　零件造型设计 \ 基础应用 \ 螺纹特征 . ipt。

2）单击“螺纹”图标按钮，在弹出的“螺纹”对话框中指定螺纹面和长度等，如图 2-105 所示。

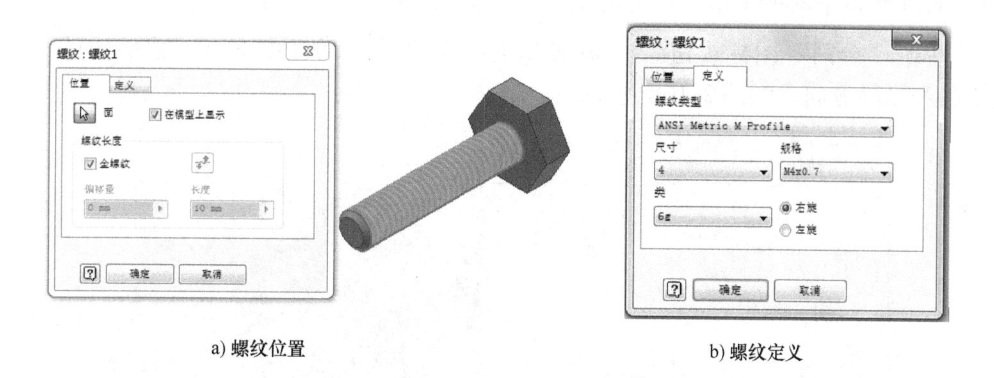

a) 螺纹位置　　b) 螺纹定义

图 2-105　螺纹特征的添加

3）单击“确认”按钮，完成螺纹特征的添加，如图 2-106 所示。

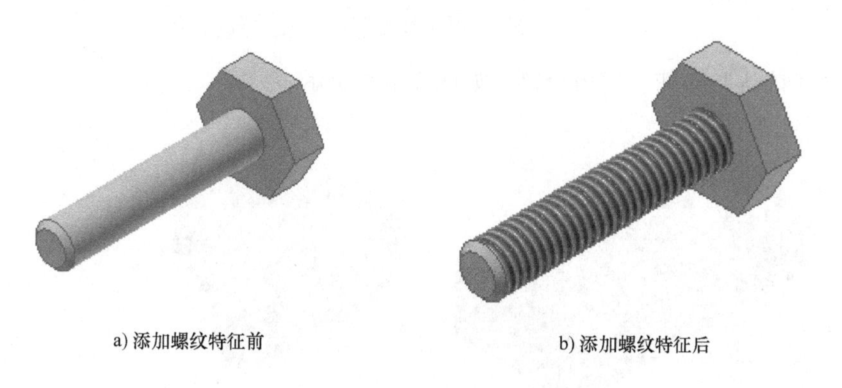

a) 添加螺纹特征前　　b) 添加螺纹特征后

图 2-106　螺纹特征

7. 分割

分割就是把原来的一个整体（面或者实体）分成两个。“分割”对话框如图 2-107 所示，其中各选项的含义如下：

1）分割面：将一个或多个面分割为两半。

2）修剪实体：选择要分割的零件或实体，并去除一侧。

3）分割实体：将实体分割成两部分。

4）分割工具：选择工作平面、曲面或草图，以将面或实体分割成两部分。

5）当“面分割”方式处于激活状态时，选择所有或指定的面进行分割。

➢ 全部：选择所有面进行分割。

➢ 选择：选择面进行分割。

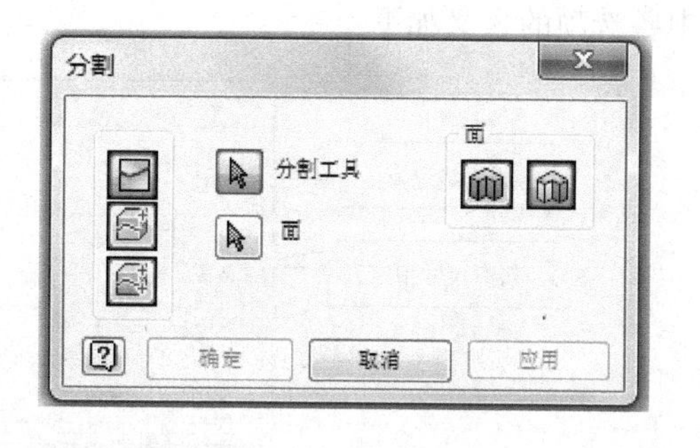

图 2-107　“分割”对话框

【基础应用十四】 下面举例说明“分割”的一般添加过程。

操作步骤：

1）打开光盘中的第 2 章　零件造型设计 \ 基础应用 \ 分割 . ipt。

2）单击“分割”图标按钮，在弹出的“分割”对话框中选择“修剪实体”，指定分割工具和删除方向，如图 2-108 所示。

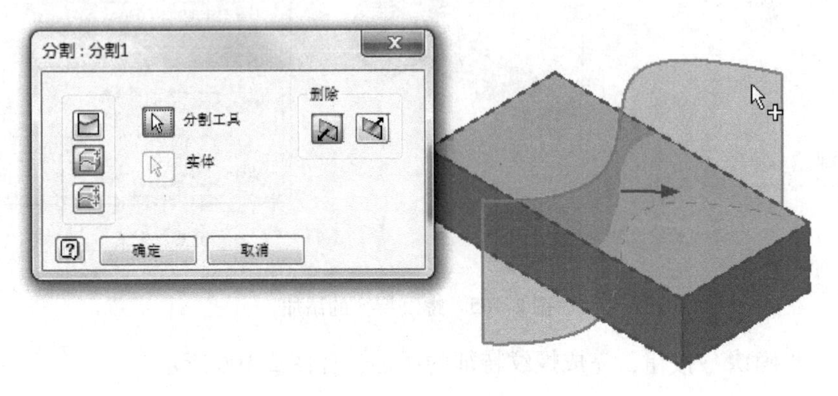

图 2-108　修剪实体

3）单击“确认”按钮，完成分割，如图 2-109 所示。

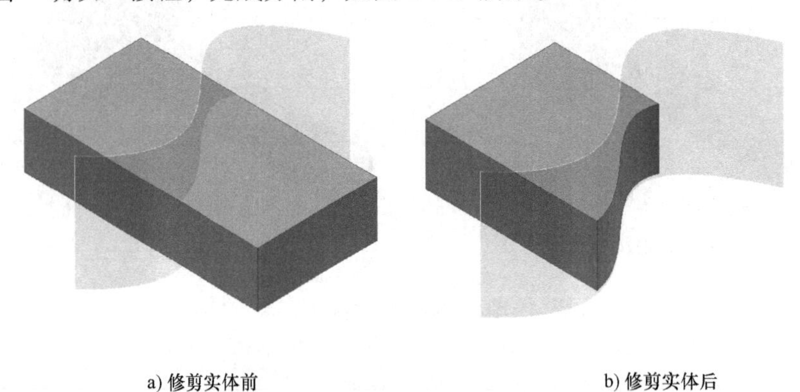

a) 修剪实体前　　b) 修剪实体后

图 2-109　分割零件

8. 折弯零件

折弯零件工具可按指定的参数弯曲现有零件。“折弯零件”对话框如图 2-110 所示，其中各选项的含义如下：

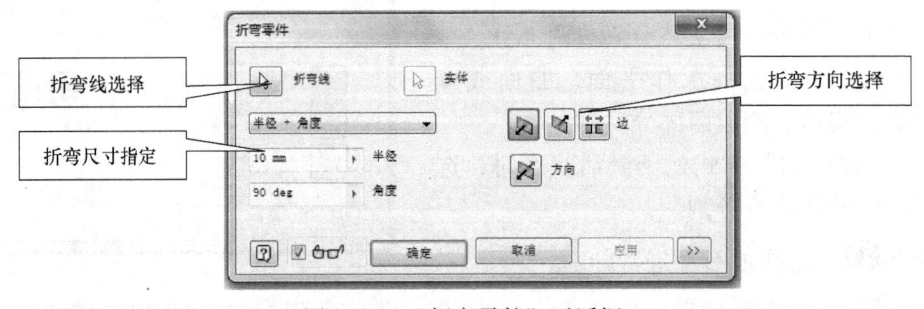

图 2-110　“折弯零件”对话框

1）折弯线：定义折弯位置的草图线，这条线定义了折弯时变形部分和保持原状部分的分界线。

2）折弯参数设定：指定折弯的尺寸共有三种方式：半径 + 角度、半径 + 弧长、弧长 + 角度。

3）边：反转要折弯的零件的边。

4）方向：设置折弯方向，向上或向下折弯。

5）最小折弯：当折弯线与零件实体的多个部分相交时，使用“最小折弯”选项指定要折弯的部分。

【基础应用十五】 下面举例说明“折弯”的一般添加过程。

操作步骤：

1）打开光盘中的第 2 章　零件造型设计 \ 基础应用 \ 折弯零件 . ipt。

2）单击“折弯零件”图标按钮，在弹出的“折弯零件”对话框中选择折弯线，指定折弯尺寸，如图 2-111 所示。

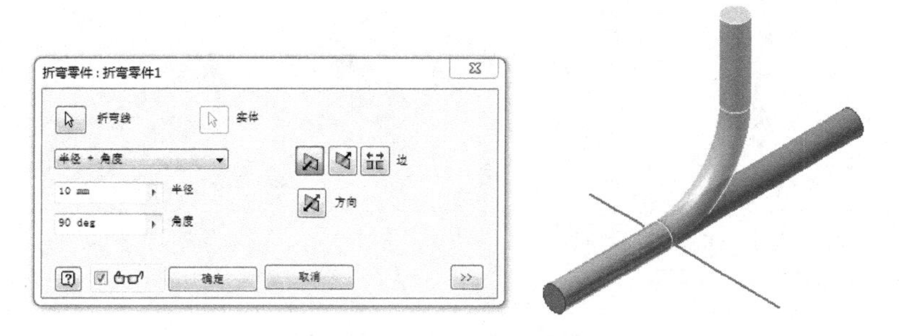

图 2-111　折弯零件

3）单击“确认”按钮，完成零件折弯，如图 2-112 所示。

9. 矩形阵列

矩形阵列方式将复制一个或者多个特征或实体，沿单向或双向线性路径，以特定的数量和间距来排列生成引用。“矩形阵列”对话框如图 2-113 所示，其中各选项的含义如下：

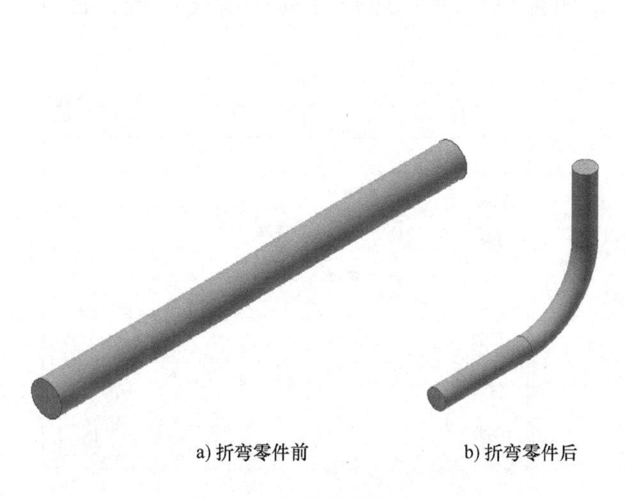

a) 折弯零件前　　b) 折弯零件后

图 2-112　折弯零件

图 2-113　“矩形阵列”对话框

1）阵列各个特征：使用此选项阵列基础特征。

2）阵列实体：使用此选项阵列实体。

其余各选项的含义与“草图编辑”中“矩形阵列”的含义一致，此处不再赘述。

【基础应用十六】 下面举例说明“矩形阵列”的一般添加过程。

操作步骤：

1）打开光盘中的第 2 章　零件造型设计 \ 基础应用 \ 矩形阵列 . ipt。

2）单击“矩形阵列”图标按钮，在弹出的“矩形阵列”对话框中选择阵列特征，指定阵列方向和阵列数量等，如图 2-114 所示。

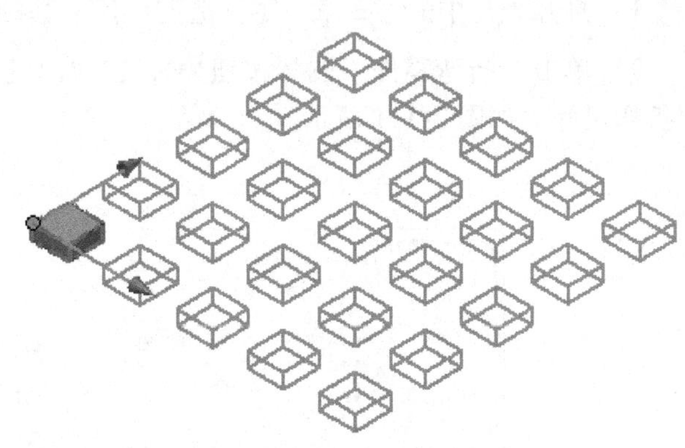

图 2-114　添加矩形阵列

3）单击“确认”按钮，完成矩形阵列，如图 2-115 所示。

10. 环形阵列

环形阵列方式将复制一个或者多个特征或实体，然后将按照选定的旋转轴以环形的方式，按照特定的数量和间距排列生成引用。“环形阵列”对话框如图 2-116 所示，其中各选项的含义与矩形阵列和“草图编辑”中“环形阵列”含义一致，此处不再赘述。

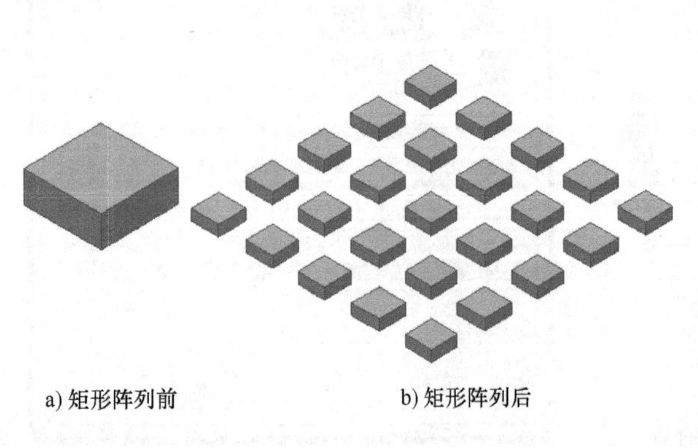

a) 矩形阵列前　　b) 矩形阵列后

图 2-115　矩形阵列

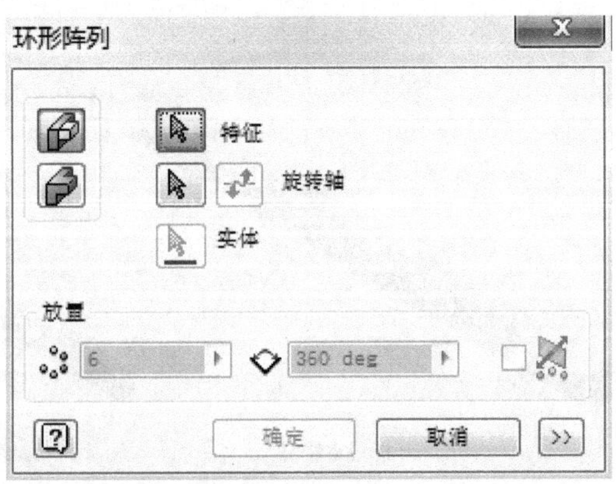

图 2-116　“环形阵列”对话框

【基础应用十七】 下面举例说明“环形阵列”的一般添加过程。

操作步骤：

1）打开光盘中的第 2 章　零件造型设计 \ 基础应用 \ 环形阵列 . ipt。

2）单击“环形阵列”图标按钮，在弹出的“环形阵列”对话框中选择阵列特征，指定旋转轴和阵列数量等，如图 2-117 所示。

3）单击“确认”按钮，完成环形阵列，如图 2-118 所示。

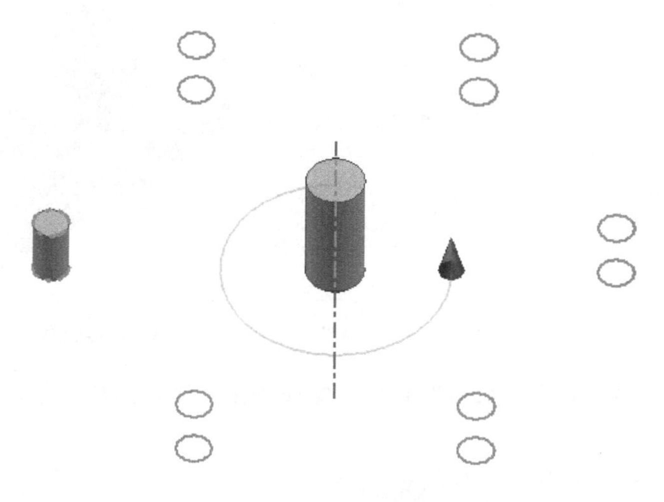

图 2-117　添加环形阵列

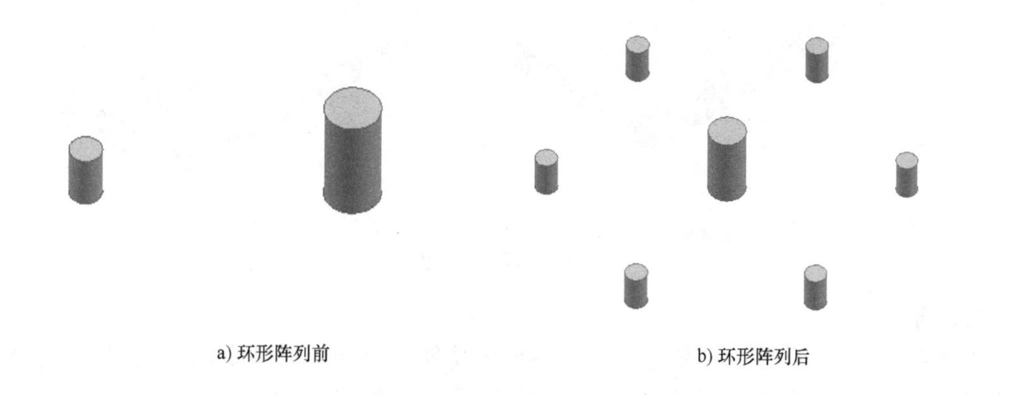

a) 环形阵列前　　b) 环形阵列后

图 2-118　环形阵列

11. 镜像

镜像特征用来创建与所选特征或实体面对称的结构模型。“镜像”对话框如图 2-119 所示，其中各选项的含义与矩形阵列和“草图编辑”中“镜像”含义一致，此处不再赘述。

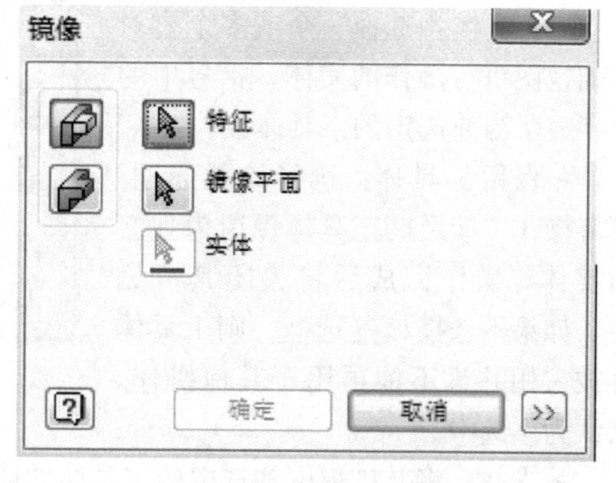

图 2-119　“镜像”对话框

【基础应用十八】 下面举例说明“镜像”的一般添加过程。

操作步骤：

1）打开光盘中的第 2 章　零件造型设计 \ 基础应用 \ 镜像 . ipt。

2）单击“镜像”图标按钮，在弹出的“镜像”对话框中选择镜像特征，指定镜像平面，如图 2-120 所示。

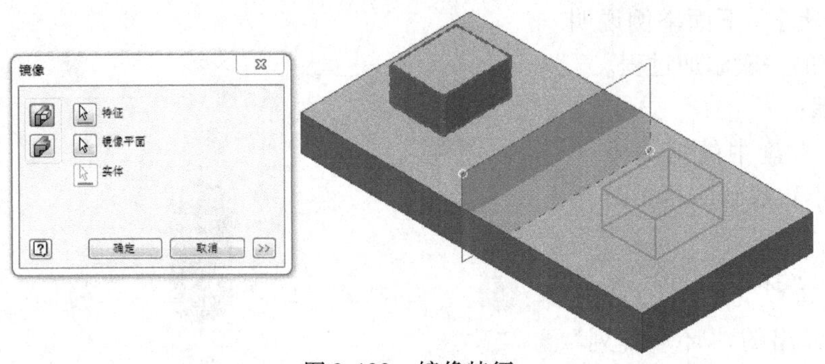

图 2-120　镜像特征

3）单击“确认”按钮，完成镜像，如图 2-121 所示。

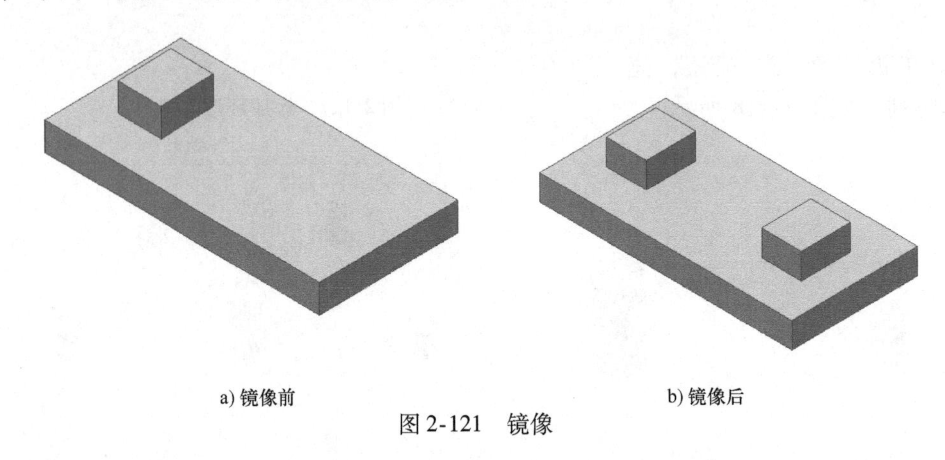

a) 镜像前　　b) 镜像后

图 2-121　镜像

12. 合并

“合并”就是实体间的布尔运算。该特征的功能是对两个或两个以上的实体进行求并、求差或求交运算。“合并”对话框如图 2-122 所示，其中各选项的含义如下：

➢ 基础视图：选择要接受操作的实体。

➢ 工具体：选择一个或多个要对基础视图执行操作的实体，括号中的数字显示当前选定的工具体数。

➢ 保留工具体：选择该复选框，可将操作中涉及的工具体保留为独立的实体。操作完成后将关闭其可见性。如果不选择该复选框，则工具体将被占用并且不能再用于其他操作。默认为不选中。

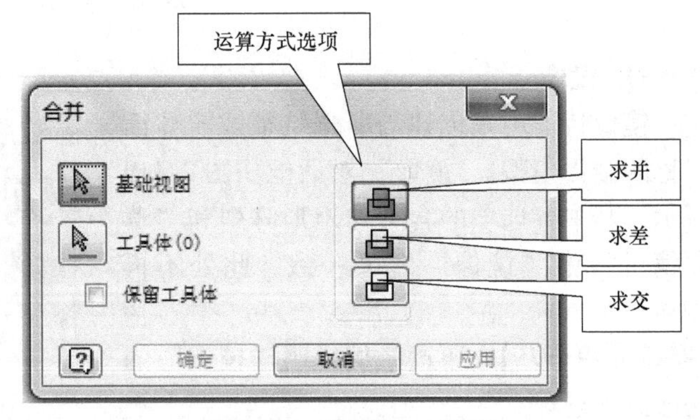

图 2-122　“合并”对话框

➢ 求并：将基础视图和选中的工具体的体积加在一起。

➢ 求差：从基础视图中减去选定工具体的体积。

➢ 求交：根据基础视图和选定工具体的公共体积修改基础视图。

【基础应用十九】　下面举例说明“合并”的一般添加过程。

1）打开光盘中的第 2 章　零件造型设计 \ 基础应用 \ 合并 . ipt。

2）单击“合并”图标按钮，在弹出的“合并”对话框中选择阵列特征，指定基础视图和工具体等，如图 2-123 所示。

3）单击“确认”按钮，完成合并，如图 2-124 所示。

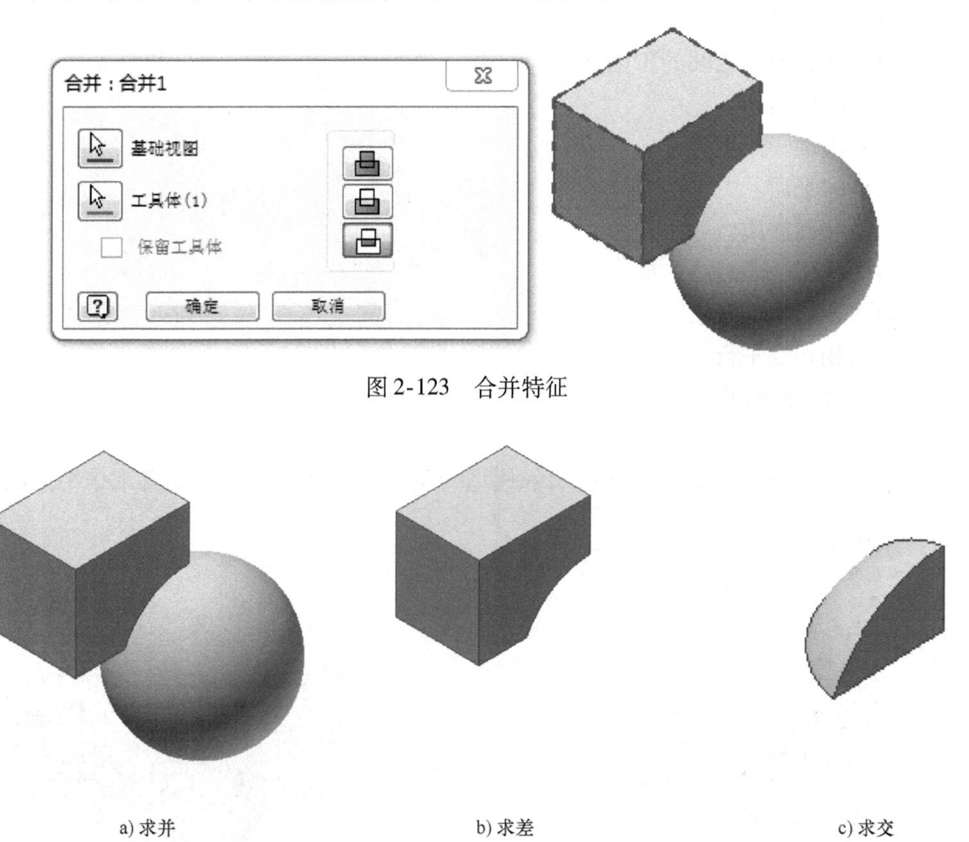

图 2-123　合并特征

a) 求并　　b) 求差　　c) 求交

图 2-124　三种方式合并的结果

2.2.3　定位特征

当参考几何图元或其他定位信息的准备不足以创建和定位新特征时，需要使用定位特征。定位特征是以抽象的构造几何图元形式出现的，不会直接影响模型的外形和外貌，如工作面和工作轴等，只起到辅助定位的作用。

定位特征包括工作平面、工作轴和工作点三种。

1. 工作平面

工作平面是用户自定义的、参数化的坐标平面。通常，工作平面有以下用途。

➢ 新建草图的基础。

➢ 特征终止选项。

➢ 新定位特征的基础。

（1）默认工作平面　系统默认的原始坐标系中包括三个坐标平面，可以任意选择一个坐标平面作为工作平面。当鼠标指向系统默认的坐标平面时，单击鼠标右键，在快捷菜单中选择“可见性”选项，则该坐标平面就显示在图形区中，如图 2-125 所示。

（2）创建工作平面　在建模过程中，应根据需要灵活创建工作平面。常用的工作平面创建方法有下面几种。

➢ 从平面偏移。
➢ 平行于平面且通过点。
➢ 在两个平行平面之间的中间面。
➢ 圆环体的中间面。
➢ 平面绕边旋转角度。
➢ 过三点的平面。
➢ 过两条共面的边。
➢ 与曲面相切且通过边。
➢ 与曲面相切且通过点。
➢ 与曲面相切且平行于平面。
➢ 与轴垂直且通过点。
➢ 在指定点处与曲线垂直。

【基础应用二十】 下面以图 2-126 所示的模型为例，介绍几种典型的创建工作平面的方法。

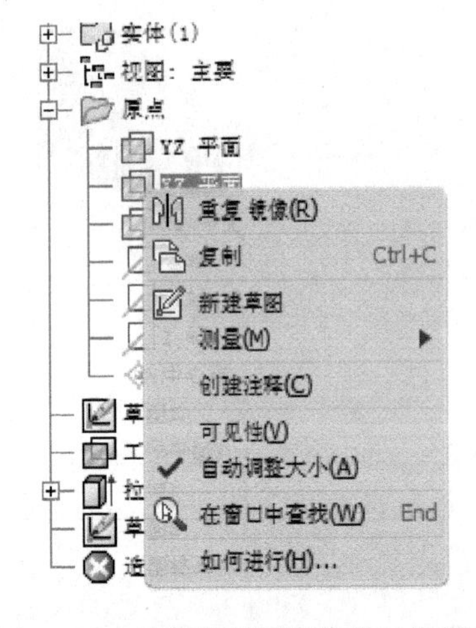

图 2-125　选择坐标平面作为工作平面

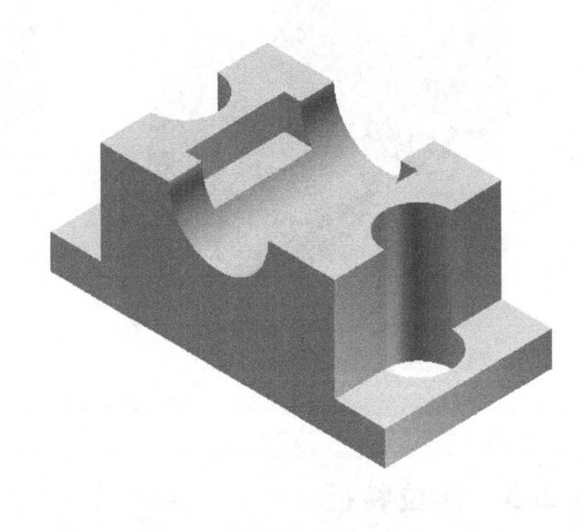

图 2-126　零件模型

1）创建从平面偏移的工作平面，如图 2-127 所示。

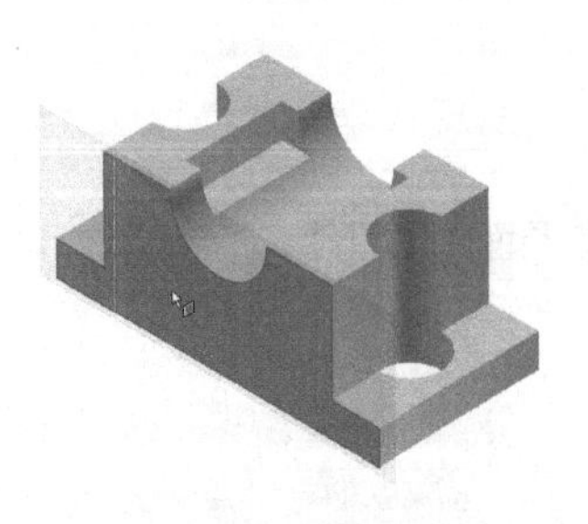

a) 单击已有平面并拖动

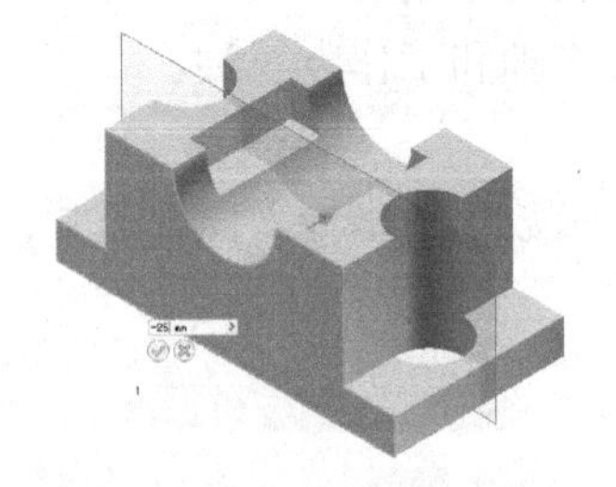

b) 在框中输入偏移量

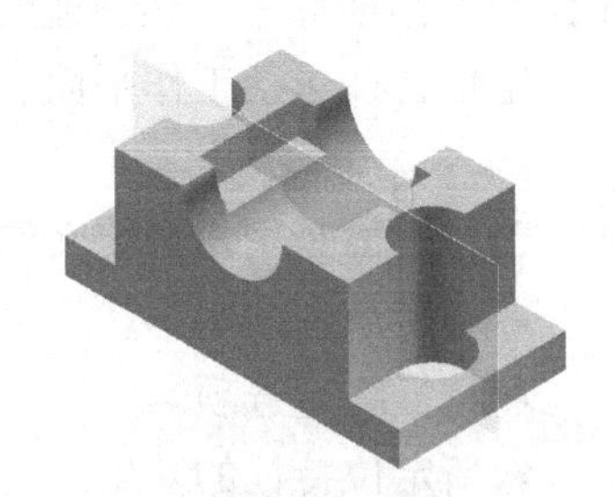

c) 创建工作平面

图 2-127　创建从平面偏移的工作平面

2）创建平行于平面且通过点的工作平面，如图 2-128 所示。

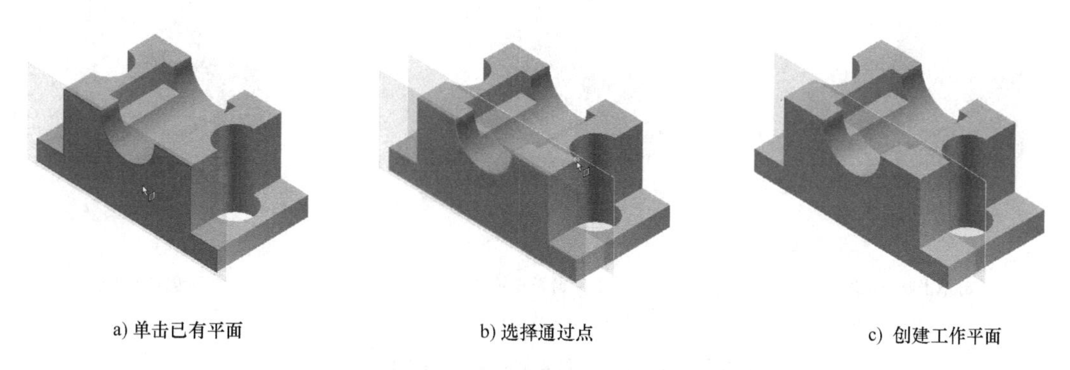

a) 单击已有平面　b) 选择通过点　c) 创建工作平面

图 2-128　创建平行于平面且通过点的工作平面

3）创建两个平行平面的中间面为工作平面，如图 2-129 所示。

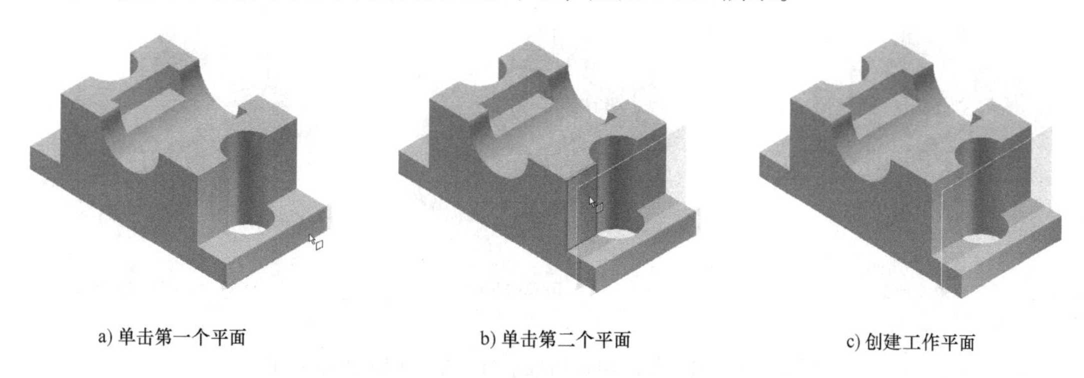

a) 单击第一个平面　b) 单击第二个平面　c) 创建工作平面

图 2-129　工作平面为两个平行平面的中间面

4）通过平面绕边旋转角度创建工作平面，如图 2-130 所示。

a) 单击平面　b) 单击边并输入角度　c) 创建工作平面

图 2-130　通过平面绕边旋转角度创建工作平面

5）过两条共面的边创建工作平面，如图 2-131 所示。

6）通过与曲面相切且平行于平面创建工作平面，如图 2-132 所示。

2. 工作轴

工作轴是依附于几何实体的几何直线，常用于生成工作平面的定位参考，或者作为圆周阵列的中心，主要作用有如下几点。

a) 单击第一条边

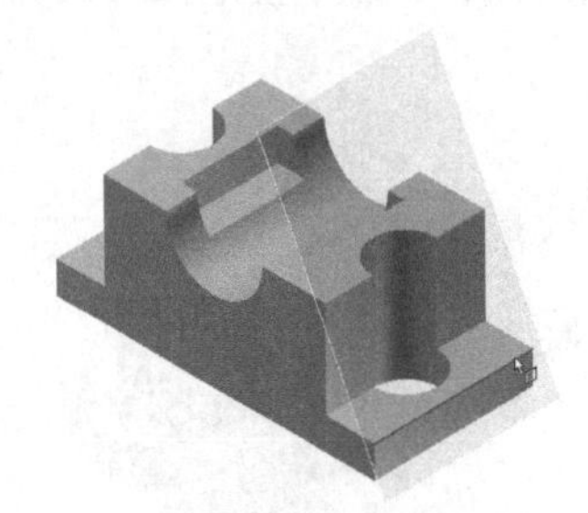
b) 单击第二条边

c) 创建工作平面

图 2-131　过两条共面的边创建工作平面

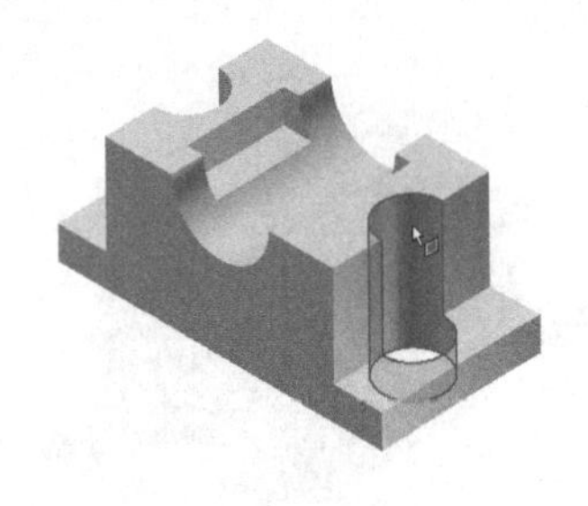
a) 单击曲面

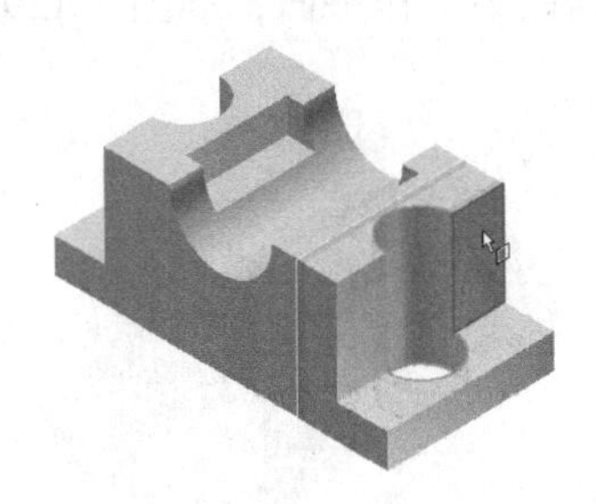
b) 单击平面

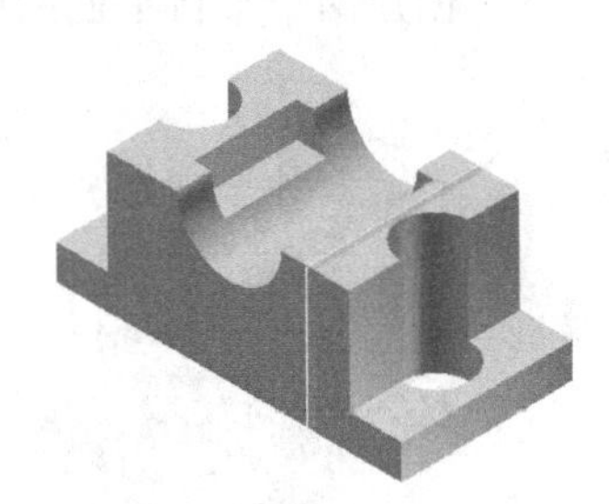
c) 创建工作平面

图 2-132　通过与曲面相切且平行于平面创建工作平面

➢ 创建工作平面和工作点。
➢ 投影到二维草图以创建截面轮廓几何图元或参考的曲线。
➢ 为旋转特征提供旋转轴。
➢ 为环形阵列提供参考。
➢ 创建对称的对称轴。
➢ 为装配约束提供参考。

常用的工作轴创建方法有下面几种。

➢ 在线或边上。
➢ 沿回转体轴线。
➢ 平行于线且通过点。
➢ 两个平面的交线。
➢ 垂直于平面且通过点。
➢ 通过两点。
➢ 通过圆或椭圆边的中心。

【基础应用二十一】 下面介绍几种典型的工作轴创建方法。

1）工作轴在线或边上，如图 2-133 所示。

2）工作轴沿轴线，如图 2-134 所示。

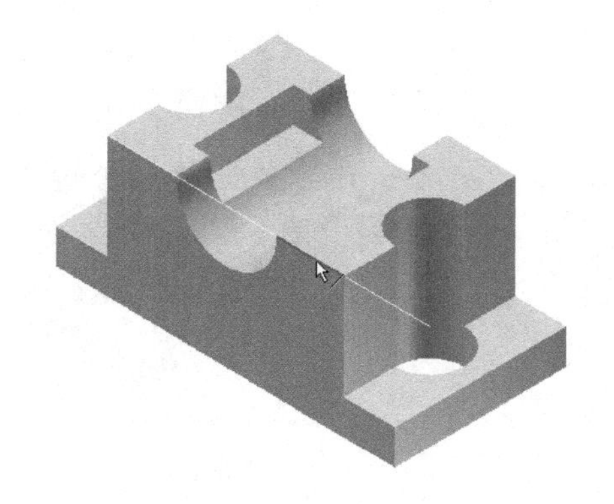

图 2-133　工作轴在线或边上

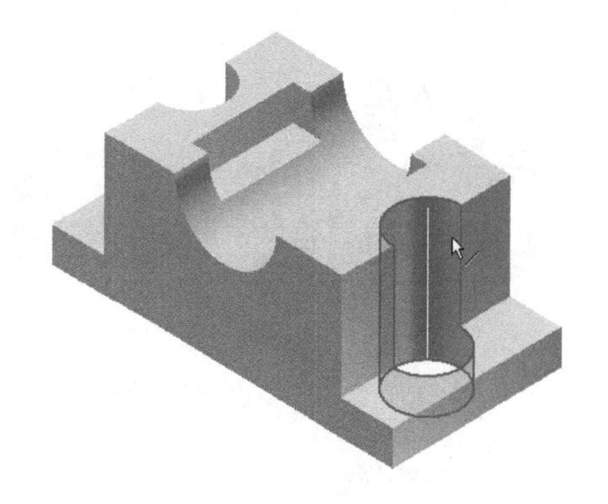

图 2-134　工作轴沿轴线

3）创建平行于线且通过点的工作轴，如图 2-135 所示。

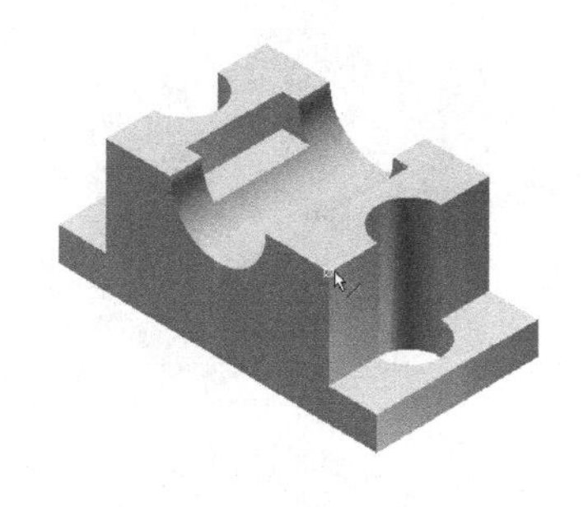

a) 选择点

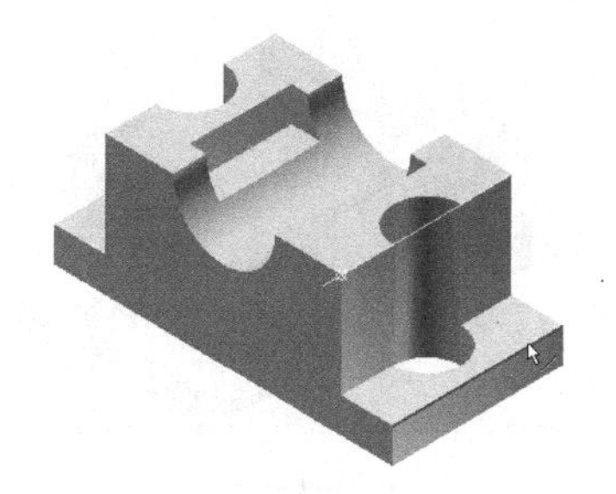

b) 选择平行线

c) 创建工作轴

图 2-135　平行于线且通过点的工作轴

4）工作轴为两平面交线，如图 2-136 所示。

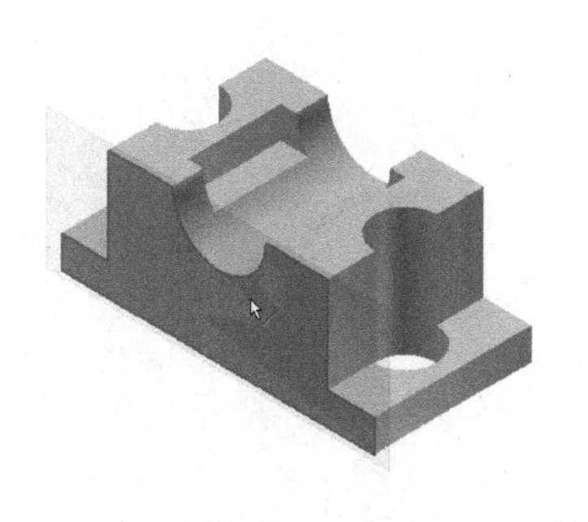

a) 选择第一个面

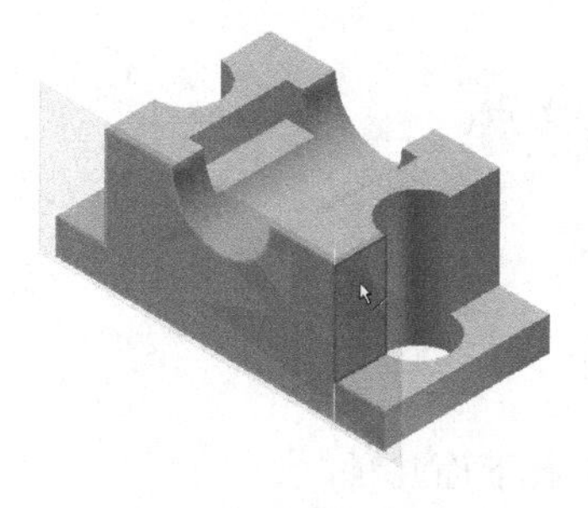

b) 选择第二个面

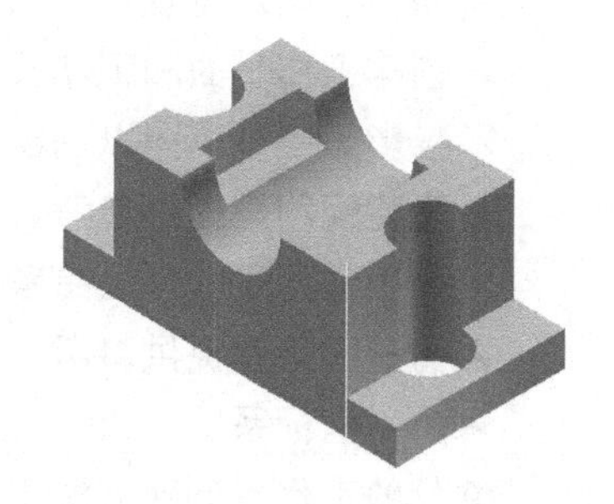

c) 创建工作轴

图 2-136　工作轴为两平面交线

5）创建垂直于平面且通过点的工作轴，如图 2-137 所示。

6）通过两点创建工作轴，如图 2-138 所示。

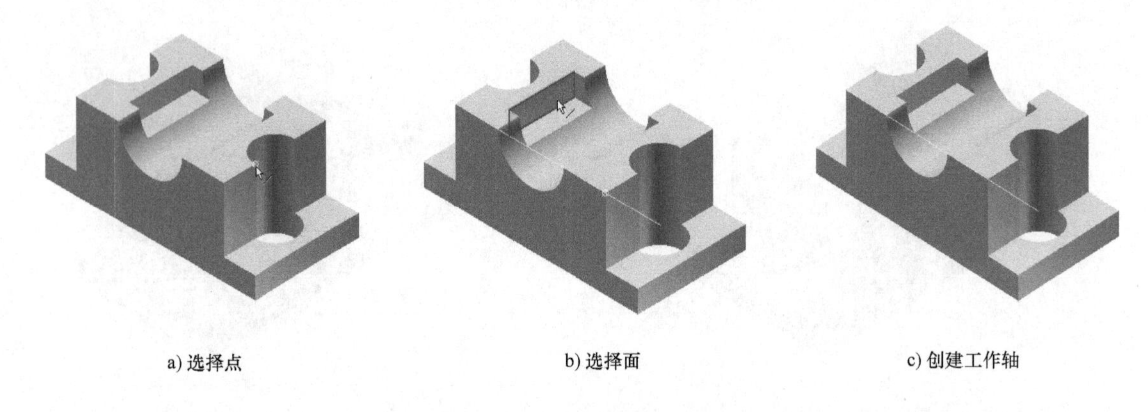

a) 选择点　　b) 选择面　　c) 创建工作轴

图 2-137　垂直于平面且通过点的工作轴

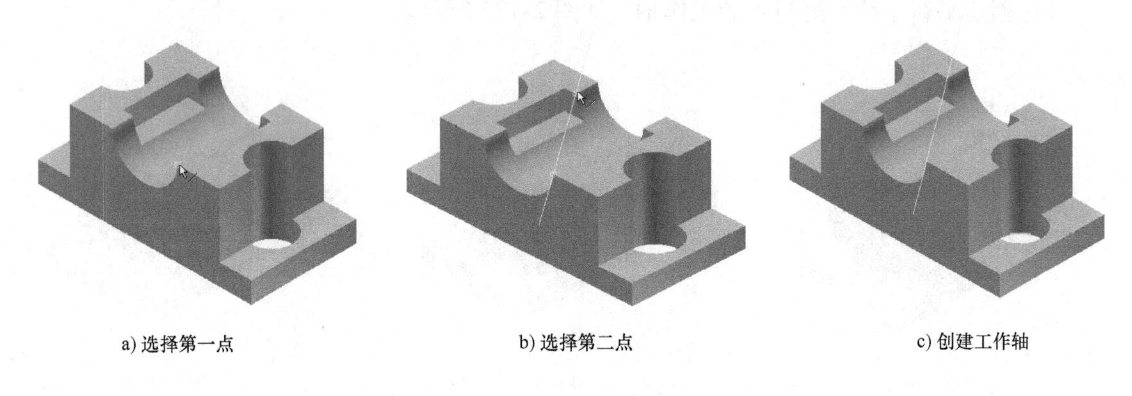

a) 选择第一点　　b) 选择第二点　　c) 创建工作轴

图 2-138　通过两点创建工作轴

3. 工作点

工作点是抽象的构造几何图元，常用来标记轴和阵列中心，定义坐标系或工作平面，定义三维路径、固定位置和形状等。其主要作用有如下几点。

- 创建工作平面和工作轴。
- 投影到二维草图以创建参考点。
- 为装配约束提供参考。
- 为工程图尺寸提供参考。
- 为三维草图提供参考。
- 定义坐标系。

常见的工作点创建方法主要有下面几种。

- 利用现有点。
- 两线交点、线面交点和三面交点。
- 圆环体的圆心。
- 线条的端点。

【基础应用二十二】 下面介绍几种典型的工作点创建方法。

1）创建两线交点为工作点，如图 2-139 所示。

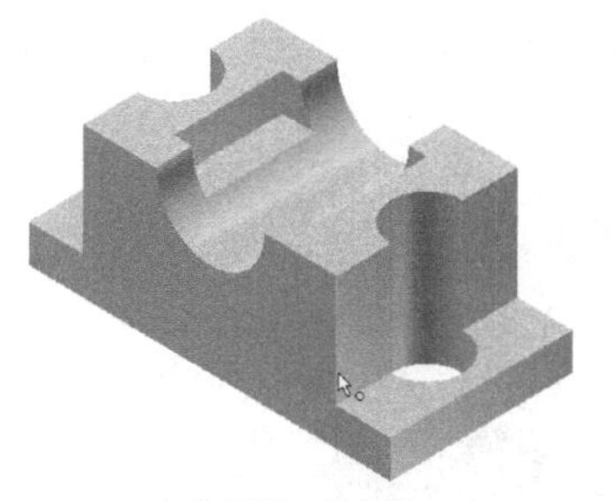
a）选择第一条直线

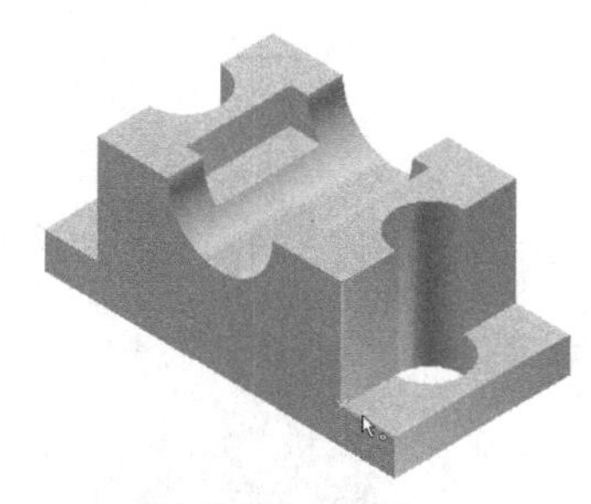
b）选择第二条直线

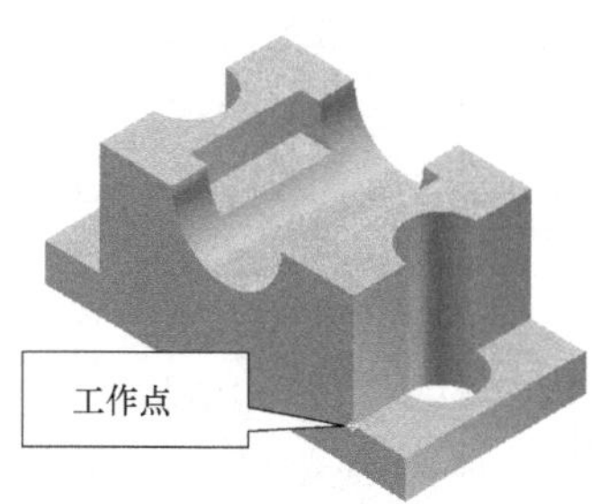

c）创建工作点

图2-139　创建两线交点为工作点

2）创建线面交点为工作点，如图2-140所示。

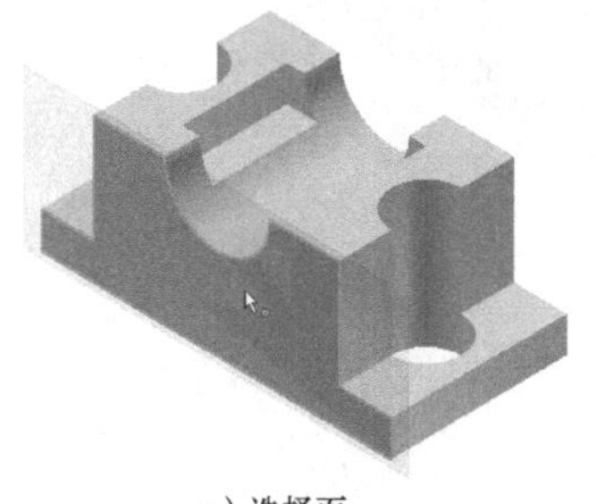
a）选择面

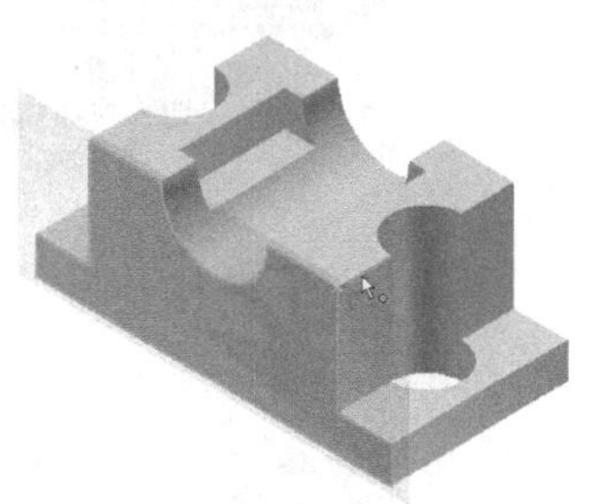
b）选择直线

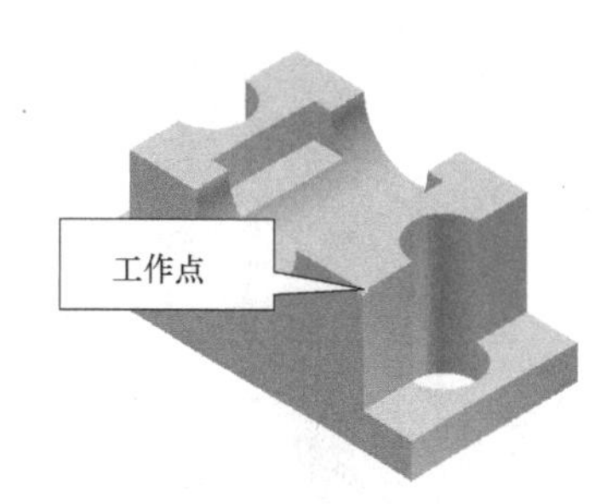

c）创建工作点

图2-140　创建线面交点为工作点

3）创建三面交点为工作点，如图2-141所示。

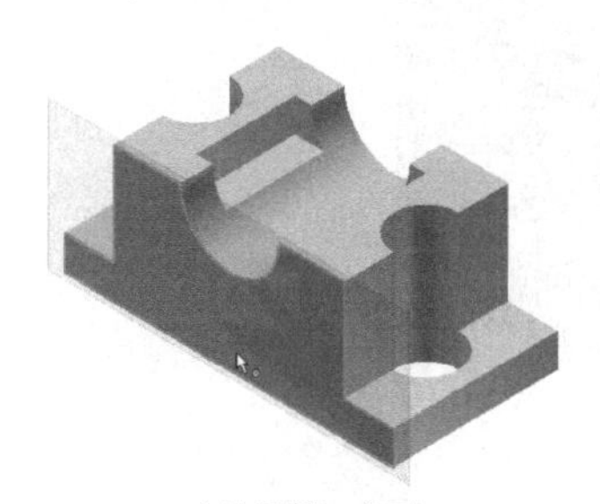
a）选择第一个面

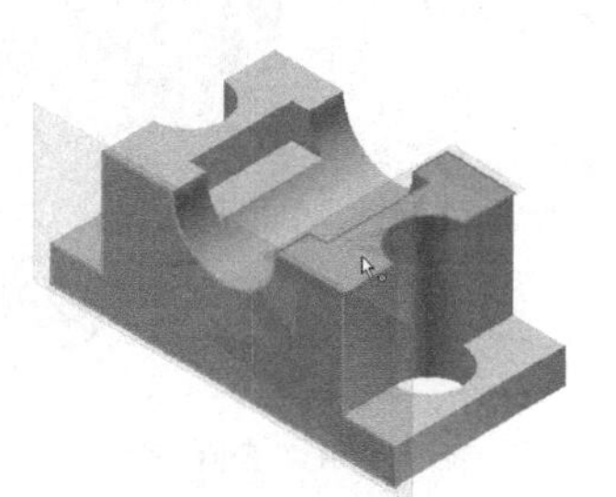
b）选择第二个面

c）选择第三个面

图2-141　创建三面交点为工作点

【综合应用三】　绘制图2-142所示的凳子。

实例分析：

凳子主要由拉伸特征累积而成，包含打孔、圆角、抽壳和矩形阵列特征。

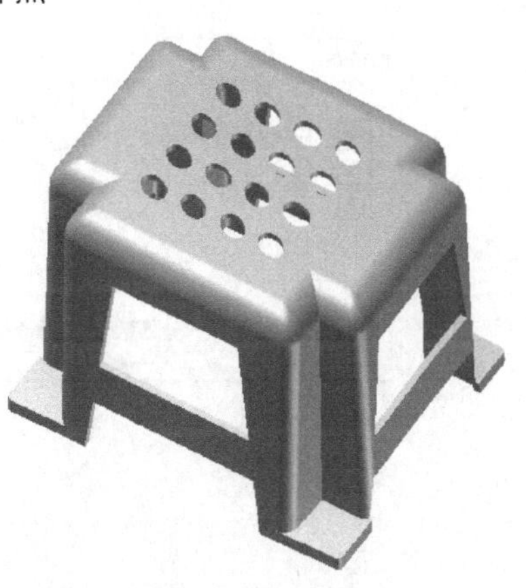
图2-142　凳子

操作方法：

1）新建一个零件文件，绘制主体草图并拉伸，如图2-143所示。

2）在主体拉伸的基础上进行去除材料的拉伸，如图2-144所示。

3）对四个侧面进行拔模，如图2-145所示。

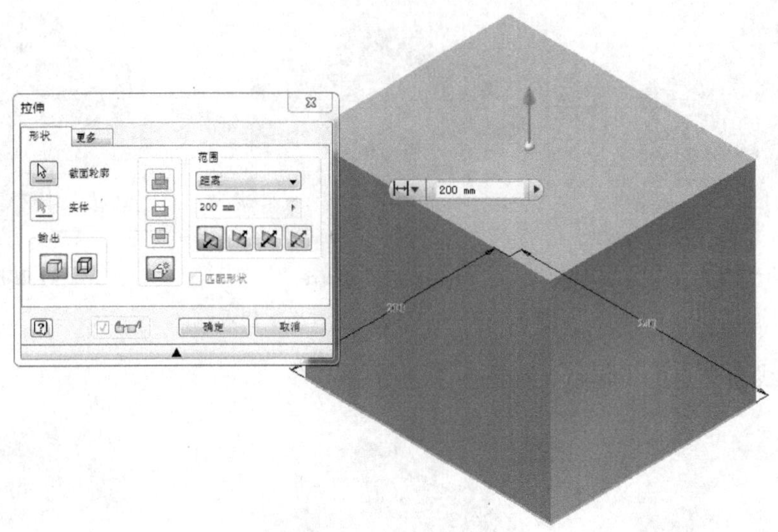

图 2-143　拉伸出主体

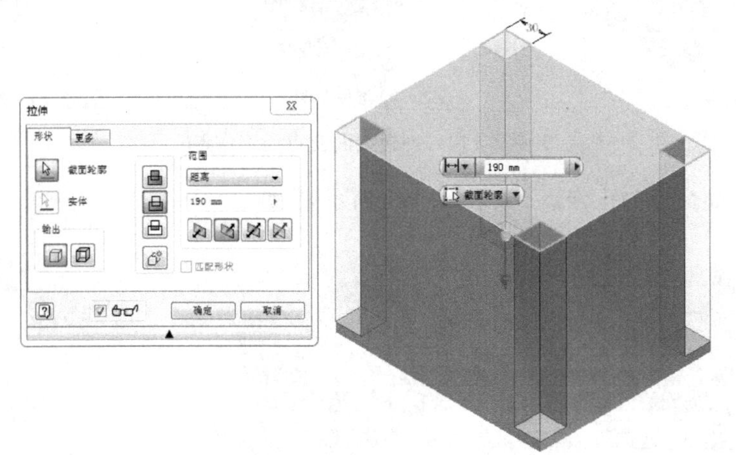

图 2-144　去除材料

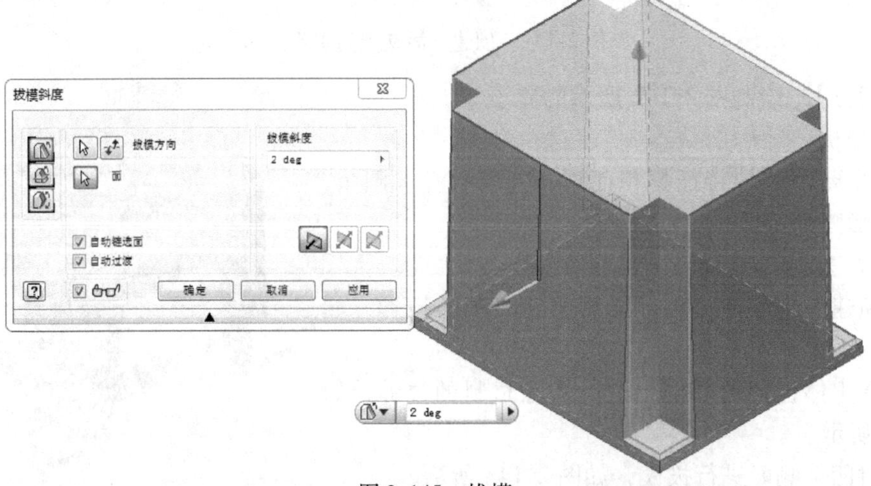

图 2-145　拔模

4）在拔模后对棱边进行倒圆角，如图 2-146 所示。

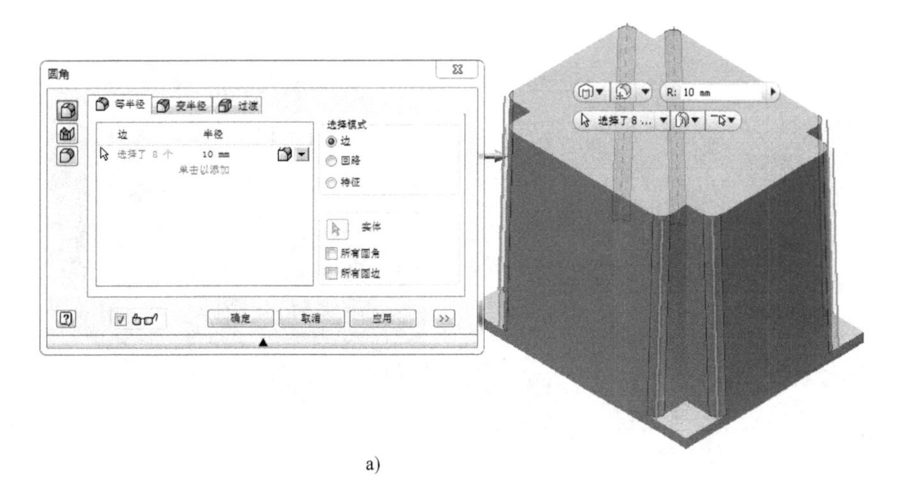

a)

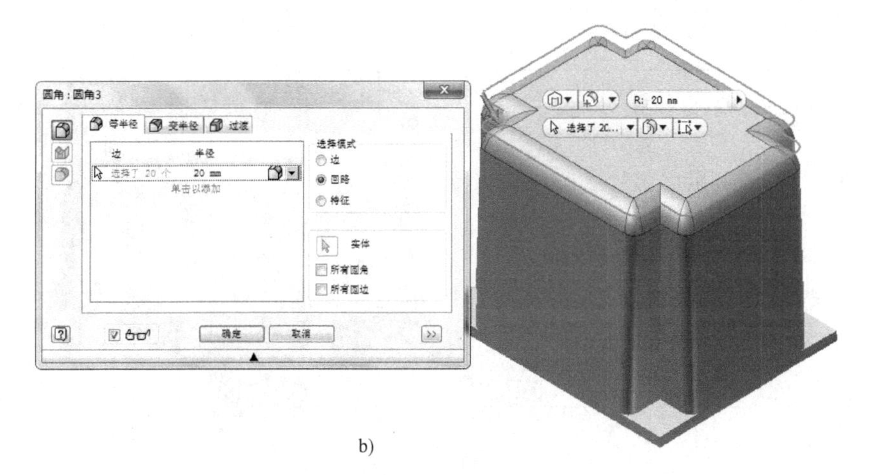

b)

图 2-146　倒圆角

5）倒圆角后进行抽壳，选择底面为开口面，如图 2-147 所示。

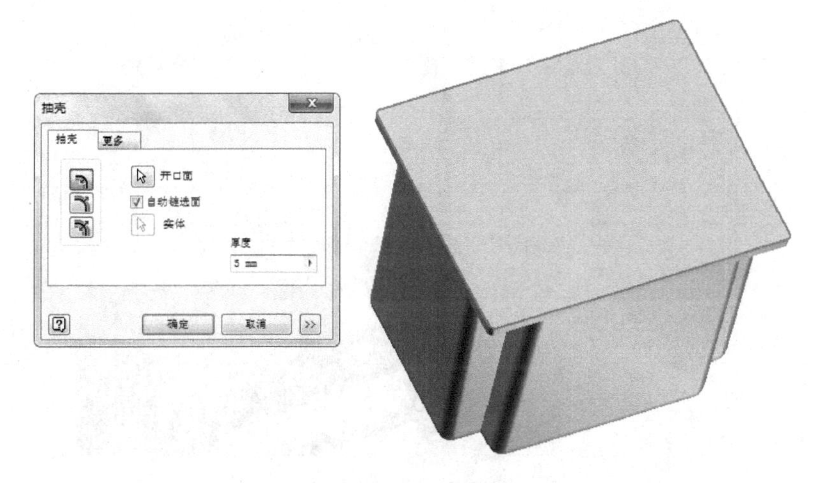

图 2-147　抽壳

6）拉伸除料，如图 2-148 所示。

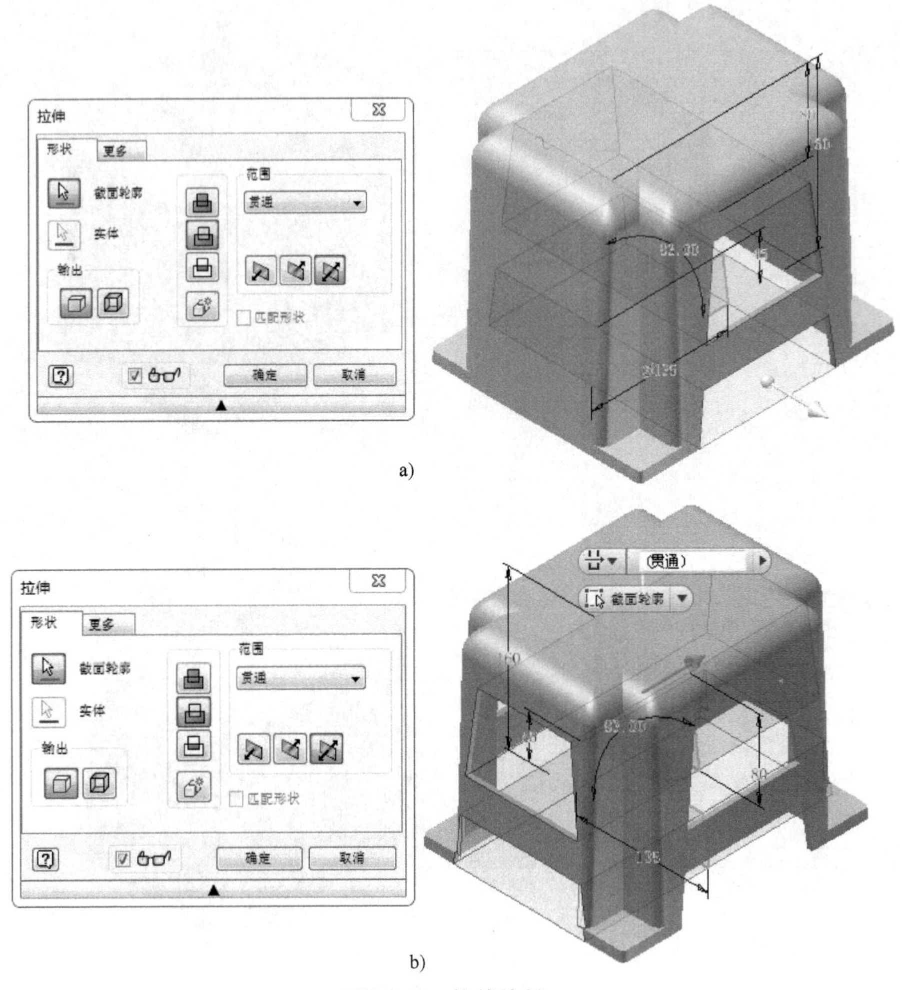

a)

b)

图 2-148　拉伸除料

7）拉伸除料，形成顶面的孔，如图 2-149 所示。

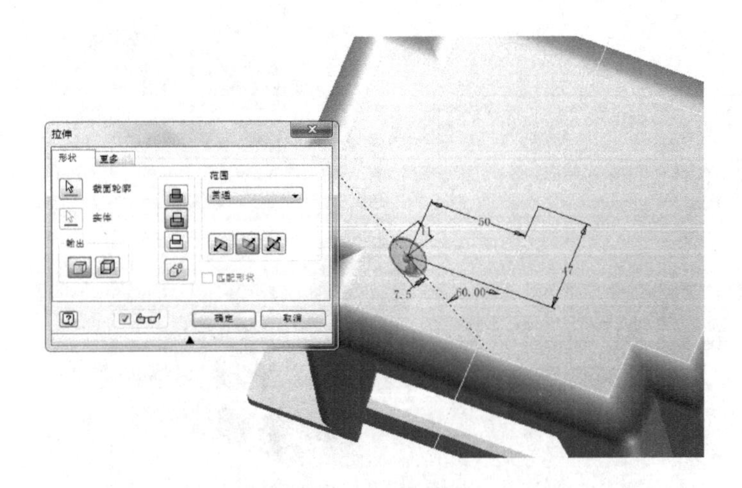

图 2-149　拉伸孔

8）对上步的孔添加矩形阵列特征，如图 2-150 所示。

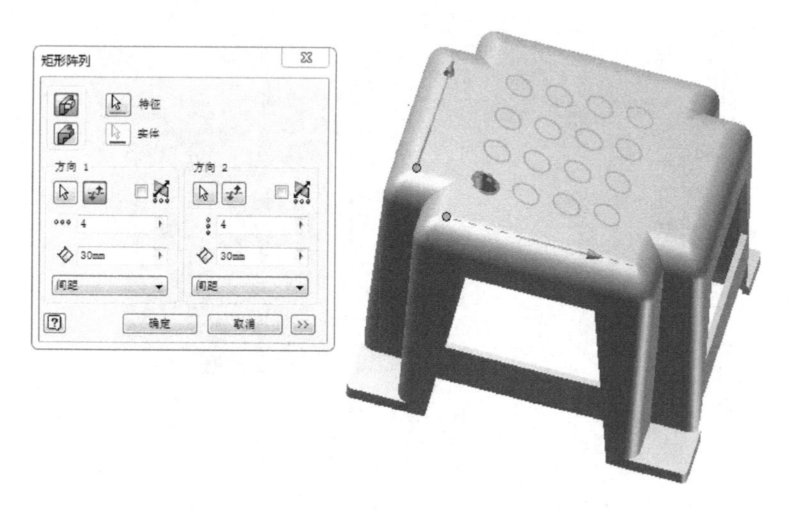

图 2-150　矩形阵列

绘制后的零件如图 2-151 所示。

【综合应用四】 绘制图 2-152 所示的水杯。

图 2-151　零件完成

图 2-152　水杯

实例分析：

该零件主体部分为一个回转体，通过旋转生成，把手应用了扫掠特征。

操作方法：

1）新建一个零件文件，绘制草图并进行旋转，如图 2-153 所示。

2）进行旋转除料，去除杯底材料，如图 2-154 所示。

3）对零件进行抽壳，开口面为上表面，如图 2-155 所示。

4）扫掠生成把手，如图 2-156 所示。

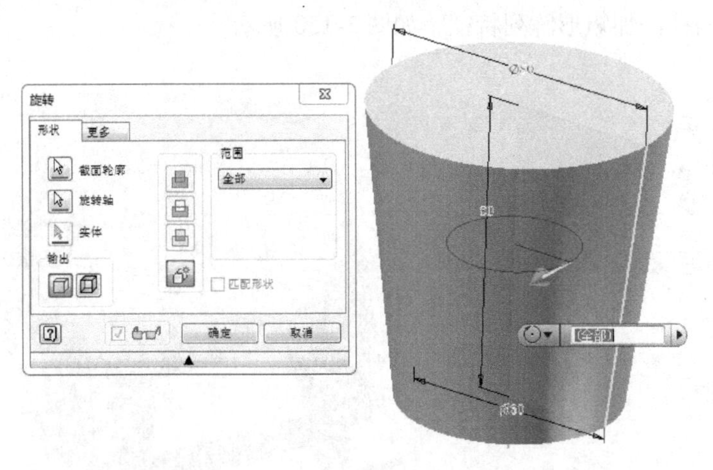

图 2-153　旋转

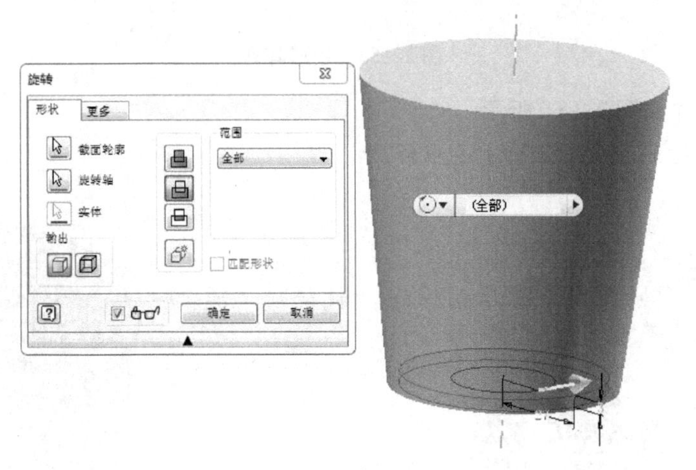

图 2-154　旋转除料

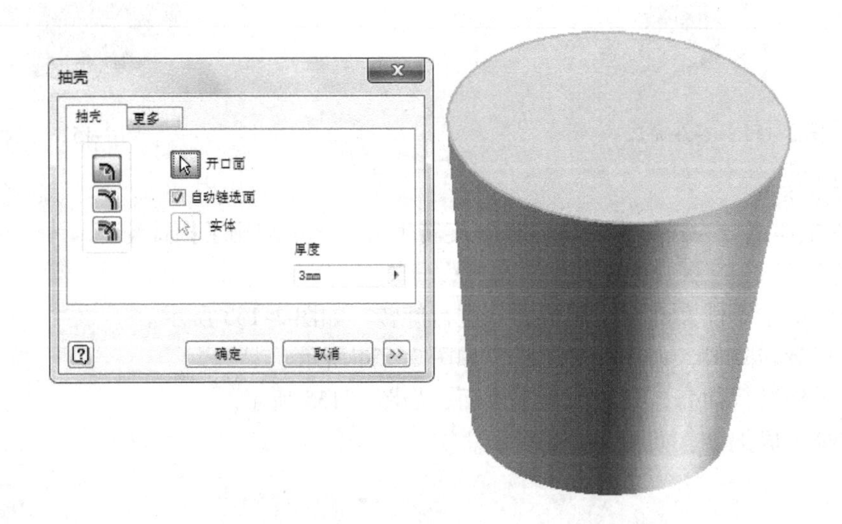

图 2-155　零件抽壳

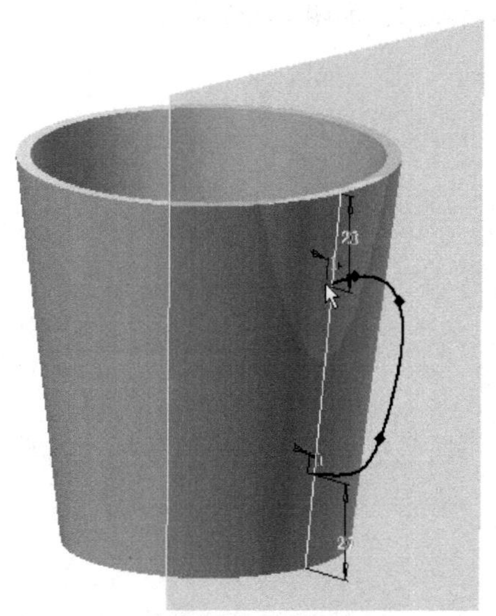

a) 绘制把手的扫掠路径草图

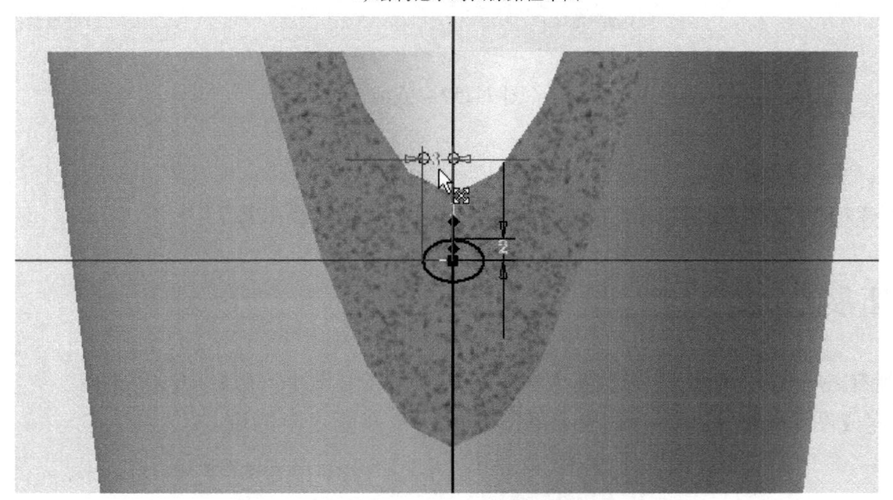

b) 绘制把手的扫掠截面轮廓草图

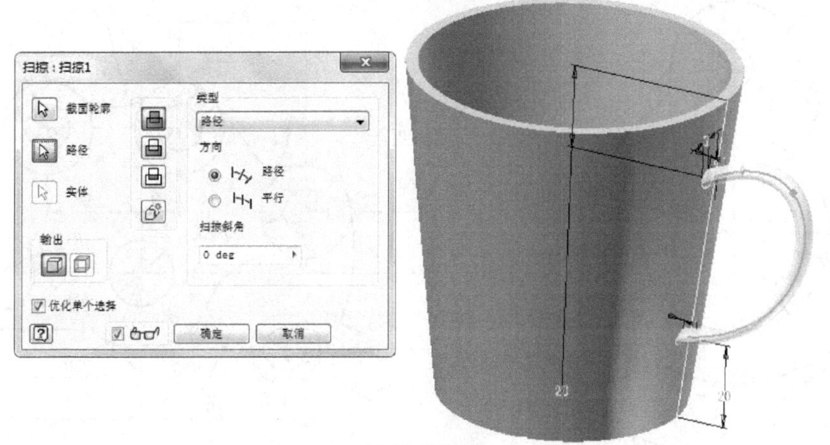

c) 把手扫掠完成

图 2-156　把手的制作

5）倒圆角，完成水杯的制作，如图 2-157 所示。

a) 倒圆角　　b) 完成制作

图 2-157　完成

至此，零件建模结束。

零件建模的方式多种多样，灵活搭配可以大大提高建模效率。

2.3　拓展练习

注：所有拓展练习的模型文件在光盘中的第 2 章　零件造型设计 \ 拓展练习文件夹内。

1）完成图 2-158 ~ 图 2-161 所示草图的设计，并使之全约束。

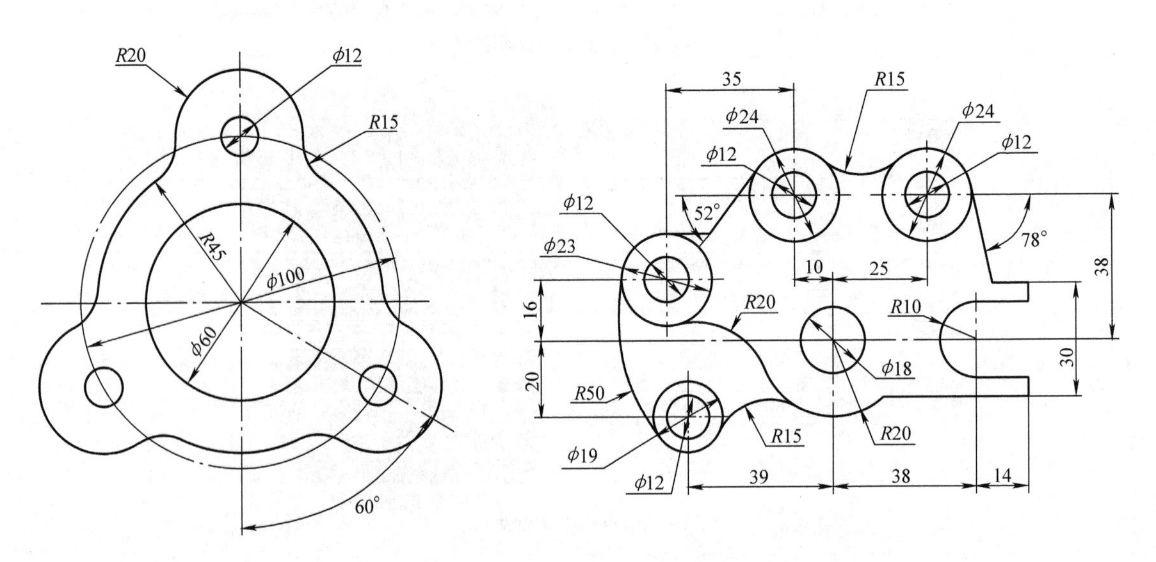

图 2-158　拓展练习一　　图 2-159　拓展练习二

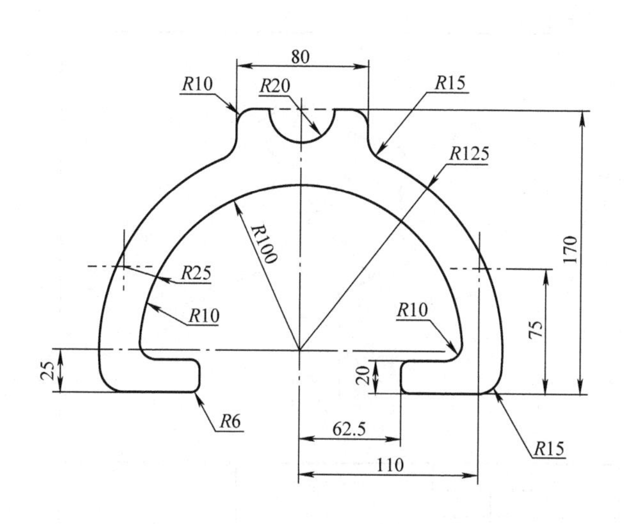

图2-160　拓展练习三

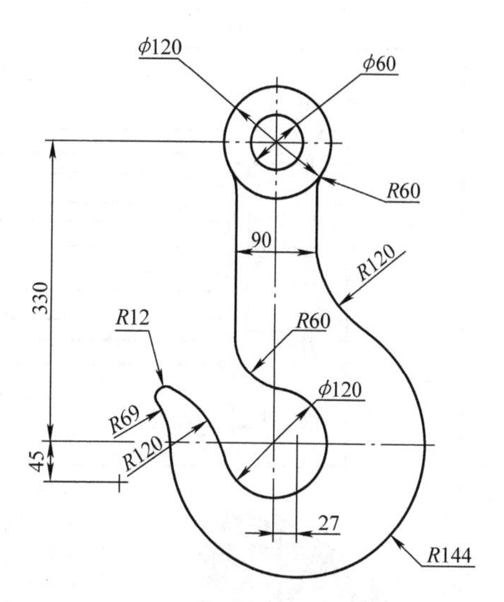

图2-161　拓展练习四

2）完成图2-162～图2-171所示零件的造型设计。

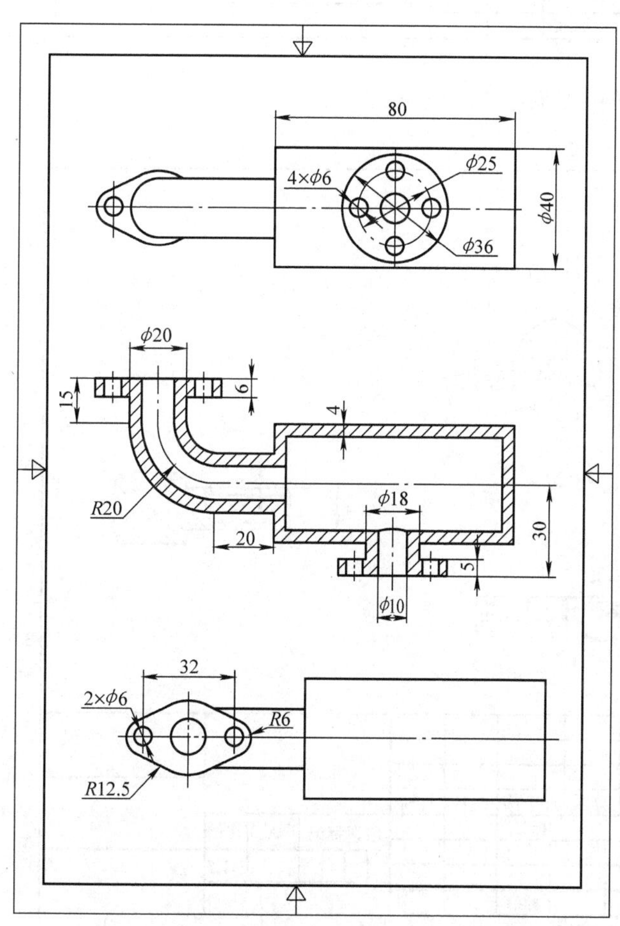

图2-162　拓展练习五

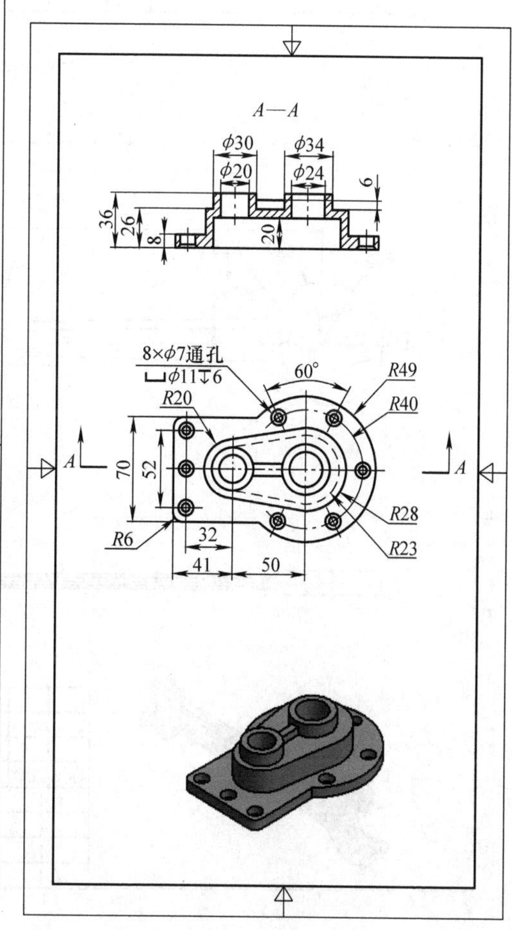

图2-163　拓展练习六

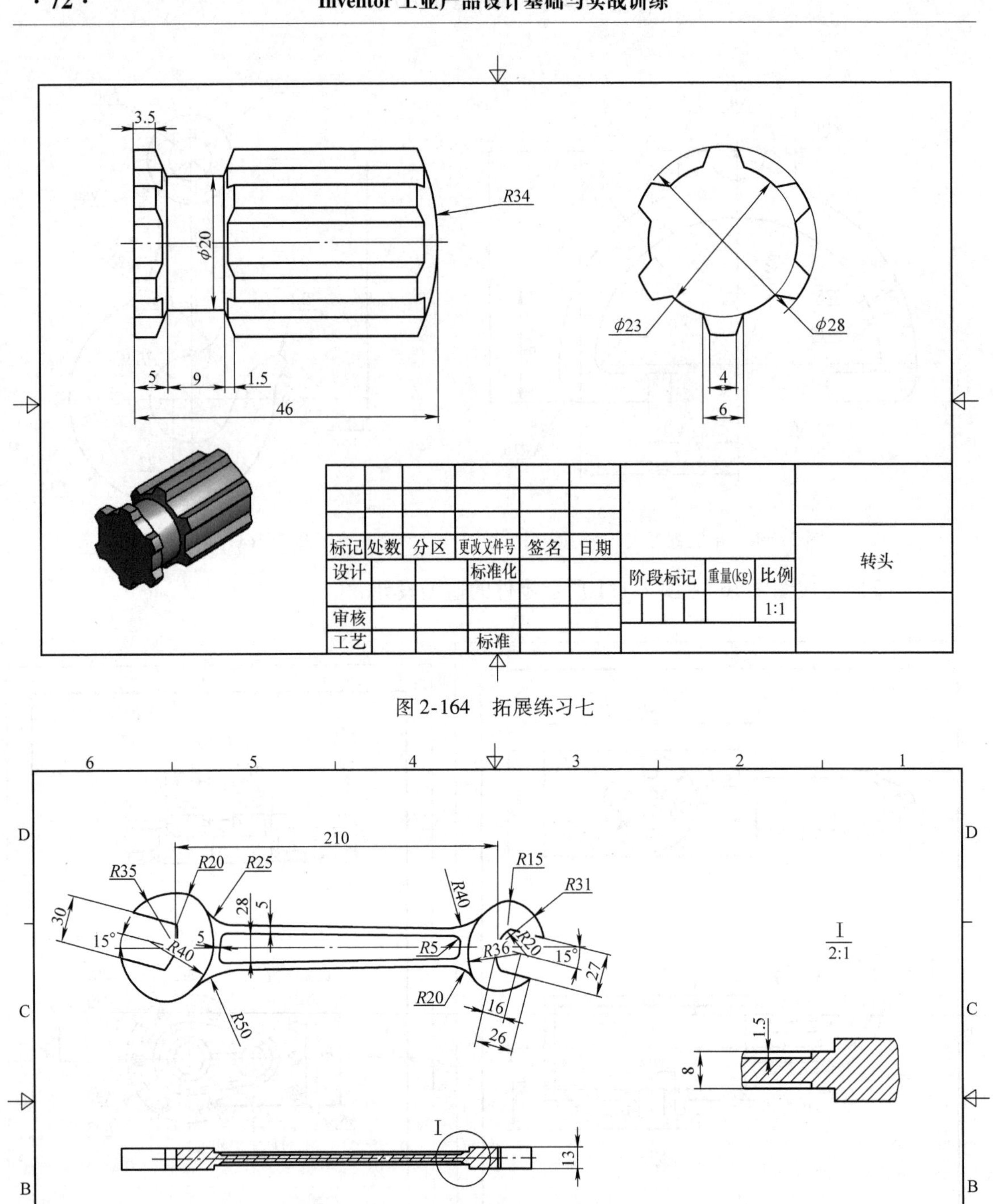

图 2-164　拓展练习七

图 2-165　拓展练习八

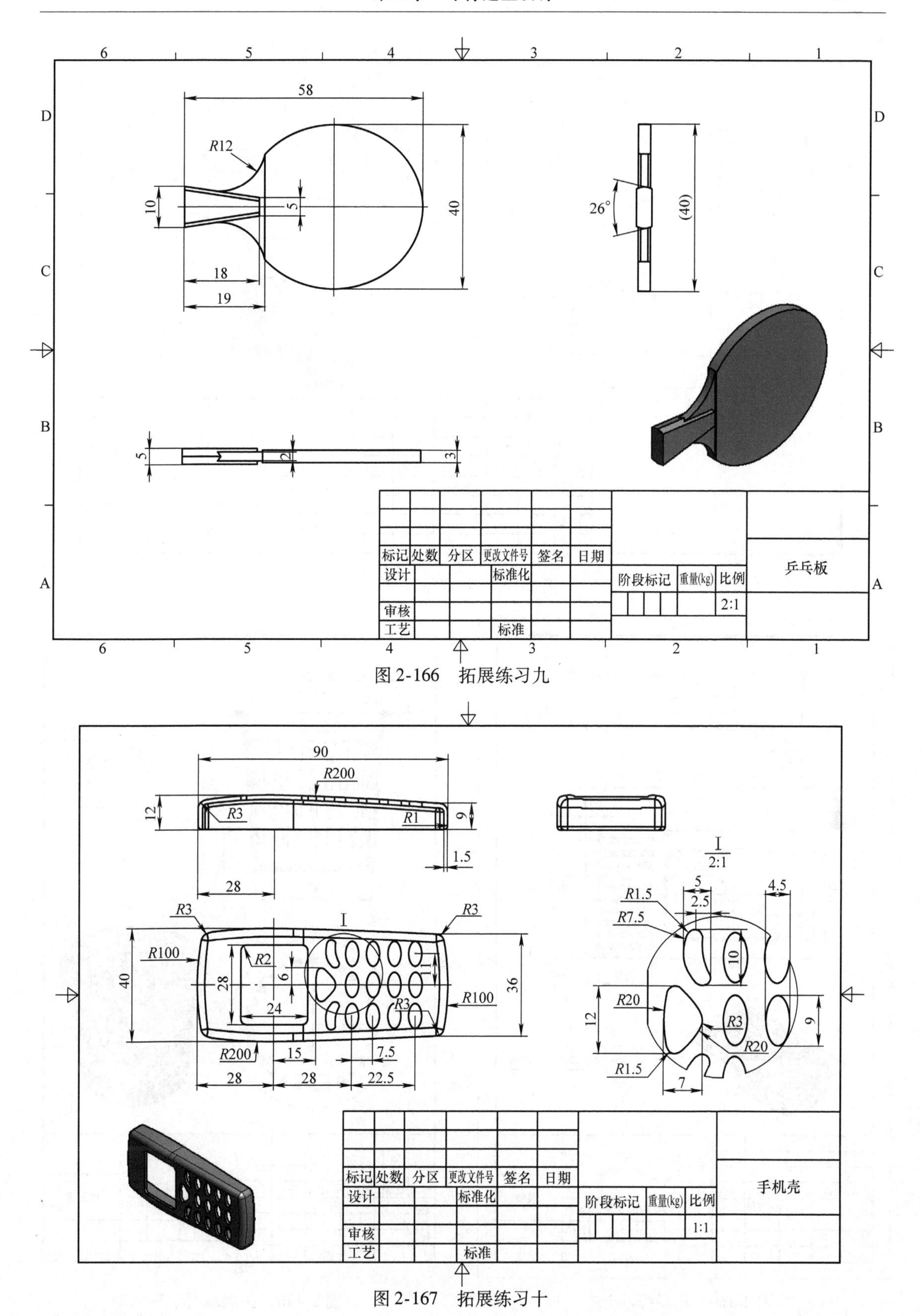

图 2-166　拓展练习九

图 2-167　拓展练习十

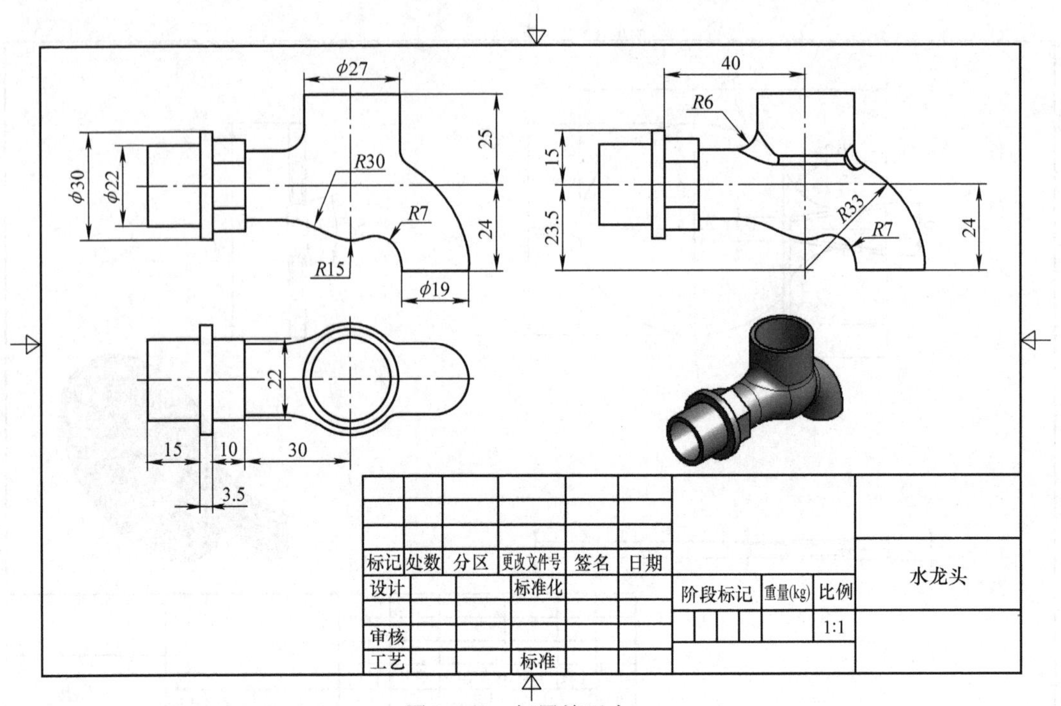

图 2-168　拓展练习十一

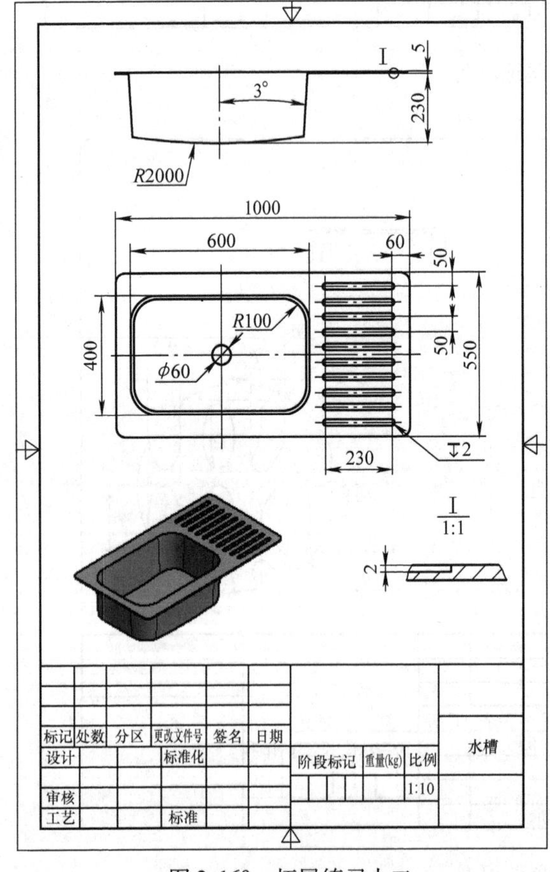

图 2-169　拓展练习十二

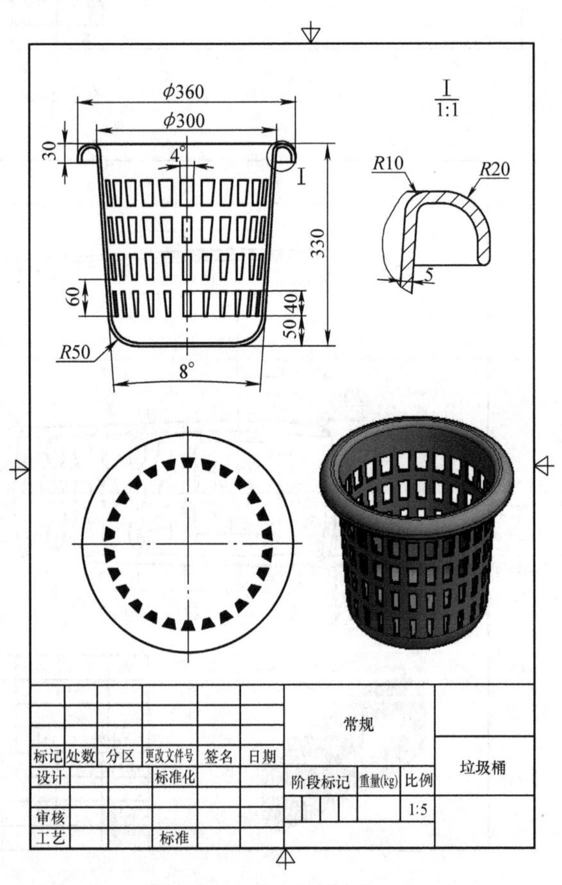

图 2-170　拓展练习十三

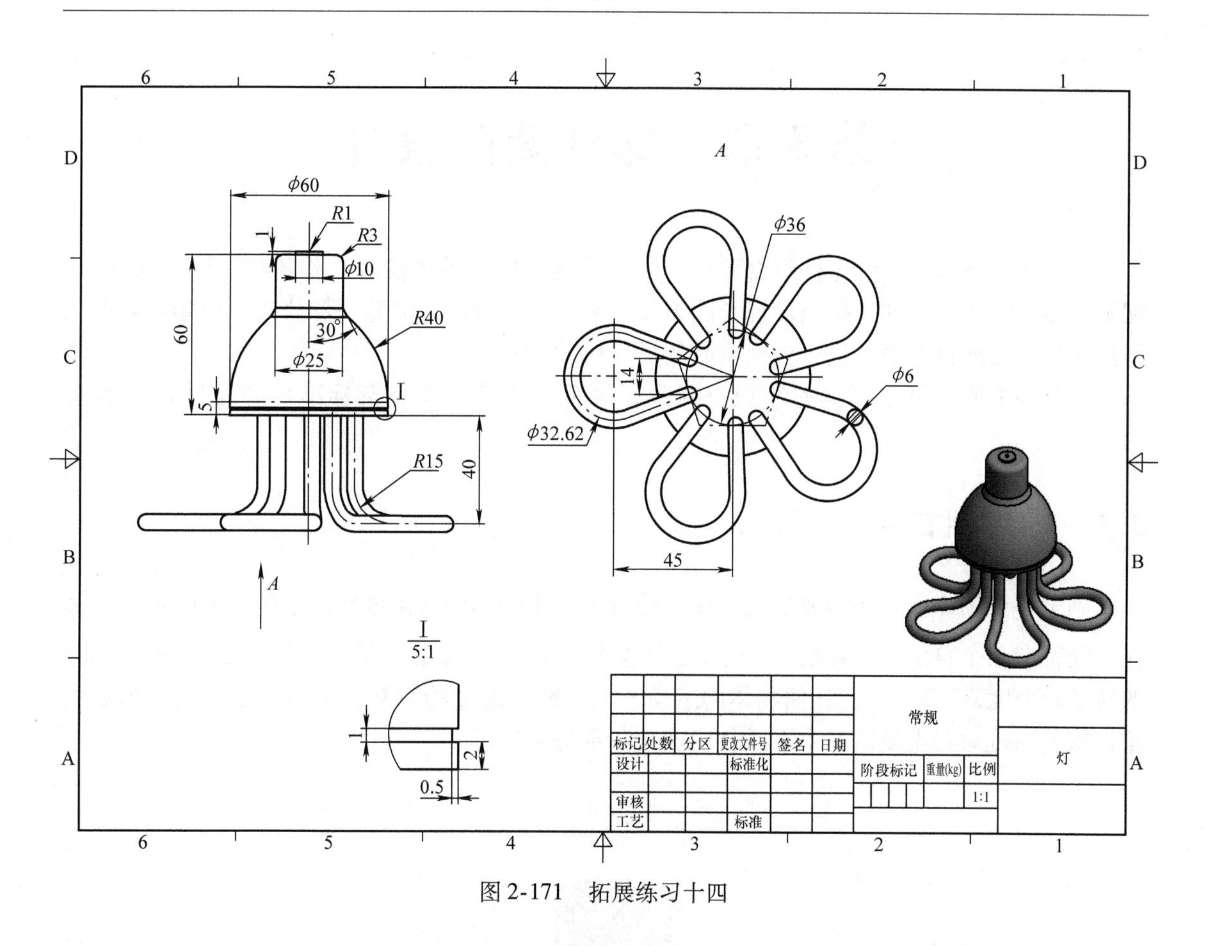

图2-171　拓展练习十四

第3章　部件装配设计

本章介绍将多个三维零件组合到一个装配设计中的各种方法和工作流程。Inventor 的装配不仅能够将产品零部件按照设计意图组织起来，并进行设计的验证和修改，也能够帮助工程师比较理想地自上而下进行创新产品的设计研发。

本章将主要学习零部件的装载、约束、编辑、表达以及装调标准件和常用件等相关内容。

3.1　零件自由度

确定一个物体位置所需要的独立坐标数称为这个物体的自由度数。如图 3-1 所示，刚体在空间都有六个自由度，即沿 x、y、z 三个坐标轴的移动自由度 $\vec{x}$、$\vec{y}$、$\vec{z}$ 和绕三个坐标轴的转动自由度 $\overset{\frown}{x}$、$\overset{\frown}{y}$、$\overset{\frown}{z}$。任何物体的运动方式，都是通过约束某些自由度获得的。本章的重点就是通过对自由度的约束在软件中实现零部件的装配。

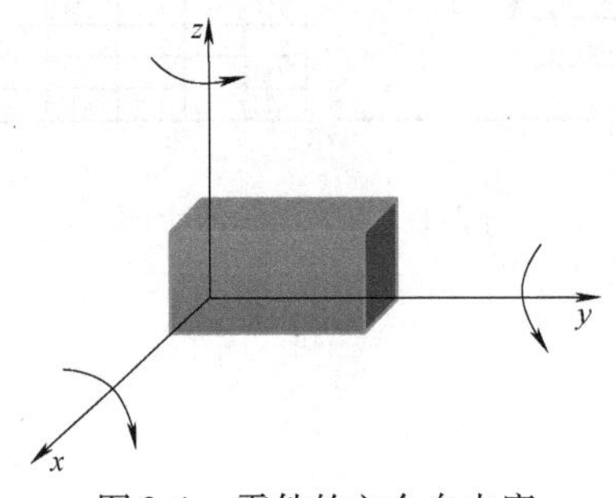

图 3-1　零件的六个自由度

3.2　装载零部件

3.2.1　进入部件环境

启动软件，可以使用快捷方式创建，即单击“新建”快捷按钮右边的小箭头，并选择部件进行创建，如图 3-2 所示。

3.2.2　装入零部件

装入零部件的方法有两种。

1）单击“装配”选项卡中的“放置”按钮，可以选择需要装入的零部件，并单击将它打开。

2）直接左键按住零件文件不放，将其拖入部件环境。

值得注意的是，软件默认将第一个装入部件环境的零件设置为“固定”，即限制其全部六个自由度，使其无法移动和转动。可在被固定的零部件上单击鼠标右键，去掉“固定”

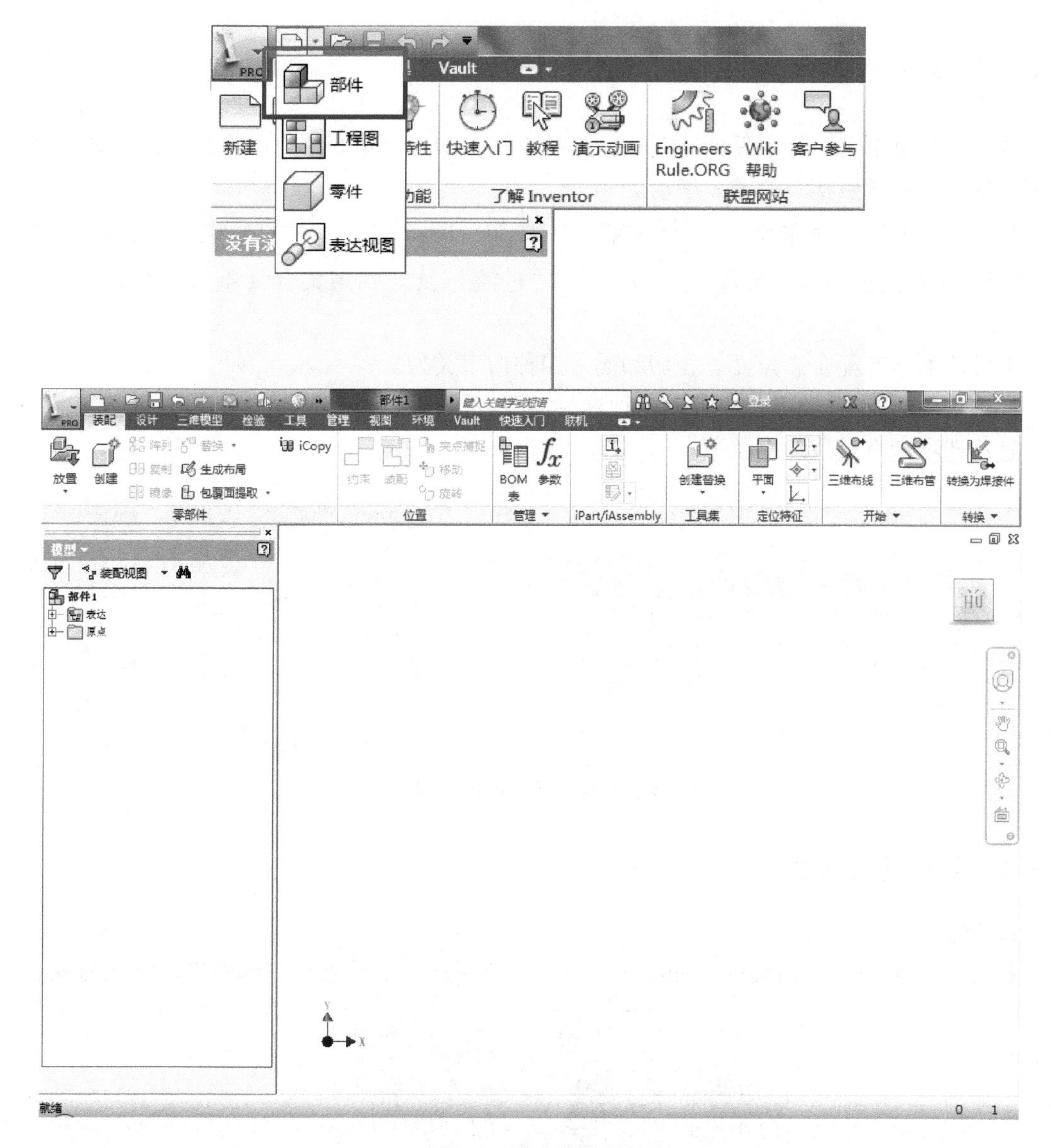

图 3-2　进入部件环境

勾选符号“✔”以解除固定状态。当然，也可以用这种方法对其他零部件进行勾选固定，使零部件的当前位置保持不变，如图 3-3 所示。

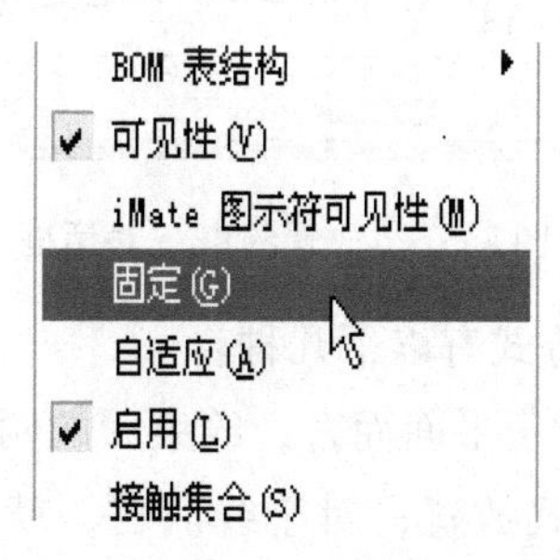

图 3-3　固定零部件和解除固定零部件

3.3　约束零部件

装配约束决定了部件中零件结合在一起的方式，即将原本 6 个自由度的零件删除部分自由度，使零部件按照指定的方式运动。

打开“装配”选项卡中的“约束...”按钮，即可打开“放置约束”对话框，如图 3-4所示。该对话框共有“部件”、“运动”、“过渡”及“约束集合（不做介绍）”四个选项卡。

部件选项卡有配合、角度、相切和插入四种约束类型。

运动选项卡有旋转和转动-平动两种约束类型。

过渡选项卡有过渡约束类型。

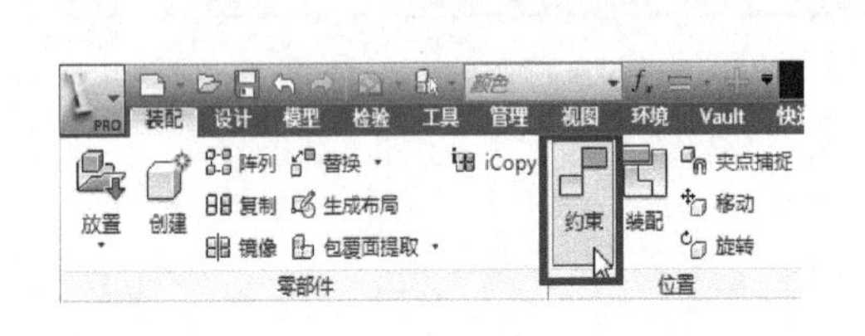

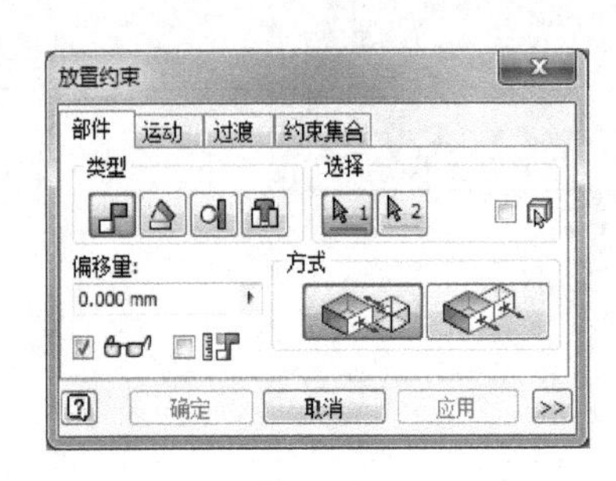

图 3-4　打开“放置约束”对话框

3.3.1　部件约束方式

1. 配合

打开“放置约束”对话框，如图 3-5 所示，应用该对话框可对零部件进行装配约束。

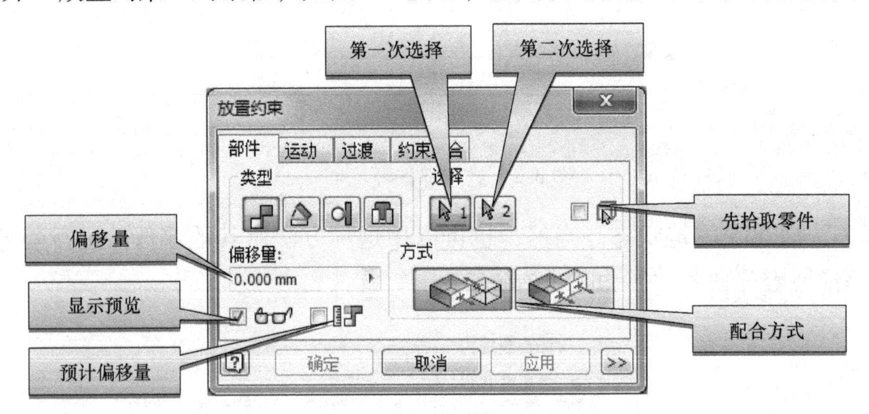

图 3-5　“放置约束”对话框

装配约束删除零件自由度的方式有以下几种。

1）“配合”方式：对于平面而言，约束后的两平面的法线方向相反，使不同零件的两个平面以“面对面”的方式放置；对于线而言，就是两线共线；对于点而言，就是两点重合。

2）“表面齐平”方式：对于平面而言，约束后的两平面的法线方向相同，使不同零件的两个平面以“肩并肩”的方式放置；对于线而言，就是两线共线；对于点而言，就是两点重合。

3）“第一次选择”按钮：单击此按钮，选择需要应用约束的第一个零部件上的平面、线或点。

4）“第二次选择”按钮：单击此按钮，选择需要应用约束的第二个零部件上的平面、线或点。

5）“先拾取零件”按钮：当要选取的内容之间相互遮挡时，可选择此功能。对几何图元的选择将分两步进行，第一步指定要选择的几何图元所在的零部件，第二步选择具体的几何图元。

6）偏移量：指定零部件之间相互偏移的距离。

7）显示预览：如果打开此功能，那么可预览所选几何图元添加约束后的效果。

8）预计偏移量和方向：如果打开此功能，那么“偏移量”项目中将显示应用约束前的零部件间的实际偏移量。

【基础应用一】

使用配合约束，完成图3-6所示的位置关系定义。

实例分析：

此应用实际就是要在软件中模拟连杆的转动。可以通过面的配合约束来实现限制两个连杆接触面的相对位置，通过线的配合约束可以将孔和圆柱的轴线重合起来，实现螺栓插入的效果。

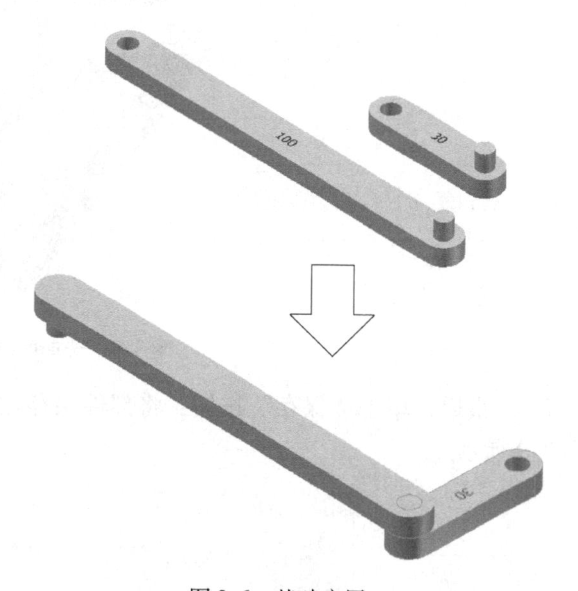

图3-6　基础应用一

操作方法：

1）新建部件环境，接着打开光盘第3章　部件装配设计/基础应用/基础应用1，将“连杆30”和“连杆100”两个零件装入部件环境。

2）选择部件选项卡的“配合”方式，然后依次选择“连杆30”的下表面和“连杆100”的上表面，如图3-7所示，使两个接触表面“面对面”实现接触面的相对位置的限制，最后单击“应用”按钮确认添加约束。软件默认将第一次单击选择的几何要素作为“第一次选择”，将第二次单击选择的几何要素作为“第二次选择”。如果选择错误，可以重新单击或者按钮进行选择。

3）选择部件选项卡的“配合”方式，然后依次选择“连杆30”的外圆柱轴线和“连杆100”的内孔轴线，如图3-8所示，使两条线重合，实现螺栓插入的效果，单击“应用”按钮确认添加约束。

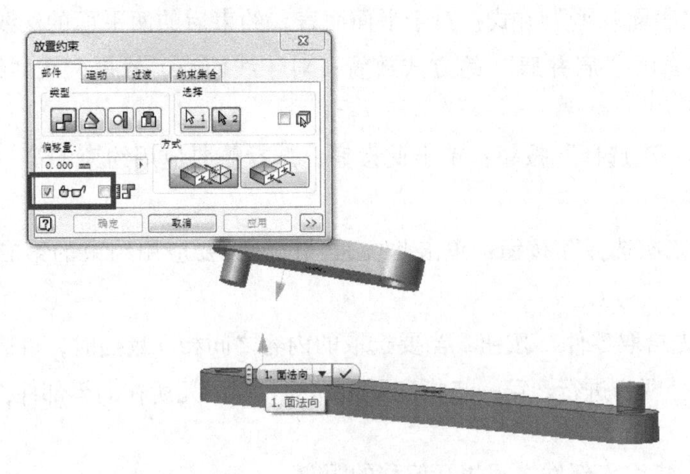

图 3-7　选择面对面方式

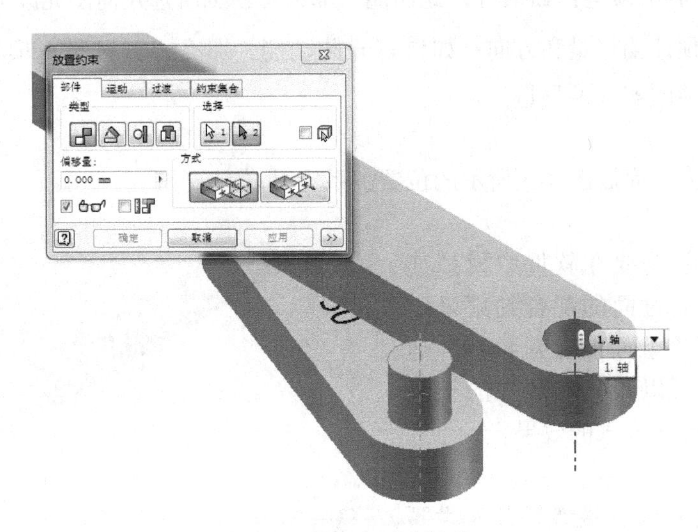

图 3-8　选择两圆柱轴线

4）最后，单击“保存”按钮，将部件保存在当前目录下并命名为“连杆组.iam”，如图 3-9 所示。

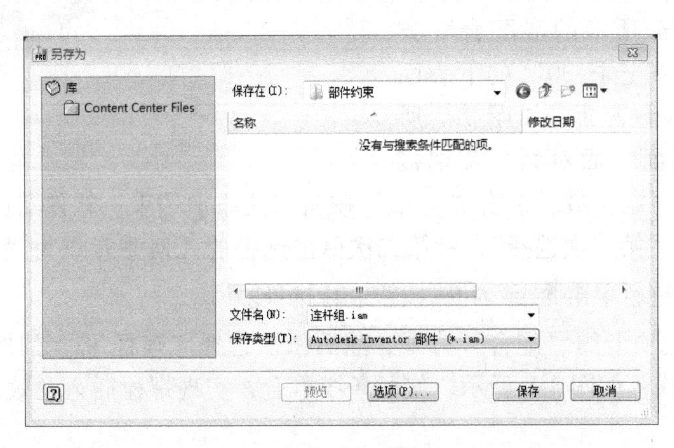

图 3-9　保存部件文件

至此，各零件的自由度均已做出合理的限定，可用鼠标拖动“连杆 30”观察其转动情况。当然，同一种运动方式的模拟（即自由度的限制）可以使用不同的约束组合方式来实现，即操作过程并不是唯一的。

2. 角度

角度约束常用来定义直线或平面之间的角度关系。角度约束对话框如图 3-10 所示。

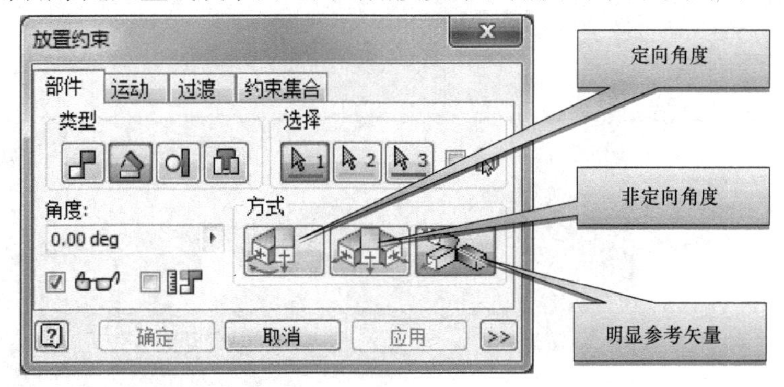

图 3-10　“角度约束”对话框

1）定向角度方式：通过右手法则确定角度，定义的角度将具有方向性。

2）非定向角度方式：定义的角度不具有方向性，仅起到限定大小的作用。

3）明显参考矢量方式：可通过添加第三次选择指定 Z 轴矢量的方向，从 Z 轴顶端向下望去，角度的方向将从第一次选择逆时针旋转至第二次选择。

4）角度：应用约束的线、面之间角度的大小。

【基础应用二】

打开【基础应用一】所保存的部件文件“连杆组 . iam”，将两个连杆定义为固定角度 120°，如图 3-11 所示。

实例分析：

在没有约束前，“连杆 30”可绕固定杆“连杆 100”做 360°整周转动。通过角度约束后，使两个杆件相对固定，并且夹角为 120°。

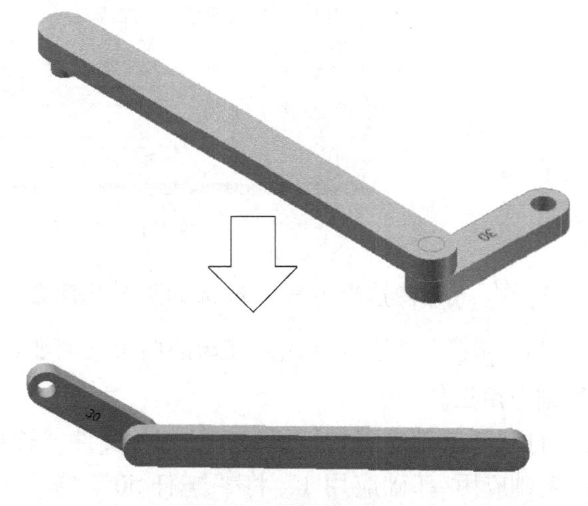

图 3-11　基础应用二

操作方法：

1）首先打开【基础应用一】所保存的部件文件“连杆组 . iam”，接着单击工具面板“装配”选项卡中的“约束”按钮，弹出“放置约束”对话框，依次选择“部件”→“角度”→“明显参考矢量”方式，然后依次选择“连杆 30”的前表面和“连杆 100”的侧面以及“连杆 30”的上表面（用于确定 Z 轴矢量的方向），如图 3-12 所示，并在角度值中填入“120. 00 deg”（含义为从“连杆 30”的上表面沿其轴线向下看，第一次选择的方向逆时针转动 120°到第二次选择的方向），单击“确定”按钮，确认添加约束并关闭对话框。

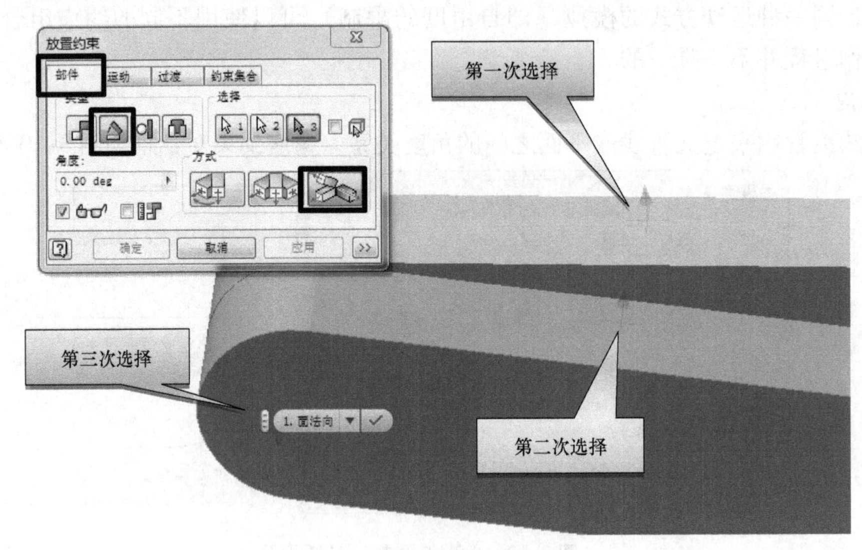

图 3-12　角度约束参数的选择

2）最后，单击“保存”按钮，系统自动将当前完成的操作覆盖原有的“连杆组.iam”。

3. 相切

相切约束用于确定平面、柱面、球面、锥面和规则样条曲线之间的位置关系，使具有圆形特征的几何图元在切点处接触。

“相切约束”对话框如图 3-13 所示。

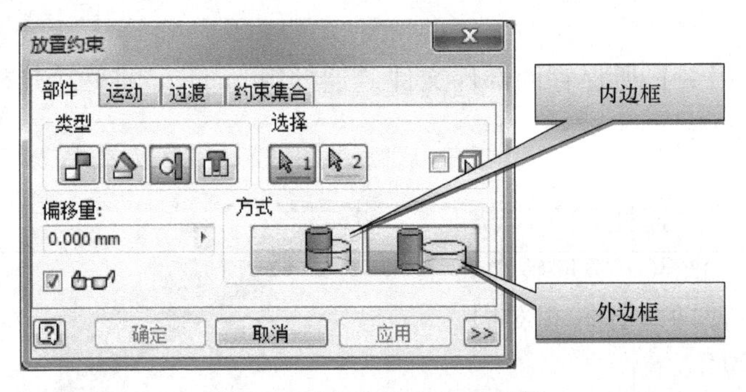

图 3-13　“相切约束”对话框

1）内边框方式：被选的两个几何要素按内切方式放置。

2）外边框方式：被选的两个几何要素按外切方式放置。

【基础应用三】

打开【基础应用二】所保存的部件文件“连杆组.iam”，打开光盘第 3 章　部件装配设计/基础应用/基础应用 1，将“连杆 50”拖入部件环境中，并用内切的方式将其安装在“连杆 100”的另一端，完成如图 3-14 所示的位置关系定义。

实例分析：

可通过添加相切约束，使“连杆 100”的外圆柱表面和“连杆 50”上孔的内圆柱表面

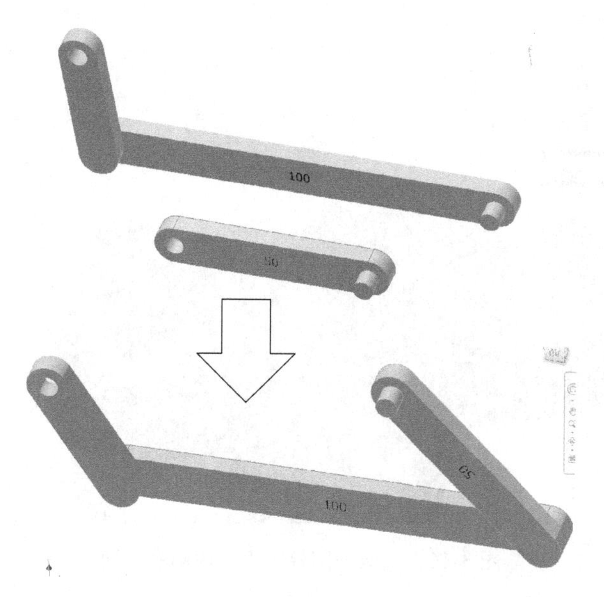

图3-14　基础应用三

相内切，从而限制“连杆50”的自由度，使其仅能绕“连杆100”外圆柱的轴线转动。

操作方法：

1）首先选择部件选项卡的“配合”方式，然后依次选择“连杆50”的下表面和“连杆100”的上表面，如图3-15所示，使两个接触表面“面对面”实现接触面的相对位置限制，最后单击“应用”按钮，确认添加约束。

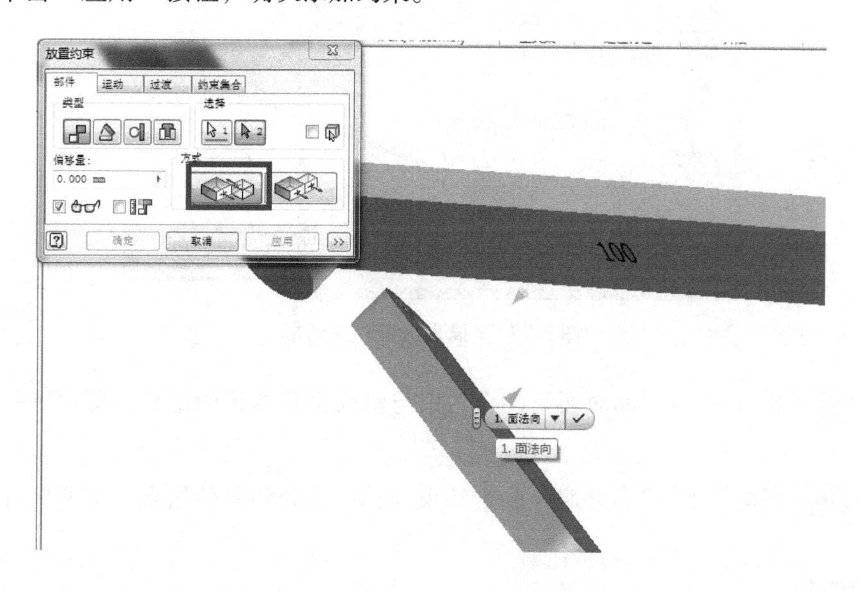

图3-15　选择“面对面”配合方式

2）接着选择部件选项卡中的“相切”按钮，并选择“内边框”方式，然后分别选择“连杆100”的外圆柱表面和“连杆50”上孔的内圆柱表面，如图3-16所示。单击“确定”按钮确认添加约束并关闭对话框，从而限制“连杆50”的自由度，使其仅能绕“连杆100”

外圆柱的轴线转动。

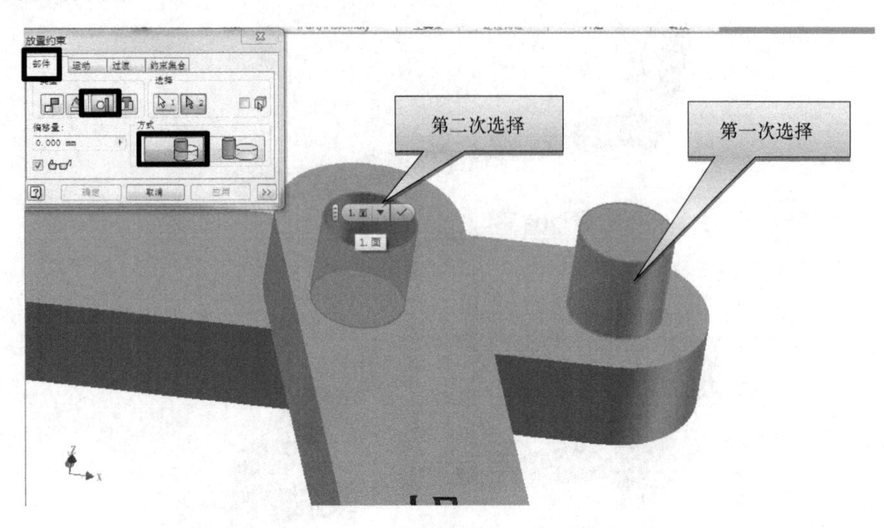

图 3-16　选取外圆柱表面和内圆柱表面

3）最后，单击“保存”按钮，系统自动将当前完成的操作覆盖原有“连杆组 . iam”。

4. 插入

插入约束用于描述具有圆柱特征的几何体之间的位置关系，是两零部件的表面之间的配合约束和两个零部件轴线之间的重合约束的组合，即模拟螺栓插入孔的配合方式。“插入约束”对话框如图 3-17 所示。

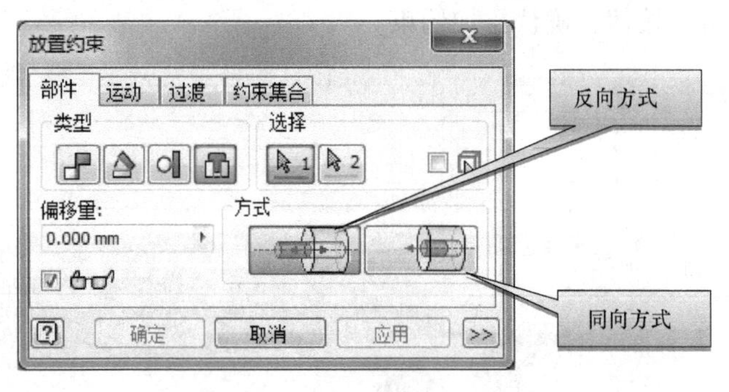

图 3-17　“插入约束”对话框

1）反向方式：“面对面”配合约束与轴线重合约束的组合，即两圆柱的轴线方向相反。

2）同向方式：“肩并肩”配合约束与轴线重合约束的组合，即两圆柱的轴线方向相同。

【基础应用四】

打开【基础应用三】所保存的部件文件“连杆组 . iam”，打开光盘第 3 章　部件装配设计/基础应用/基础应用 1，将“连杆 90”拖入部件环境中，并用插入约束将其与“连杆 100”和“连杆 30”相连接，从而模拟一个平面四杆机构的运动。完成图 3-18 所示的位置关系定义。

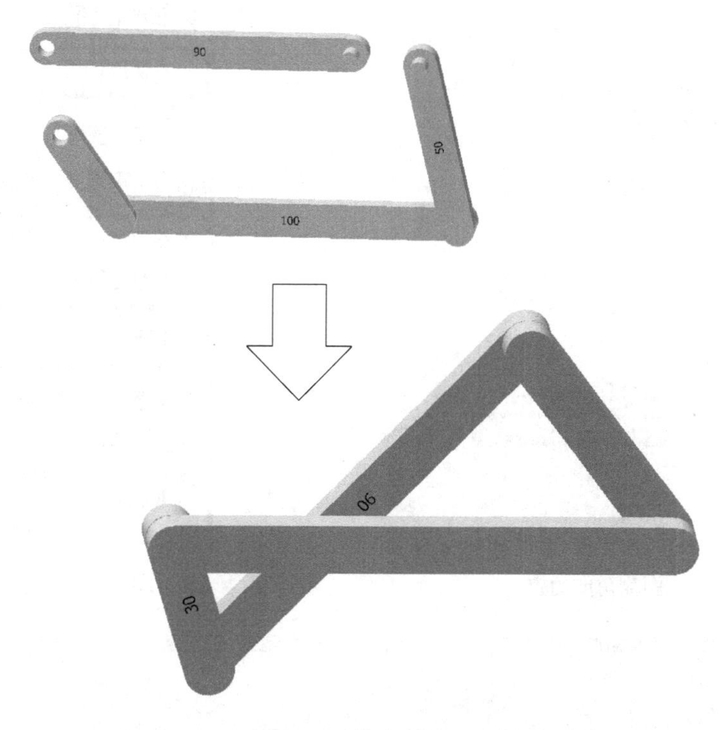

图3-18 基础应用四

实例分析：

首先，我们发现“连杆30”与“连杆100”的角度约束依然存在，所以先去除角度约束，接着使用两次插入约束，将“连杆90”的两端分别安装在指定位置，这样就能实现四杆机构的模拟运动了。

操作方法：

1）首先要去除之前“连杆30”与“连杆100”的角度约束，查看左边的部件浏览器，它会将添加的约束进行记录，将浏览器调整至“装配视图”（默认状态下无需调整）并展开浏览器，便可查看已经添加的约束，选择“连杆30”并展开，找到之前的角度约束，并单击鼠标右键删除，如图3-19所示。

如果需对其他已经添加的约束进行编辑、删除或抑制（保留约束但不让其发挥作用）等操作，可在浏览器中将其选中并右击，选择右键菜单中相应的项目进行操作，如图3-20所示。

2）接着单击部件面板上的“约束”按钮，选择“插入”约束下的“反向”方式。注意：这种方式其实就是“面对面”配合约束与轴线重合约束的组合，因此，选择特征时，除了正确选择轴线外，还应当注意选择时鼠标箭头处与轴线相垂直的圆，这一圆所在的平面将是建立“面对面”配合关系的平面，应根据图示选择相应的圆进行约束。这里需要完成两次约束，即“连杆30”与“连杆90”的插入约束，“连杆50”与“连杆90”的插入约束，如图3-21所示。

完成插入约束后，部件选项卡的所有内容已经学习完毕。这个平面四杆机构采用了各种不同的约束手段进行装配，最终可以在软件上模拟现实中的运动了，如图3-22所示。

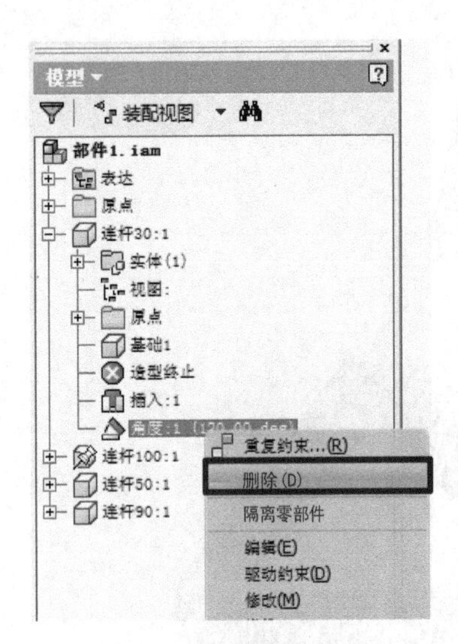

图 3-19　删除角度约束

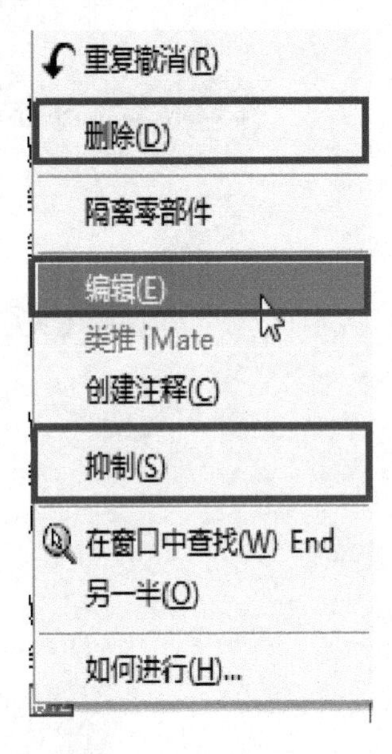

图 3-20　约束的编辑方法

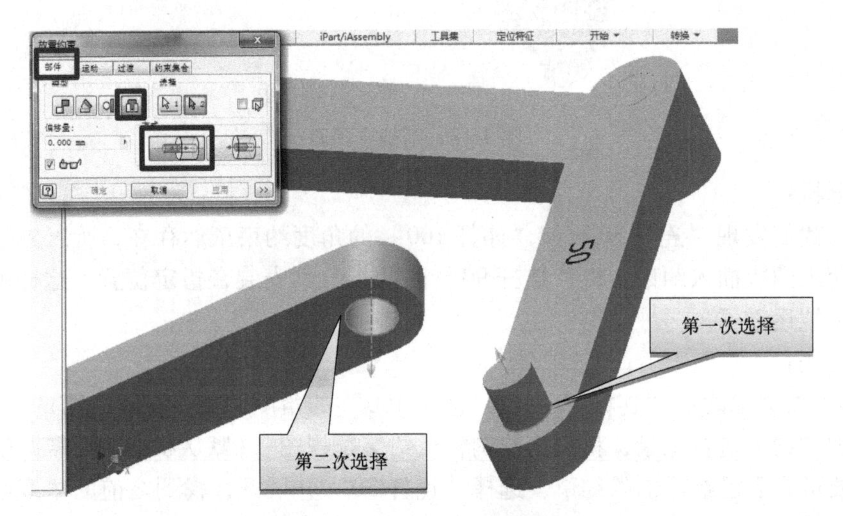

图 3-21　插入约束的参数选择

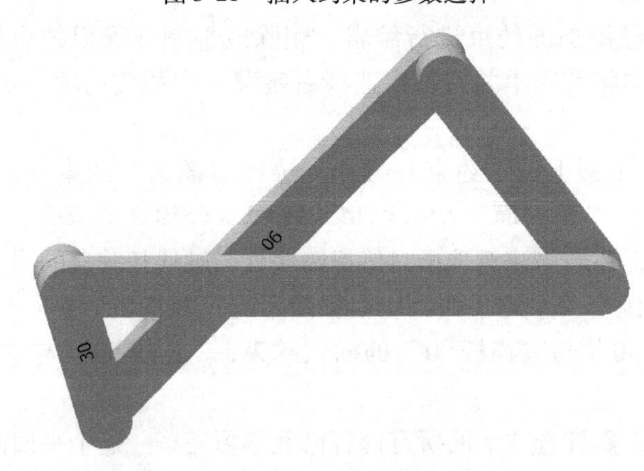

图 3-22　约束完成

3.3.2 运动约束方式

运动约束主要用于描述齿轮与齿轮、齿轮与齿条、蜗轮与蜗杆的相对运动关系，分为“旋转”和“转动-平动”两种类型。“运动约束”选项卡如图 3-23 所示。

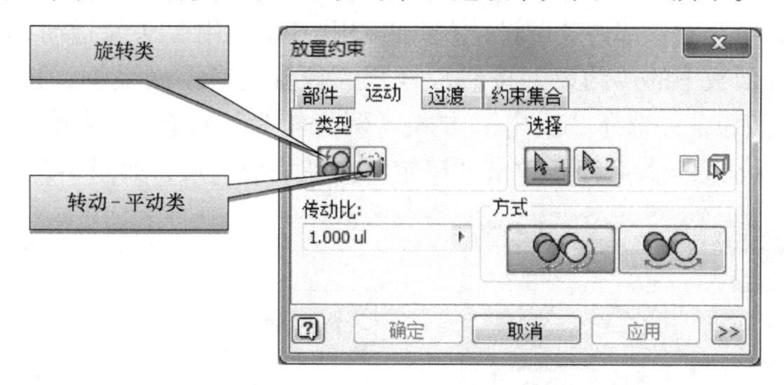

图 3-23　“运动约束”选项卡

1）旋转类型：通常用于描述齿轮与齿轮之间及带与带轮之间的运动，使被选择的第一个零件按指定传动比相对于另一个零件的转动而转动。

2）转动-平动类型：通常用于描述齿轮与齿条之间的运动，使被选择的第一个零件按指定距离相对于另一个零件的转动而平动。

3）旋转类型下的传动比：传动比用来指定当第一次选择的零部件旋转时，第二次选择的零部件旋转了多少。

4）转动-平动类型下的距离：距离用来指定相对于第一次选择的零部件做一次转动（旋转一周）时，第二次选择的零部件平移的距离。

5）旋转类型下的运动方向：正向方式；反向方式。

6）转动-平动类型下的运动方向：正向方式；反向方式。

【基础应用五】

应用运动约束，完成图 3-24 中齿轮间的运动关系定义。

图 3-24　基础应用五

实例分析：

打开部件文件“运动约束”，“直齿轮 1”与“直齿轮 2”均仅能绕自身轴线转动，但两者之间的运动关系尚未指定。由于大齿轮的齿数为 57，小齿轮的齿数为 23，当大齿轮转动一周时，小齿轮转动 57/23 = 2.4783 周，故传动比应输入“2.4783”，可通过添加运动约束，使“直齿轮 1”与“直齿轮 2”按照这个传动比转动。

操作方法：

1）打开光盘第 3 章　部件装配设计/基础应用/基础应用 5/齿轮运动 . iam。

2）单击部件面板中的“约束”按钮，打开“放置约束”对话框，选择“运动”选项卡中的“转动”按钮，并选择“反向”方式（两齿轮为外啮合），然后分别选择大齿轮与小齿轮，给定传动比为 = 2.4783，单击“确定”按钮完成约束，如图 3-25 所示。

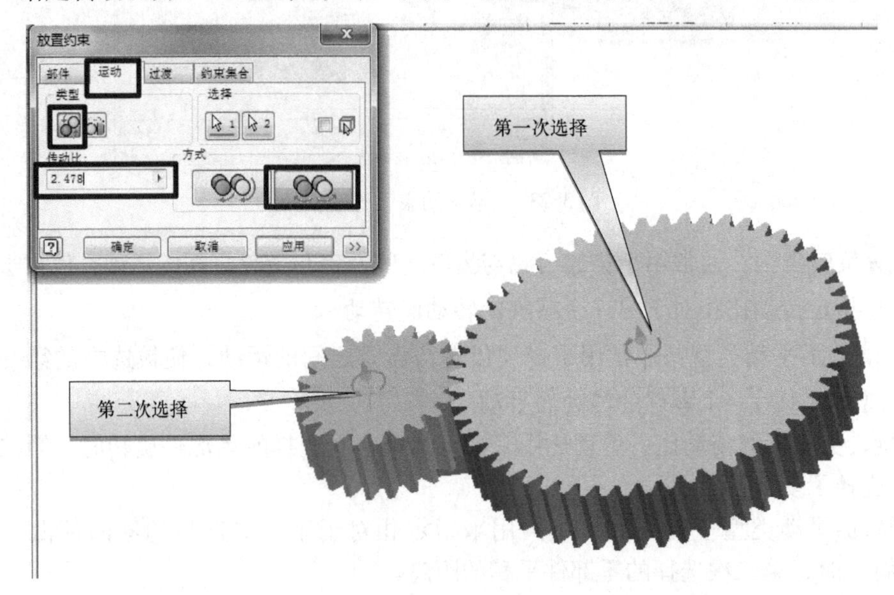

图 3-25　运动约束的参数选择

3.3.3　过渡约束方式

过渡约束用于保持面与面之间的接触关系，常用于描述凸轮机构的运动。“过渡约束”选项卡如图 3-26 所示。

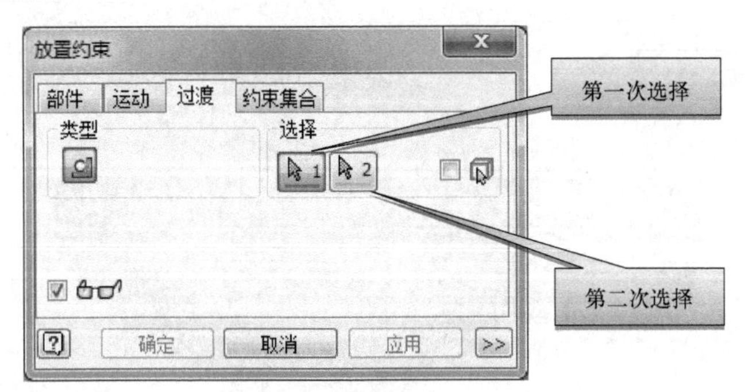

图 3-26　“过渡约束”选项卡

【基础应用六】

应用运动约束，完成图 3-27 中齿轮间的运动关系定义。

实例分析：

观察发现，该机构除凸轮与顶杆之间的相对运动关系外，其余约束关系均已给定，而凸轮与顶杆之间在实际运动过程中应保持接触，这一运动关系的定义应由“过渡约束”来实现。

操作方法：

1）打开光盘第 3 章　部件装配设计/基础应用/基础应用六/凸轮机构 . iam。

2）单击部件面板中的“约束”按钮，打开“放置约束”对话框，选择“过渡”选项卡，依次选择“运动杆”下端的球面和“凸轮”的表面，如图 3-28 所示，单击“应用”按钮确认添加约束。这样，“凸轮”在转动过程中将与两杆保持接触。

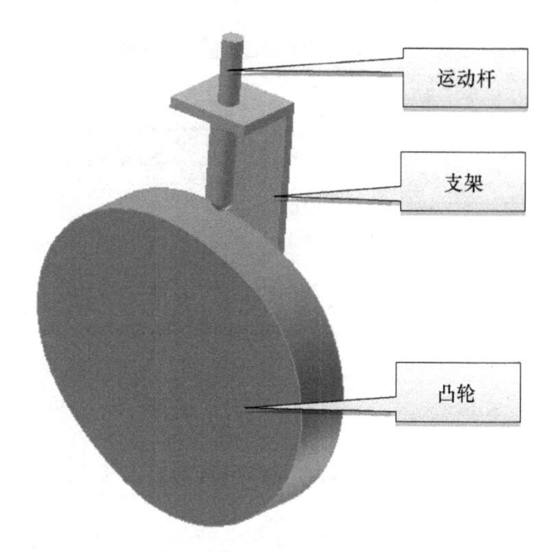

图 3-27　基础应用六

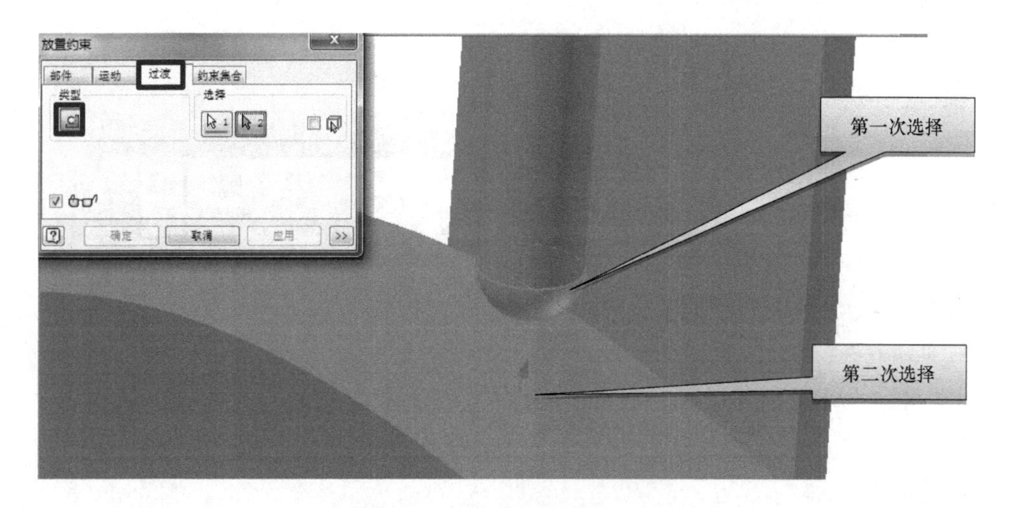

图 3-28　过渡约束的参数选择

3.4　编辑零部件

3.4.1　修改零部件

在设计过程中，设计人员可能会对零部件进行多次修改。Inventor 部件环境为设计人员提供了对已有零部件进行修改的功能。

具体做法是，在图形区单击鼠标右键，软件会弹出快捷选项，选择下方的“编辑”项，或在浏览器中将待修改的零部件选中并右键单击，选择右键菜单中的“编辑”（或直接在零部件上双击），如图 3-29 所示，即可进入相应的修改零部件环境。如果需要修改的对象是零件，Inventor 将自动转入零件环境中。

修改完成后，可在图形区中右击，弹出快捷选项，选择下方的“完成编辑”选项，返

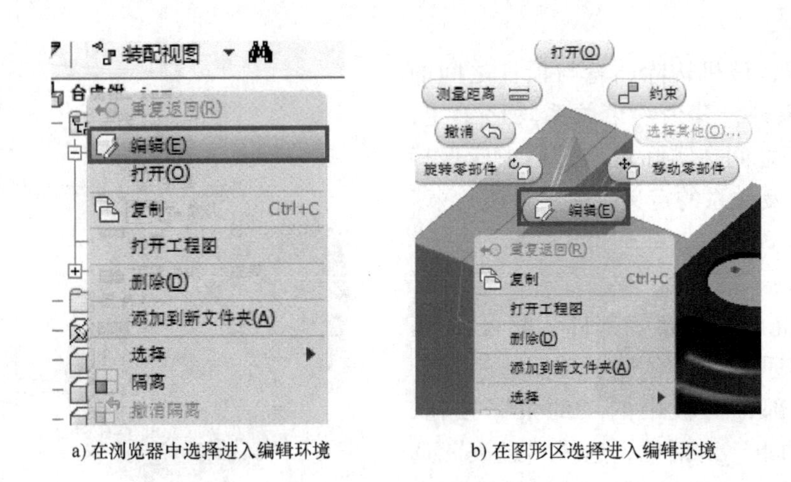

a) 在浏览器中选择进入编辑环境　　b) 在图形区选择进入编辑环境

图 3-29　进入编辑环境

回至原部件环境，如图 3-30a 所示，或在工具面板中单击“返回”按钮结束修改，返回至原部件环境，如图 3-30b 所示。

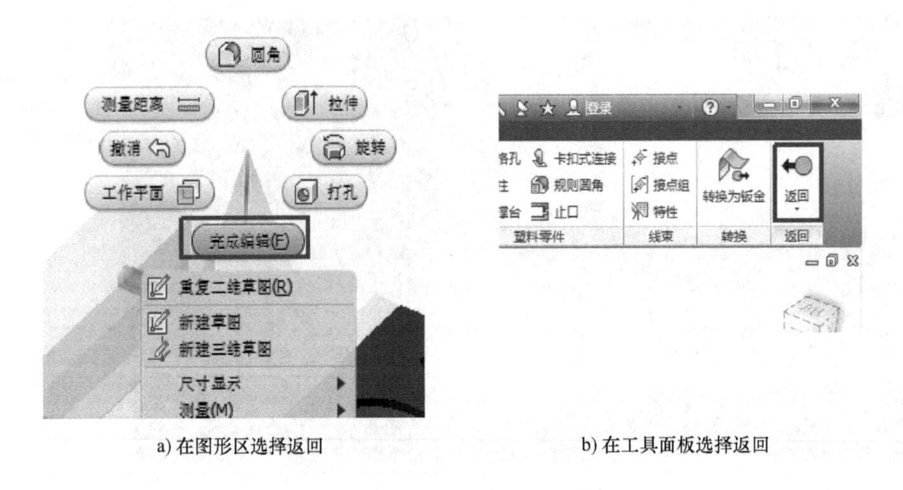

a) 在图形区选择返回　　b) 在工具面板选择返回

图 3-30　返回原部件环境的方式

3.4.2　阵列零部件

设计部件时，总是会遇到重复插入同一零件的问题，阵列零部件可以帮助快速完成数量较多，且空间分布呈一定规律的零部件的设计。此按钮位于工具面板的“装配”选项卡中，如图 3-31 所示。“阵列零部件”对话框如图 3-32 所示。

零部件的阵列可由三种方式进行，关联阵列、矩形阵列和环形阵列。

1. 关联阵列

“关联阵列”是以零部件上已有的阵列特征作为参照进行的阵列，如图 3-32 所示。

1）零部件：选择需要被阵列的零部件，可选择一个或多个零部件进行阵列。

2）特征阵列选择：选择零部件上已有的特征作为阵列的参照。

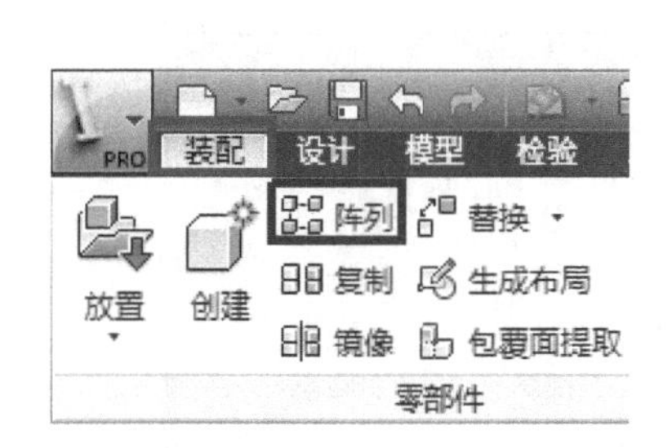

图 3-31　阵列零部件图标按钮

图 3-32　“阵列零部件”对话框

2. 矩形阵列

矩形阵列可将零部件按照一定的规律沿某两个方向进行排列。“矩形阵列”选项卡如图 3-33 所示。

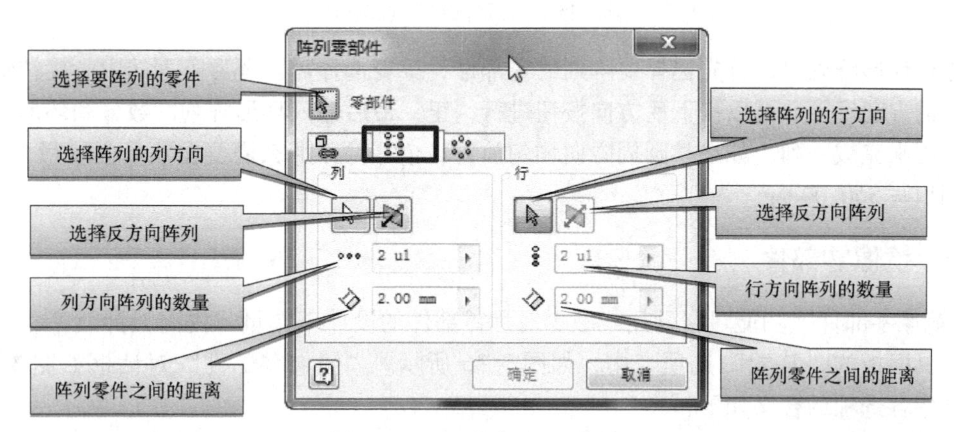

图 3-33　“矩形阵列”选项卡

进行矩形阵列时，首先选择需要阵列的零部件，接着选择要阵列的列方向，这个方向不一定要经过阵列零件的轴线，部件中任何一个正确的方向线都可以使用，可以是轴线也可以是边线，如果被阵列零件的阵列方向反了，那么可以按下相反方向按钮来加以纠正，最后输入要阵列的数量和阵列零件之间的距离。如果另一个方向上也需要阵列，那么继续在行阵列上重复上述操作即可。

需要指出的是，阵列后生成的零部件与源零部件是相互有联系的，同时也继承了源零部件的装配约束关系。如果需要对阵列后的某一零部件单独进行修改，可以在浏览器中将代表该零部件的“元素”选中，并在其上单击鼠标右键，选择右键快捷菜单中的“独立”选项，如图 3-34 所示。

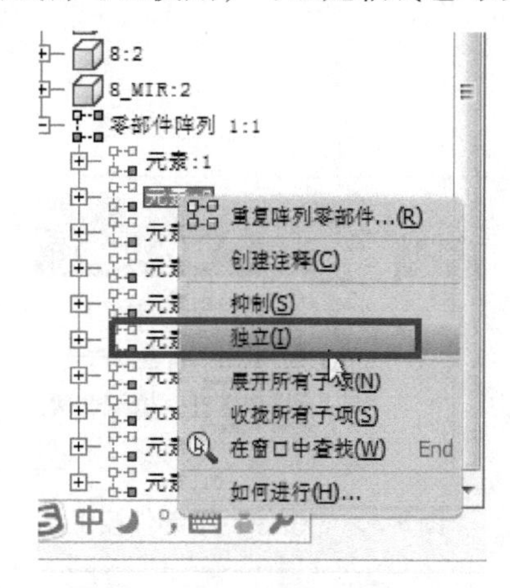

图 3-34　整列零部件的独立

3. 环形阵列

零部件“环形阵列”和“矩形阵列”的方法与零件

环境下对特征阵列的方法相似。“环形阵列”可将零部件按照圆的特征进行阵列。阵列零部件对话框中的环形阵列选项卡如图 3-35 所示。

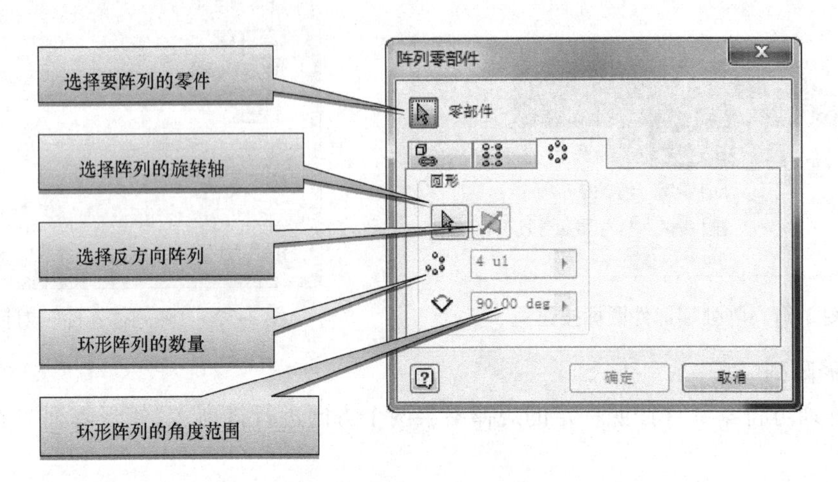

图 3-35 “环形阵列”选项卡

进行环形阵列时，首先选择要阵列的零部件，接着选择需要环形阵列的中心旋转轴，如果阵列的方向反了，可以按下反方向按钮进行纠正，最后输入环形阵列的数量和环形阵列的角度范围来完成阵列。如在整圆周方向均匀放置 6 个零件，那么需要在数量栏填写 6，在角度范围填写 360. 00deg。

3.4.3 镜像零部件

“镜像零部件”功能可帮助用户减少对称零部件的设计工作量，提高设计效率。该按钮位于工具面板的“装配”选项卡中，如图 3-36 所示。“镜像零部件”对话框如图 3-37 所示，其中各选项的含义如下：

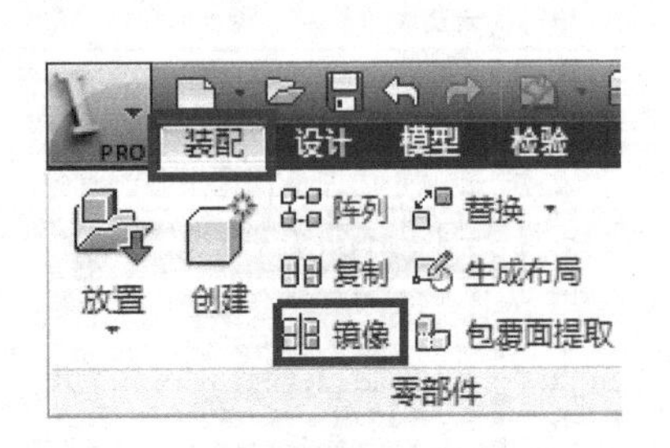

图 3-36 “镜像”零部件按钮

图 3-37 “镜像零部件”对话框

1) 零部件：用于指定需要镜像的零部件，可选择一个或多个零部件。

2）镜像平面：用于指定镜像平面，可选择工作平面或零部件的表面。

3）镜像选定对象：在新部件文件中创建镜像的引用。镜像得到的零部件具有独立的名称，其形状尺寸由被镜像的零部件投影得到，可对其进行添加特征等操作，其结果不会影响到被镜像的零部件。

4）重用选定对象：在当前或新部件文件中创建重用的引用。重用选定对象后，镜像得到的零部件没有独立的名称，而是相当于把原有的零部件重新放置在了镜像后的位置，可对其进行编辑，其结果将对镜像前后的零部件同时生效。

5）排除选定对象：从镜像操作中排除零部件。

3.4.4　替换零部件

在部件装配环境中，可用其他零部件替换当前部件中的零部件。在替换过程中，Inventor将尽量保留已有的约束，但由于替换的零部件和原有的零部件可能存在形状特征上的差异，导致某些约束不再存在或无法自动识别，此时需要重新添加这些约束，如图3-38所示。

替换零部件有以下两种方式。

1）替换：将仅对选定的零部件进行替换。

2）全部替换：将对选中的零部件及其引用均进行替换。

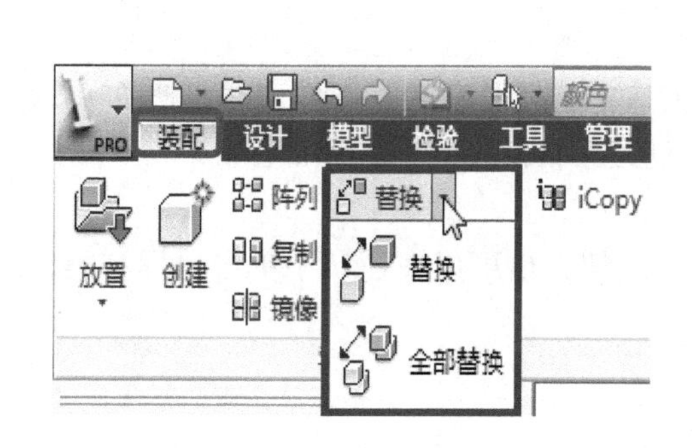

图3-38　替换零部件图标按钮

替换的具体操作方法是，选择装配选项卡下的“替换”按钮，然后选择需替换的零部件，选中后软件将自动打开“装入零部件”对话框，使用浏览来选择替换后的零部件，最后单击“装入零部件”对话框中的“打开”按钮，完成替换。

3.4.5　创建在位零部件

在部件环境中所创建的零部件称为“在位零部件”。使用这种方法创建零部件，能方便地与其他零部件建立关联，可以有效地提高设计效率。

在位零部件创建按钮位于装配选项卡下，单击按钮后会弹出“创建在位零部件”对话框，如图3-39所示。

1）新零部件名称：可编辑在位零部件的文件名。

2）模板：可选择在位零部件所用的模板。

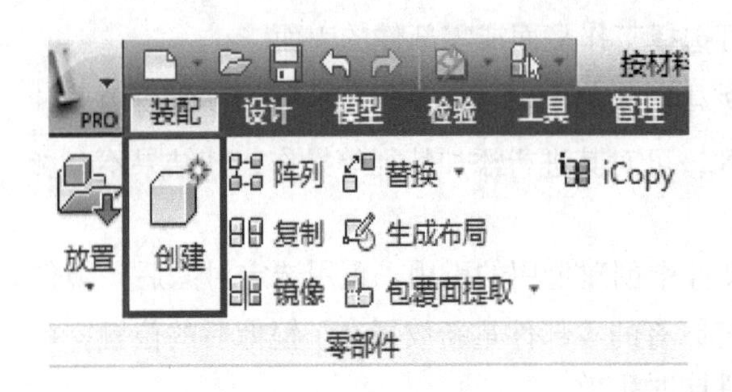

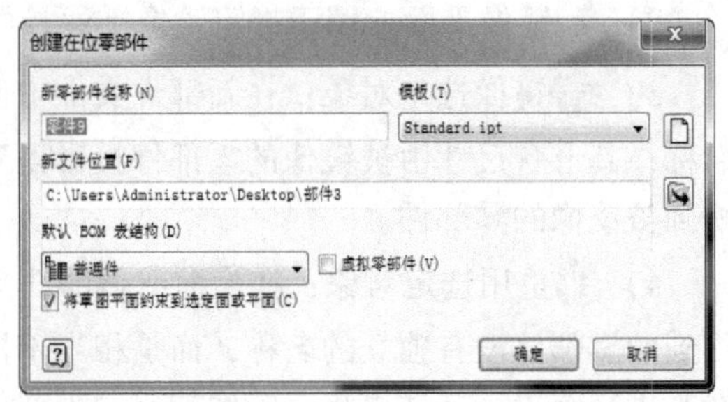

图 3-39　“创建在位零部件”对话框

3）新文件位置：可选择在位零部件的保存路径。

4）将草图平面约束到选定面或平面：一般情况下，软件将在所选零件表面和在位零部件的草图平面之间创建配合约束，如果这样做，那么创建的在位零部件将和原有零部件存在关联。所以，如果不需要这种关联，就可以将“将草图平面约束到选定面或平面”前面的钩取消，以阻止自动添加装配约束。另外，如果新零部件是部件中的首个零部件，那么该选项不可用。

创建在位零部件的一般步骤如下：

1）首先在装配环境中单击“创建”按钮。

2）弹出“创建在位零部件”对话框，在相应位置，填入新创建零部件的名称和保存路径，同时选择零部件的模板。

3）接着选择第一个草图平面，可在图形窗口中选择已有的零部件表面（平面）或工作平面，当然也可以在图形窗口的空白处单击，创建无自由度约束的零部件。

4）绘制草图，添加草图特征。

5）造型完成后，单击工具栏上的“返回”按钮，也可以在窗口中单击鼠标右键，选择“完成编辑”选项，返回部件环境。

3.5　表达零部件

3.5.1　改变零部件的颜色样式

为装配体上各零部件定义不同的颜色，可以更好地区分和查看零部件，并增强零部件的美观性。

Inventor 软件提供了以下两种方式改变零部件的颜色样式。

1）首先左键选择需要改变颜色样式的零部件，然后在工具栏中的颜色下拉菜单中选择所要的颜色或样式，如图 3-40 所示。

2）首先左键选择需要改变颜色样式的零部件，然后用鼠标右键单击并选择右键菜单中的“iProperty”，在打开的“iProperty”对话框的“引用”选项卡中对零部件的颜色样式进行更改，如图 3-41 所示。

注意：以上两种方法对零部件颜色样式所做出的修改，仅在当前部件有效。若需彻底改变零部件的颜色样式，可用编辑零部件的方法，进入到零部件各自的环境中，再对零部件的颜色样式做出调整。

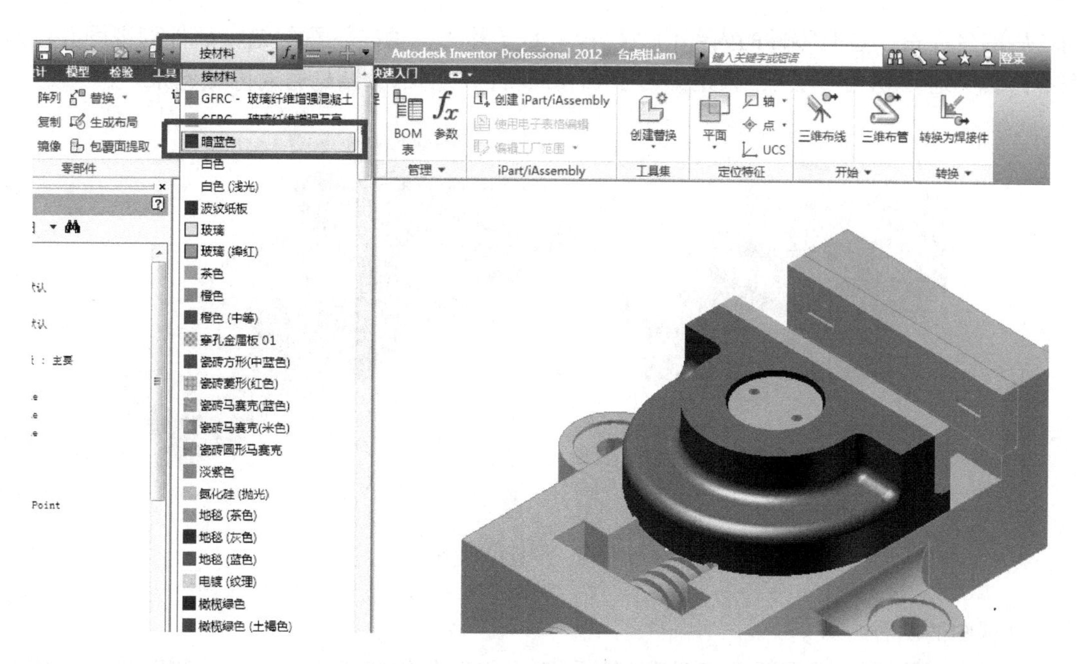

图 3-40　在工具栏中更改颜色样式

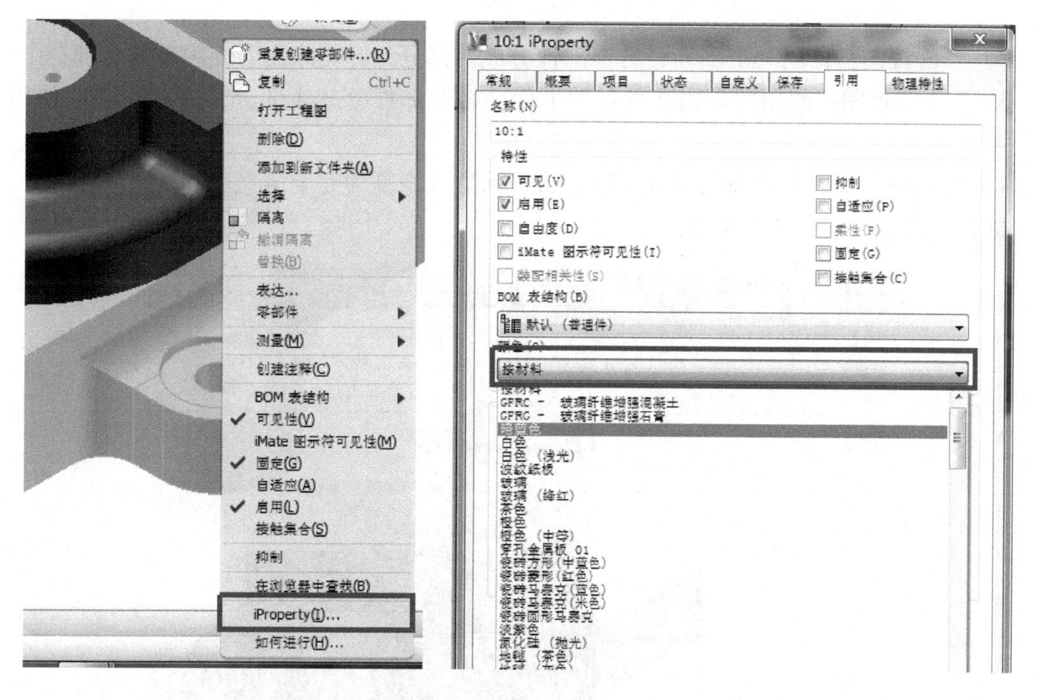

图 3-41　在“iProperty”对话框中更改颜色样式

3.5.2　部件剖视图

在很多时候，零件的内部结构很难观察清楚，在软件中，可以使用剖切的方式，将零件一分为二，或者一分为四，从而直观地了解其内部构造。图 3-42a 所示为台虎钳未剖切之前的模型，可以明确地观察其外部结构，但是无法观察其内部构造。而图 3-42b 所示为经过半剖之后的台虎钳，这时零件的内部构造已经一目了然了。值得注意的是，部件剖视图并没有把零件真实地“切去一半”，只是为便于观察而将部件的部分结构暂时隐藏起来。

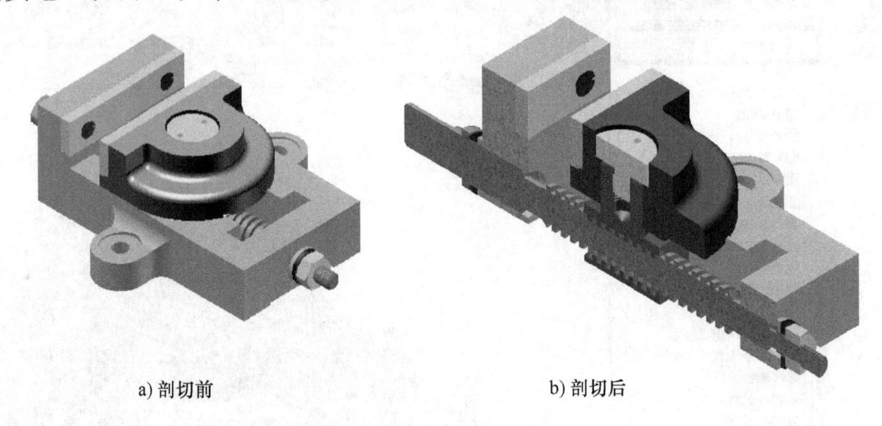

a) 剖切前　　b) 剖切后

图 3-42　部件剖视图

剖视图的四种方式。

1）1/4 剖视图：使用两个相互垂直的平面，将零部件分成 4 部分，并删除面向使用者的 3/4。

2）半剖视图：使用一个平面，将零部件分成两部分，并删除面向使用者的一部分。

3）3/4 剖视图：使用两个相互垂直的平面，将零部件分成 4 部分，并删除面向使用者的 1/4。

4）全剖视图：取消之前的剖视状态，将显示方式恢复为完全可见。

剖视图图标按钮如图 3-43 所示。

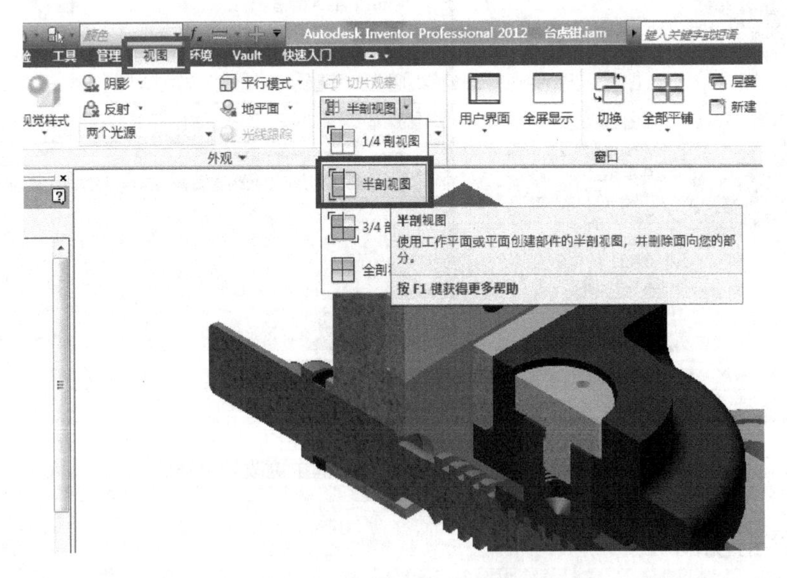

图 3-43　剖视图图标按钮

【基础应用七】

使用软件的部件剖视图功能，完成台虎钳的半剖视图，如图 3-42b 所示。

实例分析：

剖切的操作方式比较简单，重点在于剖切平面的选取。可以使用原坐标平面，如果原坐标平面无法满足要求，可以创建相应的工作平面来完成剖视。

操作方法：

1）打开光盘第3章　部件装配设计/基础应用/基础应用7/台虎钳.iam部件文件并打开。

2）单击部件面板上的“视图”选项卡，单击“剖视图”右边的三角箭头按钮，并选择“半剖视图”选项，如图3-44所示。

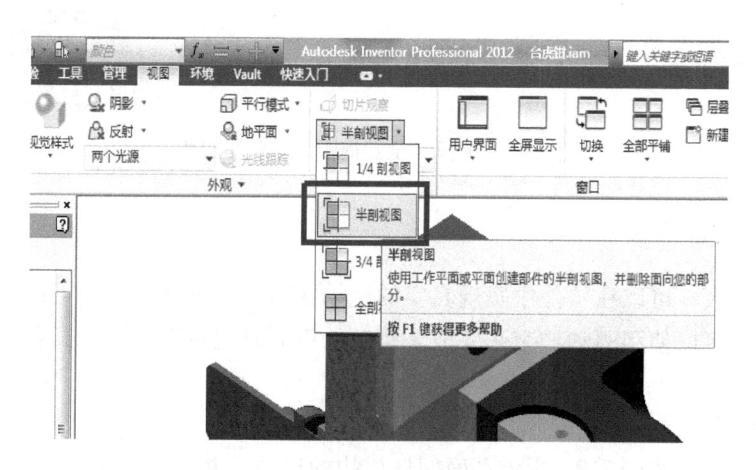

图3-44　选择“半剖视图”方式

3）操作者可根据需要来选择用于剖切部件的平面。这里选择原始坐标平面来完成剖切，在部件浏览器中点开“原点”，选择“XZ Plane”平面，弹出“偏移”对话框，将偏移量选择为0，单击✔完成剖切，如图3-45所示。

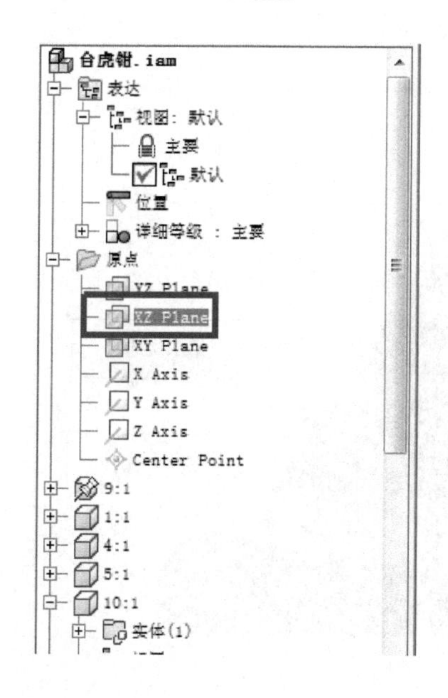

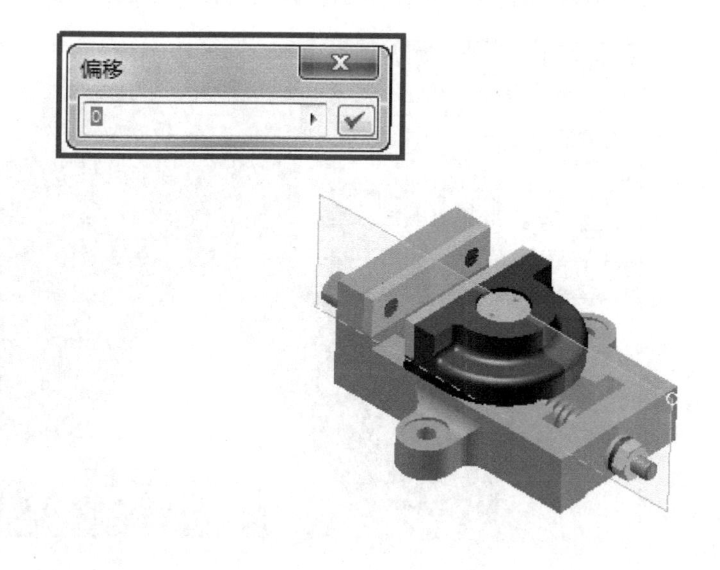

图3-45　选择剖切面

4）如果需要恢复部件的可见性，可以单击部件面板上的“视图”选项卡，单击“剖视图”右边的三角箭头按钮，并选择“全剖视图”，将之前的剖切方式去除，如图 3-46 所示。

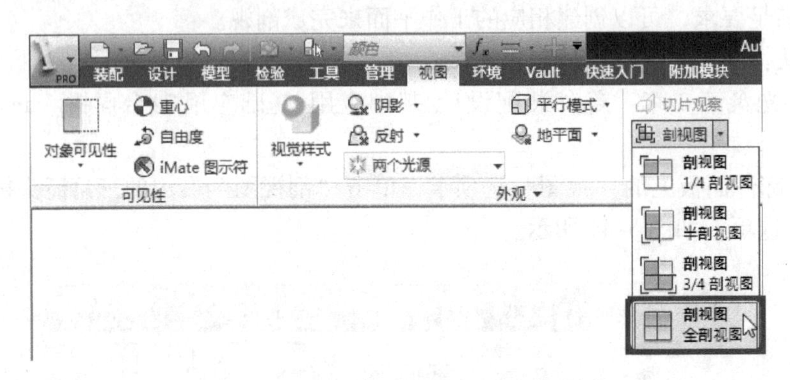

图 3-46　选择“全剖视图”恢复可见性

3.5.3　驱动约束

通过部件约束，可以在软件中实现真实的运动状态，这种运动状态可以使用鼠标拖动的方式来完成，也可以使用驱动约束来完成。驱动约束同时也可以将运动过程录制下来，生成 AVI 文件。

【基础应用八】

通过驱动约束完成图 3-22 所示平面四杆机构的运动，并生成动画文件。

操作方法：

1）首先打开光盘第 3 章　部件装配设计/基础应用/基础应用 8/连杆组完成 . iam 部件文件并打开。

2）为了实现平面四杆机构的运动，应首先添加主动杆（连杆 30）与机架（连杆 100）的角度约束，即如图 3-47 所示，在两个面上添加角度约束。

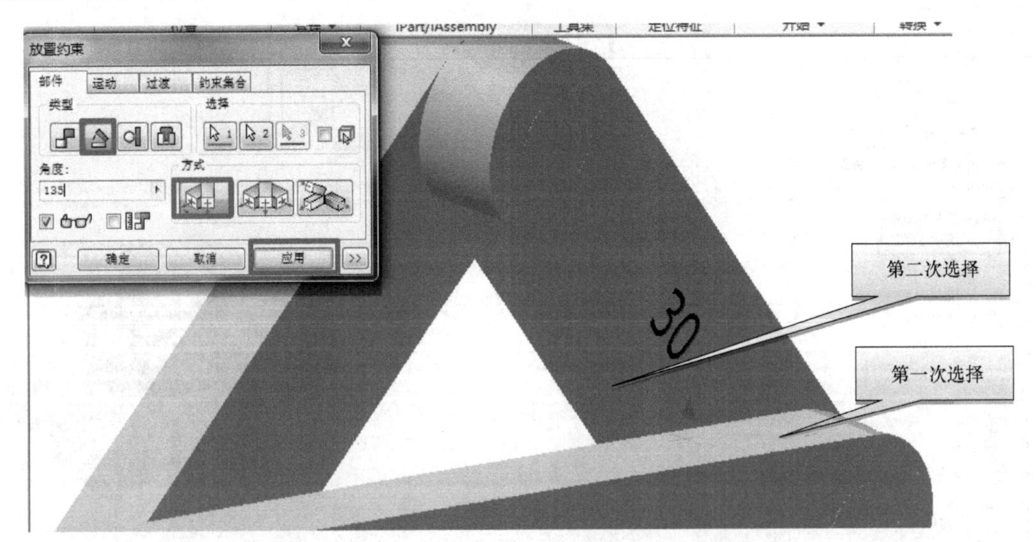

图 3-47　添加角度约束

3）单击“应用”和“确定”按钮完成约束的添加，然后在浏览器中将这个角度约束选中并用右键单击，选择右键菜单中的“驱动约束”，如图 3-48a 所示，打开的“驱动约束”对话框如图 3-48b 所示。

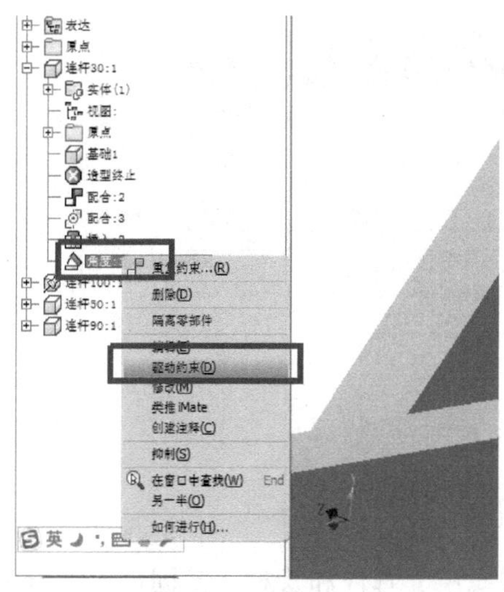

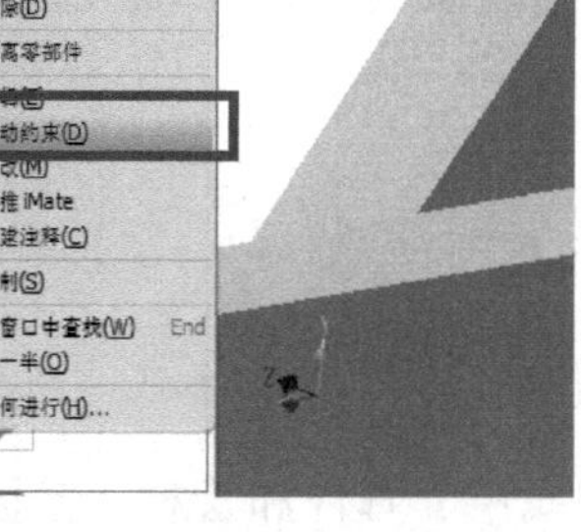

a) 选择驱动约束　　b) 驱动约束对话框

图 3-48　驱动约束

“驱动约束”对话框中各栏目及按钮的作用如下：

① 起始位置：驱动约束过程中运动偏移量或角度的起始位置。

② 终止位置：驱动约束过程中运动偏移量或角度的终止位置。

③ 暂停延迟：各步动画之间的延迟时间。

④ ：可以实现正向播放和逆向播放。

⑤ ：可以实现正向步进与反向步进。

⑥ ：直接回到起点或者终点。

⑦ ：动画录制。

4）将“起始位置”和“终止位置”分别设为“0.00 deg”和“3600.00 deg”（即转 10 圈），并单击“播放”按钮，便可实现平面四杆机构的运动了，即曲柄进行 360°的圆周运动，摇杆来回摆动。如果需要输出动画，可在单击播放按钮前首先单击录制按钮，设置相应的视频参数后，再单击播放按钮，就可以将运动过程保存成 AVI 格式的动画了。

3.6　装调标准件和常用件

3.6.1　资源中心与标准件

众所周知，几乎所有的产品都会包含有标准零件。对于所有的尺寸和形状都已有相关标准的标准零件而言，在设计过程中就没有必要再对其进行模型的建立，而是可以利用 Inventor 中的“资源中心”直接调入使用。其使用方法如下：

1）首先新建部件文件，然后在功能区上单击“装配”选项卡下的“零部件”面板中的“从资源中心装入”，如图 3-49 所示。

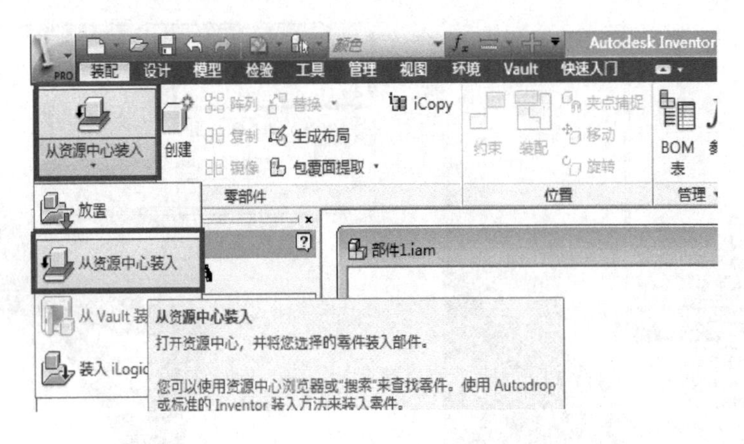

图 3-49　资源中心库

2）系统会弹出类别视图，其中有钣金、电缆和线束、管件和管材、紧固件、模具和轴用零件等大类的标准件可供选择。本次以选取调心滚子轴承为例进行操作，依次选择“轴用零件”、“轴承”、“滚子轴承”、“调心滚子轴承”，双击第一个架构滚子轴承，如图 3-50 所示。

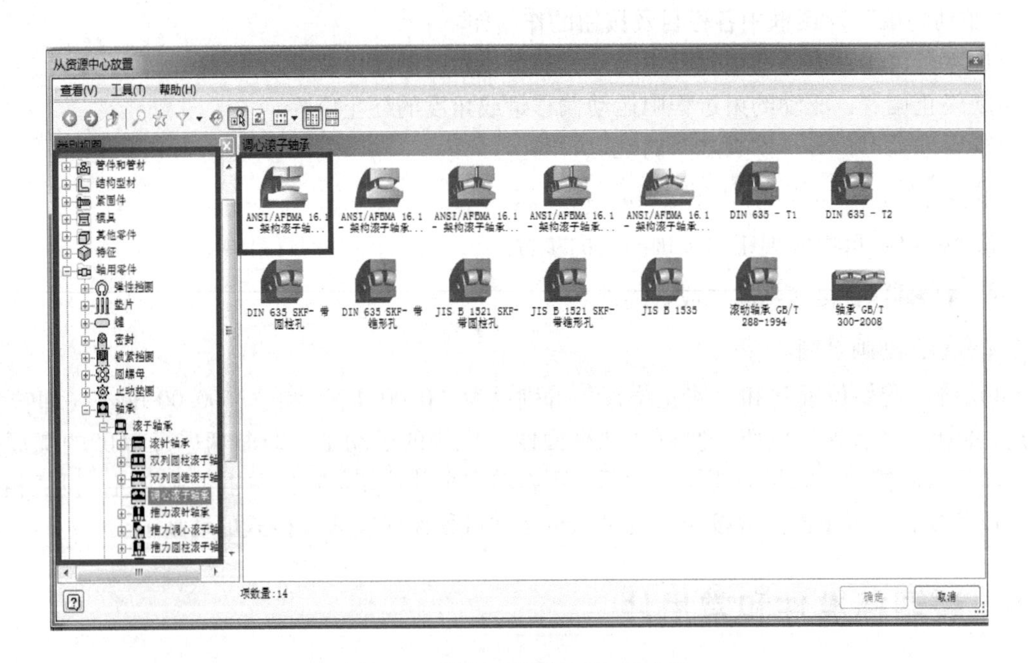

图 3-50　“调心滚子轴承”的选取

3）弹出规格选择对话框，这里有相应的规格可以选择，我们选择 8×32×14，然后单击“确定”按钮，如图 3-51 所示。

4）系统会自动生成相应的轴承，并且可以一次性放入多个，如图 3-52 所示。

图 3-51　选择轴承

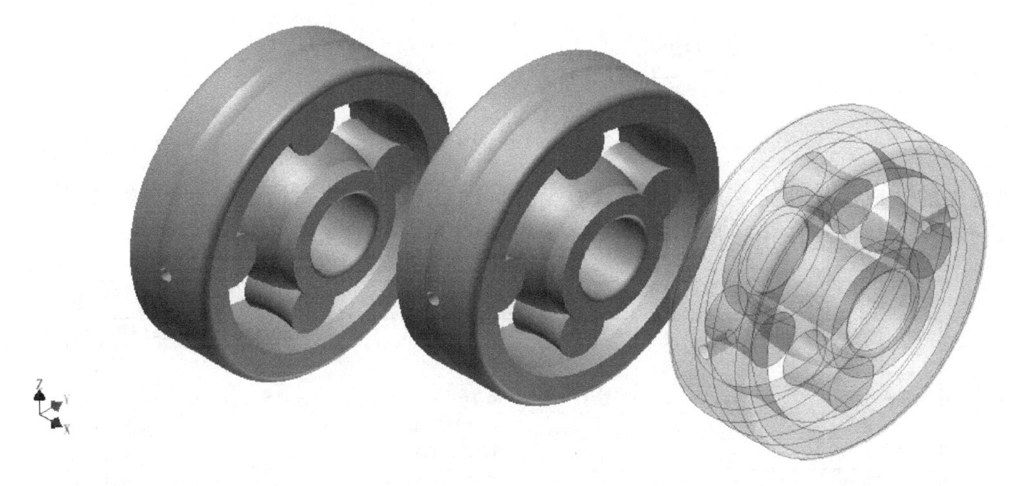

图 3-52　放置多个轴承

3.6.2　设计加速器

在机械设计过程中，一些特定的零件如齿轮、轴承以及形状复杂的轴，其造型较为复杂，但是又有一定的数据关系，本身又不属于标准件，为了提高设计效率，就开发了设计加速器模块，设计人员可以在这里轻松地构建诸如轴、正齿轮（直齿轮）、蜗轮蜗杆和 V 型皮带等特殊构件，无需建模只需要输入参数，系统就会自动生成所需要的模型。

这里以设计一对正齿轮为例，说明其构建过程。首先将“部件面板”切换至“设计加速器”，如图 3-53 所示。

在“设计加速器”面板中选择“正齿轮”，如图 3-54 所示，打开齿轮生成器。

在这里可以输入相应的参数，如“传动比”、两个啮合齿轮的“模数”、“齿数”和“齿厚”等。将上述参数输入相应的位置，然后单击“计算”按钮，软件会自动计算由这些

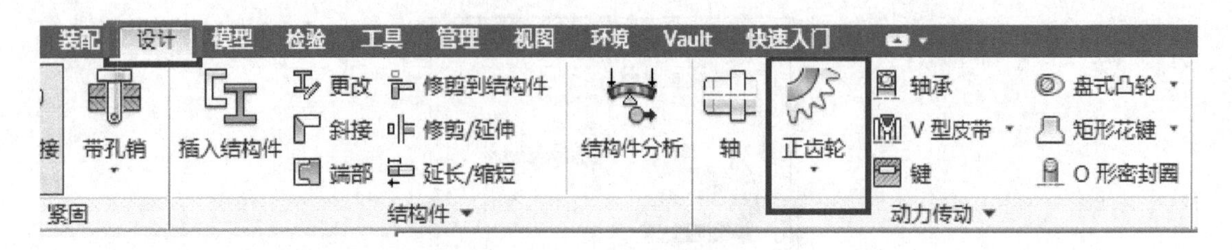

图 3-53　设计加速器

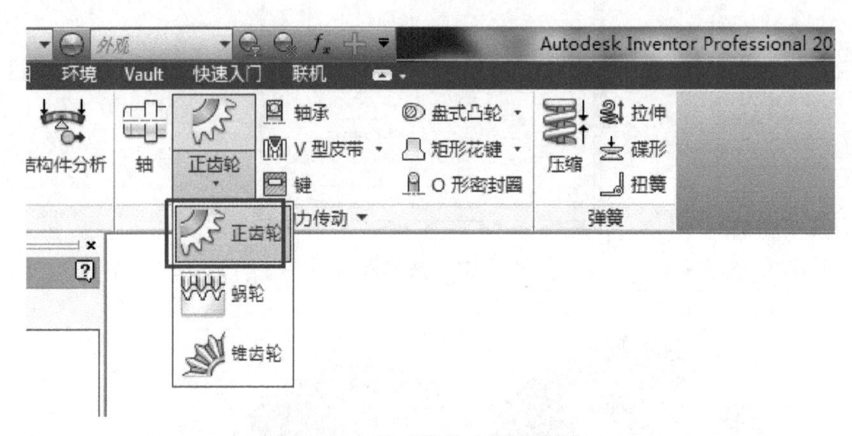

图 3-54　传动机构中的直齿轮

参数得到的生成齿轮所必需的其他参数。与此同时，软件还将对所输入的数据进行检查，如果参数有误，软件会给出错误原因，并要求重新输入，如图 3-55 所示。

图 3-55　直齿轮参数的选择

参数输入完成之后，单击“确定”按钮，系统会自动生成两个啮合的齿轮，单击左键可将齿轮调入部件中，如图 3-56 所示。

总之，Inventor 部件环境下的“设计加速器”可通过设计人员给定的一系列参数，快速

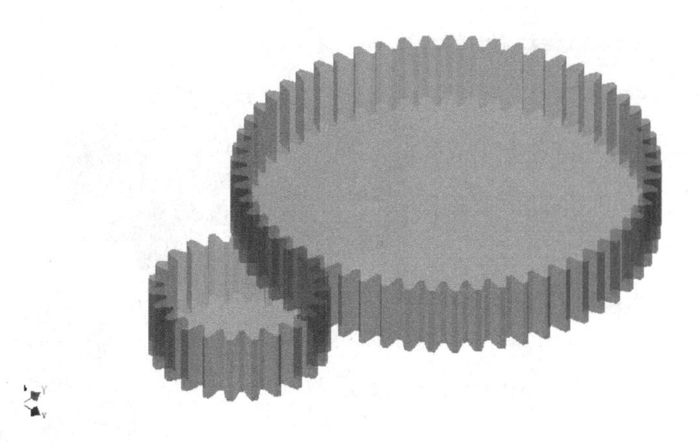

图3-56 生成直齿轮组

地生成所需的模型，运用得当能为设计人员节省大量的建模时间，从而使设计效率得到提高。

3.7 综合应用

台虎钳的装配：将打乱的零件装配成完整的台虎钳，如图3-57所示。

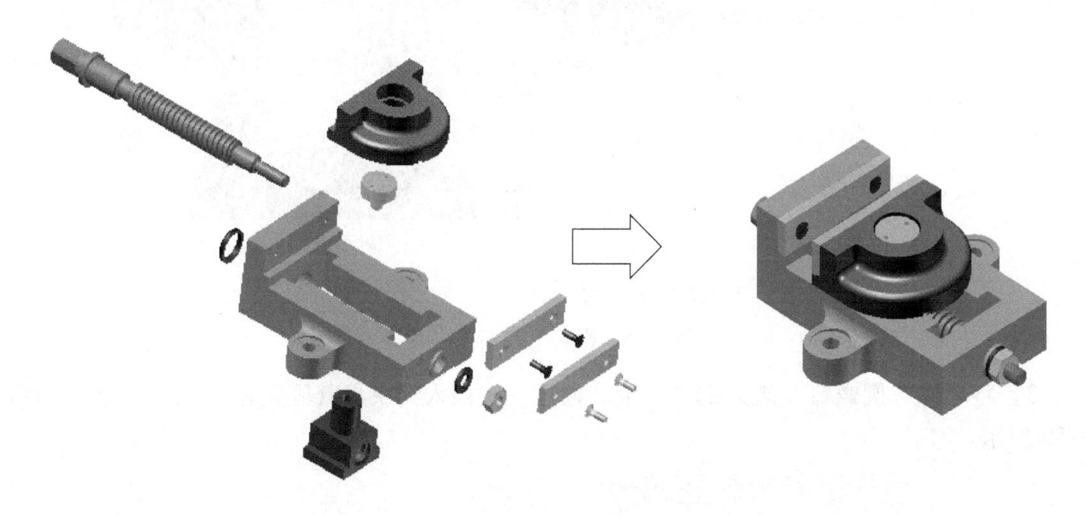

图3-57 台虎钳

实例分析：

台虎钳是钳工最常用的夹具之一，由虎钳底座、动掌、丝杠、滑块、圆螺钉、螺母和垫圈等零件装配而成，最后所能达到的约束效果是：当丝杠转动时，动掌能实现前后移动。

操作方法：

1）新建部件文件，将光盘第3章 部件装配设计/综合应用/虎钳底座。ipt装入其中，作为基础零件（即固定不动，共享原始坐标）。

2）首先将零件“动掌”和“滑块”装入部件环境。通过使用一次插入约束，将“滑块”插入到“动掌”中，如图3-58a所示，接着使用一次角度约束，固定“动掌”和“滑块”的相对转动，如图3-58b所示。

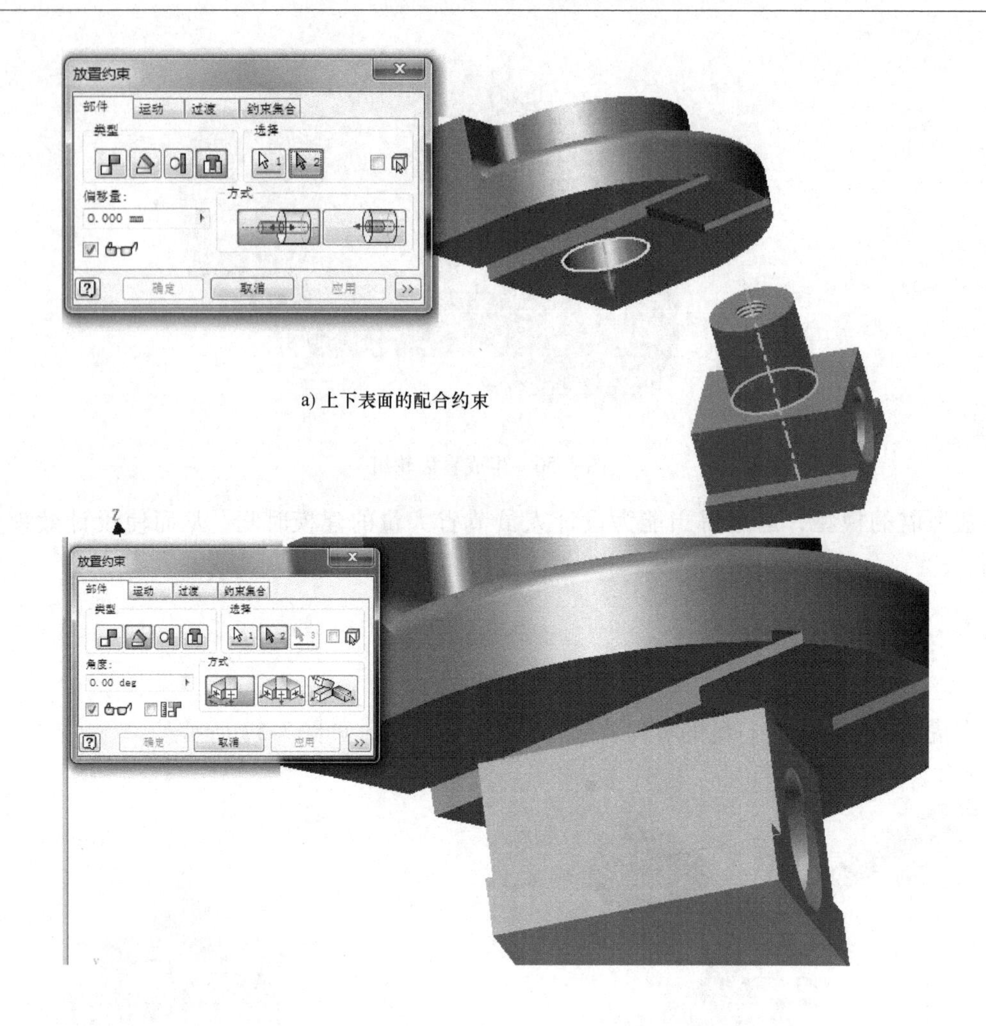

a) 上下表面的配合约束

b) 侧表面间的配合约束

图 3-58　滑块的装入与约束

3）将零件“圆螺钉”装入部件环境。通过一次插入约束将其固定在“动掌”上，如图 3-59 所示。

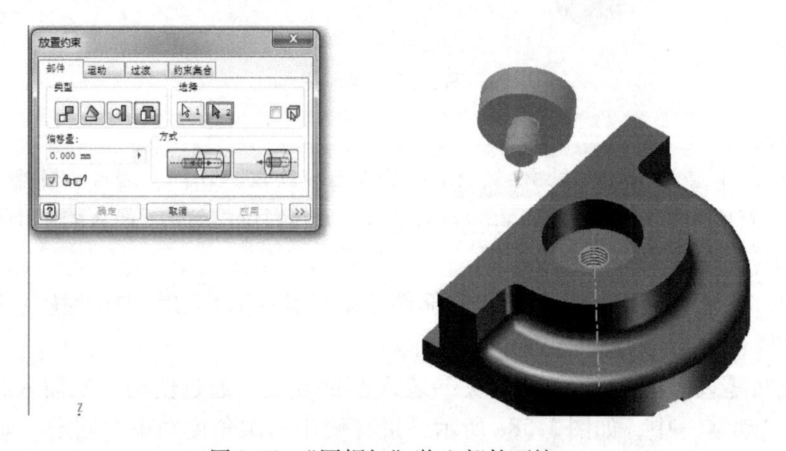

图 3-59　“圆螺钉”装入部件环境

4）将组合好的“动掌滑块组合体”装入“虎钳底座”中，通过两次配合约束，来达到预期的运动效果，如图 3-60 和图 3-61 所示。如果所需的表面或其他几何特征因遮挡等原因不便于直接选取，可将鼠标悬停于几何特征的上方，待出现循环选择按钮“ ”后，通过箭头选择所需的几何特征，并在找到后左键单击循环选择按钮中间的绿色方块确认选择。

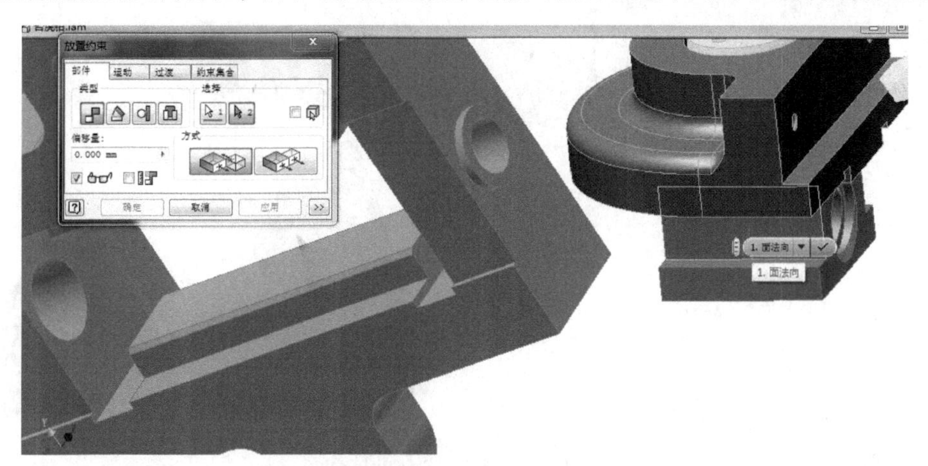

图 3-60　滑块配合约束 1

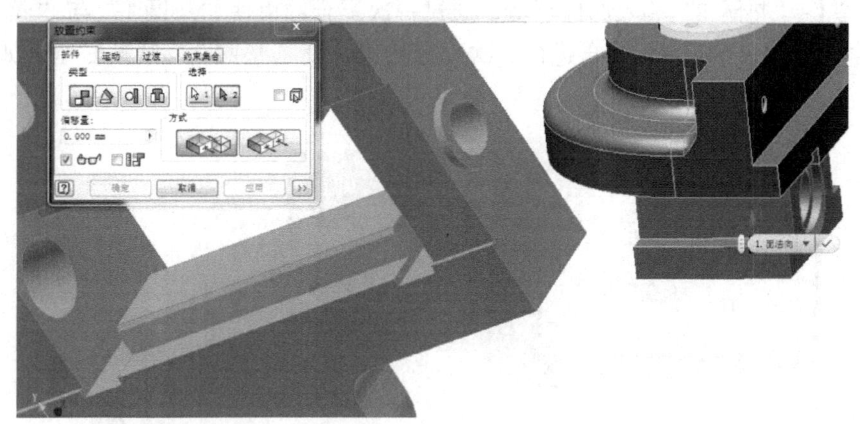

图 3-61　滑块配合约束 2

5）将零件“垫圈”装入部件环境，通过一次插入约束来完成装配，如图 3-62 所示。

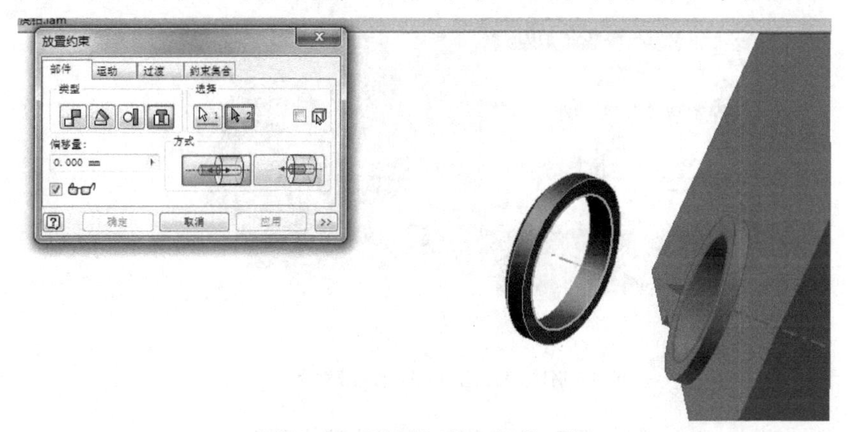

图 3-62　“垫圈”装入部件环境

6）将零件“丝杠”装入部件环境，通过一次插入约束来完成装配，如图 3-63 所示。

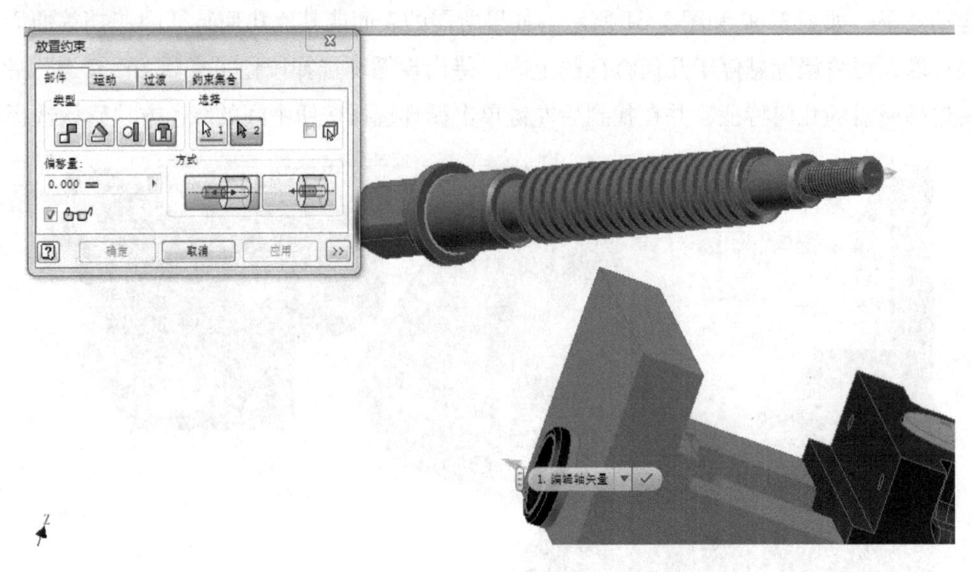

图 3-63　“丝杠”装入部件环境

7）将零件“垫圈 1”装入部件环境，通过一次配合约束使“垫圈 1”与“丝杠”的轴线相互重合，如图 3-64a 所示。再进行一次配合约束，使“垫圈 1”紧贴底座，如图 3-64b 所示。

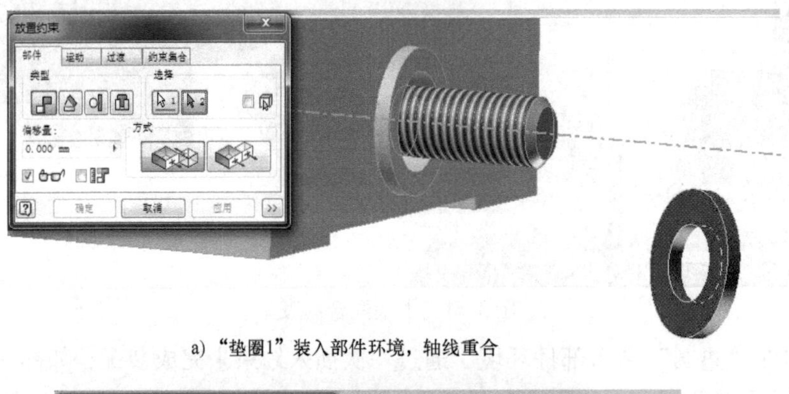

a）“垫圈1”装入部件环境，轴线重合

b）“垫圈1”装入部件环境，与基座贴合

图 3-64　“垫圈 1”装入部件环境

8）将零件“螺母”装入部件环境，使用与步骤 7）相同的方式装入，如图 3-65 所示。

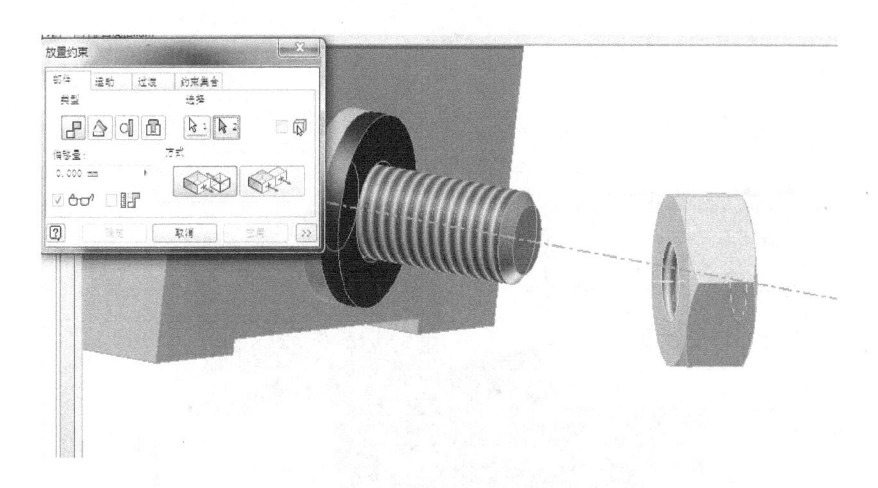

a）“螺母”装入部件环境，轴线重合

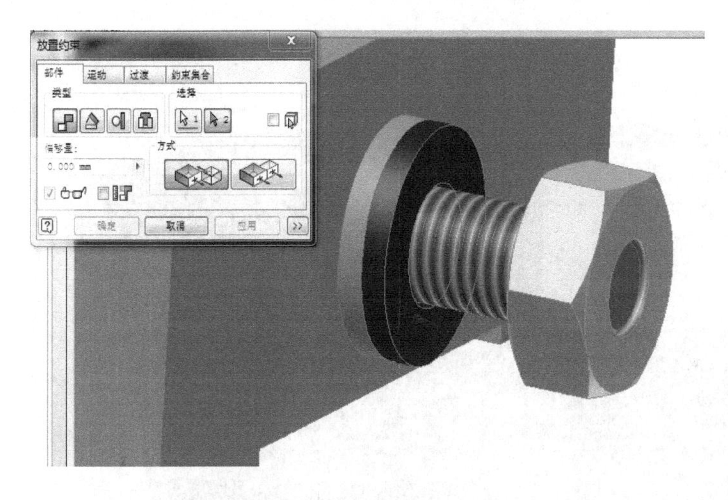

b）“螺母”装入部件环境，与垫圈贴合

图 3-65　“螺母”装入部件环境

9）将零件“钳口”装入部件环境，通过两次配合约束，将两个孔的轴线共线，再通过一次配合约束使“钳口”与基座贴合，如图 3-66 所示。

10）将“锥螺钉”装入部件环境，通过插入的方式装入钳口内，再使用镜像命令将螺钉装入另一边的螺孔，如图 3-67 所示。

11）将剩余的两个螺孔上装上螺钉，方法同步骤 10）。

12）使用运动选项卡定义丝杠和动掌的运动关系。选择运动选项卡下的“转动-平动”方式，选择转动的零件为丝杠，平动的零件为动掌，距离值为 6mm，方式为同向，如图 3-68所示。

至此，整个台虎钳的装配就完成了，通过旋转丝杠，可以实现模拟运动。

a)“钳口”装入部件环境，轴线重合

b)“钳口”装入部件环境，第二次轴线重合

图 3-66　“钳口”装入部件环境

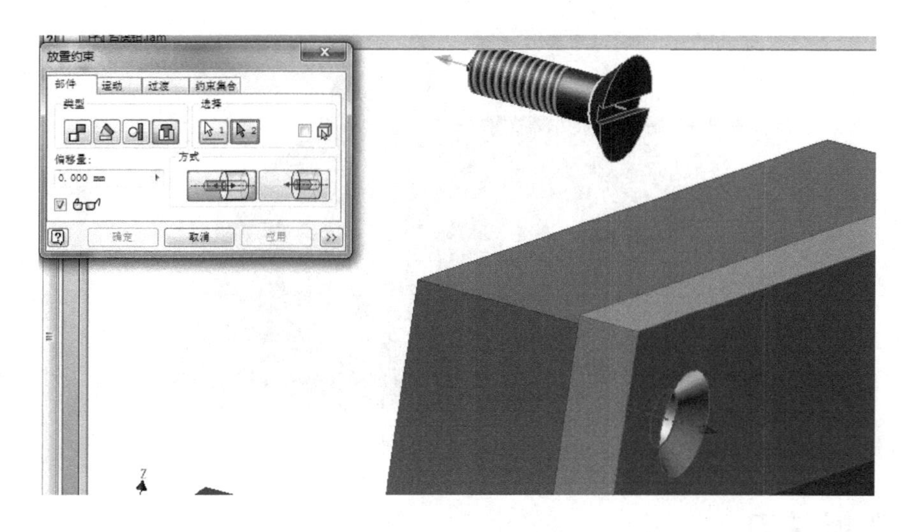

a) 将“锥螺钉”装入部件环境，通过插入的方式装入钳口内

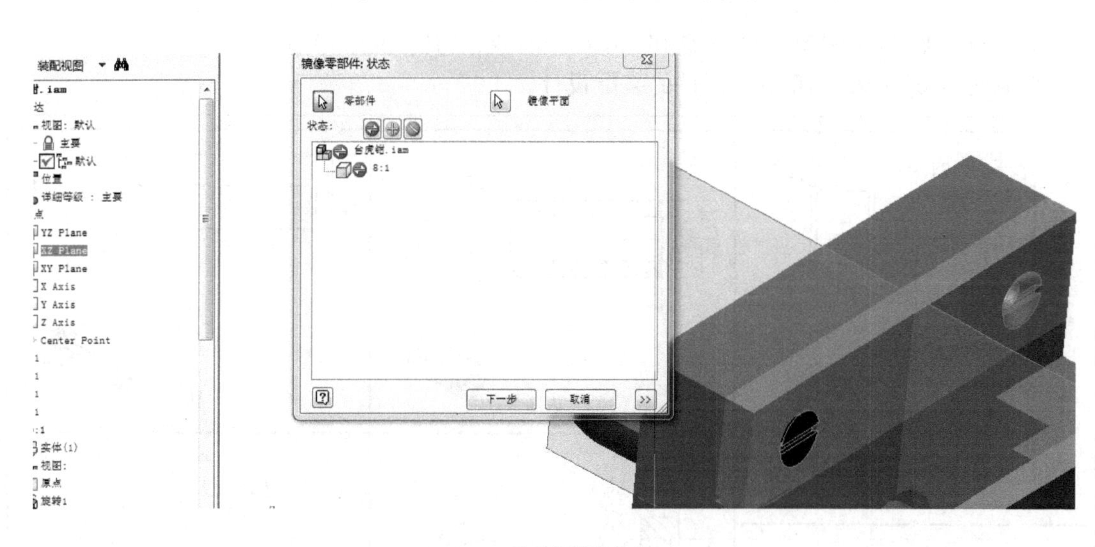

b) 使用镜像命令

图 3-67 “螺钉”装入部件环境

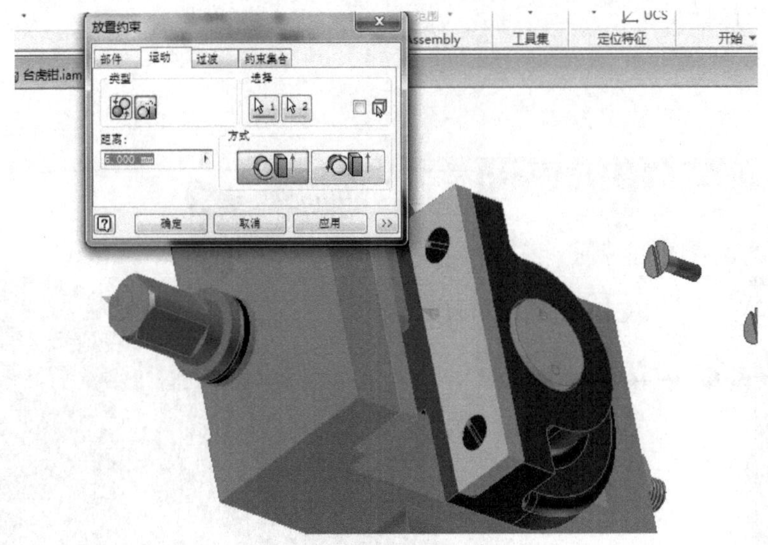

图 3-68　运动关系的定义

3.8　拓展练习

注：所有拓展练习的模型文件在光盘中第 3 章　部件装配设计 \ 拓展练习文件夹内。

完成图 3-69 ~ 图 3-70 所示部件的装配设计。

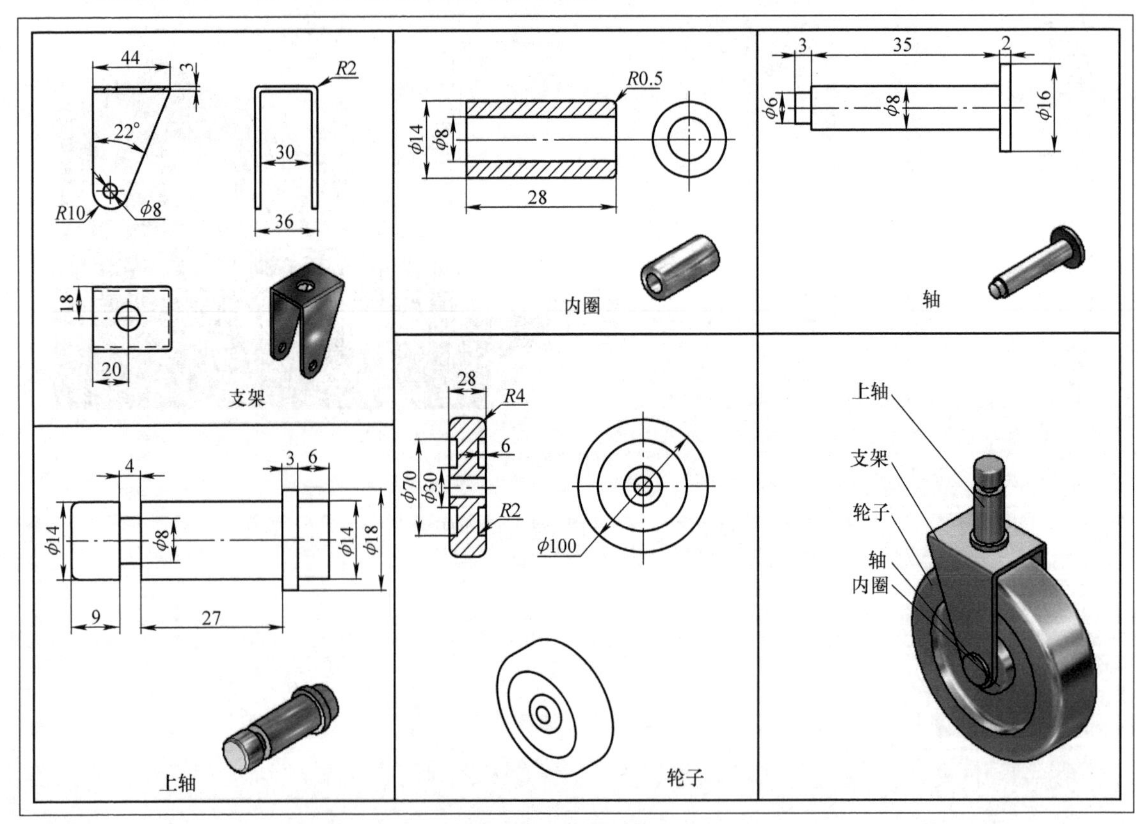

图 3-69　拓展练习一

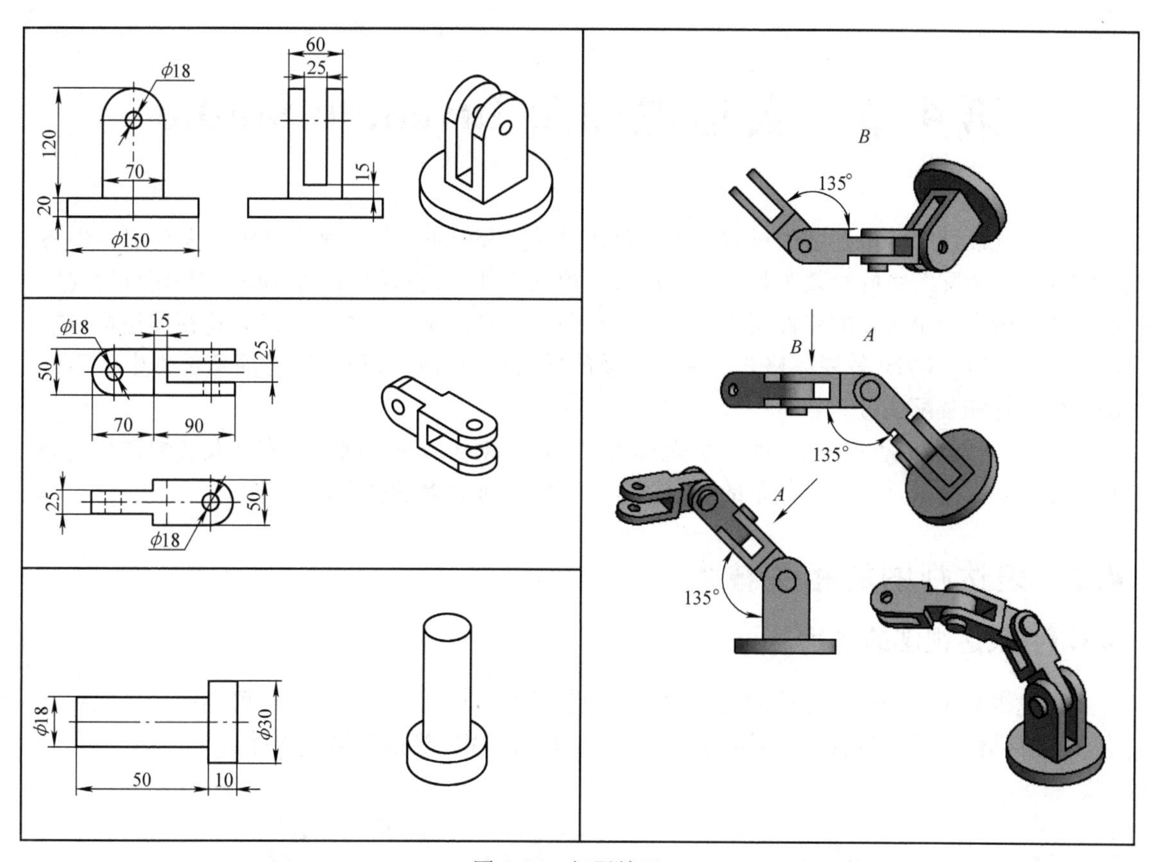

60
25
ϕ18
120
20
70
15
ϕ150
ϕ18
15
25
50
70
90
25
50
ϕ18
ϕ18
ϕ30
50
10
B
135°
B
A
135°
A
135°

图 3-70　拓展练习二

第 4 章　表达视图及 Inventor Studio

在传统设计中，机器装配过程是比较难表达的，Inventor 表达视图是用来表现部件中各个零件之间装配关系的有效工具。可以用表达视图文件创建部件的分解视图，利用分解视图可以创建带有引出需要的零件明细栏的工程视图，即平常所说的爆炸图。表达视图还可以输出 *. AVI 和 *. WMV 等视频格式，用普通播放器就可打开和播放，动态演示部件中各零件的装配过程和装配位置。

Inventor Studio 是 Inventor 的一个附加模块，能够对 Inventor 创建的零件及装配进行渲染和制作动画，生成具有真实效果的渲染图片及装配动画效果的多媒体文件。

4.1　表达视图的相关技术

4.1.1　表达视图的作用

表达视图用于表达零部件的装配关系及拆装过程，如图 4-1 所示，还可利用表达视图动态表达零部件的拆装过程，并可以输出 *. AVI 和 *. WMV 等视频格式文件。

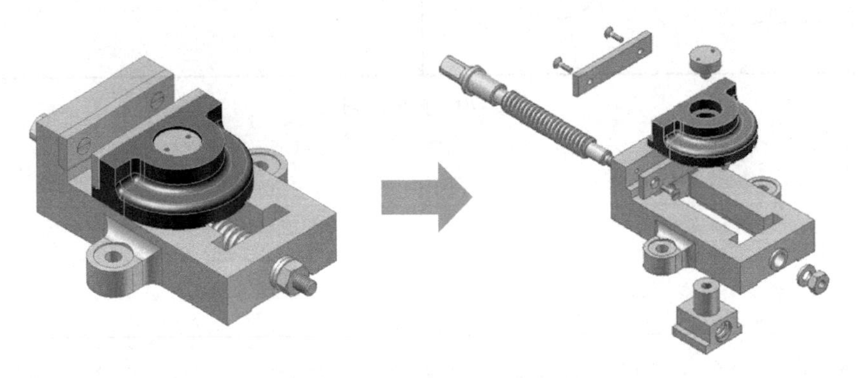

图 4-1　表达视图的作用

4.1.2　表达视图的创建过程

下面通过如图 4-1 所示的“台虎钳”表达视图的创建，介绍表达视图模块的基本使用方法（“台虎钳”的相关模型文件在光盘第 4 章　表达视图及 Inventor Studio 中）。

1. 创建表达视图

启动 Autodesk Inventor Professional 2013，单击“新建”按钮并选择表达视图模板“Standard. ipn”，进入表达视图环境，如图 4-2 所示。

单击“创建视图”按钮，将打开“选择部件”对话框，如图 4-3 所示。通过该对话框可浏览并选中要创建爆炸图的部件文件并可选择以“手动”方式或“自动”方式创建。这里选择部件文件为“台虎钳 . iam”，选用手动方式调整零部件的位置。

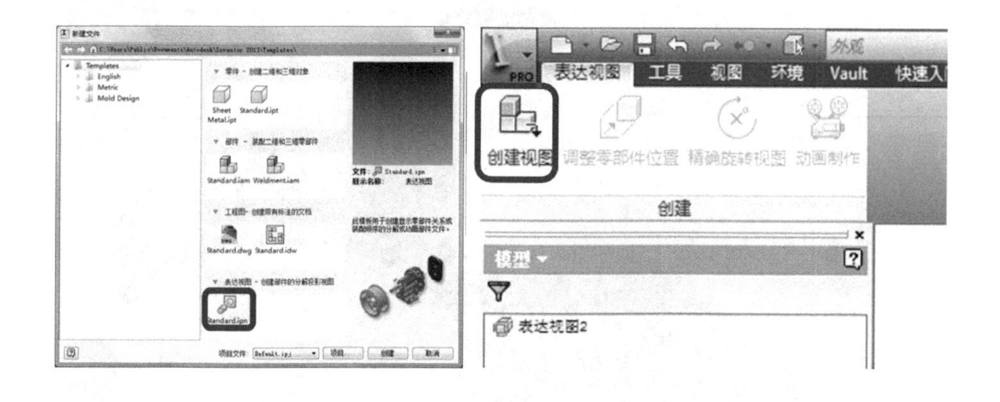

图 4-2　表达视图环境

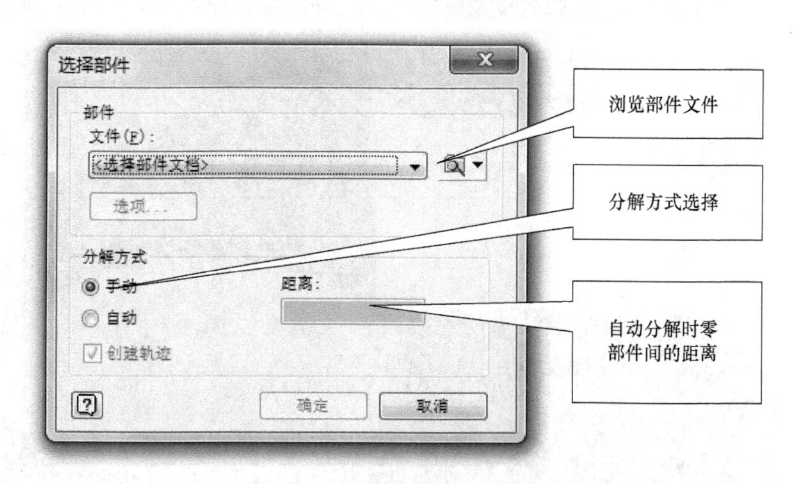

图 4-3　“选择部件”对话框

2. 调整零部件的位置

单击“调整零部件位置”图标按钮，打开“调整零部件位置”对话框，如图 4-4 所示。

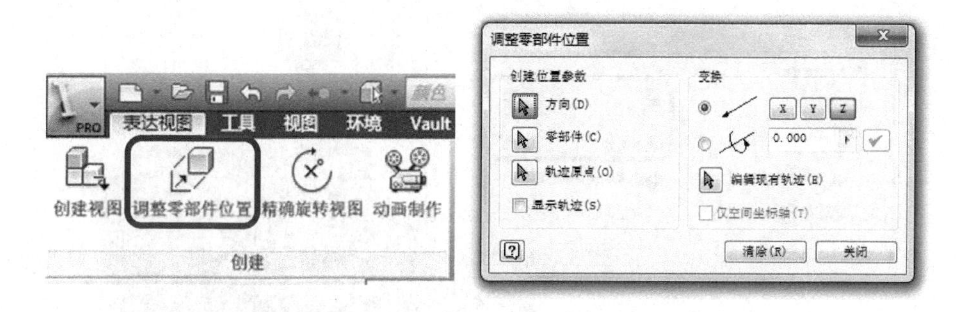

a)“调整零部件位置”图标按钮　　b)“调整零部件位置”对话框

图 4-4　调整零部件位置

（1）圆螺钉沿轴线移出动作的设置　首先单击“调整零部件位置”对话框中“零部件”前的按钮，在图形区中选择待调整位置的零部件“圆螺钉”，如图 4-5a 所示，然后

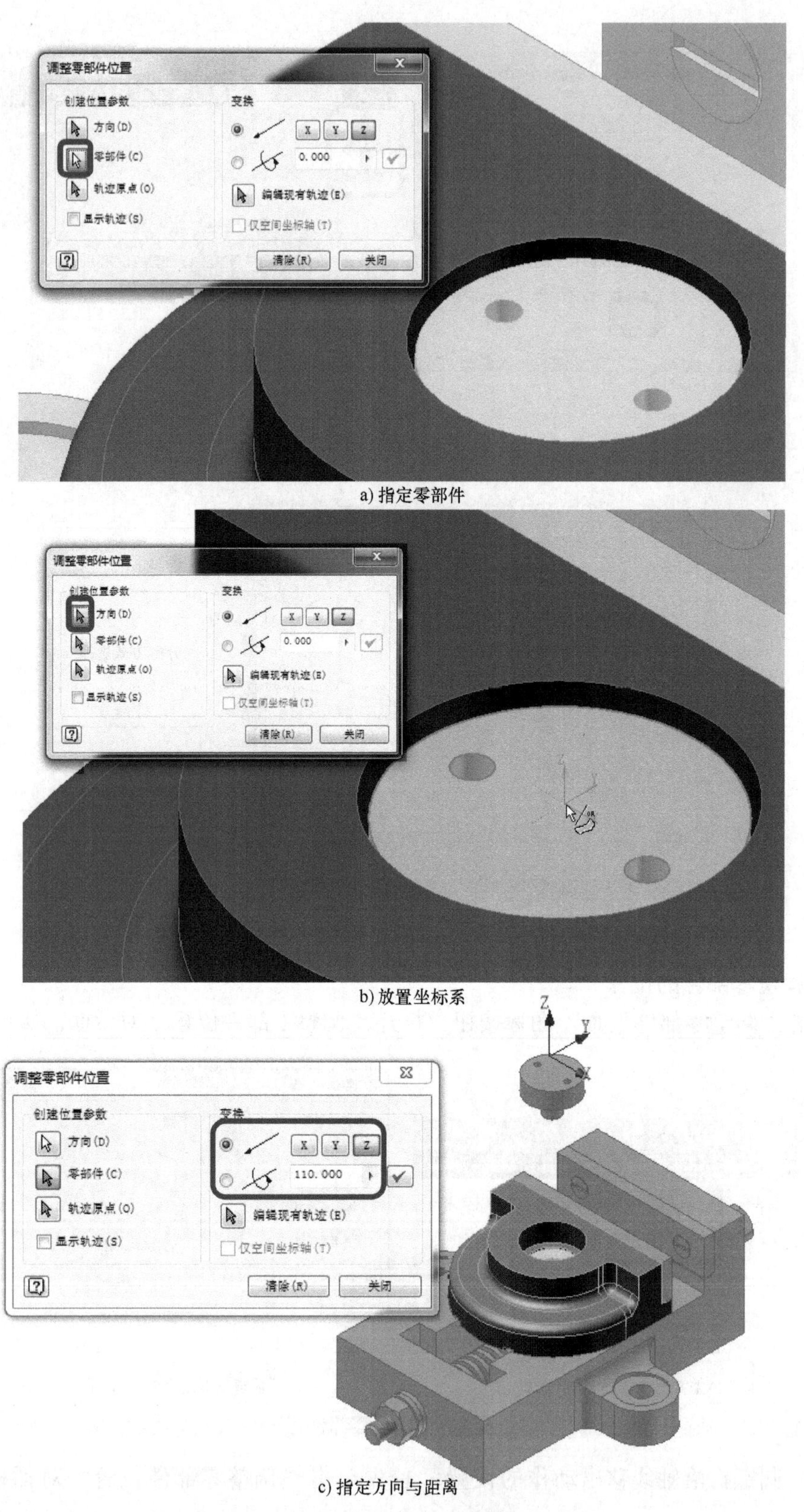

a) 指定零部件

b) 放置坐标系

c) 指定方向与距离

图 4-5　圆螺钉沿轴线移出的动作设置

单击“方向”前的按钮，在图形区中放置坐标系并在对话框中选择坐标轴确定其方向，这里选择沿 Z 轴的平动，如图 4-5b 所示，最后通过在图形区中拖动或在对话框中输入数值指定零部件位置调整的距离，这里输入数值为“110mm”并单击输入框右边的按钮以应用该数值，如图 4-5c 所示，完成后单击“清除”按钮，使本次设置结果生效并清空对话框，以便进行后续操作。

（2）圆螺钉绕轴线转动动作的设置　首先选择“螺钉”作为待调整位置的零部件，接下来在图形区中放置坐标系。由于此步骤设置圆螺钉绕坐标轴旋转，必须保证坐标系中某根坐标轴与圆螺钉轴线重合，所以这里应通过选择圆螺钉的圆柱面以保证坐标与圆柱轴线重合，如图 4-6 所示，并在对话框中选择绕 Z 轴转动的方式，输入数值“3600 deg”，使螺钉绕自身旋转 10 圈，如图 4-7 所示，完成后单击“清除”按钮。

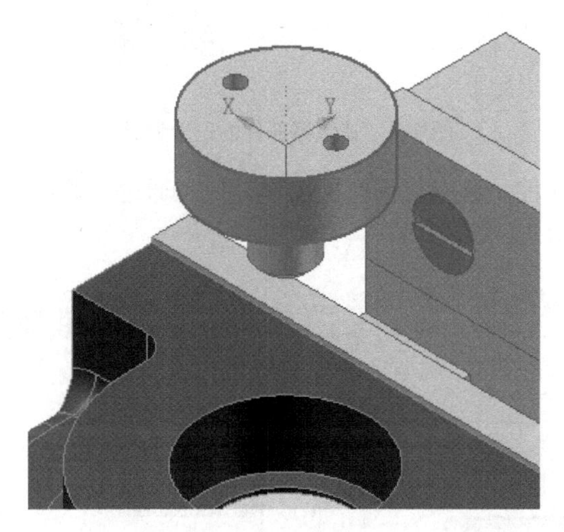

图 4-6　放置坐标系

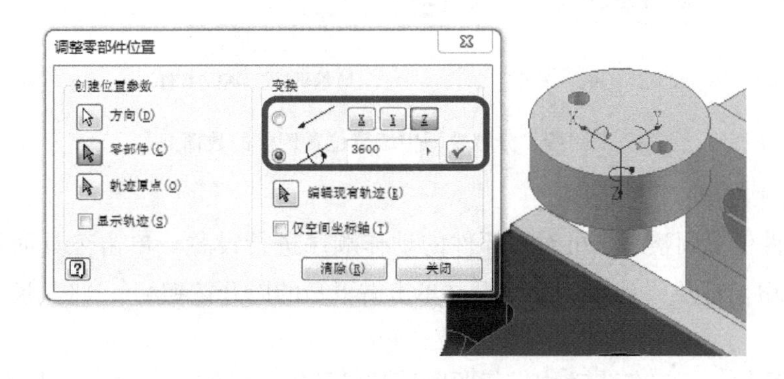

图 4-7　指定方向与距离

（3）其他零部件的位置调整　参考图 4-8，用按与步骤（1）和步骤（2）相似的方法完成其他零部件位置的调整。

（4）位置调整的查看与编辑　查看或编辑位置调整情况的方法是：在浏览器中单击“浏览器过滤器”图标按钮并选择“分解视图”选项，浏览器中将列出每一步位置调整

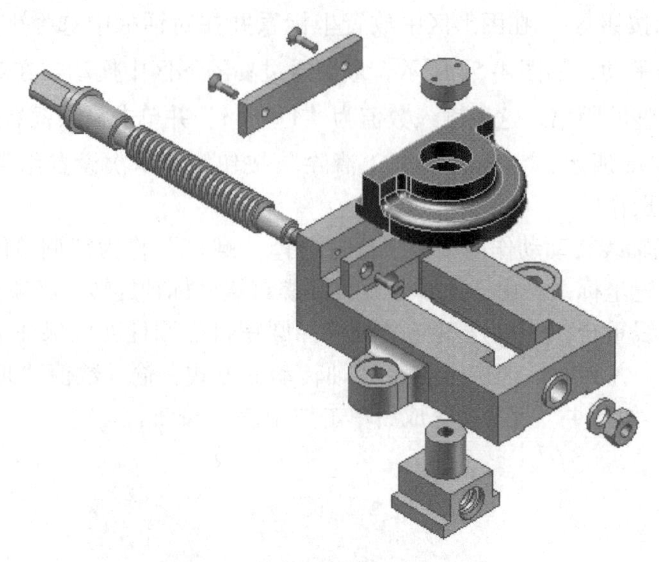

图 4-8　其他零部件的位置调整

的信息及其相关零部件文件，选中待调整的动作，便可通过浏览器下方的输入框更改位置调整的数值，如图 4-9 所示。

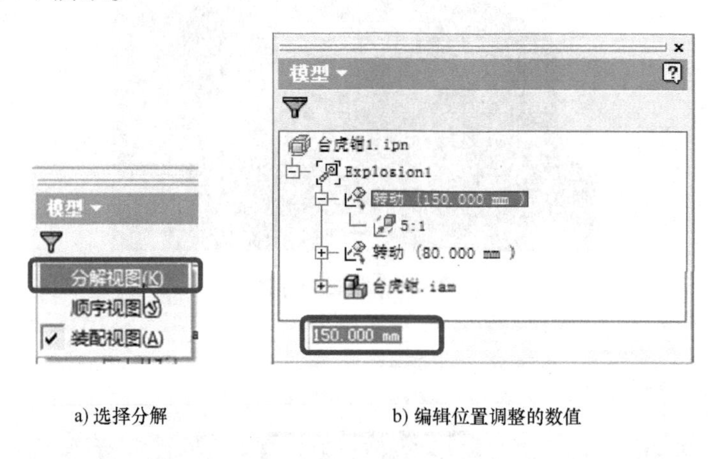

a) 选择分解　　b) 编辑位置调整的数值

图 4-9　分解视图中编辑位置调整的数值

3. 设置动作顺序

完成零部件位置调整后，可对零部件的动作顺序进行设置。单击工具面板中的“动画制作”图标按钮，打开“动画”对话框并单击右下角的展开按钮>>，将其展开，如图 4-10 所示。

利用该对话框，可对各步动作进行顺序调整以及组合操作。例如，选中某一动作后，单击“上移”或“下移”可调整其与其他动作的先后顺序；同时选中两个或两个以上的动作，单击“组合”可使多个动作同时进行。本例中圆螺钉在旋入动掌时，需要将旋转和移出动作进行组合，可实现边旋转边移动的效果。

4. 调整照相机与零部件的可见性

完成动作顺序设置后，在浏览器中单击“浏览器过滤器”图标按钮并选择“顺序视

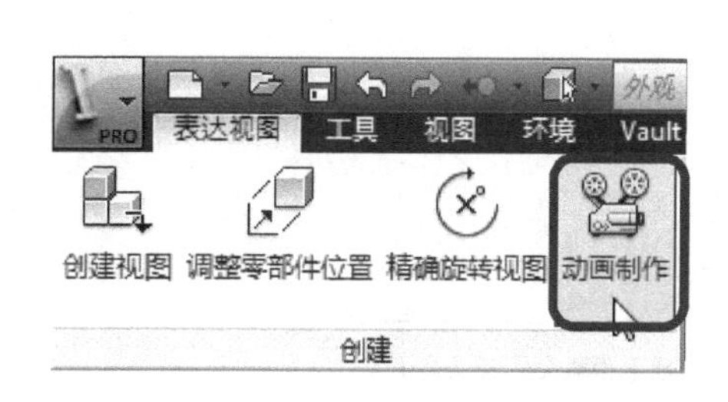

a）“动画制作”图标按钮

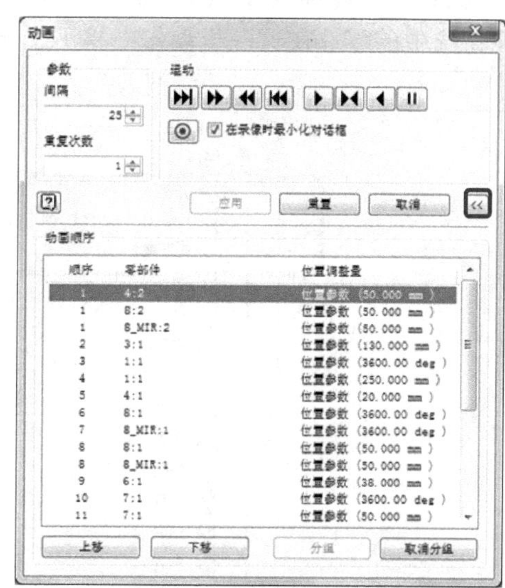

b）“动画”对话框

图 4-10　动画顺序的设置

图”，便可在浏览器中查看各步动作，如图 4-11 所示。

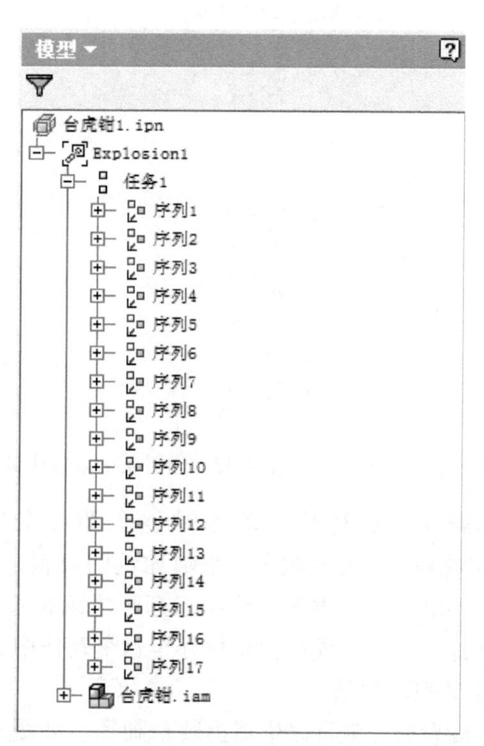

a) 选择顺序　　　b) 查看动作顺序

图 4-11　浏览器顺序视图

展开某一个动作，可查看与该动作相关的零部件，并注意到相关零部件下有一个名为

“隐藏”的文件夹，将需要在该步中隐藏（即暂时关闭可见性）的零部件从浏览器下方拖至该文件夹，选中的零件在这一步动作中将不予显示，如图 4-12 所示。

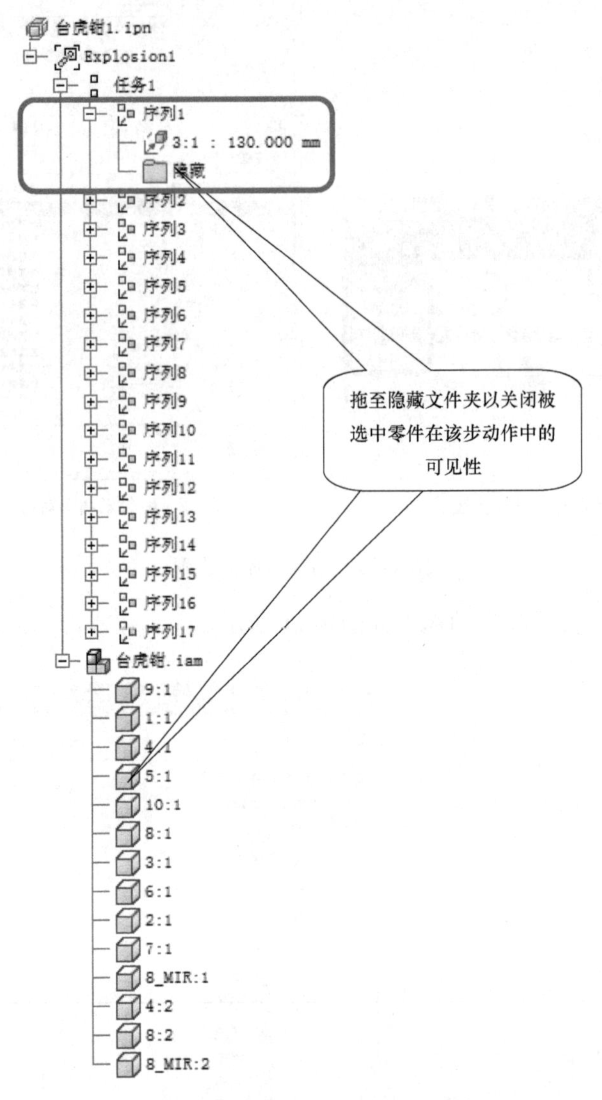

图 4-12　设置某一动作中的隐藏零件

另外，如需改变执行某一动作时整个部件文件的视角与缩放比例，可首先通过 ViewCube 和缩放等工具完成视角与缩放比例的设置，然后在浏览器中的这一动作上右键单击，选择右键菜单中的“编辑”选项，打开“编辑任务及顺序”对话框并单击“设置照相机”按钮，将这一视角与缩放比例保存至这个动作中，如图 4-13 所示。

5. 制作表达视图动画

完成以上设置后，就可以生成拆装动画了，如图 4-14 所示，单击工具面板中的“动画制作”图标按钮，打开“动画”对话框，单击录像按钮，指定视频文件的文件名及保存路径以及视频的相关参数，再单击“播放”按钮，便可将上述动作录制成 AVI 或 WMV 视频文件，供交流与展示使用。

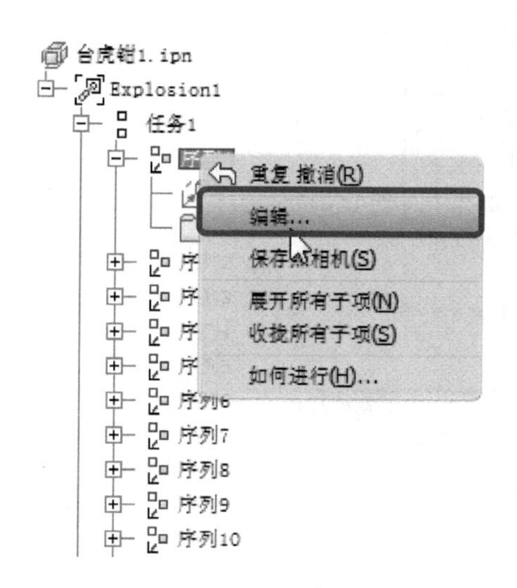

a) 右键单击选择编辑

b) 单击设置照相机

图 4-13　设置某一动作的视角及缩放比例

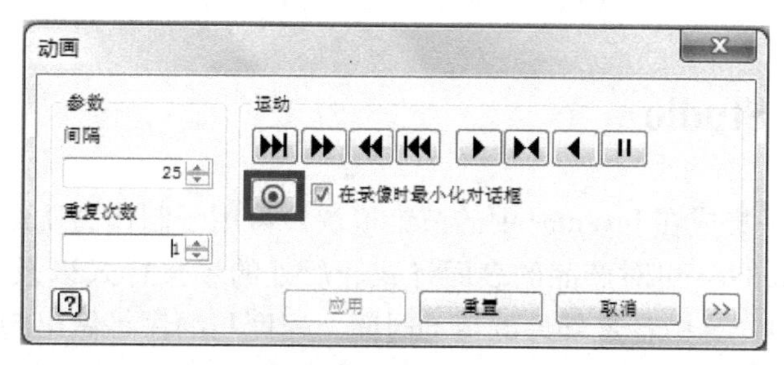

a) 单击录像按钮

b) 指定视频文件的格式、名称以及保存路径

图 4-14　制作表达视图动画

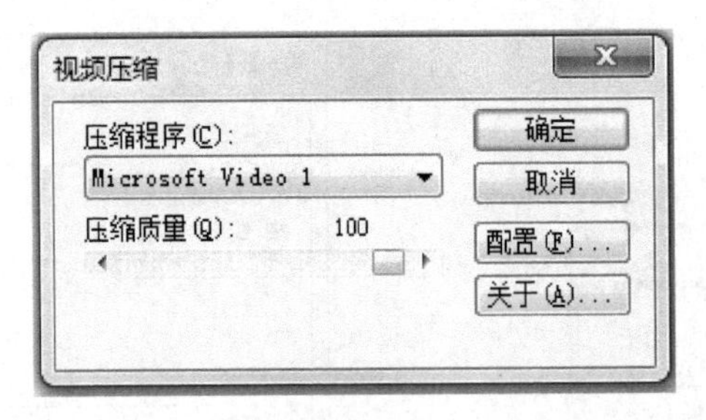

c) 配置视频参数

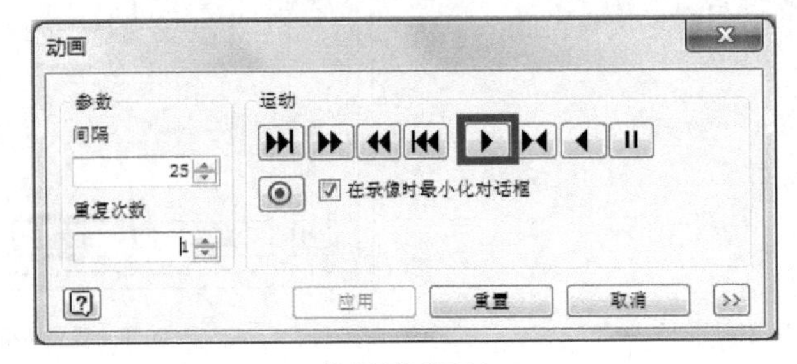

d) 单击播放以录制

图 4-14　制作表达视图动画（续）

4.2　Inventor Studio

Inventor Studio 是集成在 Inventor 中的渲染模块，可用于制作高质量的渲染图片与渲染动画。使用 Inventor Studio，可对产品的表面样式、所处的场景样式以及所处环境的光源进行调整与设置，也可对产品中各零部件的运动时间、速度与顺序等做出精确的设置，并输出渲染图像与渲染动画。

利用 Inventor Studio 制作的渲染图像如图 4-15 所示。

1. 进入 Inventor Studio

在零件或部件环境中，选择工具面板“环境”选项卡中的“Inventor Studio”图标按钮，进入 Inventor Studio 渲染环境，如图 4-16 所示。

图 4-15　Inventor studio 渲染图像

2. 设置光源、场景和外观

进入 Inventor Studio 环境后，可首先对光源样式与场景样式和外观样式进行调整。

（1）光源样式　选择工具面板中的“光源样式”图标按钮，打开“光源样式”对话框，Inventor 提供“安全光源”、“店内光源”等 17 种光源样式，如图 4-17 所示，可直接选择使用，或以这些光源样式为基础进行编辑后使用。通过对话框左边的“新建光源样式”按钮可创建新的样式；通过对话框左

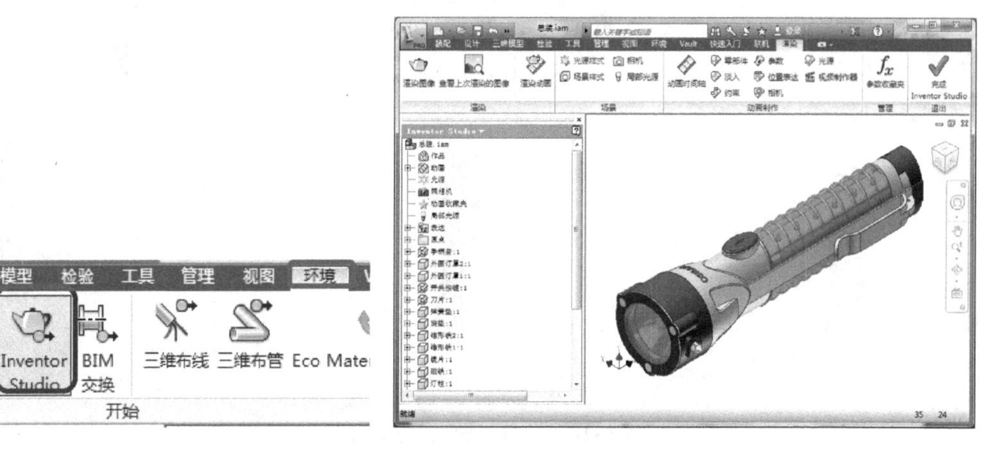

a) 选择Inventor Studio图标按钮　　　　b) 进入Inventor Studio环境

图 4-16　Inventor Studio 环境

边的浏览器，可选择待调整样式的光源样式；通过对话框右边的各个选项卡，可对选中的光源样式进行修改。

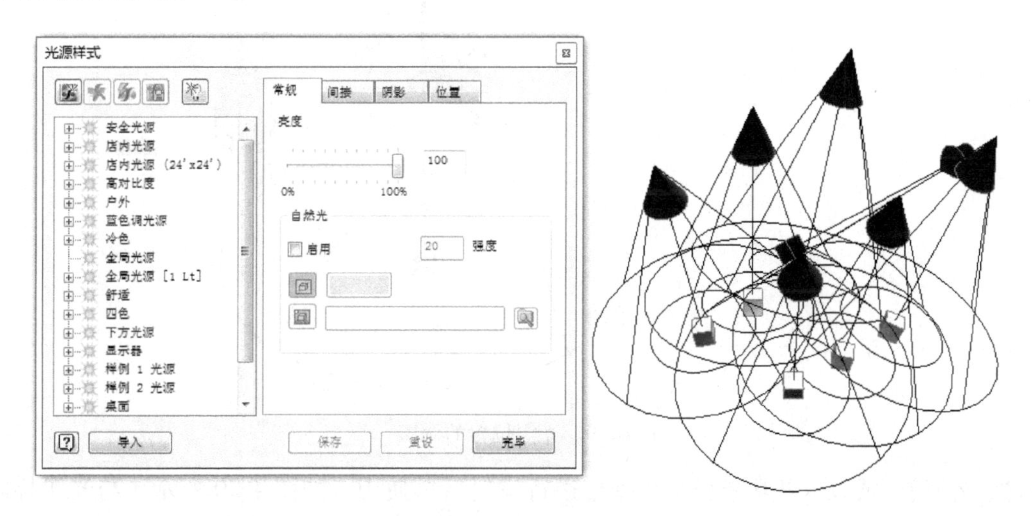

图 4-17　光源样式

如需更改某一光源的所在位置及照射位置，可首先在“光源样式”对话框中通过左边的浏览器将其选中，并在图形区中对其做出修改。注意：光源类型不同，在图形区中的表示方法也有所不同，三种光源的表示方法如图 4-18 所示。调整光源的位置及照射位置时，单击图形区中用于表示光源位置或照射位置的符号，符号上会出现三维坐标系并同时打开“三维移动/旋转”对话框，可通过拖动三维坐标系（拖动原点自由移动，拖动坐标轴沿该坐标方向移动）或通过单击“三维移动/旋转”对话框中的“重定义对齐或位置”并在对话框中输入三维坐标的数值调整光源位置或照射位置的坐标，如图 4-19 所示。

（2）场景样式　选择工具面板中的“场景样式”图标按钮，打开“场景样式”对话框。在默认状态下，Inventor 提供“XY 地平面”、“ XY 反射地平面”等 9 种场景样式，可

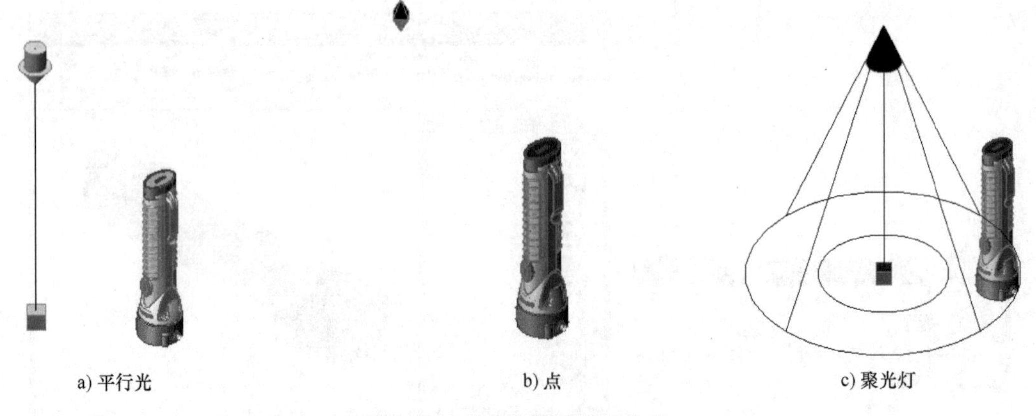

a) 平行光　　b) 点　　c) 聚光灯

图 4-18　三种光源的表达方法

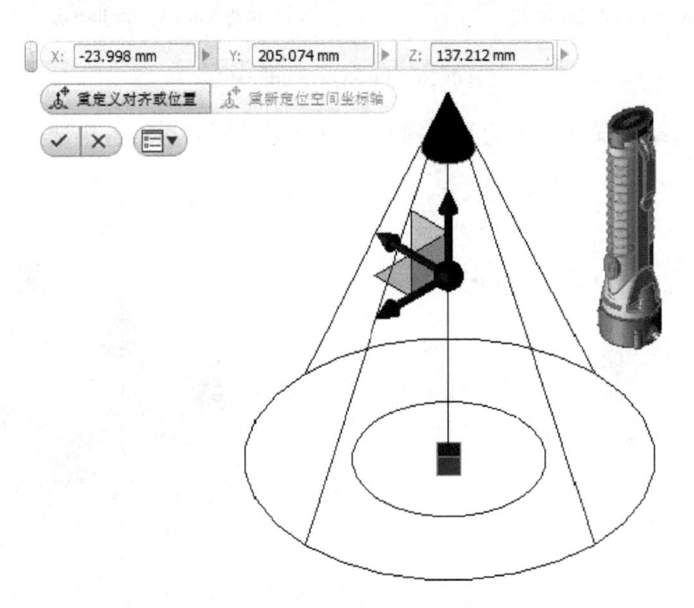

图 4-19　光源位置的调整

直接选择使用，或以这些场景样式为基础进行编辑后再使用，如图 4-20 所示。与光源样式相似，通过对话框左边的“新建场景样式”按钮可创建新的样式；通过对话框左边的浏览器，可选择待调整样式的场景样式；通过对话框右边的各个选项卡，可对选中的场景样式进行修改。例如，通过“背景”选项卡选择背景的颜色或图片，通过“环境”选项卡设置反射平面的位置、阴影和反射等有关设置。

（3）外观样式　选择工具面板中的“外观”图标按钮，打开“外观浏览器”对话框。在默认状态下，Inventor 提供“Inventor 材质库”、“Autodesk 材质库”和“Autodesk 外观库”3 种外观样式库，用户可直接选择使用其中某个样式，或以这些外观样式为基础进行编辑后再使用，如图 4-21 所示。与光源样式相似，通过对话框左下方的“新建外观样式”按钮可创建新的样式。

（4）制作渲染图像　完成光源样式、场景样式和材质设置后，可为零部件制作渲染图像。单击工具面板中的“渲染图像”图标按钮，打开“渲染图像”对话框，该对话框共有

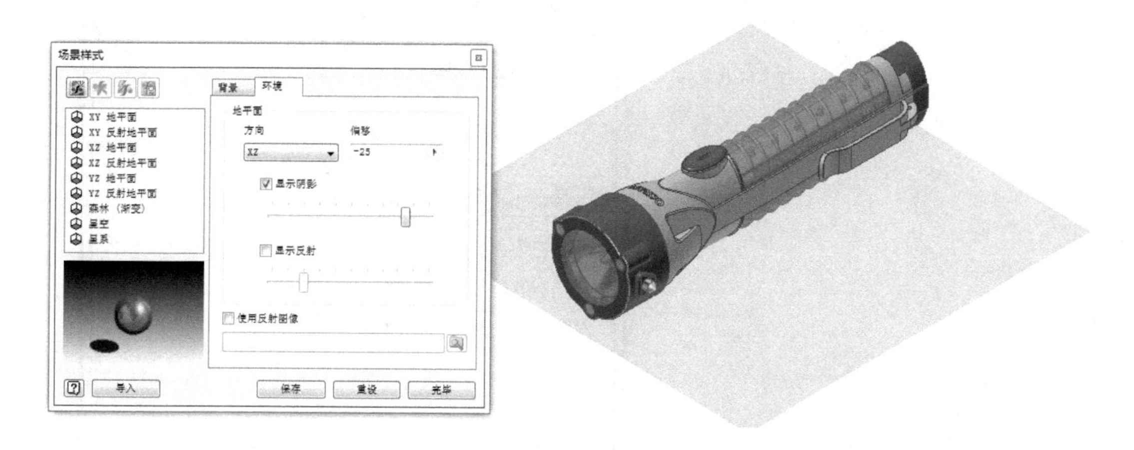

图 4-20　场景样式

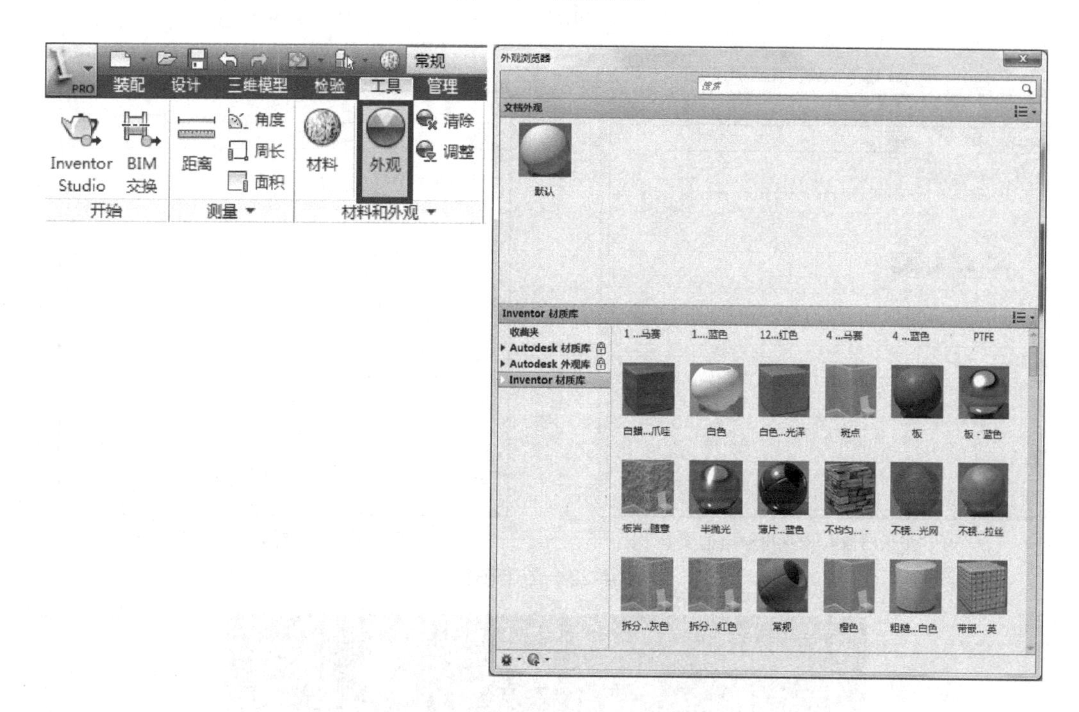

图 4-21　外观样式

3 个选项卡，如图 4-22 所示。

➢ 常规选项卡用于设置渲染图像的大小，并选择预先设定的或默认的光源样式和场景样式等。

➢ 输出选项卡用于设置渲染图像的反走样质量。反走样用于消除图像边缘的锯齿式扭曲，使图像平滑，更加接近真实效果。

➢ 样式选项卡用于选择是否需要真实反射。选择真实反射，渲染图像将对场景中的对象进行反射；不选择真实反射，渲染图像将使用在表面样式或场景样式中指定的图像映射。

完成上述设置后，单击对话框下方的“渲染”按钮，便可输出渲染图像，如图 4-23 所示。

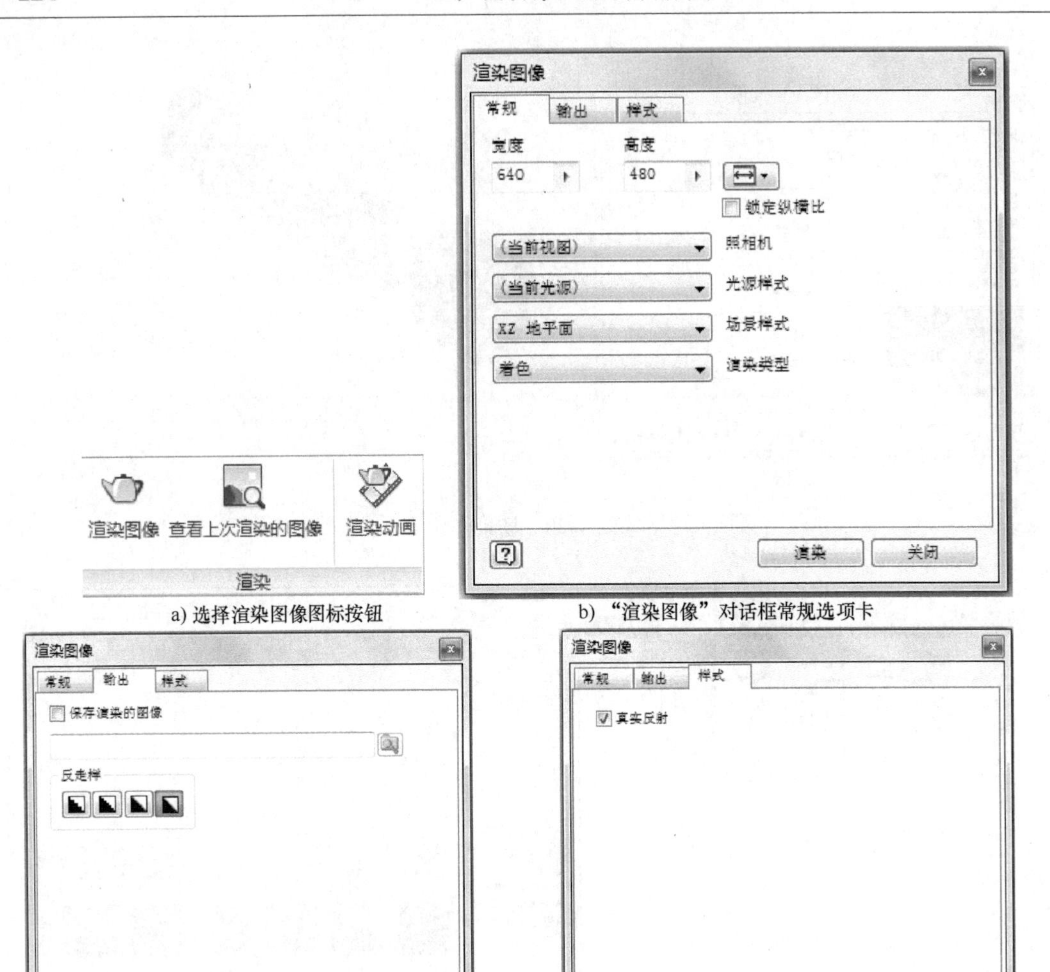

a) 选择渲染图像图标按钮　　b) “渲染图像”对话框常规选项卡

c) “渲染图像” 对话框输出选项卡　　d) “渲染图像” 对话框样式选项卡

图 4-22　渲染图像

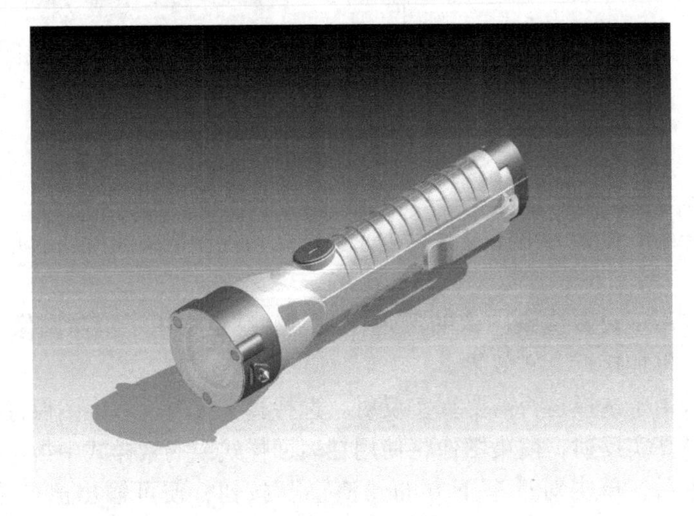

图 4-23　渲染完成

4.3　拓展练习

注：拓展练习的模型文件在光盘第 4 章表达视图及 Inventor Studio \ 拓展练习文件夹内。

根据图 4-24 所示的爆炸图建立齿轮泵的表达视图，并制作齿轮泵的装拆动画。装拆动画的具体要求可以参照光盘第 4 章表达视图及 Inventor Studio \ 拓展练习 \ 齿轮泵文件夹内的齿轮泵 . avi 文件。

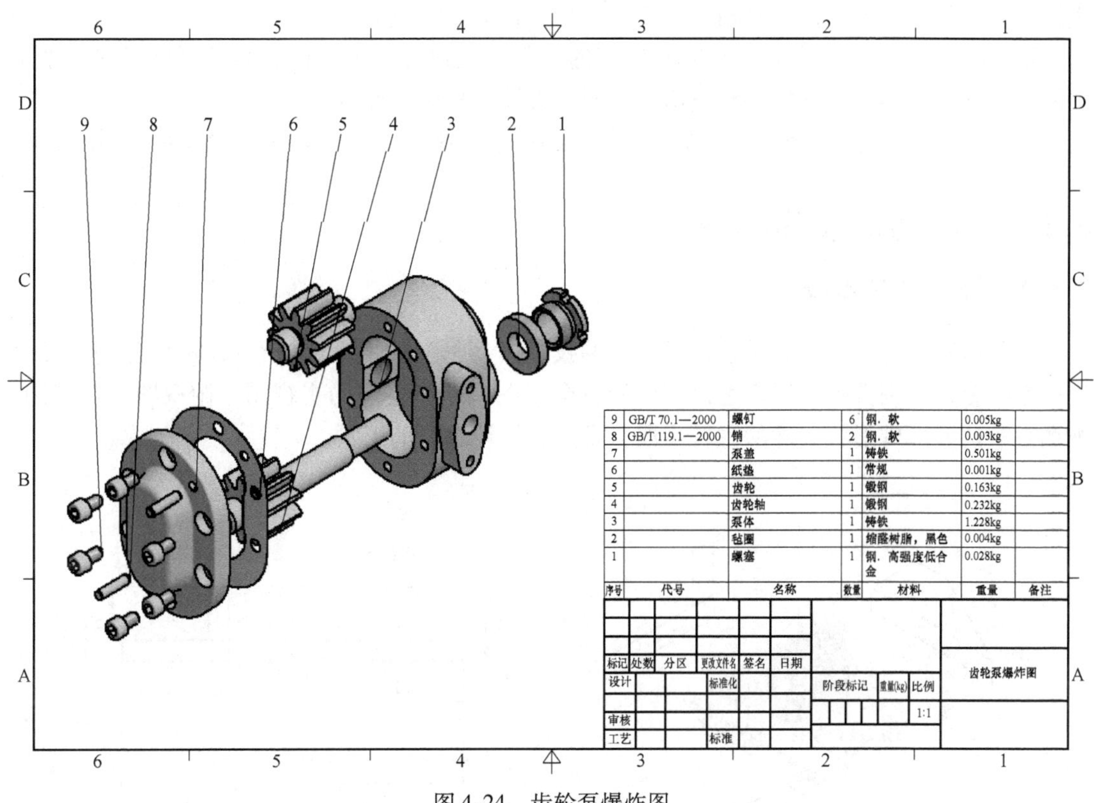

序号	代号	名称	数量	材料	重量	备注
9	GB/T 70.1—2000	螺钉	6	钢，软	0.005kg	
8	GB/T 119.1—2000	销	2	钢，软	0.003kg	
7		泵盖	1	铸铁	0.501kg	
6		纸垫	1	常规	0.001kg	
5		齿轮	1	锻钢	0.163kg	
4		齿轮轴	1	锻钢	0.232kg	
3		泵体	1	铸铁	1.228kg	
2		毡圈	1	缩醛树脂，黑色	0.004kg	
1		螺塞	1	钢，高强度低合金	0.028kg	

图 4-24　齿轮泵爆炸图

第 5 章　工　程　图

工程图是将设计者的设计意图及设计结果细化的图样，是设计者与具体的生产制造者交流的载体，当然也是产品检验及审核的依据。绘制工程图是机械设计的最后一步，在当前的机械设计及制造水平下，也是相当重要的一步，是必须完成的。

Inventor 为用户提供了比较成熟和完善的工程图创建及处理功能，而且可以实现二维工程图与三维实体零件模型的关联更新，方便了设计过程中的修改。

Inventor 在工程图的处理上算是出类拔萃的一个，这得益于它与 AutoCAD 系出同门。

5.1　工程图的视图创建

5.1.1　视图的基本概念

视图是零部件向投影面投射，所得到的投影（图形）。如图 5-1 所示，零件分别向三个投影面投影，分别得到用于表达该零件的三个视图，即该零件的主视图、俯视图与左视图。视图是表达零部件形状尺寸的主要手段，是交流设计思想的工具。

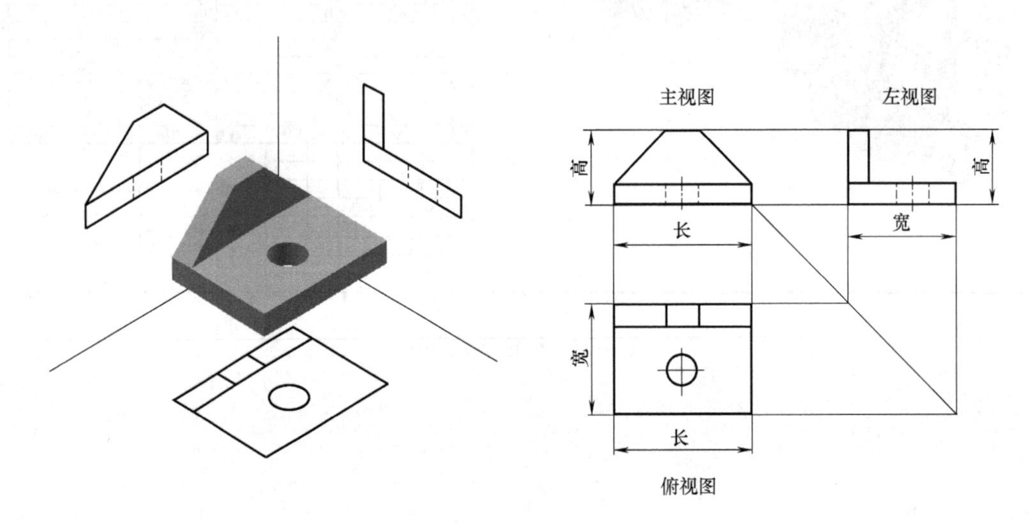

图 5-1　视图的形成

Inventor 2013 版可创建零部件的基础视图、投影视图、斜视图、剖视图、局部视图、重叠视图、断裂画法、局部剖视图和断面图等。

5.1.2　视图的创建

1. 基础视图

工程图中的第一个视图是生成其他视图的基础，称为基础视图。

创建基础视图的方法如图 5-2 所示。

新建工程图文件（模板为“Standard. idw”）时，首先单击工具面板上“放置视图”选项卡中的“基础视图”功能按钮，打开“工程视图”对话框，通过该对话框可选取用于创建基础视图的零部件文件，然后选择基础视图的观察方向、缩放比例及显示方式等。

视图显示方式共提供3个按钮，自左至右分别为显示隐藏线按钮、不显示隐藏线按钮和着色按钮，前两者均可与后者配合使用，共同确定四种显示方式，如图5-3所示。

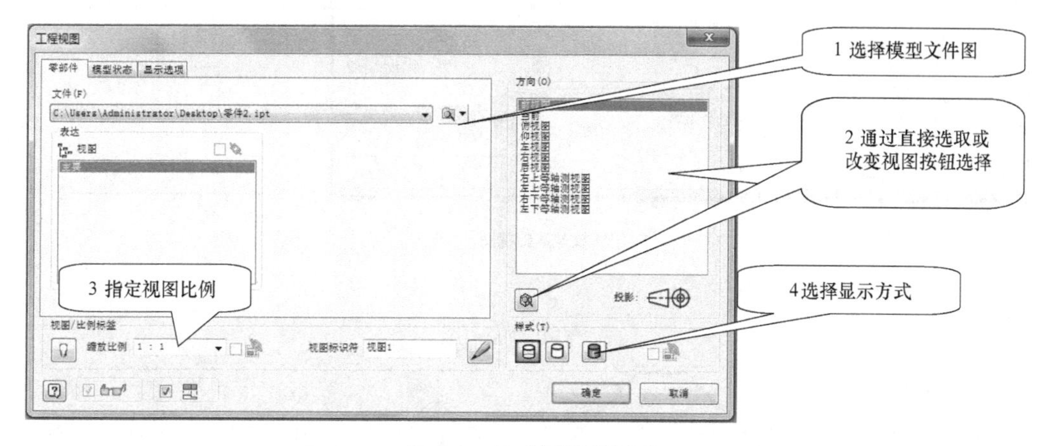

图5-2　基础视图的创建

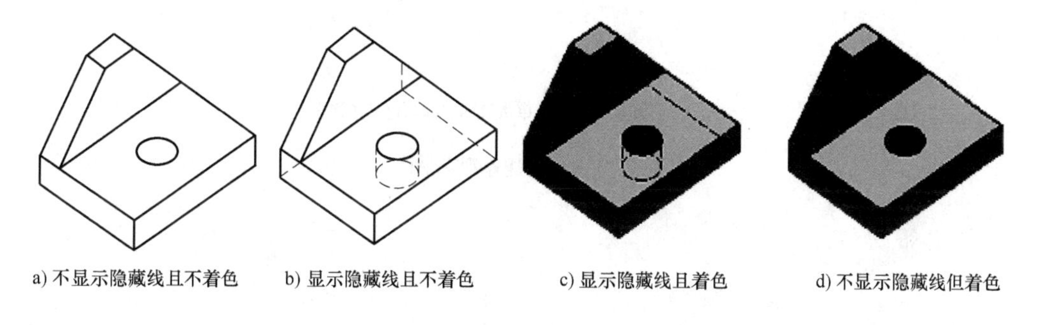

a) 不显示隐藏线且不着色　　b) 显示隐藏线且不着色　　c) 显示隐藏线且着色　　d) 不显示隐藏线但着色

图5-3　视图显示方式

设置完成后，视图可跟随鼠标在图形区中移动，在恰当的位置左击，放置基础视图，然后单击鼠标右键选择创建，便可完成基础视图的创建（也可继续拖放其他视图），如图5-4所示。

2. 投影视图

从基础视图或其他现有视图中生成正交视图或等轴测视图的视图，称为投影视图，如图5-5所示。

创建投影视图的方法如图5-6所示。

打开光盘的第5章　工程图/投影视图.idw，首先单击工具面板上“放置视图”选项卡中的“投影视图”功能按钮，单击选中图形区中待投影的视图，拖动它并在适当的位置单击以放置投影视图（拖动的方向不同，投影得到的结果也会有所不同），放置完所有投影视图后单击鼠标右键，选择右键菜单中的“创建”选项，完成投影视图的创建。

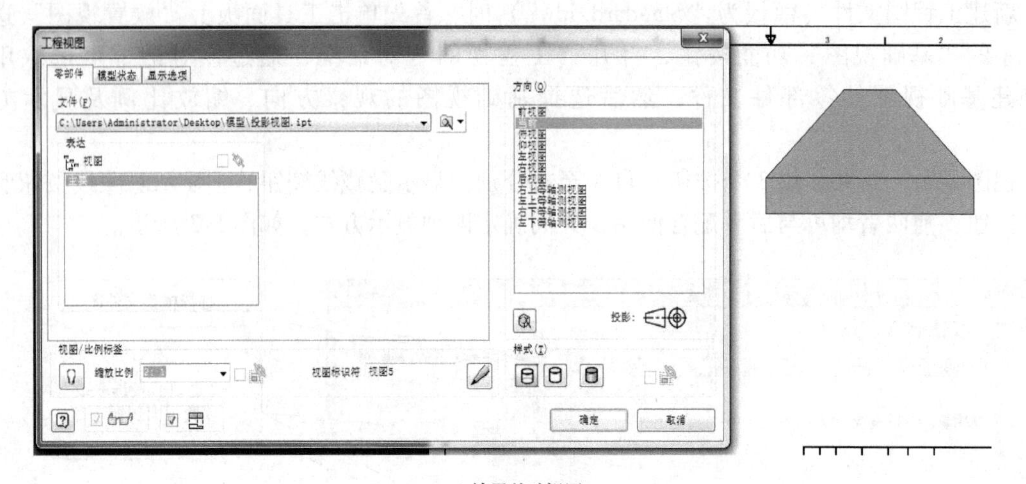

a) 放置基础视图

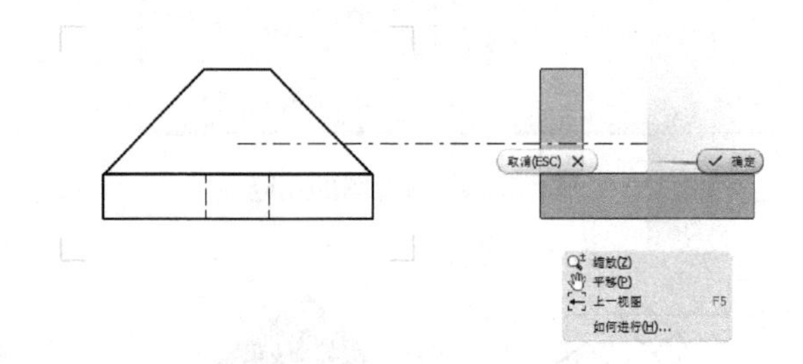

b) 放弃拖放，单击鼠标右键创建基础视图

图 5-4　创建基础视图

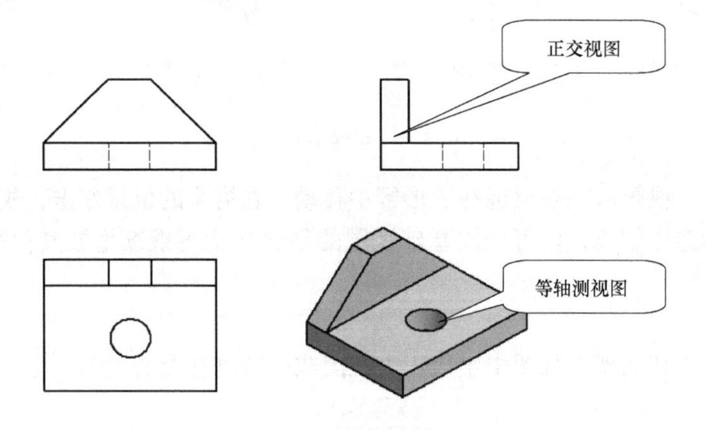

图 5-5　投影视图

使用投影视图工具创建的正交视图，其显示方式即视图样式，其视图比例将与基础视图保持一致，如图 5-5 所示，基础视图为显示隐藏线且不着色的显示方式，视图比例为 1:1，则通过投影得到的俯视图与左视图也将继承这种样式与比例。若需更改，可在投影得到的视图（俯视图、左视图）上双击，打开“工程视图”对话框，去除显示方式或视图比例前的

“与基础视图样式一致”勾选符号，并根据需要调整视图的显示方式或视图比例，如图 5-7 所示。

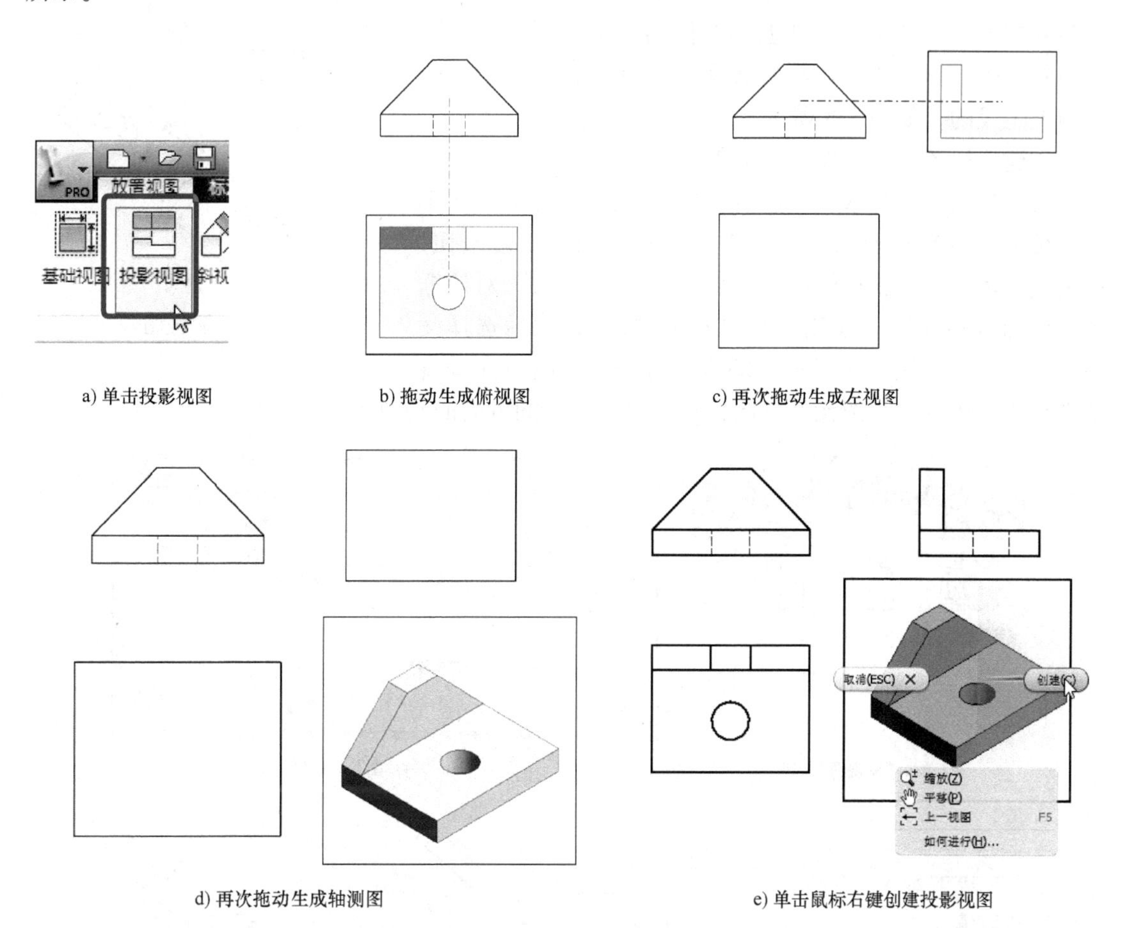

a) 单击投影视图　b) 拖动生成俯视图　c) 再次拖动生成左视图

d) 再次拖动生成轴测图　e) 单击鼠标右键创建投影视图

图 5-6　创建投影视图

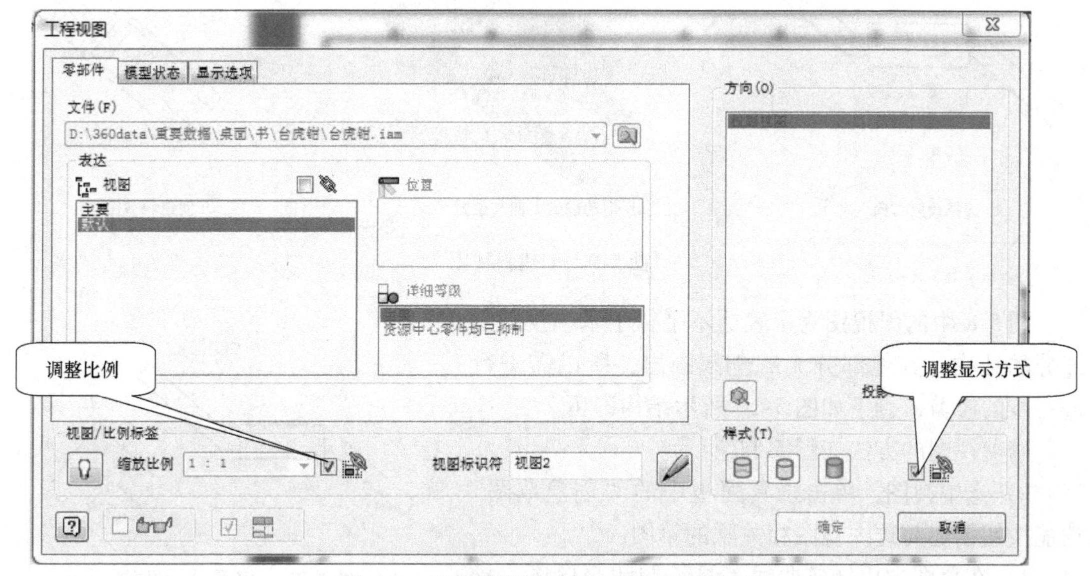

图 5-7　调整投影视图与基础视图的关系

3. 斜视图

形体向不平行基本投影面的平面进行投射所得的视图，称为斜视图。为了表达零件上一个倾斜面的实际形状，需要用斜视图。斜视图是在与要表达的零件表面平行的投影平面上生成的，如图 5-8 所示。

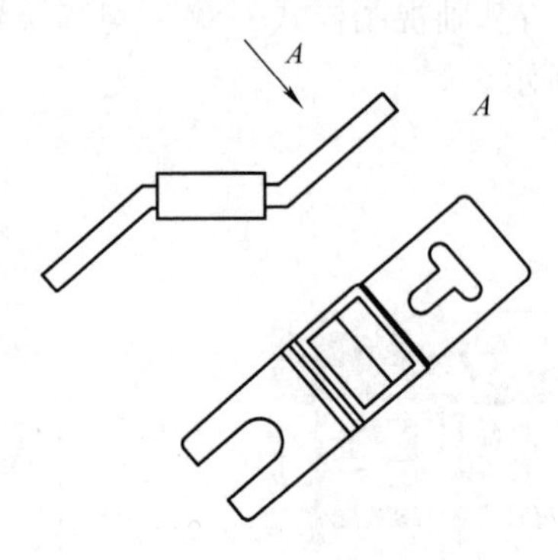

图 5-8　斜视图

创建斜视图的方法如图 5-9 所示。

打开光盘的第 5 章　工程图/斜视图 . idw，首先单击工具面板上“放置视图”选项卡中的“斜视图”功能按钮，单击选中用于创建斜视图的父视图，在“斜视图”对话框中完成相应的设置（如比例和显示方式等），然后选择父视图上的几何图元作为斜视图的投射方向，此时可向垂直或平行于选中的几何图元的方向拖动，以创建不同方向的斜视图。

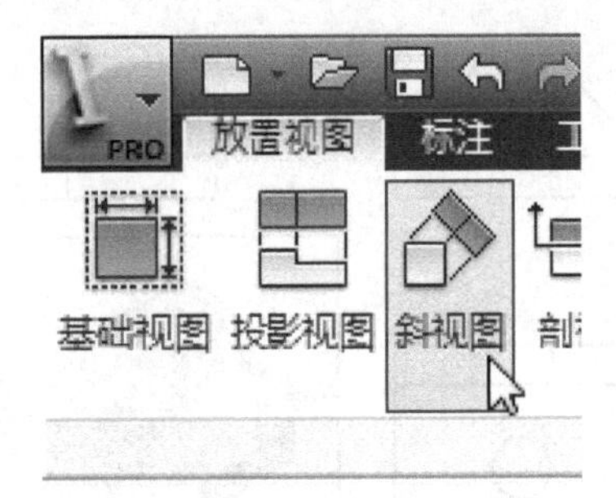

a) 单击“斜视图”按钮

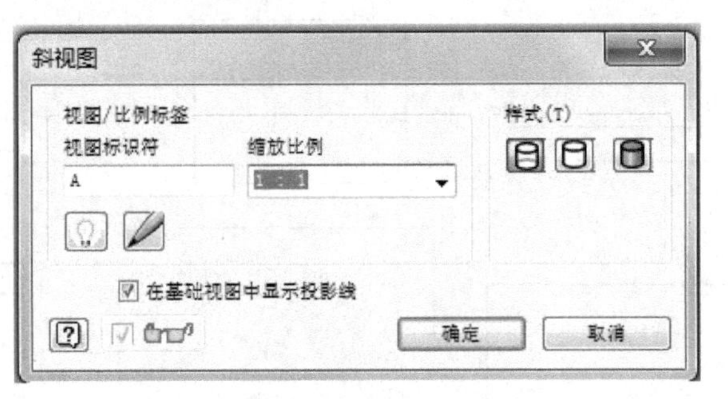

b) “斜视图”对话框

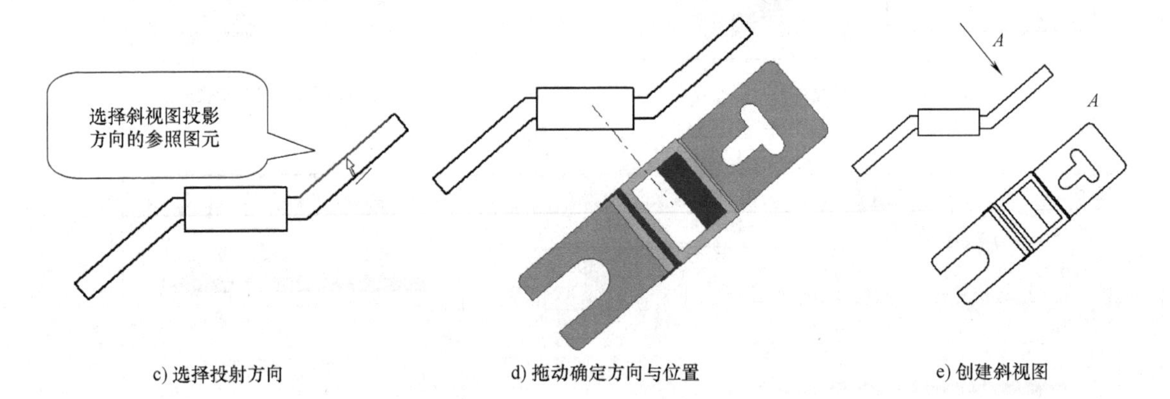

c) 选择投射方向　　d) 拖动确定方向与位置　　e) 创建斜视图

图 5-9　创建斜视图

图 5-8 中的斜视图为了表达不平行于基本投影面部分的结构，其他部分无需全部画出，所以需进行进一步的修剪，剩下如图 5-10 所示结构即可。

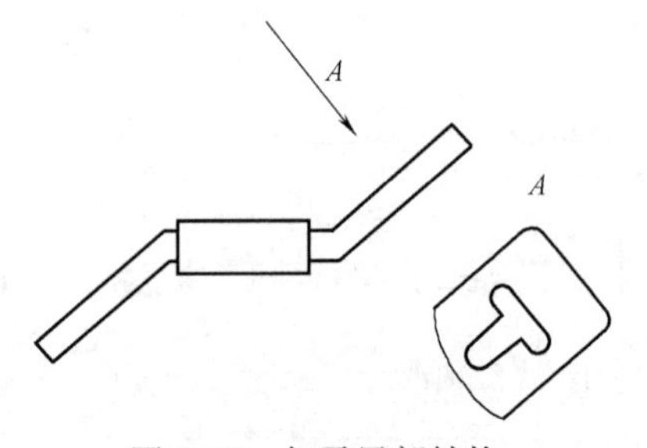

图 5-10　仅需局部结构

修剪视图的方法如图 5-11 所示。

1）选中视图，单击工具面板中的“创建草图”功能按钮创建与选中视图相关联的草图。

2）在草图中用样条曲线工具绘制闭合轮廓，指定视图中待保留部分的范围。

3）完成草图，选中草图中的闭合轮廓并单击工具面板中的“修剪”功能按钮修剪视图，完成斜视图的编辑修改。

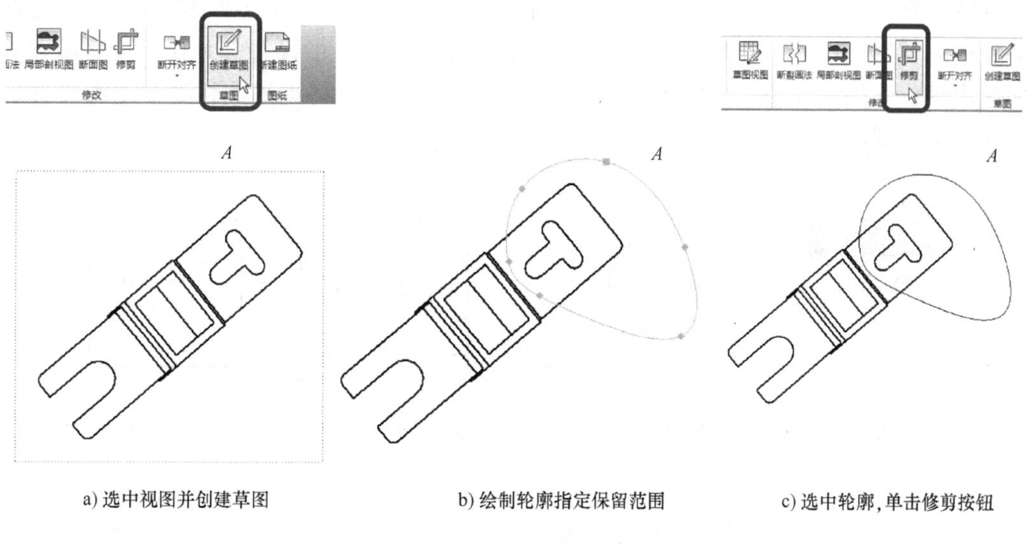

a) 选中视图并创建草图　　b) 绘制轮廓指定保留范围　　c) 选中轮廓，单击修剪按钮

图 5-11　修剪斜视图

4. 剖视图

常用于表达零部件的内部结构形状的视图称为剖视图，如图 5-12 所示。

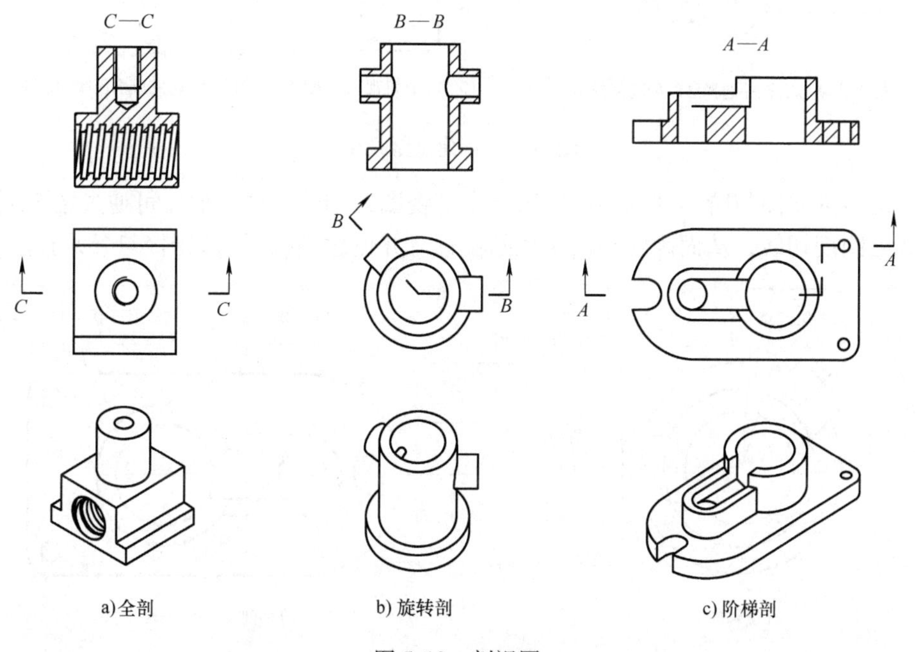

a) 全剖　　b) 旋转剖　　c) 阶梯剖

图 5-12　剖视图

创建剖视图的方法如下：

打开光盘的第 5 章　工程图/剖视图 . idw，全剖视图的创建过程如图 5-13 所示。单击工

具面板上的“放置视图”选项卡中的“剖视”图标按钮，移动鼠标至零件俯视图的中心位置，捕捉零件中心孔的圆心（跟随鼠标的黄色圆点变为绿色表明捕捉成功），然后将鼠标沿由圆心出发的水平线（虚线）移至视图左侧，单击确定剖面的第一点，再次沿虚线移动鼠标至视图右侧，单击创建剖面的第二点，完成剖面位置的指定。然后单击鼠标右键，选择右键菜单中的“继续”，在打开的“剖视图”对话框中完成相应的设置（如比例、显示方式和剖切深度等，此例中保持默认即可），并在图形区中移动鼠标将剖视图移到合适的位置后单击，完成全剖视图的创建。

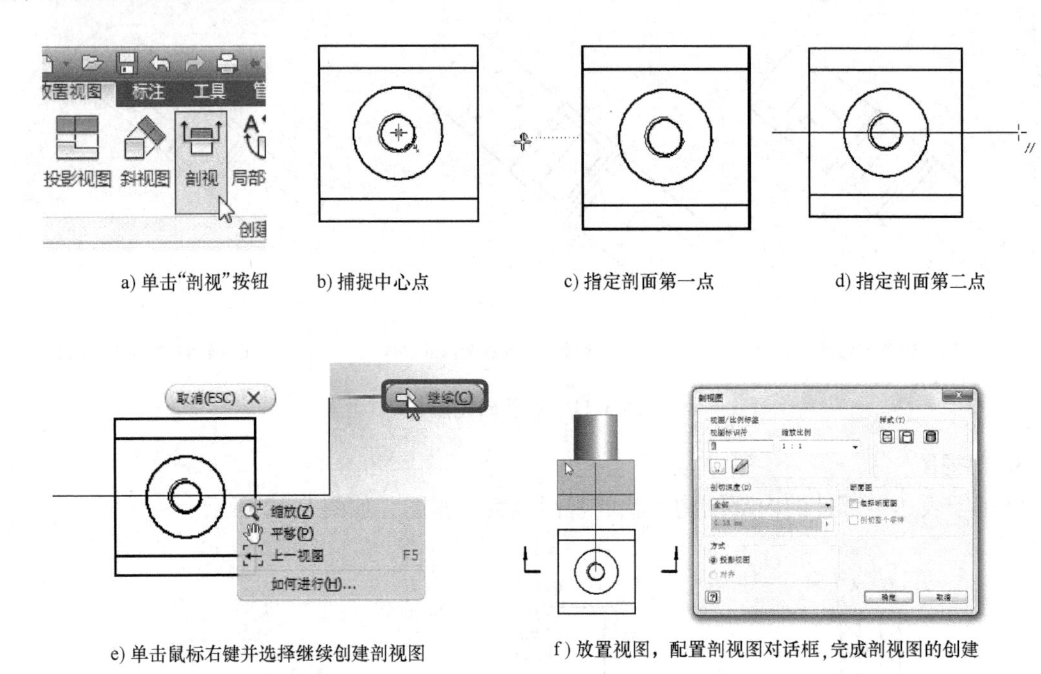

a) 单击“剖视”按钮　b) 捕捉中心点　c) 指定剖面第一点　d) 指定剖面第二点

e) 单击鼠标右键并选择继续创建剖视图　f) 放置视图，配置剖视图对话框，完成剖视图的创建

图 5-13　创建全剖视图

创建旋转剖视图与阶梯剖视图的方法与全剖视图的创建方法相似，可通过指定剖切线端点的方式绘制剖切线，从而确定剖面所在的位置，并创建剖视图，如图 5-14 所示。

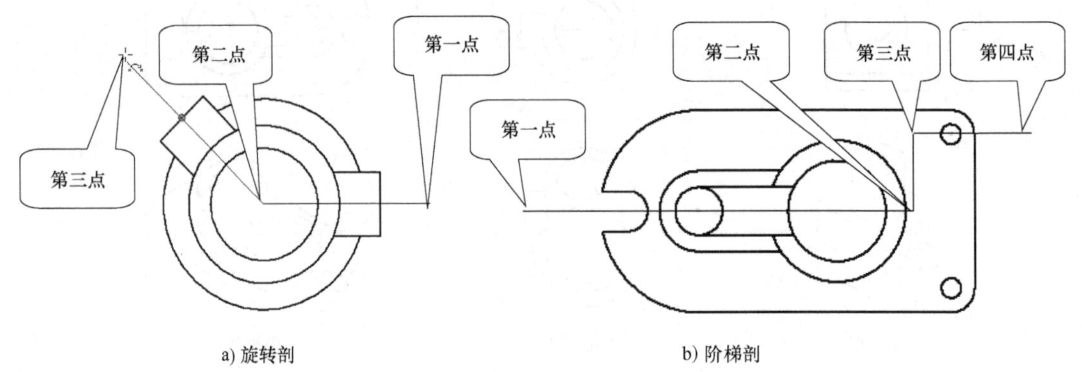

a) 旋转剖　b) 阶梯剖

图 5-14　旋转剖与阶梯剖剖切线的指定

对于创建的全剖或半剖视图，剖切线和视图标识符默认为打开状态，有时不需要显示，要对剖视图进行调整，双击全剖或半剖视图，打开“工程视图”对话框，进入“显示选项”选

项卡中去除对“在基础视图中显示投影线”选项的勾选，并关闭视图标识符的可见性按钮。如图5-15所示，对于创建的阶梯剖视图，剖面改变的位置会出现一条可见轮廓线，故应单击将其选中并单击鼠标右键，去掉右键菜单中对“可见性”选项的勾选以去除该轮廓线。

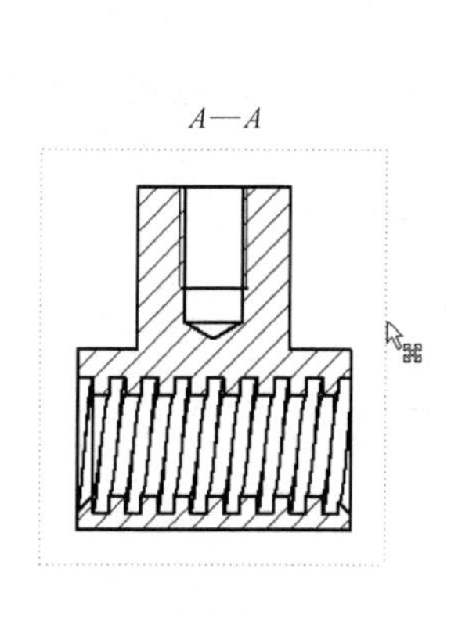

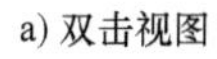
a) 双击视图

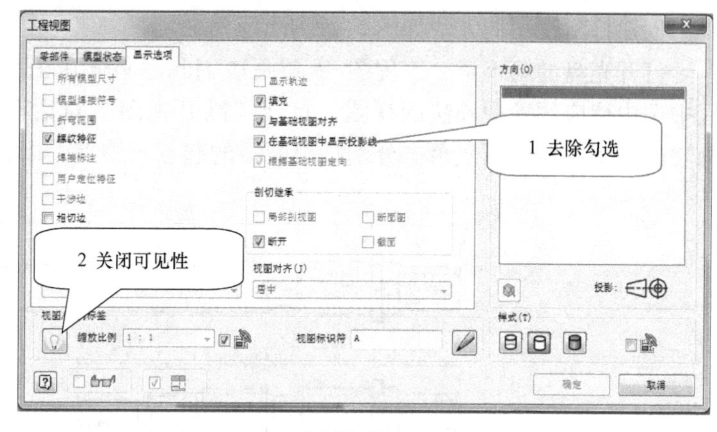

b) 配置对话框

图5-15　关闭剖切线及视图标识符的可见性

5. 局部视图

当形体上某些细小结构由于图形过小而表达不清，或难以标注尺寸时，可将这些细小的结构放大画出，这种图形称为局部视图即局部放大图，如图5-16所示。

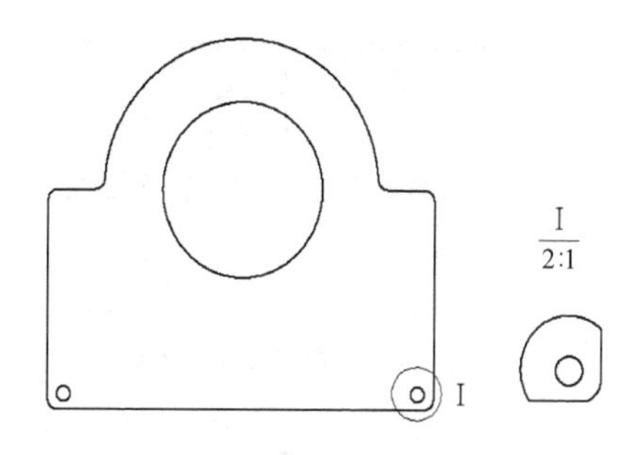

图5-16　局部视图

创建局部视图的方法如图5-17所示。

打开光盘的第5章　工程图/局部视图.idw，首先单击“局部视图”图标按钮，在图形区中选中用于创建局部视图的父视图，然后在打开的“局部视图”对话框中将视图标识符由默认的“A”改为“I”，将切断形状由默认的“锯齿过渡”改为“平滑过渡”，最后在图形区中的适当位置通过两次单击确定边界的中心点与边界，完成局部视图的创建。根据需要，拖动父视图中圆形的绿色控制点可改变被放大区域的大小及位置。

a) 单击“局部视图”按钮

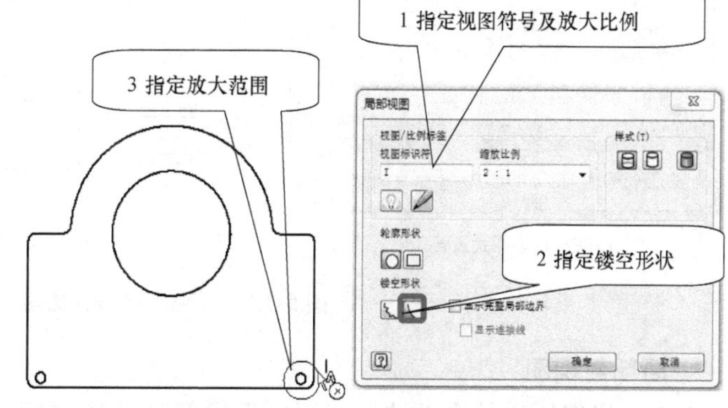

b) 设置“局部视图”对话框并指定放大区域的范围

图5-17　创建局部视图

6. 打断视图

较长的机件（如轴、杆和连杆等）沿长度方向的形状一致或按一定规律变化时，可断开后缩短绘制，但要标注实际尺寸，这种图形称为打断视图，如图 5-18 所示。

创建打断视图的方法如图 5-19 所示。

打开光盘的第 5 章　工程图/断裂画法 . idw，首先单击“断裂画法”功能按钮，在图形区中选中待应用断裂画法的视图，打开“断开视图”对话框，然后将鼠标移至待应用断裂画法的视图，通过两次单击分别指定断裂的起点与终点，以完成打断视图。

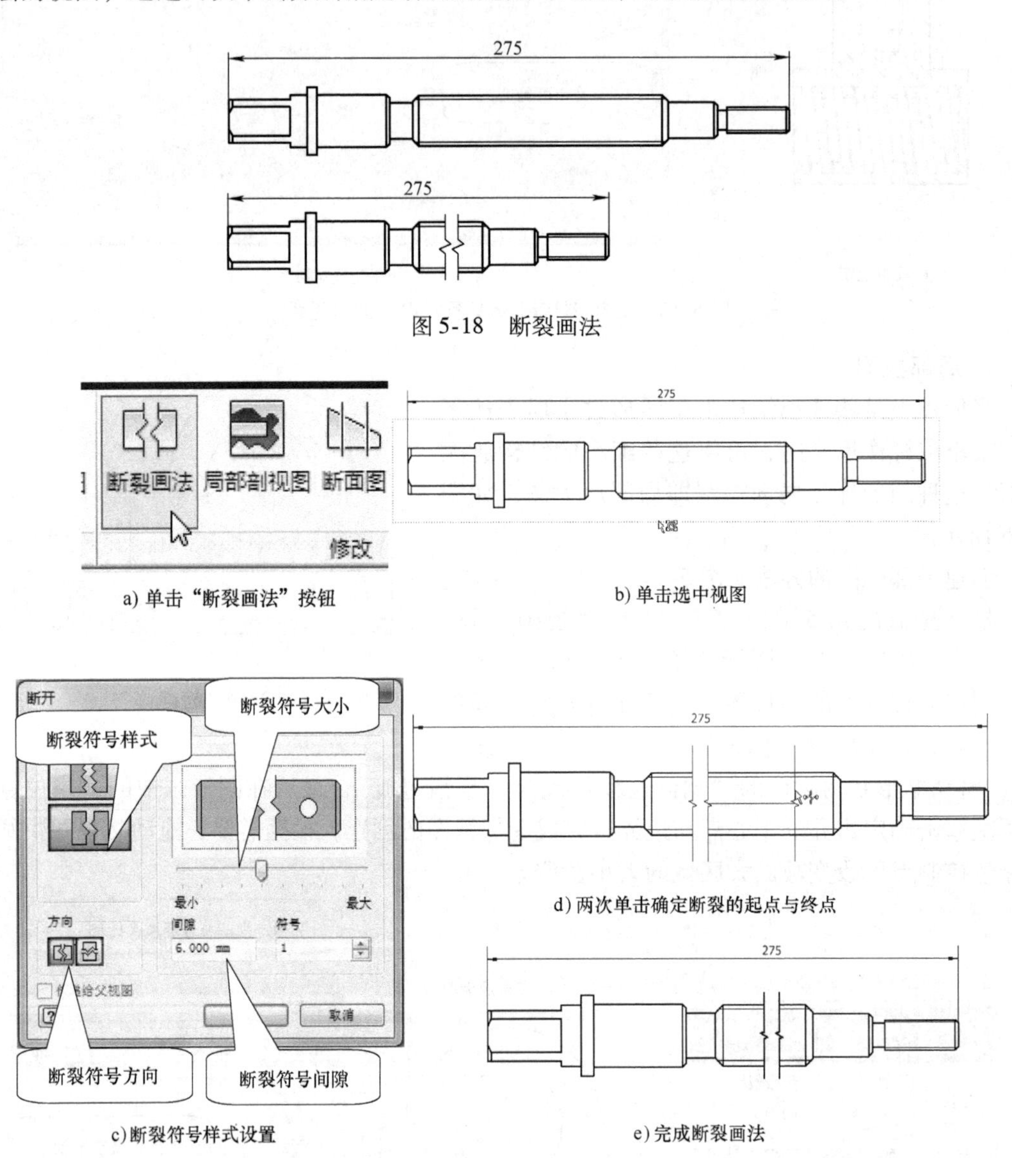

图 5-18　断裂画法

a) 单击“断裂画法”按钮

b) 单击选中视图

c) 断裂符号样式设置

d) 两次单击确定断裂的起点与终点

e) 完成断裂画法

图 5-19　断裂画法操作方法

7. 局部剖视图

为表达指定区域的内部结构，用剖面局部剖开形体所得到的剖视图，称为局部剖视图，简称局部剖，如图 5-20 所示。

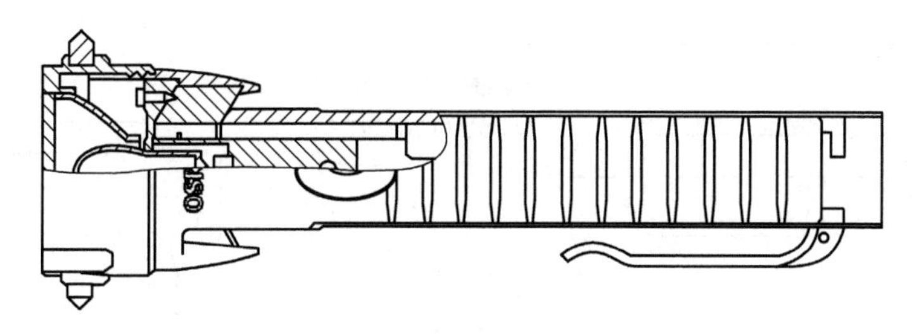

图5-20 局部剖视图

创建局部剖视图的方法如下：

打开光盘的第5章 工程图/局部剖视图.idw，首先单击选中一个要进行局部剖切的视图，单击“创建草图”功能按钮，用“样条曲线”工具绘制闭合轮廓作为局部剖视图的剖切范围，创建与被选中视图相关联的草图，并单击“完成草图”按钮，如图5-21所示，然后单击工具面板中的“局部剖视图”功能按钮，并在图形区中选择要进行局部剖视的视图，打开“局部剖视图”对话框，系统自动找到剖切平面（轮廓截面），接着指定剖切的深度，选择默认的“自点”方式，并通过在视图中选取一点来指定剖切终止面所在的位置（图中虚线），最后单击“局部剖视图”对话框中的“确定”按钮，完成局部剖视图的创建，如图5-22所示。

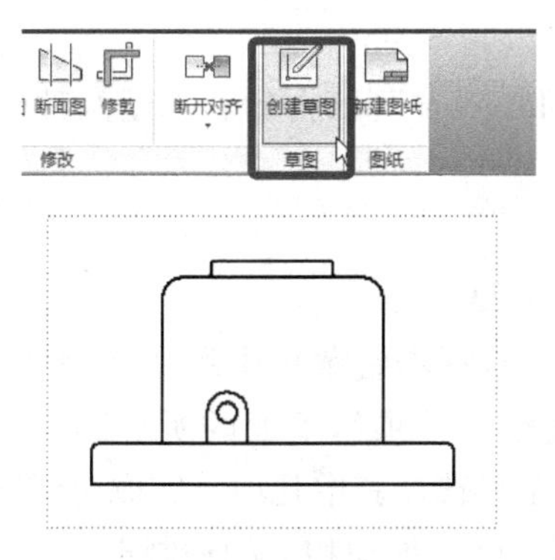

a）单击“创建草图”按钮

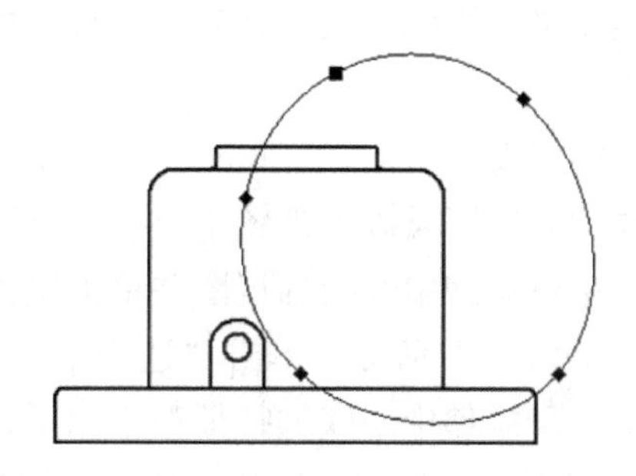

b）用样条曲线绘制用于指定剖切范围的草图

图5-21 剖切范围的指定

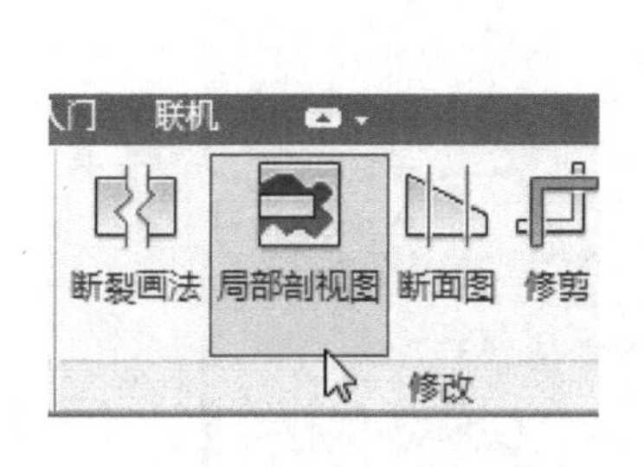

a）单击“局部剖视图”按钮

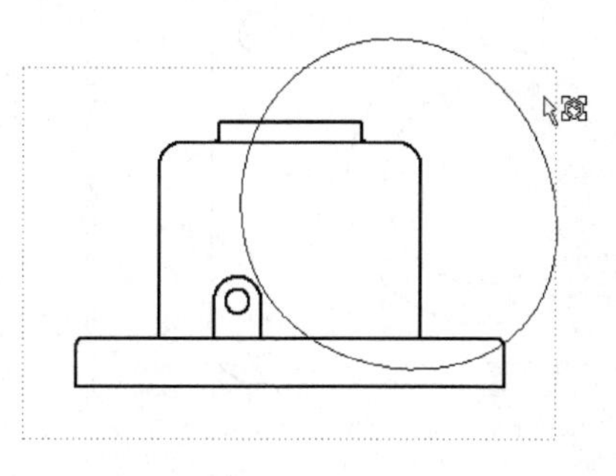

b）选中待剖切的视图

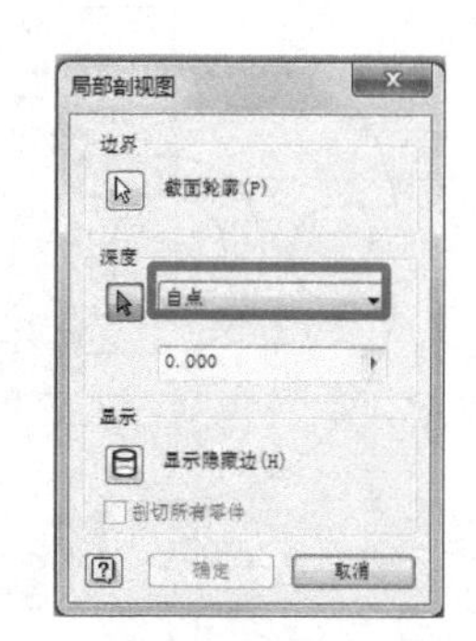

c）选择“自点”方式

图5-22 创建局部剖视图

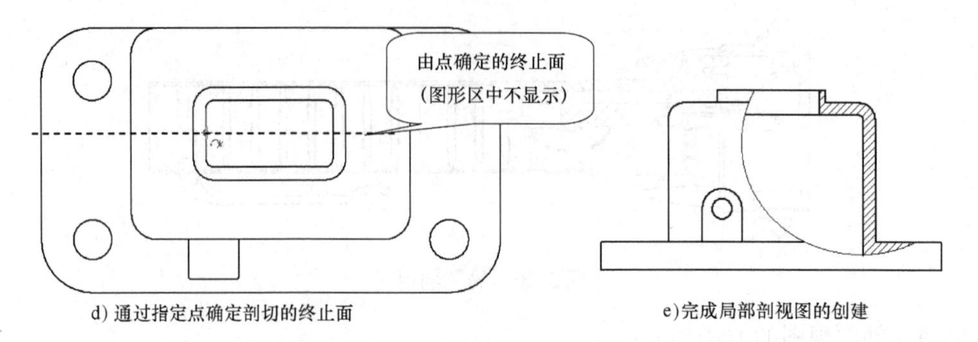

d) 通过指定点确定剖切的终止面　　e)完成局部剖视图的创建

图 5-22　创建局部剖视图（续）

5.2　工程图的标注

在 Inventor 中，创建了工程图以后，可以为其标注尺寸，以用来作为零件加工过程中的必要参考。尺寸标注不正确、不清楚，就会给实际的生产造成困难，所以尺寸的标注在 Inventor 的二维工程图设计中尤为重要。

5.2.1　中心线的标注

中心线定义工程图中的对称对象或特征的轴。Inventor 可用自动和手动两种方式添加工程图中的中心线。

1. 自动中心线

用自动中心线工具添加视图中心线的方法如图 5-23 所示。

首先选中待添加中心线的视图并单击鼠标右键，选择右键菜单中的“自动中心线”，打开“自动中心线”对话框，单击“适用于”和“投影”选项组下面的所有按钮，也就是说把所有可能自动添加中心线的特征都添加了，而不是只选择其中几项。完成对话框中相应的设置后单击“确定”按钮，完成自动中心线的绘制，然后拖动相应的控制点调整中心线。

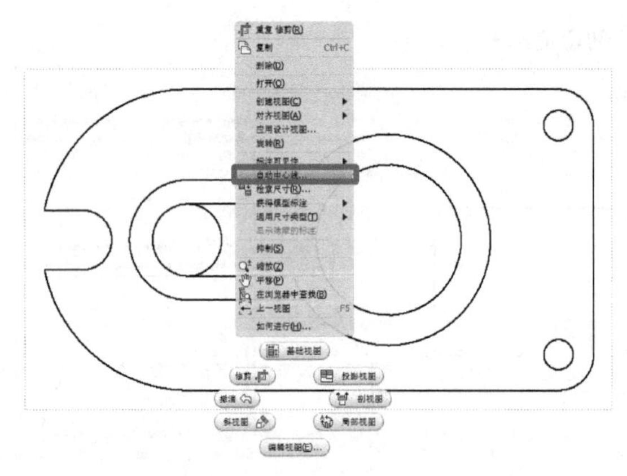

a) 选中视图并单击右键菜单中的“自动中心线”

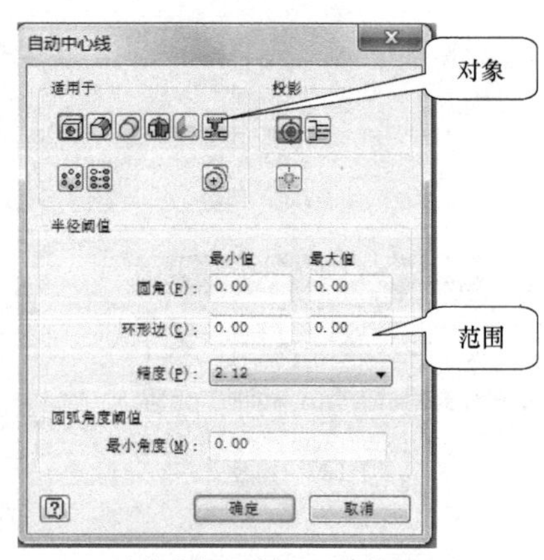

b) 指定应用对象与对象范围

图 5-23　自动中心线

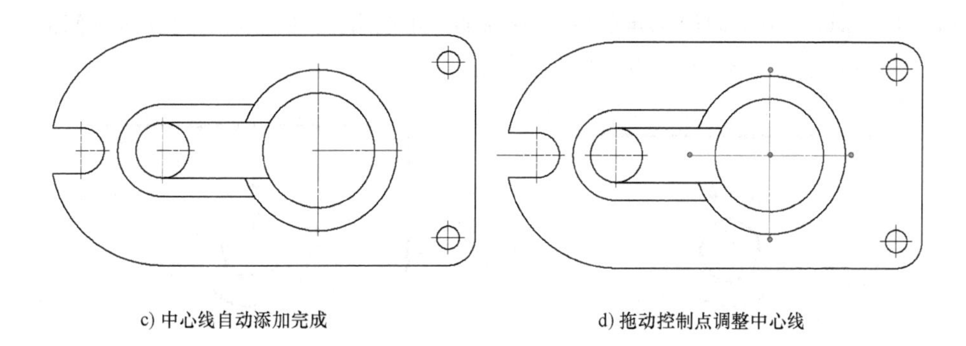

c) 中心线自动添加完成　　d) 拖动控制点调整中心线

图 5-23 自动中心线（续）

2. 手动中心线

手动创建中心线可通过工具面板上的“标注”选项卡“符号”区域中的“中心线”、“对分中心线”、“中心标记”与“中心阵列”四种方法进行创建，如图 5-24 所示。

图 5-24 手动中心线

（1）中心线　常用于添加回转体轴线与孔的中心线。单击该功能按钮，然后依次指定两点或孔，完成中心线的创建，如图 5-25 所示。

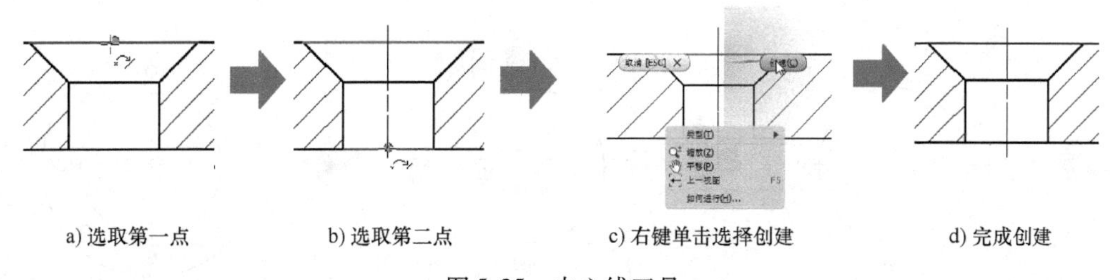

a) 选取第一点　　b) 选取第二点　　c) 右键单击选择创建　　d) 完成创建

图 5-25 中心线工具

（2）对分中心线　对分中心线实际上是对称中心线，选定两条线，将创建它们的对称线。单击该功能按钮，然后依次指定两条边，完成对分中心线的创建，如图 5-26 所示。

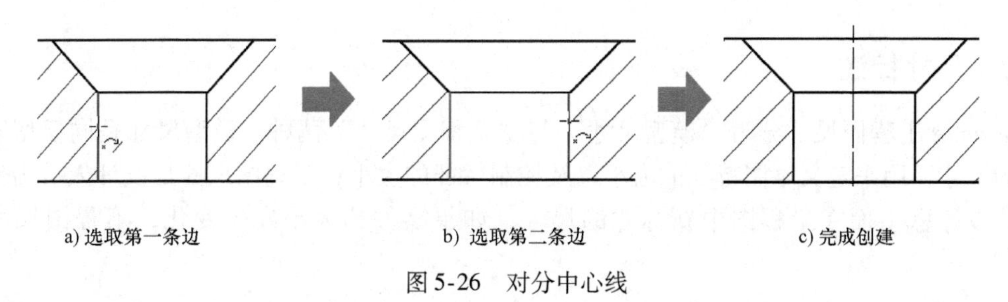

a) 选取第一条边　　b) 选取第二条边　　c) 完成创建

图 5-26 对分中心线

（3）中心标记　用于创建选定的圆弧或圆的中心标记。单击该功能按钮，然后选择圆弧或圆，完成中心标记的创建，如图 5-27 所示。

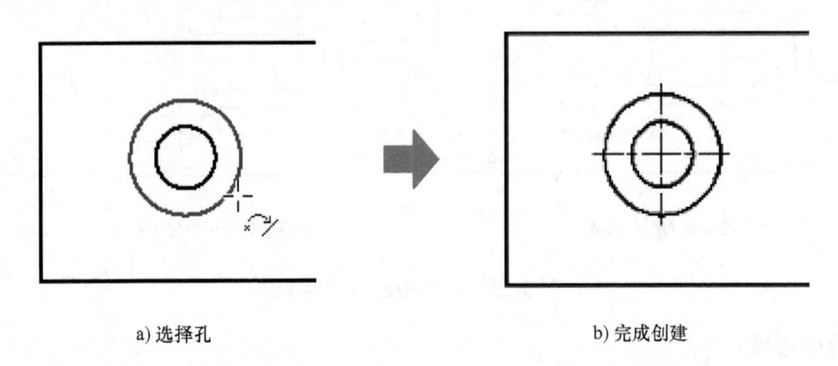

a) 选择孔　　b) 完成创建

图 5-27　中心标记

（4）中心阵列　中心阵列实际上是环形阵列孔的中心线。单击该图标按钮，指定阵列中心，然后选择阵列后的对象，完成环形阵列特征中心线的创建，如图 5-28 所示。

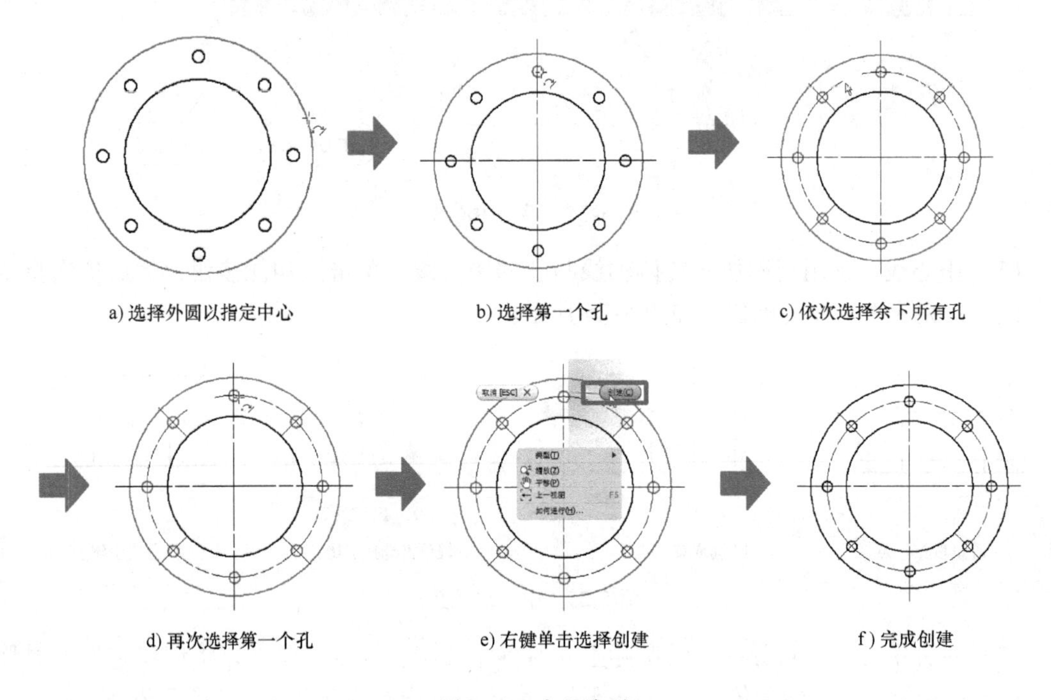

a) 选择外圆以指定中心　　b) 选择第一个孔　　c) 依次选择余下所有孔

d) 再次选择第一个孔　　e) 右键单击选择创建　　f) 完成创建

图 5-28　中心阵列

5.2.2　尺寸标注

Inventor 工程图尺寸分为“模型尺寸”与“工程图尺寸”两种。模型尺寸是同模型紧密联系的尺寸，用来定义略图特征的大小以及控制特征的大小；工程图尺寸是设计人员为更好地表达设计思想而在工程图中新标注的尺寸，如果零件的大小发生变化，工程图尺寸将更新。

1. 模型尺寸

通常使用检索的方式获取模型尺寸，需要注意的是，模型尺寸和零件模型是相互驱动的，更改任何一方的尺寸值时，另外一方的值也将随之改变。如图5-29所示，首先单击工具面板中“标注”选项卡“尺寸”区域的“检索”功能按钮，打开“检索尺寸”对话框，接下来在图形区中选择待添加模型尺寸的视图，并选择通过哪一种方式进行尺寸检索，此时检索获取的尺寸将在视图上显示，最后通过“选择尺寸”按钮确定需要添加的模型尺寸，完成工程图尺寸信息的添加。尺寸添加完成后，拖动尺寸可调整其位置，如图5-30所示。

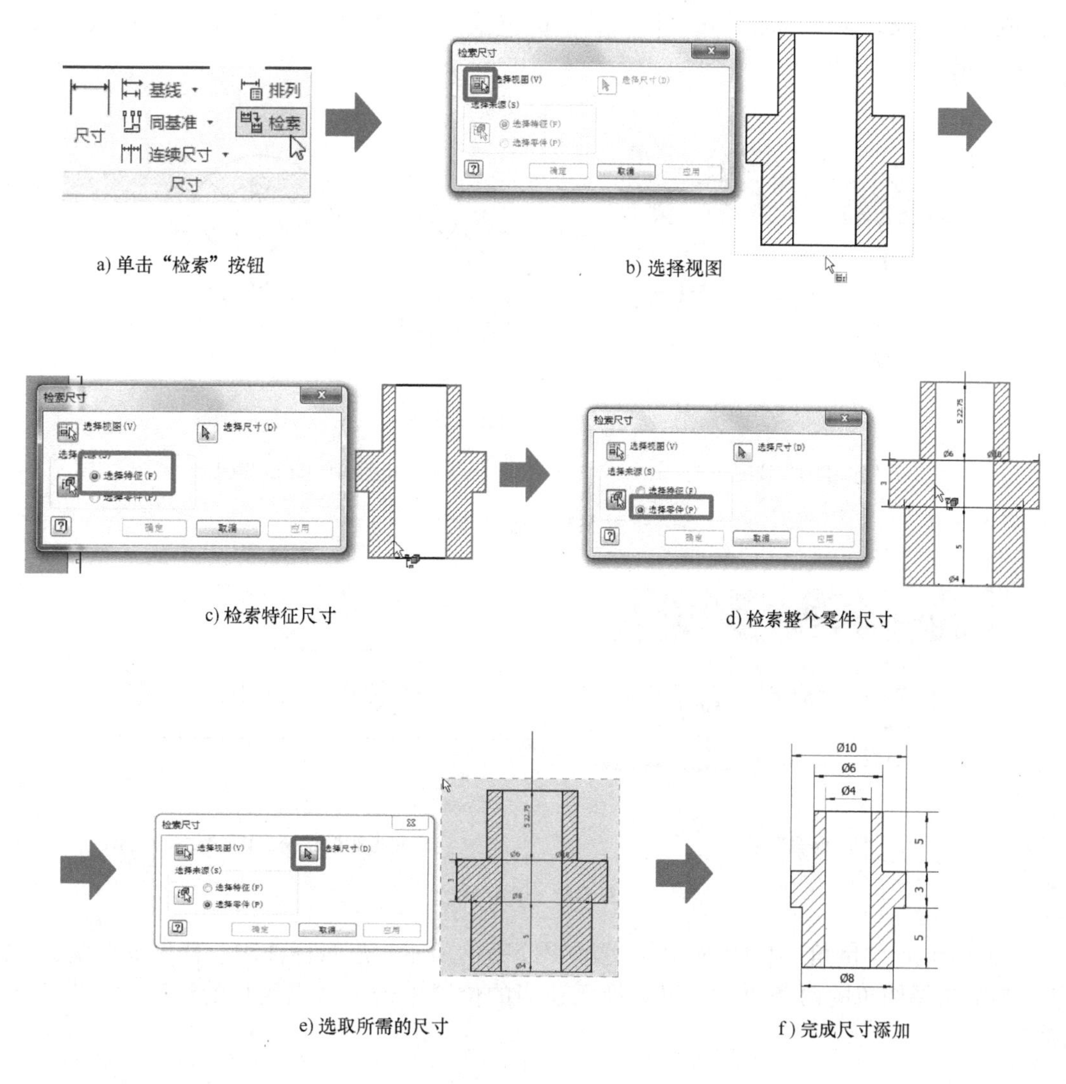

a) 单击“检索”按钮 b) 选择视图

c) 检索特征尺寸 d) 检索整个零件尺寸

e) 选取所需的尺寸 f) 完成尺寸添加

图5-29 检索尺寸

2. 工程图尺寸

工程图尺寸和模型尺寸不同，是单向的。如果零件大小发生变化，工程图尺寸将更新。但是，更改工程图尺寸不会影响零件的大小。工程图尺寸用来标注而不是用来控制特征的大小。

常用的工程图尺寸工具有“通用尺寸”、“孔和螺纹注释”和“倒角注释”等。

（1）通用尺寸　“通用尺寸”功能按钮的位置如图5-31a所示，每次在工程图上放置一个尺寸，放置的尺寸类型取决于所选的用于定义尺寸的几何图元，可用于标注线性尺寸、圆形尺寸和角度尺寸等，如图 5-31b 所示。

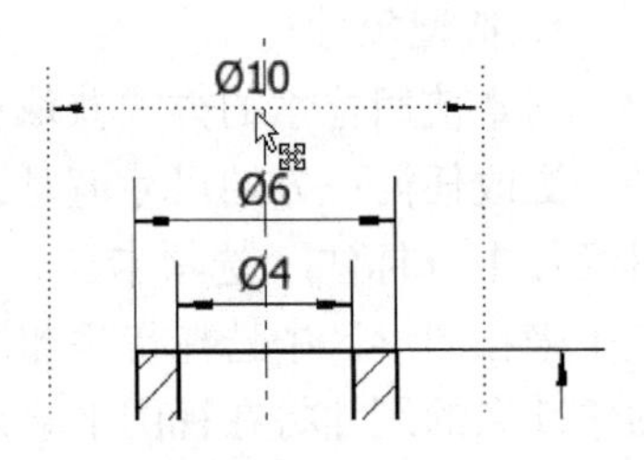

图 5-30　拖动调整尺寸位置

（2）孔和螺纹　“孔和螺纹”功能按钮的位置如图5-32a所示。进行标注时，首先单击工具按钮，然后选中需要标注的孔或螺纹特征，移动鼠标以确定尺寸放置的位置，最后单击左键完成尺寸的创建，如图5-32b 所示。

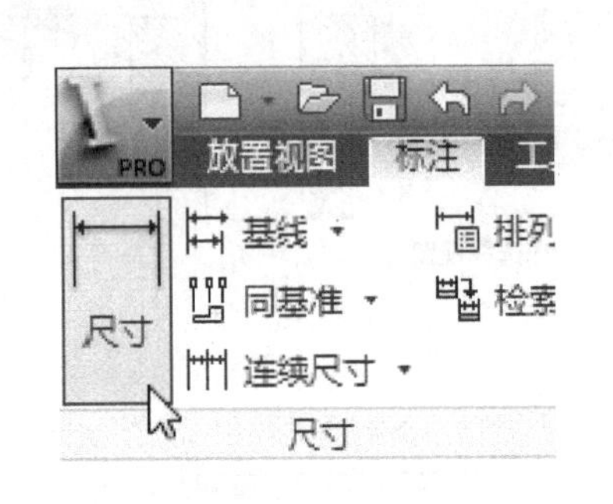

a) “通用尺寸”按钮

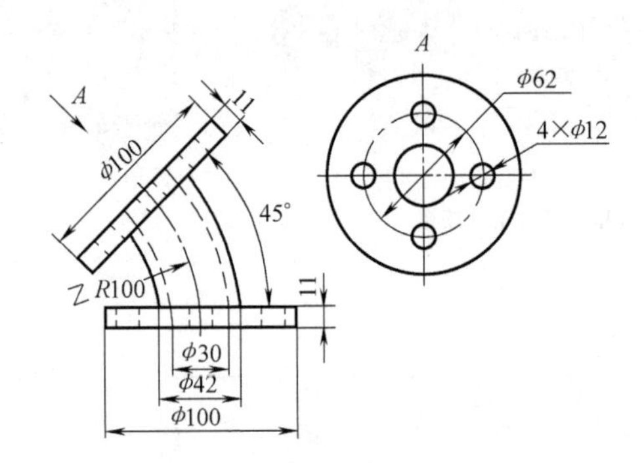

b) 用通用尺寸工具创建工程图尺寸

图 5-31　通用尺寸

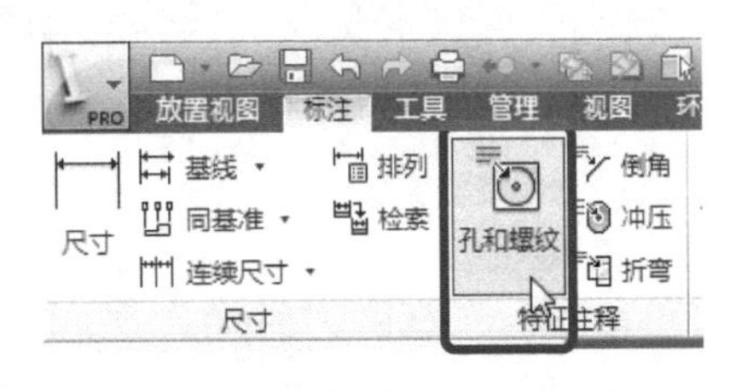

a) “孔和螺纹”按钮

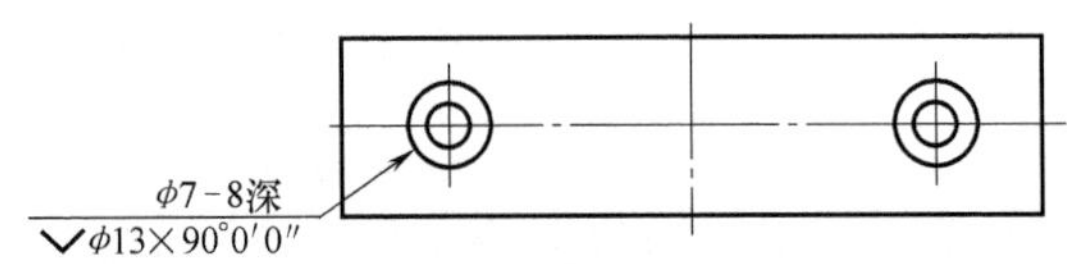

b) 用孔和螺纹注释工具创建工程图注释

图 5-32　孔和螺纹

（3）倒角　“倒角”功能按钮的位置如图 5-33a 所示。进行标注时，首先单击该工具按钮，然后选择倒角的两条边，将鼠标拖至适当的位置单击，完成倒角的注释，如图 5-33b 所示。

5.2.3　其他常用符号的标注

工程图不仅要求有完整的图形和尺寸标注，还必须有合理的技术要求，以保证零件在制造时达到一定的质量，如表面粗糙度和几何公差等常用符号，如图 5-34 所示。

这里介绍表面粗糙度符号的添加方法，其他常用符号的添加方法与之相似。如图 5-35 所示，首先单击“粗糙度”功能按钮，选择视图中恰当的位置放置粗糙度符号，然后再次单击左键确定

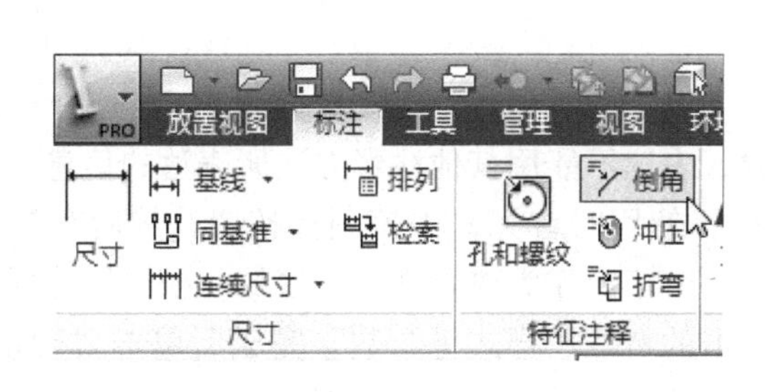

a) “倒角”按钮

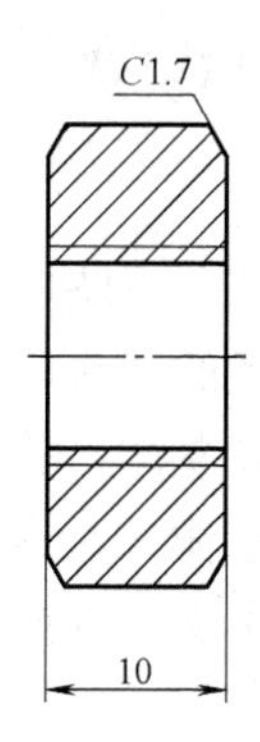

b) 用倒角工具创建工程图注释

图 5-33　倒角

粗糙度符号指引线的控制点，也可单击鼠标右键选择“继续”进入“表面粗糙度符号”对话框，在对话框中选择表面类型并输入表面粗糙度值，完成表面粗糙度符号的创建。

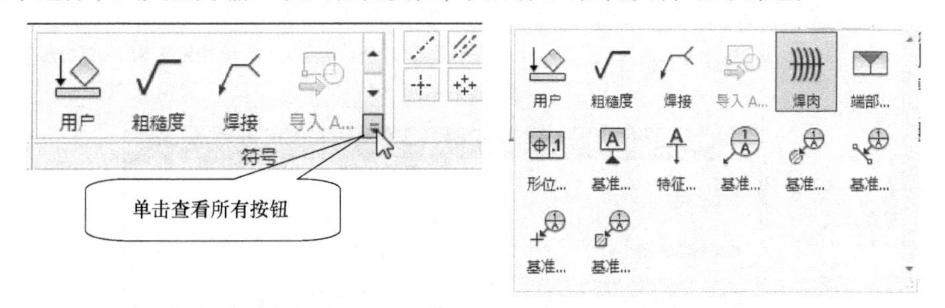

a) 常用符号工具区域　　b) 各种常用符号工具

图 5-34　常用符号工具面板

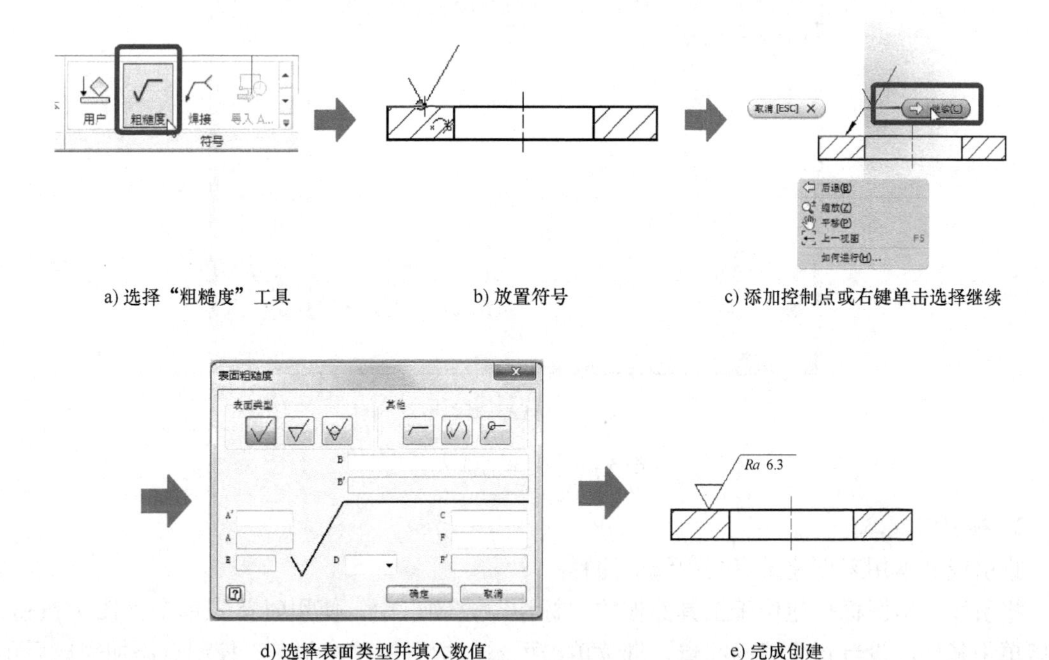

a) 选择“粗糙度”工具　　b) 放置符号　　c) 添加控制点或右键单击选择继续

d) 选择表面类型并填入数值　　e) 完成创建

图 5-35　表面粗糙度符号的创建

5.2.4　文本与指引线文本

1. 文本

文本被放置在工程图中的不同位置，表达不能用其他注释方法所表达的信息。文本图标按钮位于工具面板的“标注”选项卡中，使用时首先单击该图标按钮，然后在草图区域或者工程图区域按住左键，移动鼠标拖出一个矩形作为放置文本的区域，松开鼠标后在打开的文本格式对话框中输入文本，设置好文本的特性、样式等参数，完成后单击“确定”按钮，即可完成工程图中文本的插入，如图 5-36 所示。

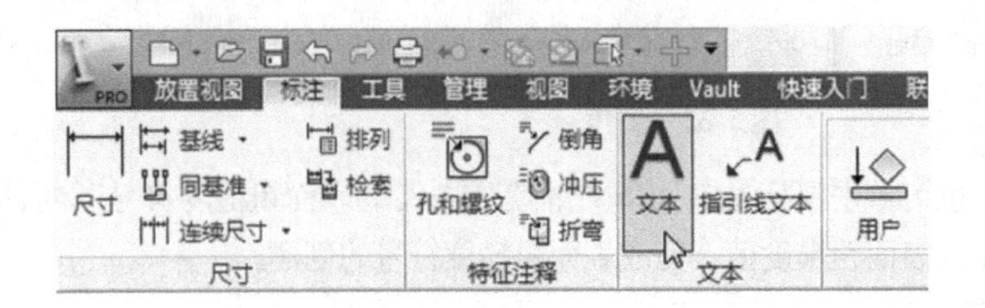

a) 单击文本图标按钮

b) 指定文本的位置与范围

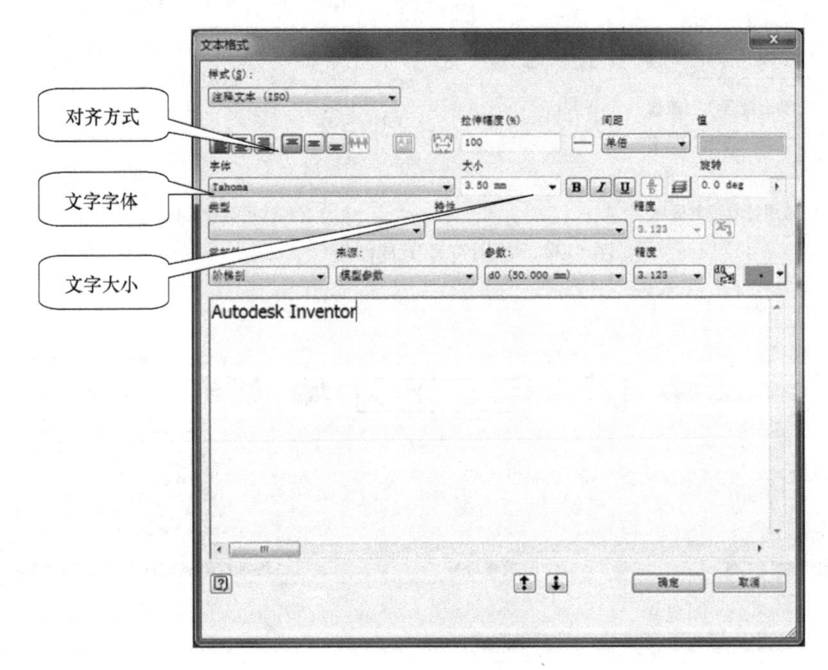

c) “文本格式”对话框

图 5-36　文本的插入

2. 指引线文本

指引线文本用来创建带有指引线的注释。

指引线文本图标按钮位于工具面板的“标注”选项卡中，使用时首先单击该图标按钮，然后单击某处已设置指引线的起点，继续单击可添加指引线的控制点，控制点添加完成后单击鼠标右键，选择右键菜单中的“继续”，在打开的“文本格式”对话框中输入指引线文本的内容以完成指引线文本的插入。插入后可将其选中并右键单击，选择“编辑箭头”调整指引线起点的样式，如图5-37所示。

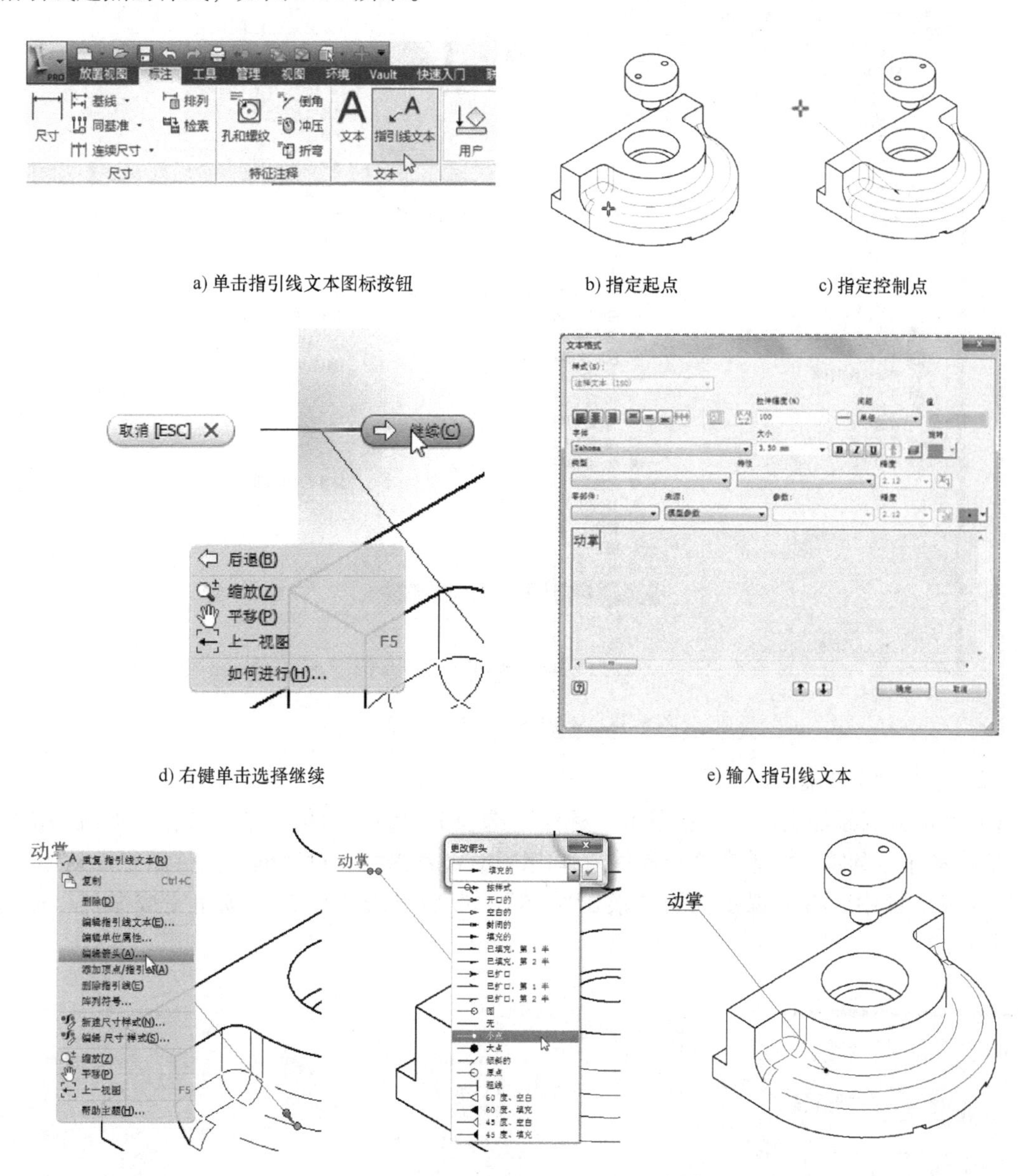

a) 单击指引线文本图标按钮　b) 指定起点　c) 指定控制点

d) 右键单击选择继续　e) 输入指引线文本

f) 右键单击选择编辑箭头　g) 选择箭头样式　h) 完成指引线文本的创建

图5-37　指引线文本的创建

5.2.5　引出序号与明细栏

1. 引出序号

添加引出序号前，应首先通过“样式和标准编辑器”设置其样式。

（1）引出序号的样式设置　打开“样式和标准编辑器”对话框，展开左边浏览器中的“指引线”，并激活其下的“常规”选项，将终止方式下的箭头选为“小点”，如图5-38所示，单击“保存”按钮并关闭对话框。

图 5-38　引出序号的样式设置

（2）引出序号的添加

1）手动方式添加引出序号：单击“标注”选项卡中的“引出序号”按钮，然后用鼠标选择要添加序号的零件，单击这个零件后弹出“BOM 表特性”对话框，文件路径默认不变，在 BOM 表设置中，将表视图选为“装配结构”，最后单击“确定”按钮完成添加，如图 5-39所示。

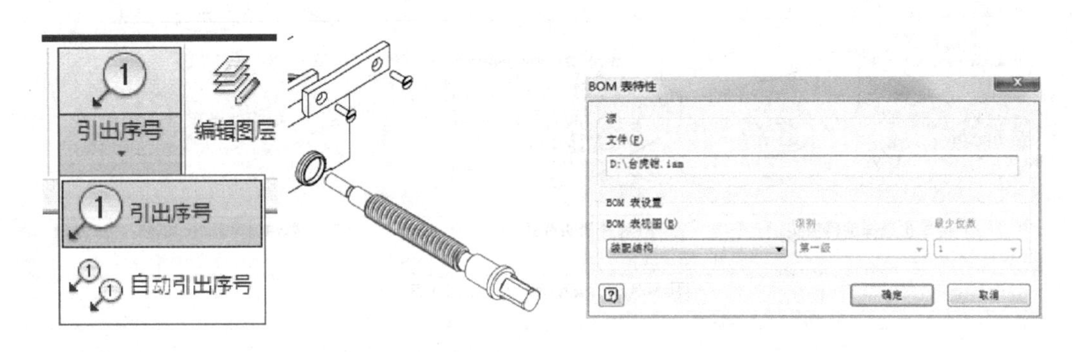

a) 单击“引出序号”图标按钮　　b) 选择待添加序号的零件　　c) 设置“BOM表特性”对话框

图 5-39　引出序号的添加

为了防止引线交叉，系统支持对引线起点的调整，当将起点放置于零件内部时，起点默认修改为圆点，如图 5-40 所示。

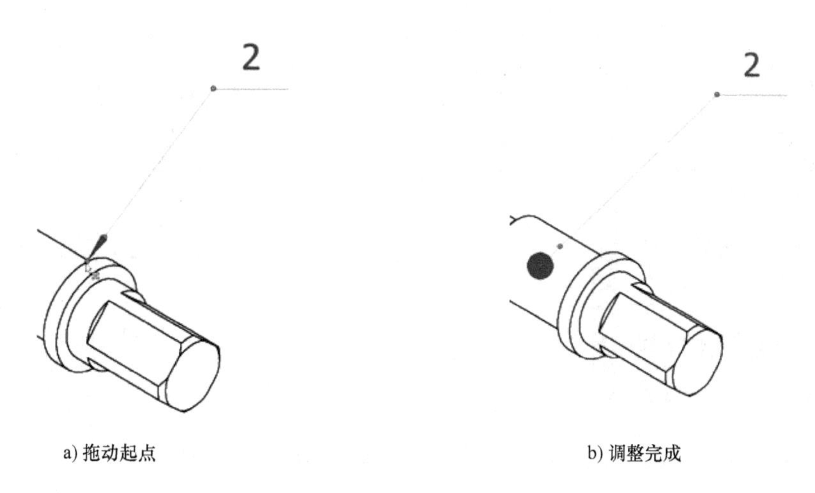

a) 拖动起点　　b) 调整完成

图 5-40　调整引出序号的起点

手动引出序号一般无法把每个序号的位置对齐。为了解决这个问题，系统提供了水平、竖直等对齐方式，以增加图样的美观性，具体方法如图 5-41 所示。

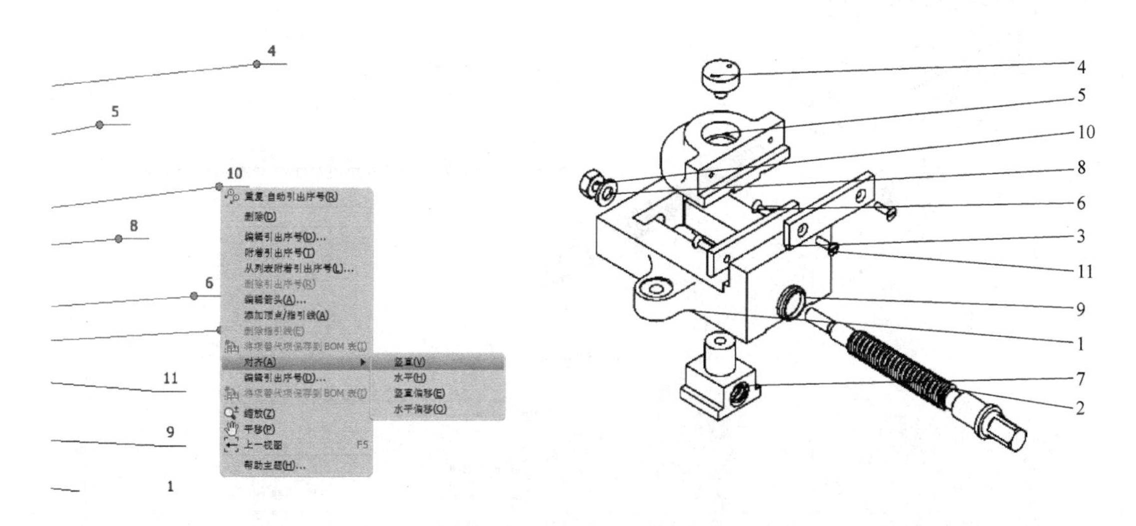

图 5-41　对齐引出序号

2）自动方式添加引出序号：单击“标注”选项卡中的“自动引出序号”按钮，此时会弹出“自动引出序号”对话框，按下“选择视图集”按钮，并选择需要添加序号的视图，然后按下“添加或删除零部件”按钮，并选择在这个视图中需要添加引出序号的零部件，在放置方式中可选择环形、水平和竖直，最后单击“确定”按钮完成自动添加，如图 5-42 所示。

2. 明细栏

Inventor 工程图模块可自动生成明细栏，并将明细栏中的信息与零部件文件相关联。生成明细栏可按照编辑零部件信息、调整明细栏样式和生成零部件的方法进行，其中前两项为生成明细栏的准备工作。

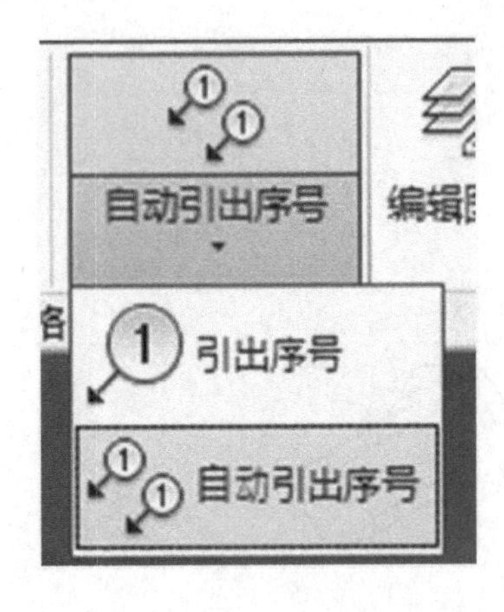

a) 单击自动引出序号图标

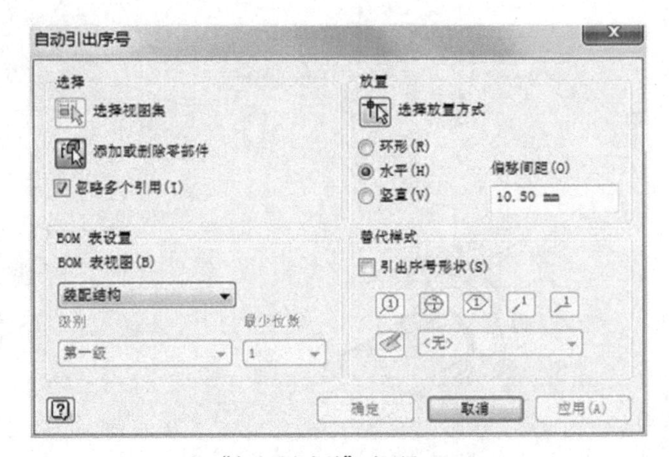

b) “自动引出序号”对话框

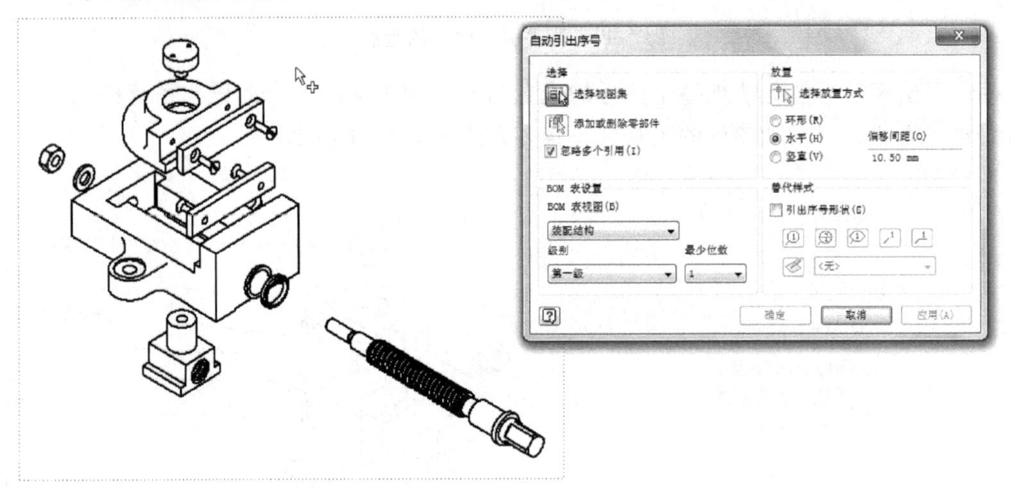

c) 选择视图

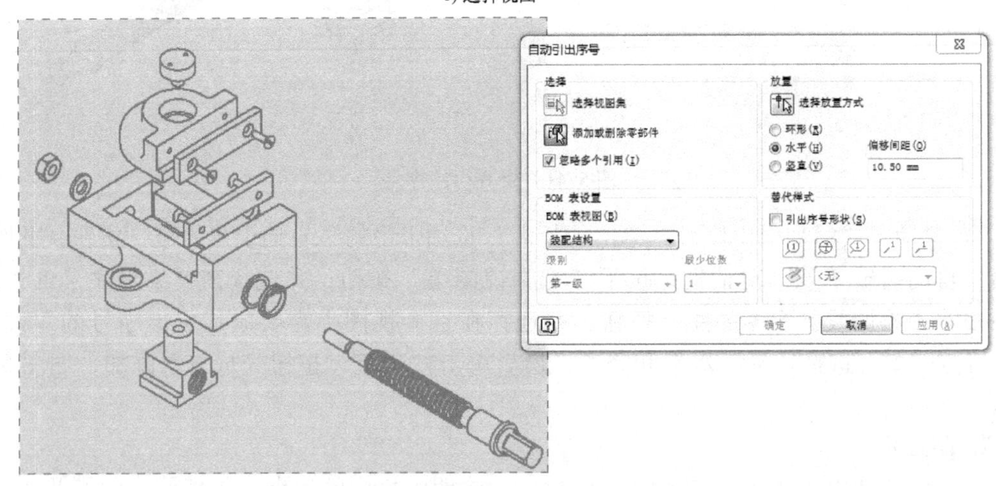

d) 框选零部件

图 5-42　自动方式添加引出序号

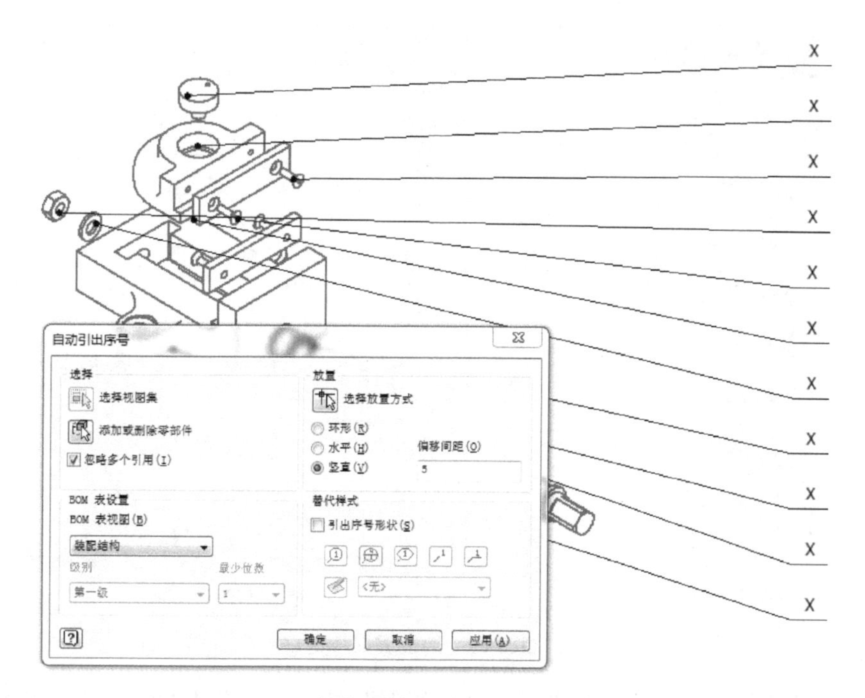

e) 设置引出序号的放置方式

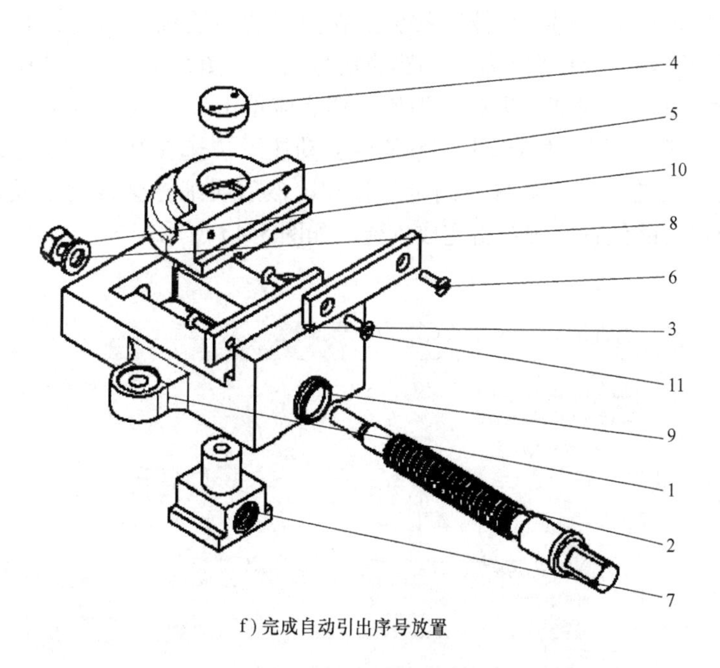

f) 完成自动引出序号放置

图 5-42 自动方式添加引出序号（续）

（1）零部件信息的编辑 Inventor 系统拥有自动生成明细栏的功能，通过零部件信息与明细栏的相互关联，可实现自动添加明细栏。

要编辑零部件信息，首先单击“ ”下的“iProperty”选项，在弹出的“iProperty”对话框中对零件的各种特性进行编辑，如图 5-43 所示。

a) 选择iProperty

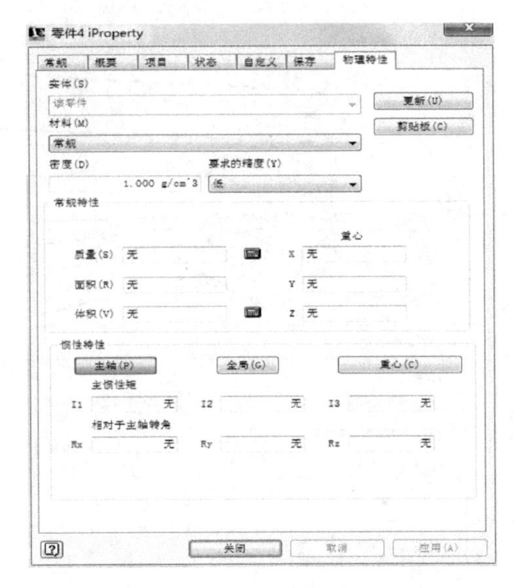

b) iProperty对话框

图 5-43　编辑零部件信息

（2）明细栏的样式设置　单击“样式编辑器”按钮，在左边的浏览器中找到如图 5-44a 所示的设置区域，在这里可单击“列选择器”按钮，在弹出的“明细栏列选择器”对话框中，可以随意更改所需的内容，包括列的标题与列宽等数值，如图 5-44b、c、d 所示。

（3）明细栏的创建　如果要对部件生成明细栏，那么应单击“标注”选项卡中的“明细栏”按钮，在弹出的“明细栏”对话框中，系统会自动按下“选择视图”按钮，此时去选择视图中的零部件创建明细栏，并单击“确定”按钮，然后明细栏会自动生成，并跟随鼠标，最后将鼠标移至适当的位置左键单击完成创建，如图 5-45 所示。

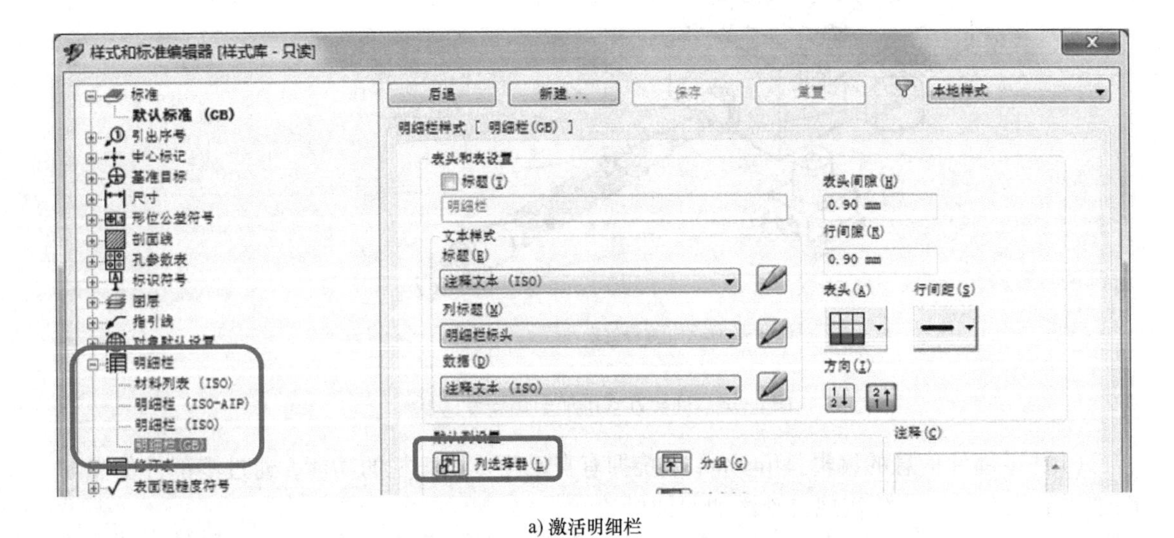

a) 激活明细栏

图 5-44　明细栏的内容与样式设置

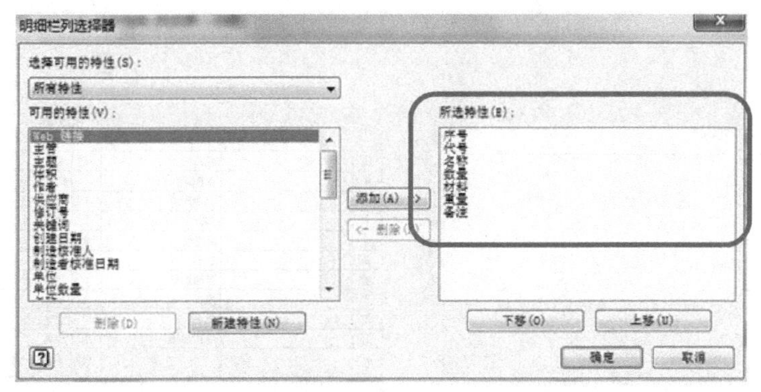

b) 选择明细栏列的内容

默认列设置

列选择器(L)　　分组(G)　　过滤(F)

特性	列	宽度
项目	项目	10.00
标准	代号	44.00
零件代号	名称	40.00
数量	数量	10.00

c) 修改列的名称与宽度

特性	列	宽度
项	序号	8.000
标准	代号	40.000
文件名称	名称	44.000
数量	数量	8.000
材料	材料	38.000
质量	重量	22.000
备注	备注	20.000

d) 列名称与宽度

图 5-44　明细栏的内容与样式设置（续）

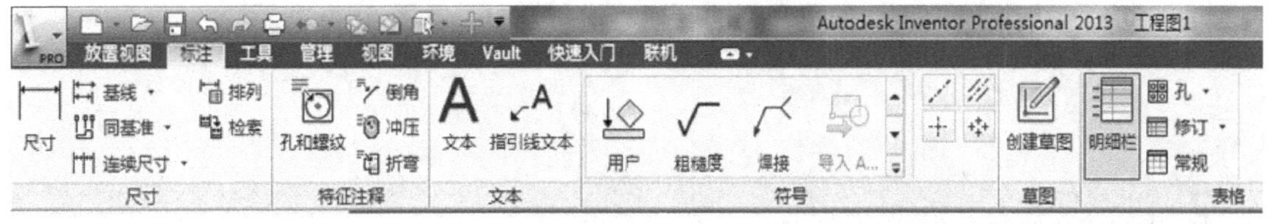

a) 明细栏图标按钮

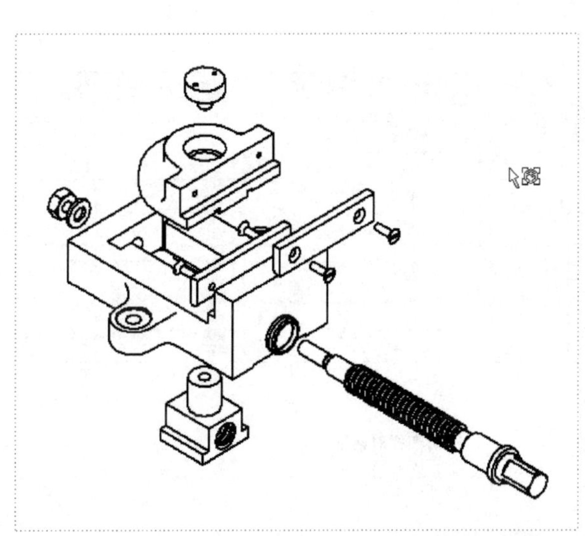

b) 选择视图

图 5-45　创建明细栏

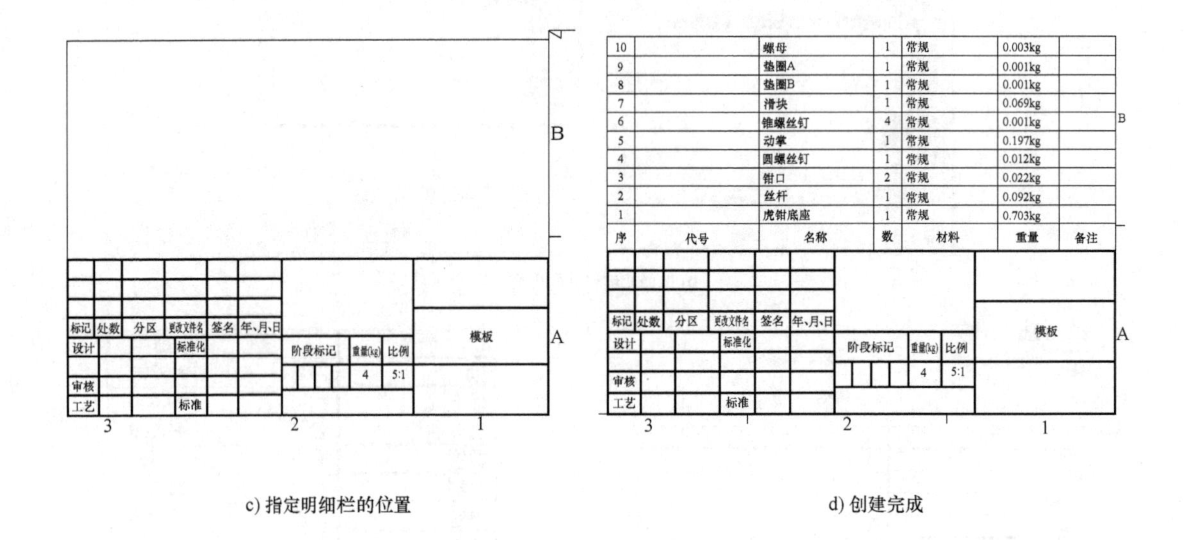

c) 指定明细栏的位置　　　　d) 创建完成

图 5-45　创建明细栏（续）

如果要对明细栏进行编辑，那么选中明细栏并右键单击，会弹出“编辑明细栏”对话框，在此可对明细栏的内容、列宽和列的顺序等进行调整，如图 5-46 所示。

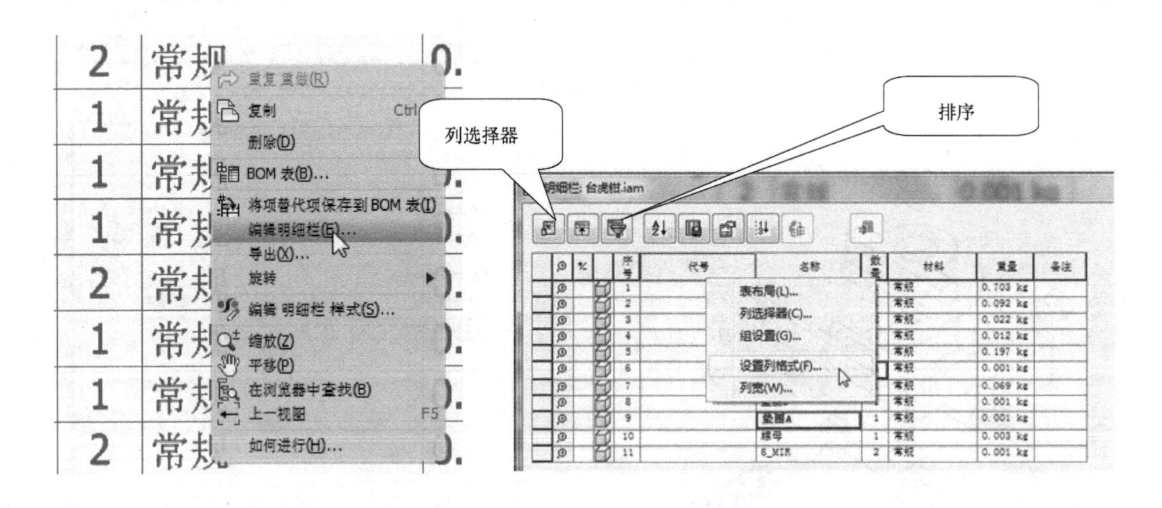

a) 右键单击选择编辑明细栏　　　　b)明细栏对话框

图 5-46　编辑明细栏

完成明细栏的创建后，如图 5-47 所示。

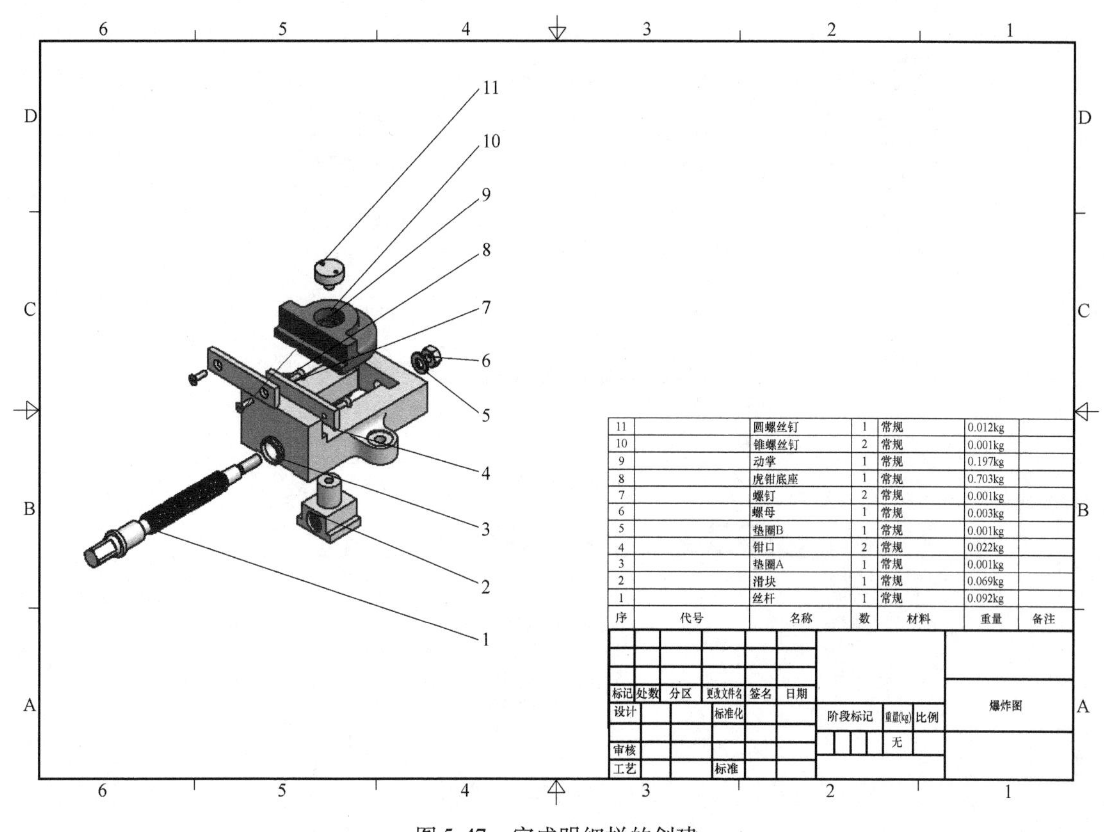

图 5-47 完成明细栏的创建

5.3 工程图的设置

由于每个国家所使用的工程图标准不一样，因此 Inventor 2013 在工程图样式编辑方面拥有高度的用户自定义性。用户可以改变几乎所有的样式设定，在此仅对此功能做简单介绍。

5.3.1 样式和标准编辑器

在样式编辑器中可对工程图的单位、显示样式、字体大小、公差、注释和引线等内容做细致的调整，部分内容的操作方式如图 5-48 所示。

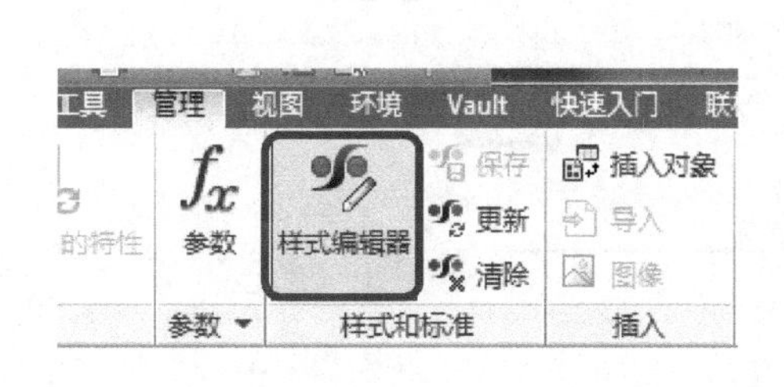

a) 单击“样式编辑器”

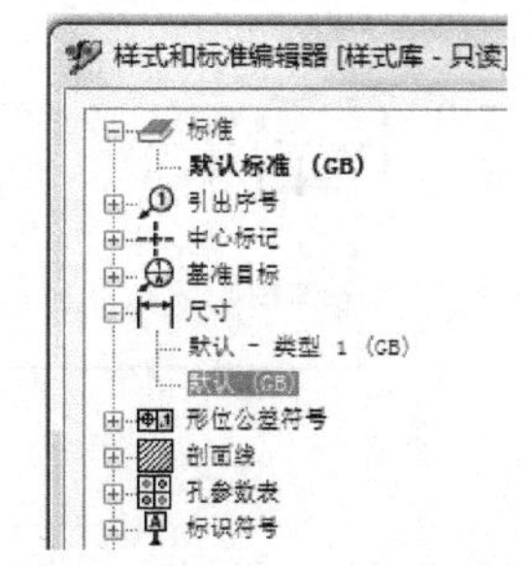

b) 单击尺寸下的“默认(GB)”

图 5-48 尺寸样式的设置

c) 单位的调整

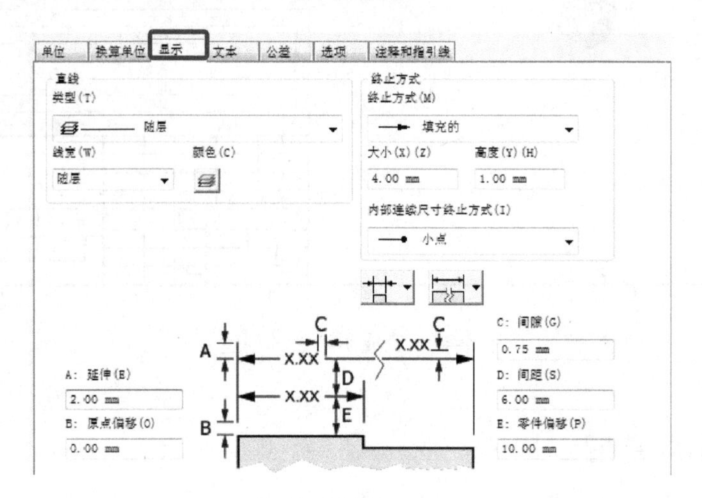

d) 显示样式的调整

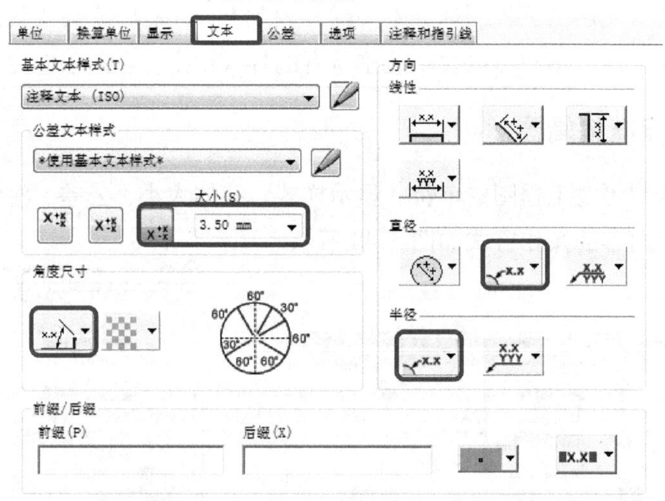

e) 文本样式的调整

图 5-48　尺寸样式的设置（续）

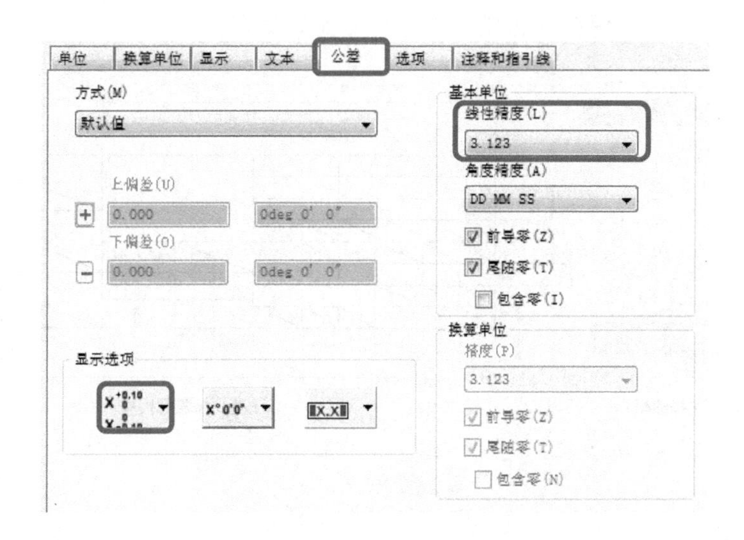

f) 公差样式的调整

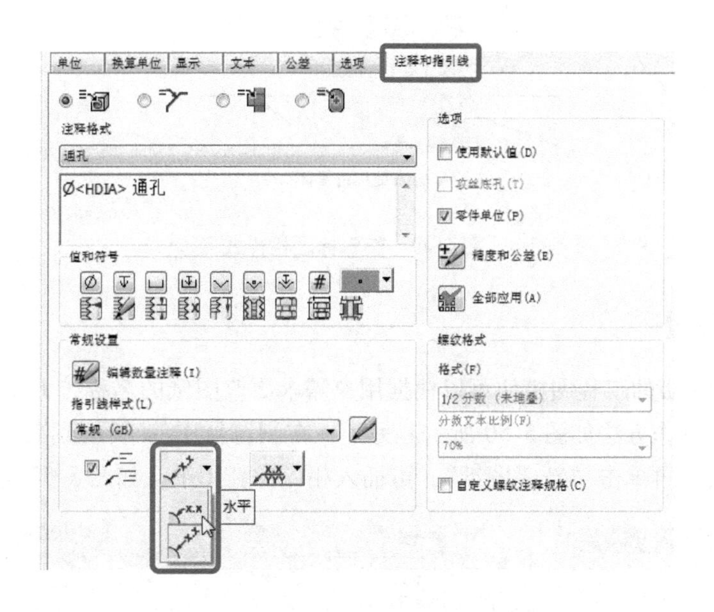

g) 注释和指引线的调整

图5-48　尺寸样式的设置（续）

在“样式和标准编辑器”中，还可对基本标识符号、剖面线、孔参数、图层、线型和线宽等做适当调整，在此不一一列举。

5.3.2　标题栏的编辑

标题栏的格式较多，在Inventor 2013版中，可以通过编辑的方式修改标题栏，以达到想要的效果。如图5-49所示，选择相应的标题栏后右键单击“编辑”，系统会进入标题栏编辑状态，这时用户可以通过编辑草图的方式对标题栏进行修改。修改完成后，单击鼠标右键，在快捷菜单中选择“保存标题栏”来保存之前的操作。

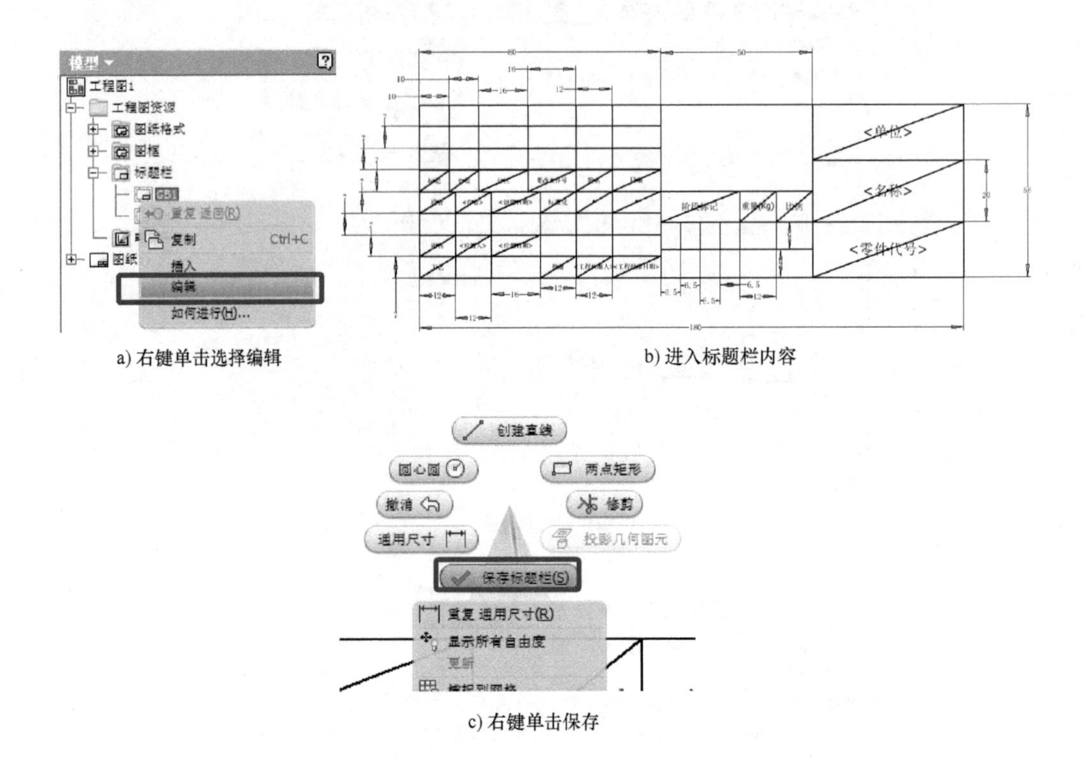

a) 右键单击选择编辑　　b) 进入标题栏内容

c) 右键单击保存

图 5-49　编辑标题栏样式

5.3.3　图纸设置

Inventor 2013 版的工程图模块可以根据用户需求更改图纸的名称、大小、方向以及标题栏的位置，具体操作方法如图 5-50 所示。另外，在浏览器中的“图纸格式”中选中相应的格式并右键单击，再单击“新建图纸”，可插入相应的新图纸，如图 5-51 所示。

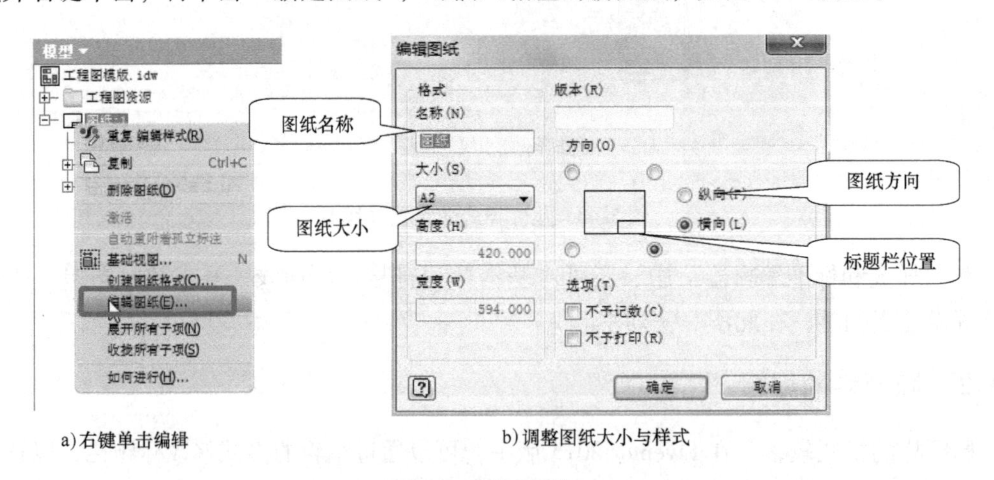

a) 右键单击编辑　　b) 调整图纸大小与样式

图 5-50　编辑图纸

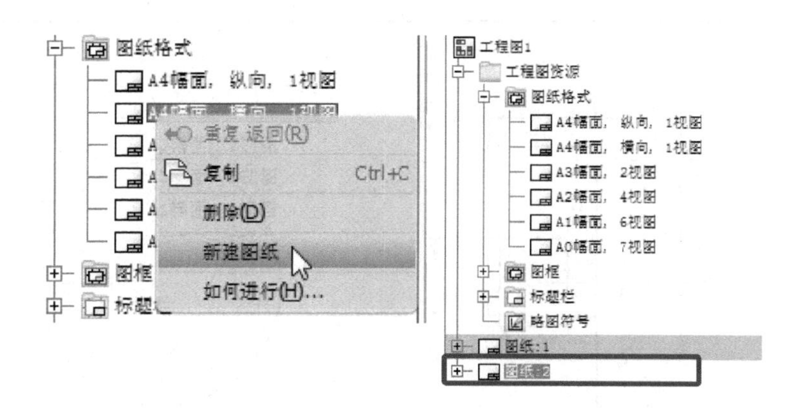

图5-51　插入新图纸

5.4　拓展练习

注：所有拓展练习的模型文件在光盘中第5章　工程图\拓展练习文件夹内。

根据给出的参考图样，创建部件台虎钳中各零件的零件图，如图5-52所示，各零件图如图5-53～图5-62所示。

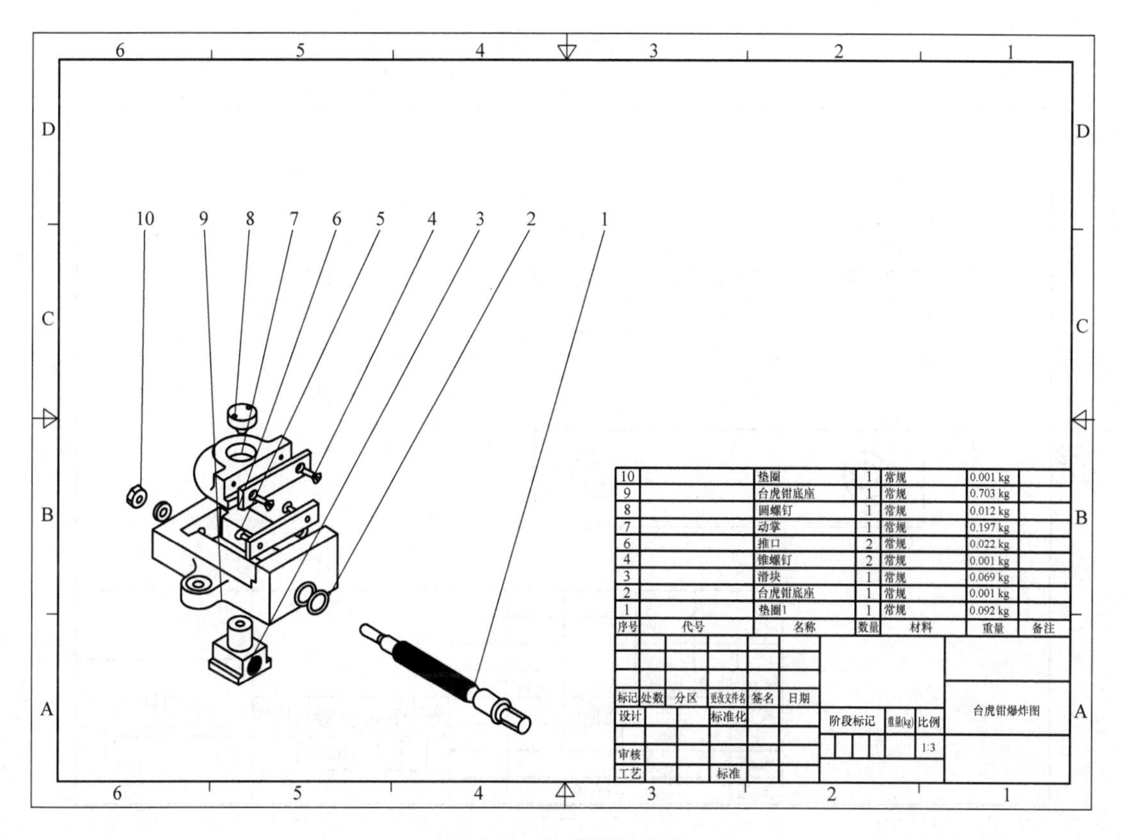

序号	代号	名称	数量	材料	重量	备注
10		垫圈	1	常规	0.001 kg	
9		台虎钳底座	1	常规	0.703 kg	
8		圆螺钉	1	常规	0.012 kg	
7		动掌	1	常规	0.197 kg	
6		推口	2	常规	0.022 kg	
4		锥螺钉	2	常规	0.001 kg	
3		滑块	1	常规	0.069 kg	
2		台虎钳底座	1	常规	0.001 kg	
1		垫圈1	1	常规	0.092 kg	

图5-52　台虎钳爆炸图

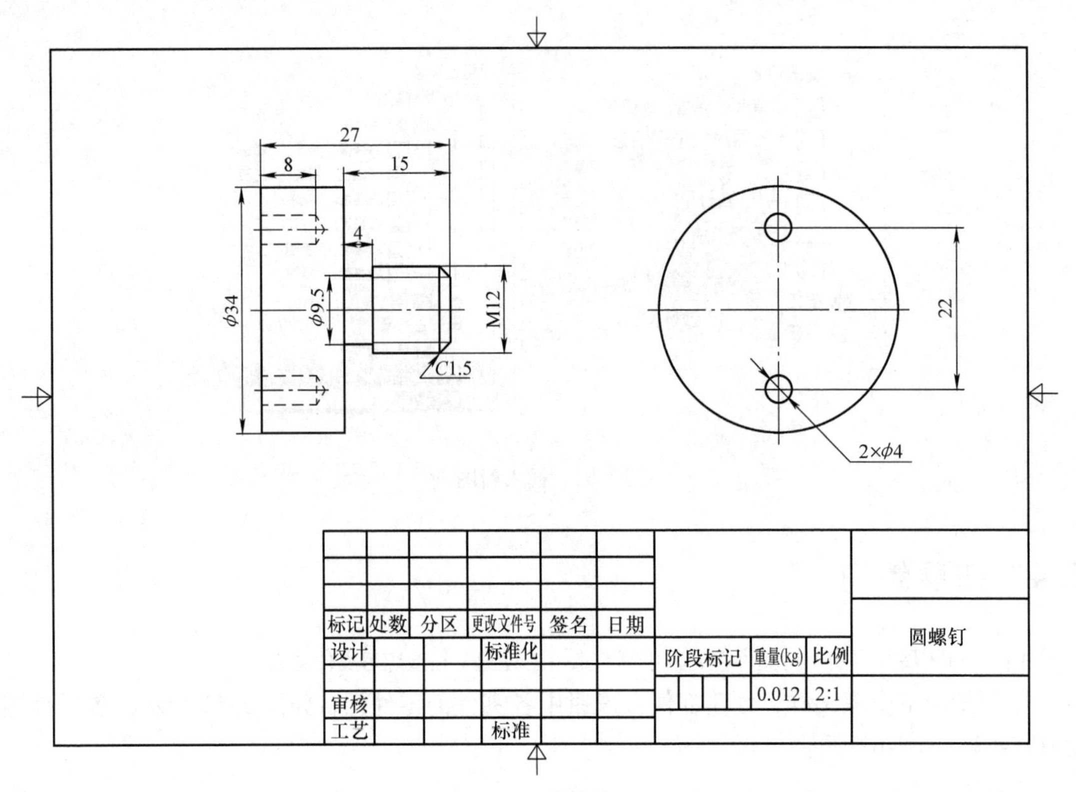

图 5-53　圆螺钉

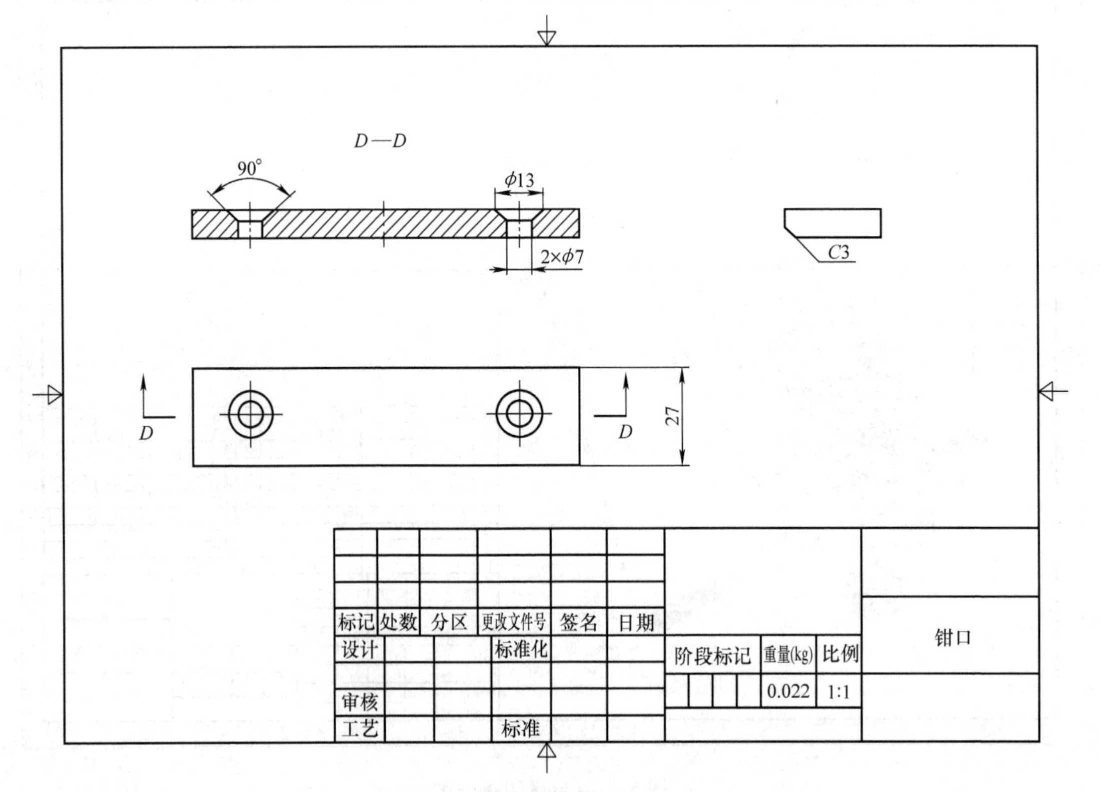

图 5-54　钳口

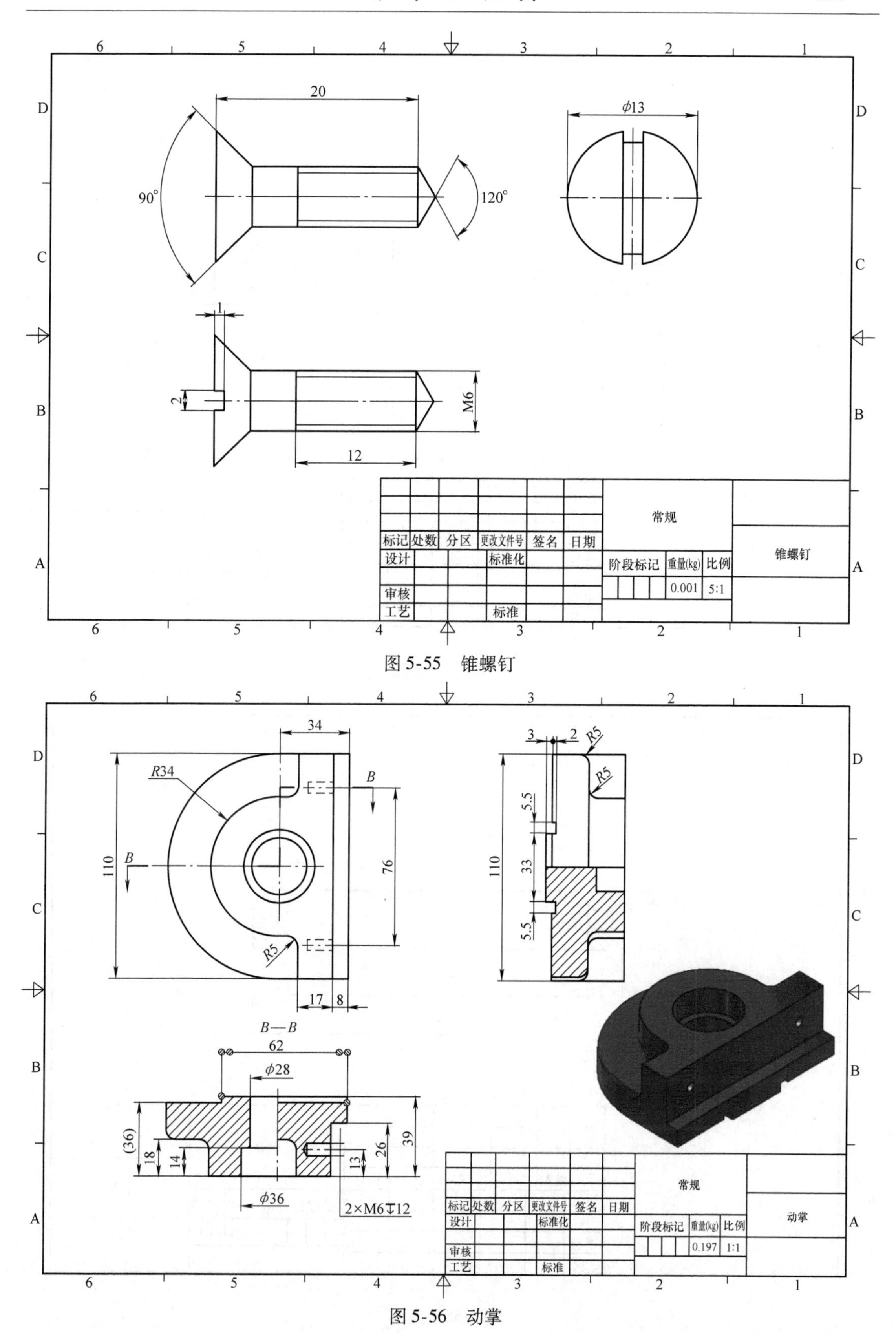

图5-55 锥螺钉

图5-56 动掌

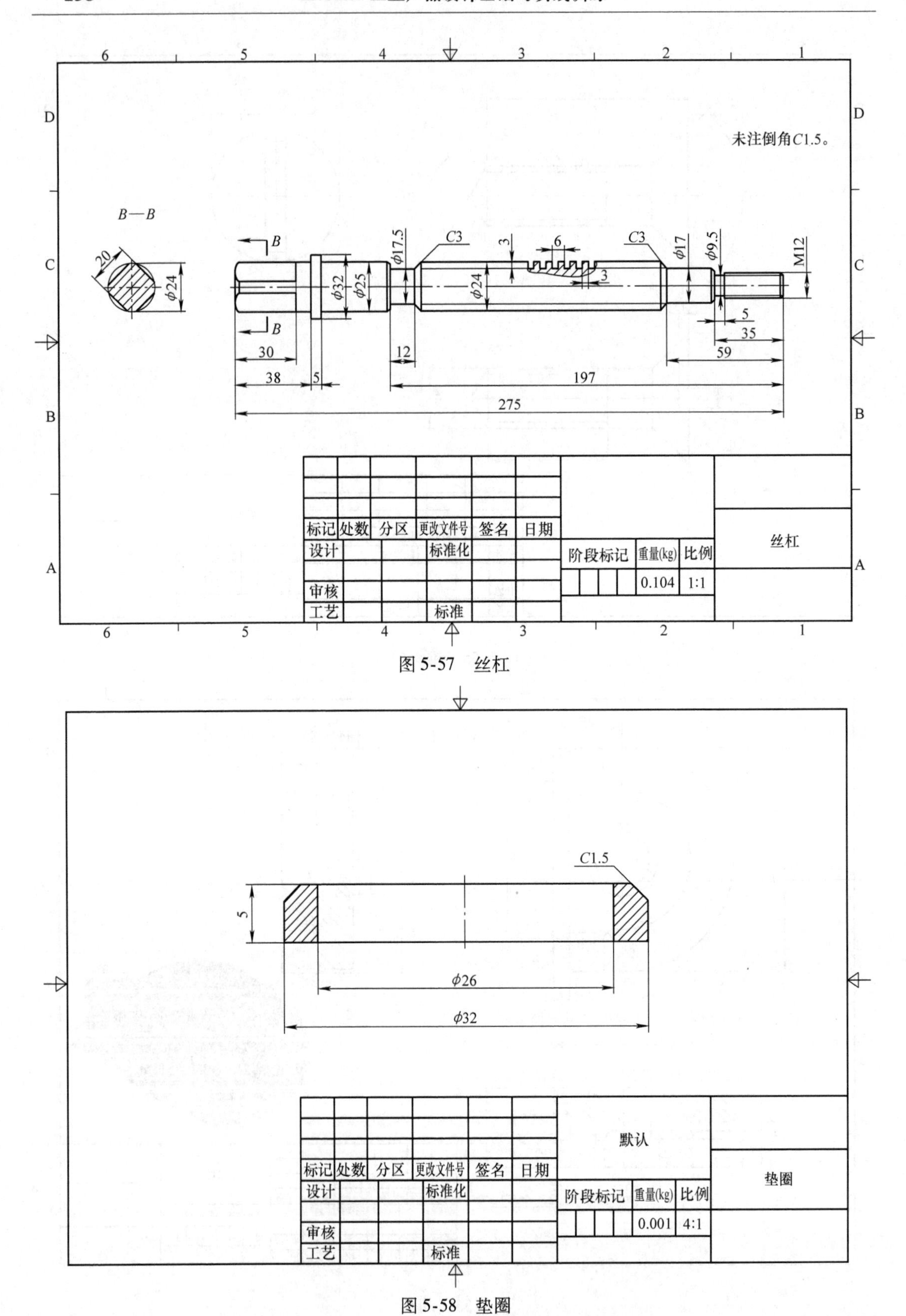

图 5-57　丝杠

图 5-58　垫圈

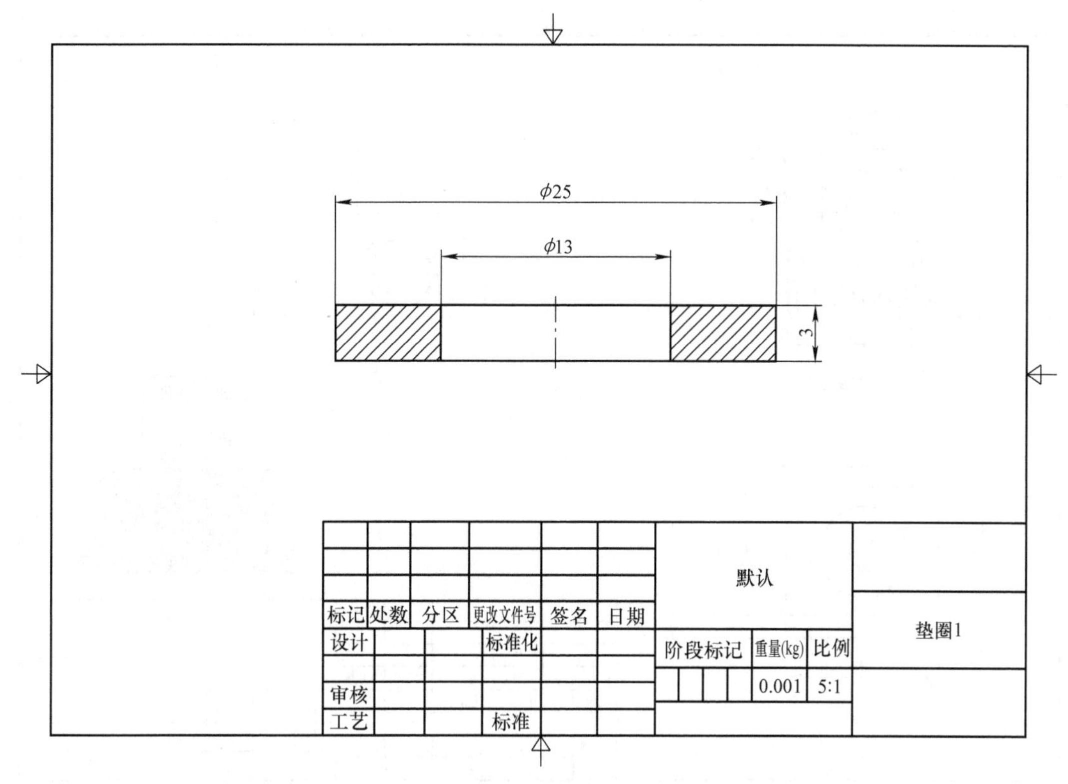

图5-59 垫圈1

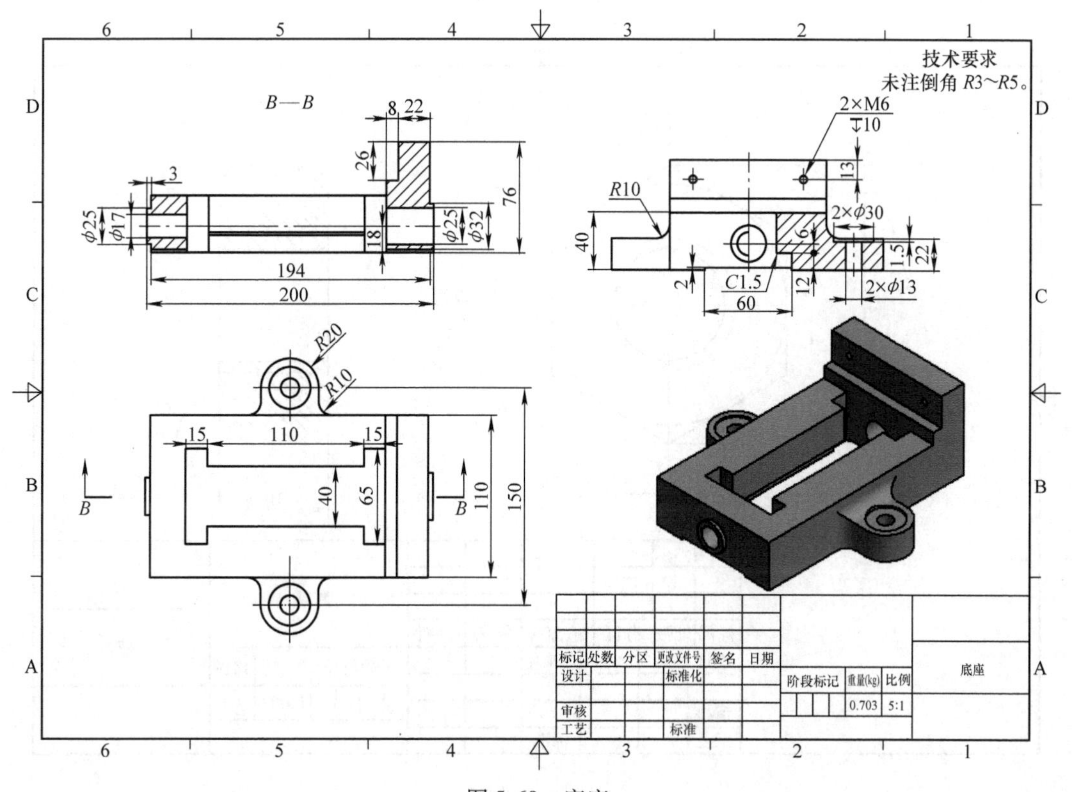

图5-60 底座

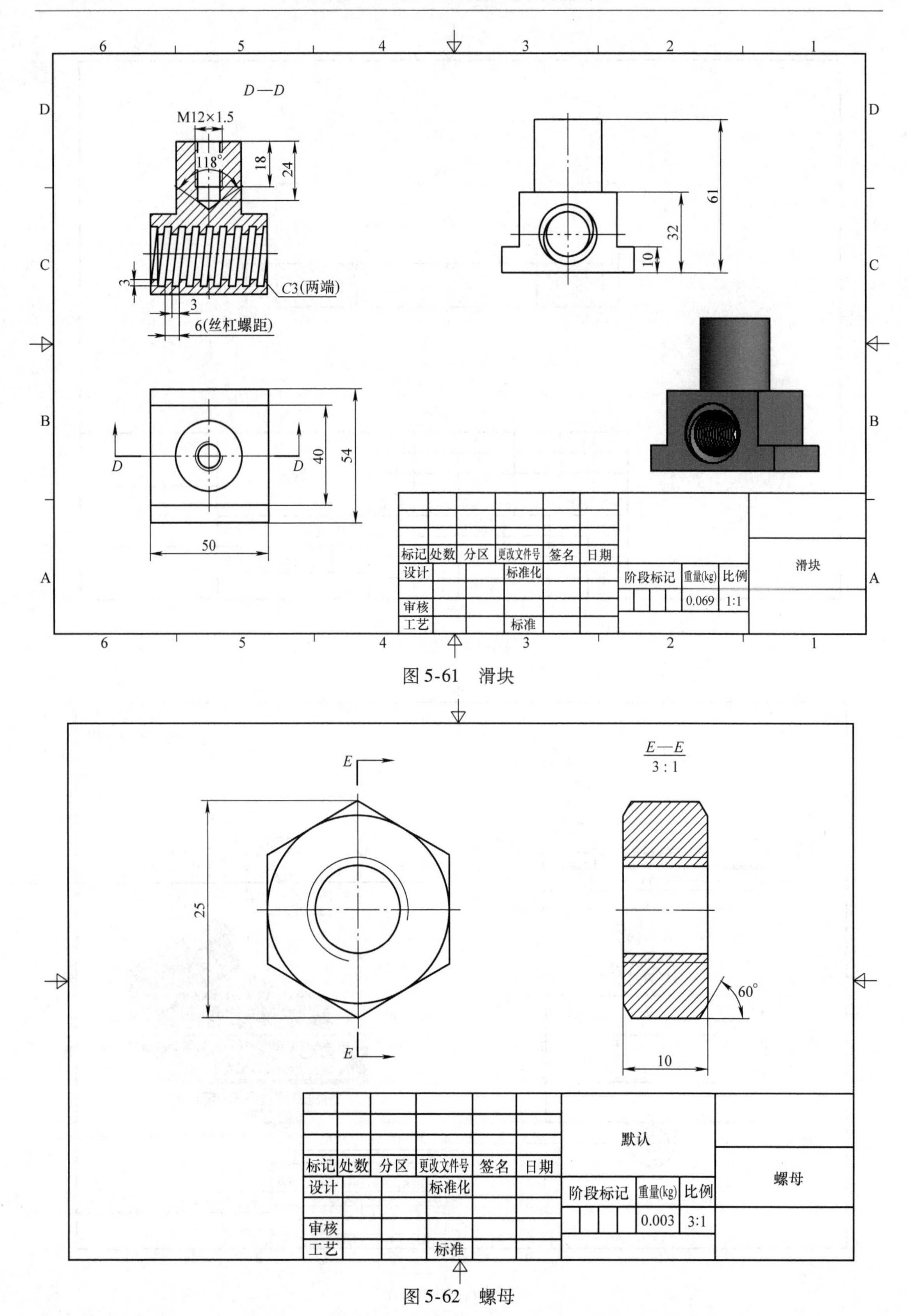

图 5-61　滑块

图 5-62　螺母

第 6 章　实 战 训 练

本章将通过 U 盘、工作灯和鼠标 3 个案例的设计，来综合介绍工业产品设计的基本思路和一般方法。

6.1　U 盘的设计

6.1.1　U 盘外壳的设计

训练内容：

1）创建拉伸用草图。

2）拉伸功能的基础应用。

3）熟悉圆角功能的应用。

4）熟悉凸雕功能的应用。

设计要求：根据如图 6-1 所示图样，建立 U 盘外壳的三维模型。

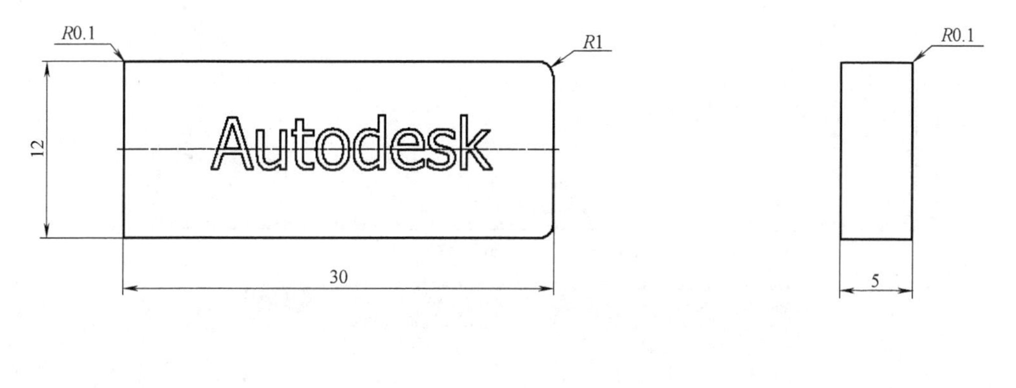

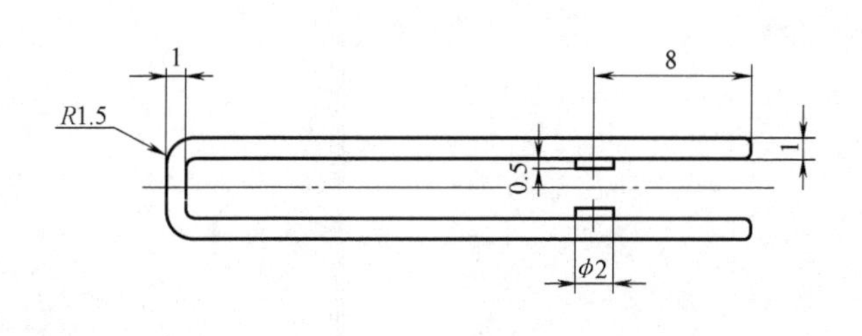

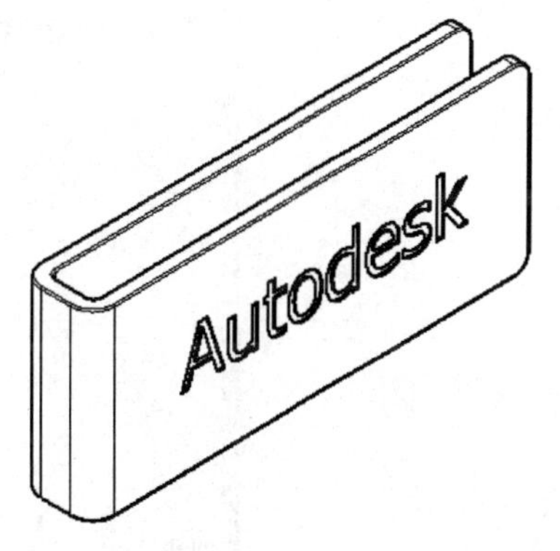

图 6-1　U 盘零件图

设计流程：

步骤 1：在功能区中选择【快速入门】，单击“启动”面板中的“项目”选项，打开项目编辑器，如图 6-2 所示。单击“新建”按钮，打开如图 6-3 所示的新建“项目向导”对话框，选择“新建单用户项目”，然后单击“下一步”按钮，在弹出的对话框中输入项目名称为“U 盘”，并设置项目文件夹的路径，如图 6-4 所示。

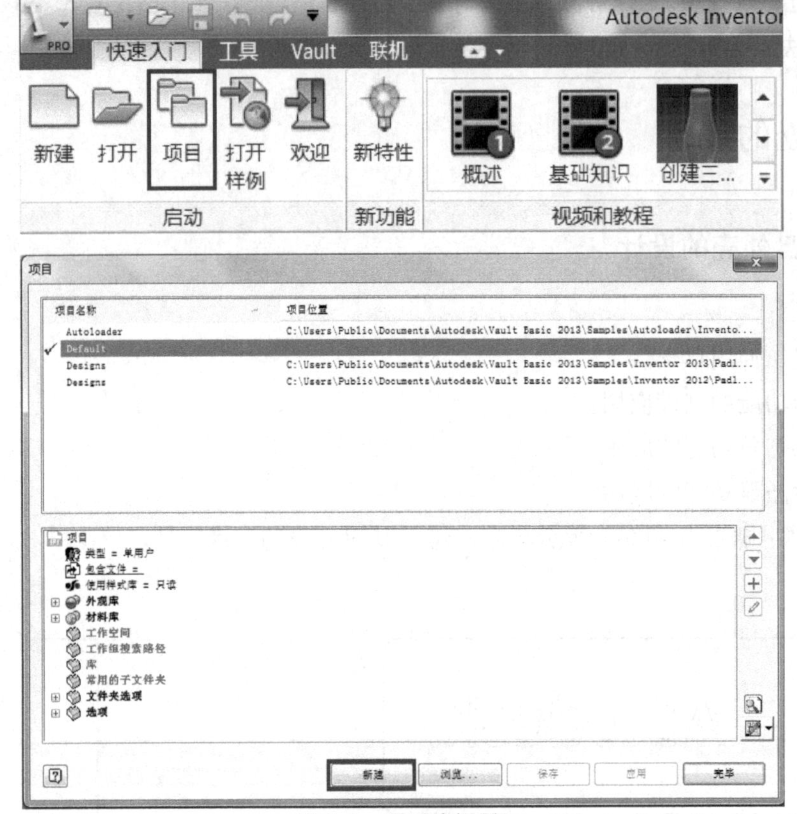

图 6-2　项目编辑器

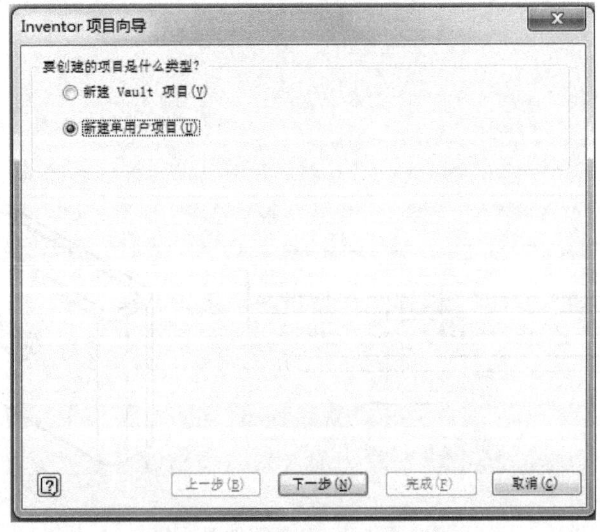

图 6-3　“项目向导”对话框

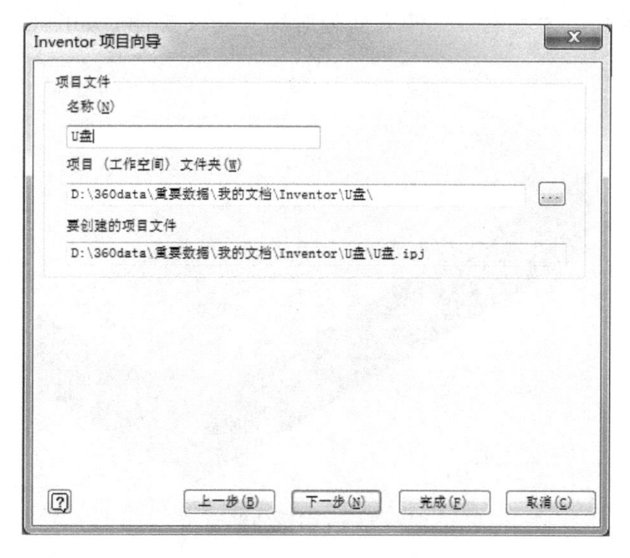

图 6-4　设置项目文件夹路径

步骤 2：在 XY 平面创建用于拉伸的草图，注意原点的位置，如图 6-5 所示。

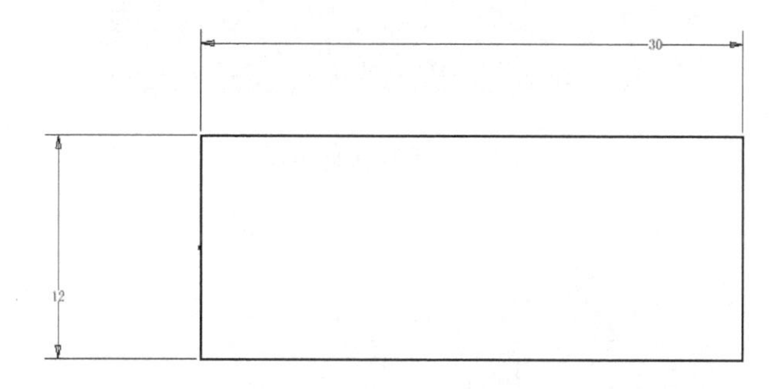

图 6-5　创建拉伸草图

步骤 3：单击模型面板上的"拉伸"按钮，选中上一步骤画好的草图，设置拉伸距离为 5，方式为对称，拉伸后的图形如图 6-6 所示。

步骤 4：选中 XZ 平面（图 6-7），创建如图 6-8 所示的草图，然后进行拉伸，在范围中

图 6-6　拉伸后的图形

选择贯通，设置拉伸方式为差集，拉伸方向为对称，完成拉伸后如图 6-9 所示。

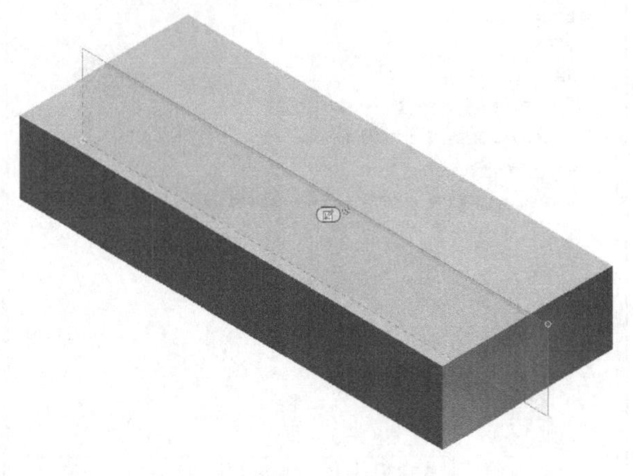

图 6-7　选中拉伸平面

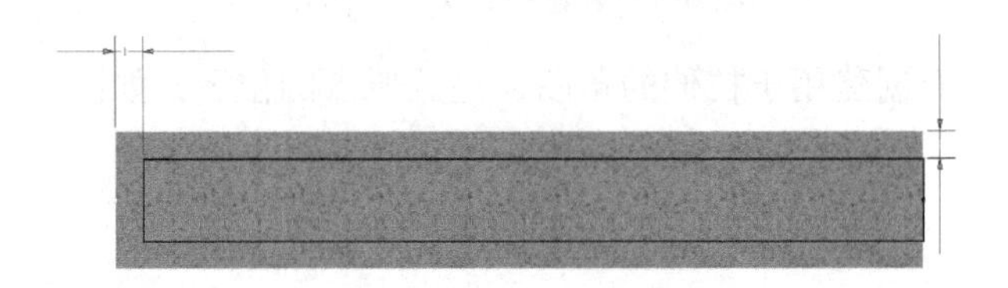

图 6-8　创建拉伸草图

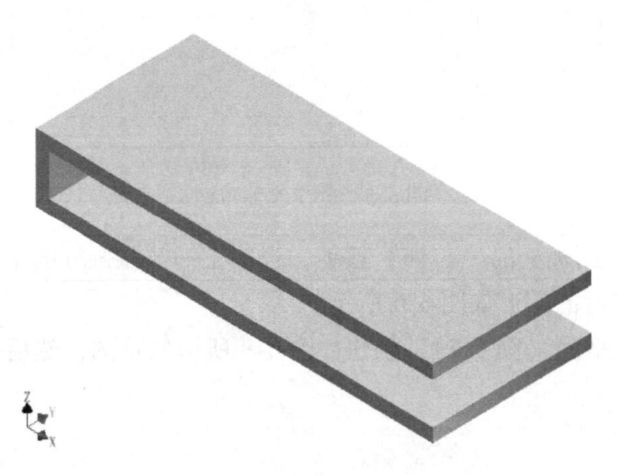

图 6-9　拉伸后的图形

步骤 5：在指定平面（图 6-10）中创建草图，如图 6-11 所示。

步骤 6：进行拉伸，设置拉伸方式为求并，拉伸距离为 0.5，完成拉伸后的图形如图 6-12所示。

步骤 7：单击模型面板上的“镜像”按钮，选中上一步的拉伸图形，选择镜像面为 XY 面，进行镜像后如图 6-13 所示。

步骤 8：完成镜像后，进行倒外圆角操作，设置倒圆角半径为 R1.5，完成后如图 6-14 所示。

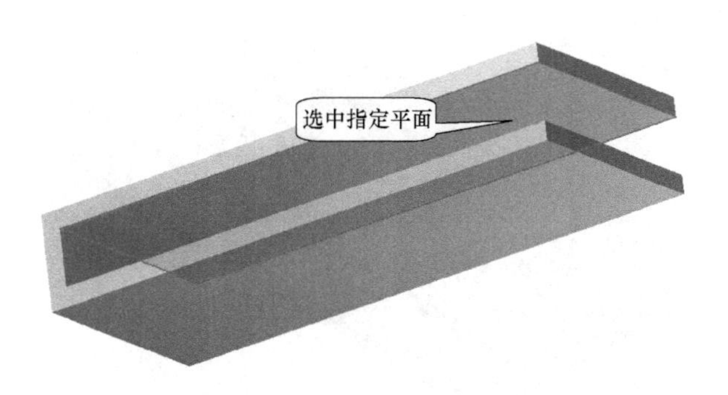

图6-10 选中指定平面

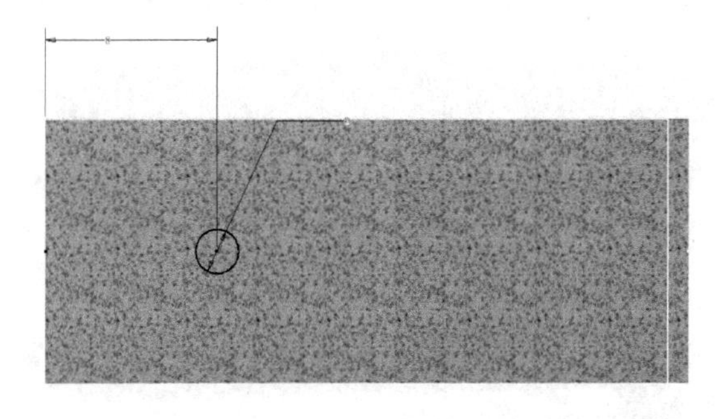

图6-11 创建草图

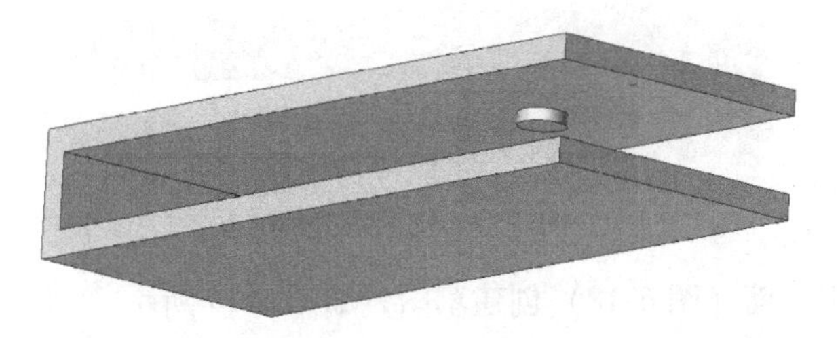

图6-12 拉伸后的图形

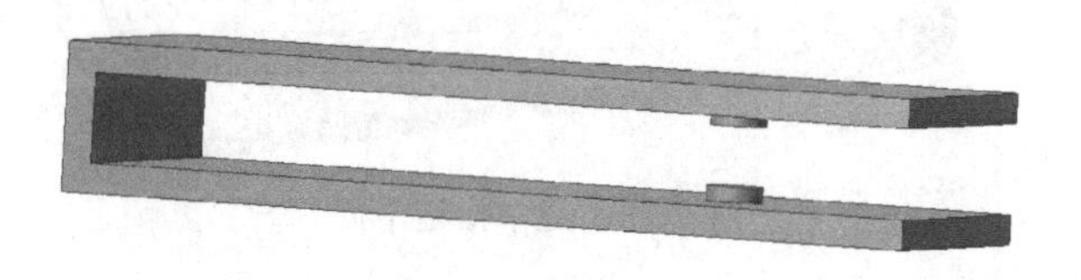

图6-13 镜像

图 6-14　倒外圆角

步骤 9：继续倒圆角，圆角半径分别为 R0.5（图 6-15），R1（图 6-16）和 R0.1（图6-17）。

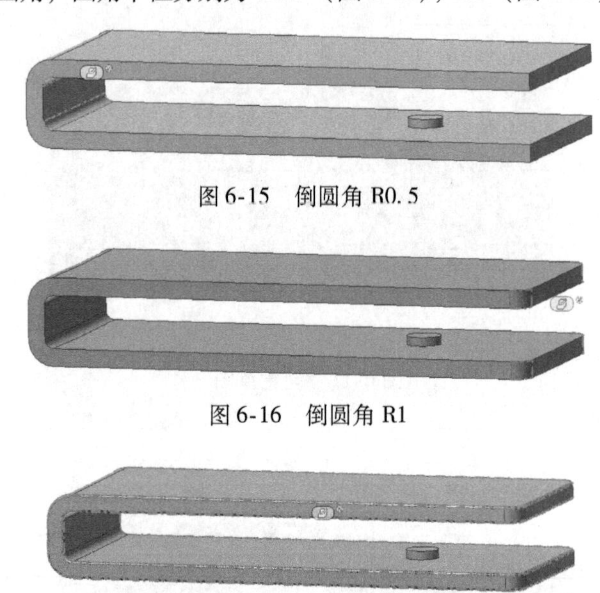

图 6-15　倒圆角 R0.5

图 6-16　倒圆角 R1

图 6-17　倒圆角 R0.1

步骤 10：在指定平面（图 6-18）创建草图，如图 6-19 所示。

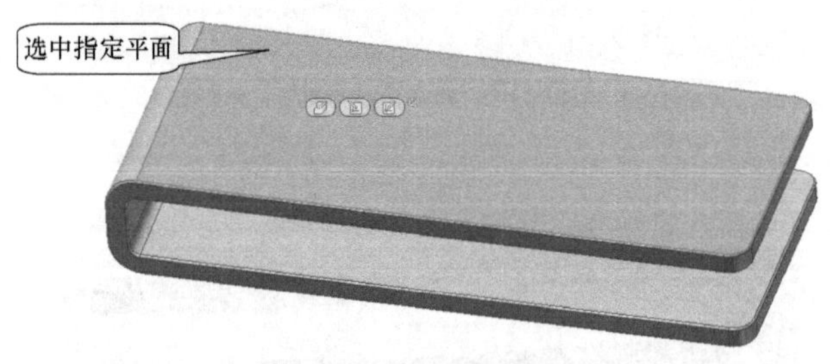

图 6-18　选中指定平面

步骤 11：单击模型面板上的“凸雕”按钮，选中草图，从面凸雕，深度为 0.1，形成如图 6-20 所示凸雕图案。至此，U 盘外壳设计完成。

图 6-19　创建草图

图 6-20　凸雕效果

6.1.2　U 盘主体的设计

设计要求：根据图 6-21 所示图样，建立 U 盘主体的三维模型。

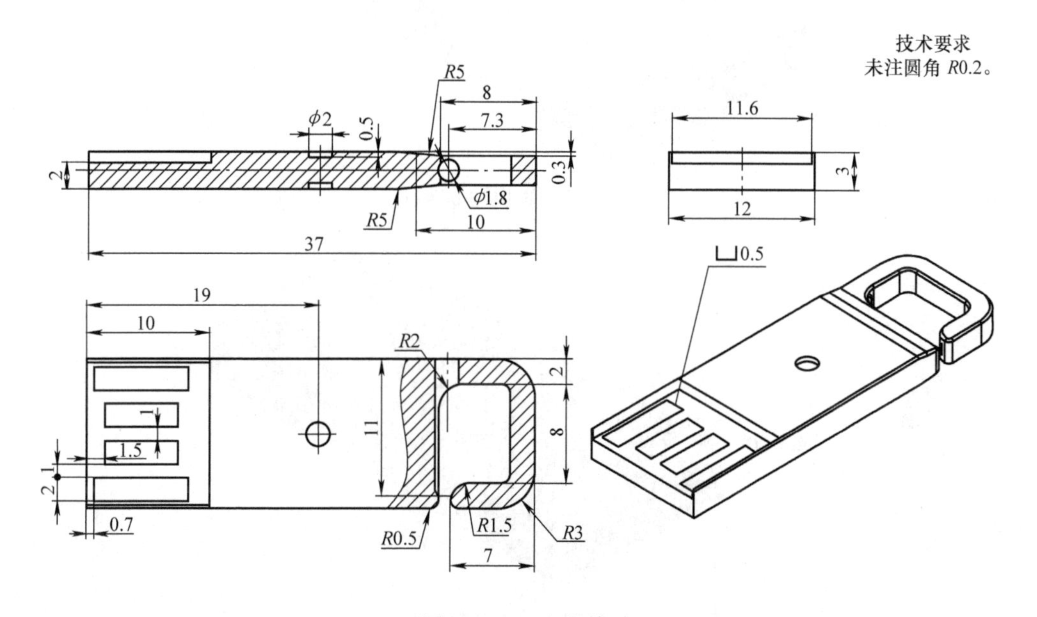

图 6-21　U 盘主体

训练内容：

1）创建拉伸用草图。

2）拉伸功能的基础应用。

3）凸雕功能的应用。

设计流程：

步骤 1：在 XY 平面创建用于拉伸的草图，如图 6-22 所示。

步骤 2：单击模型面板上的“拉伸”按钮，选择上一步骤所画的草图，设置拉伸距离为 3，方式为对称，生成如图 6-23 所示图形。

步骤 3：在指定平面内（图 6-24）创建草图，如图 6-25 所示。

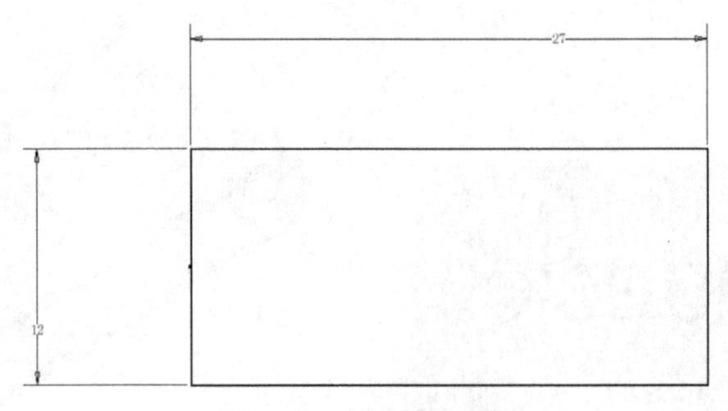

图 6-22　创建拉伸草图

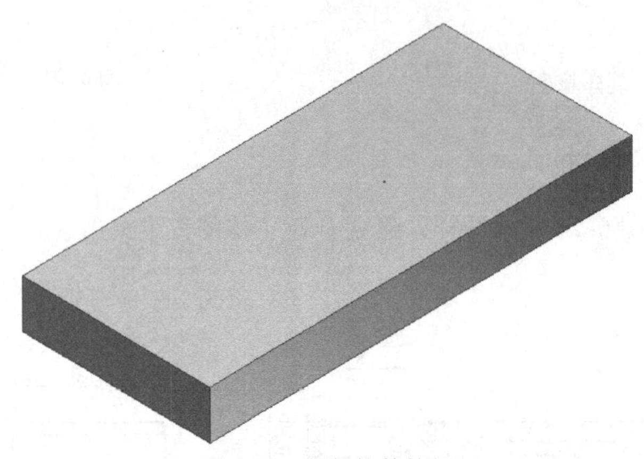

图 6-23　添加拉伸特征

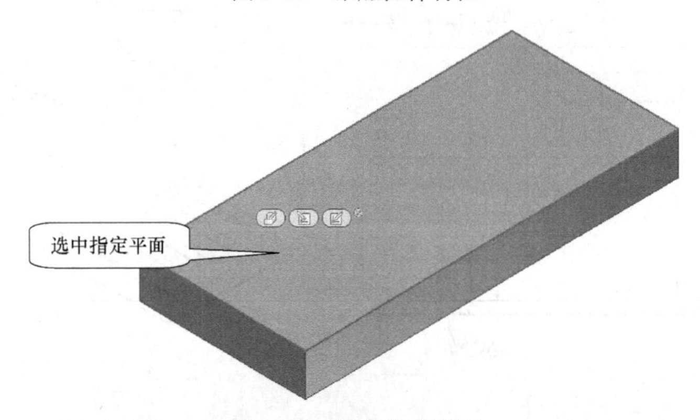

图 6-24　选中指定平面

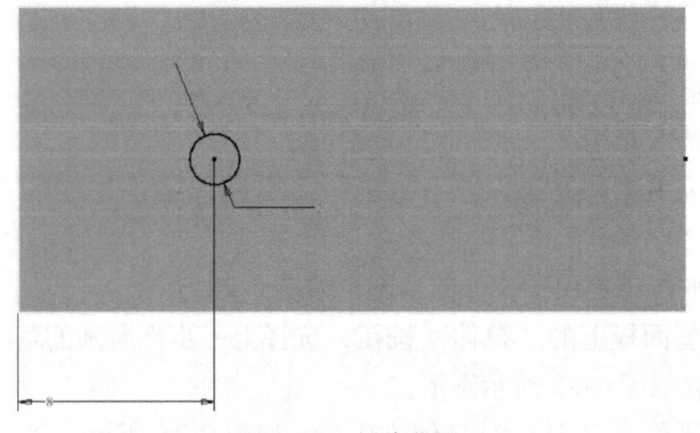

图 6-25　创建草图

步骤 4：单击模型面板上的“拉伸”按钮，选择上一步骤所画的草图，设置拉伸方式为差集，距离为 0.5，生成如图 6-26 所示图形。

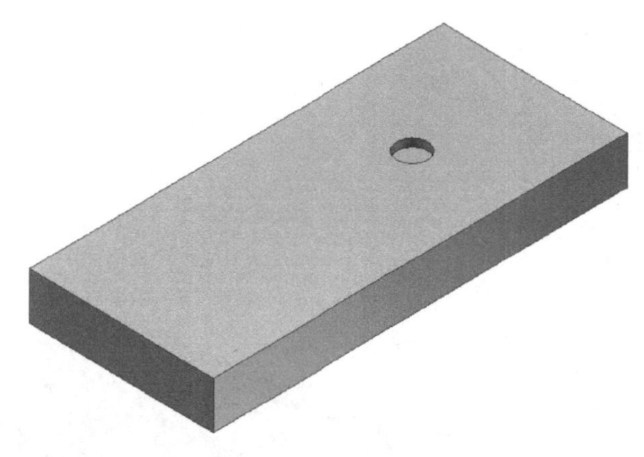

图 6-26　添加拉伸特征

步骤 5：单击模型面板上的“镜像”按钮，选中上一步的拉伸特征，镜像平面选择为 XY 平面，如图 6-27 所示。

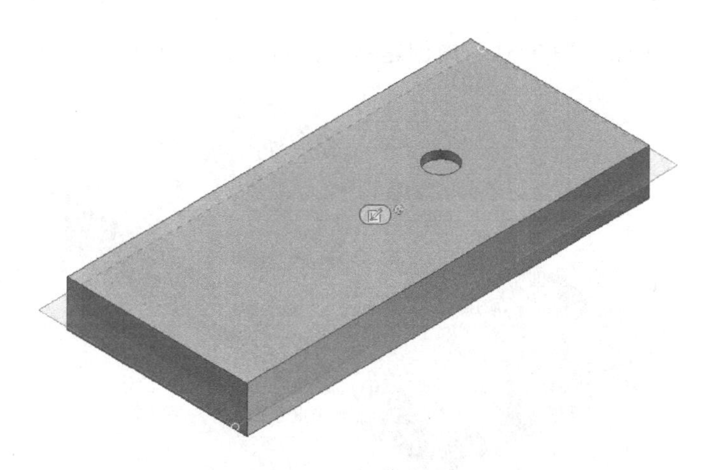

图 6-27　选择镜像平面

步骤 6：在指定平面（图 6-28）上创建草图，如图 6-29 所示。

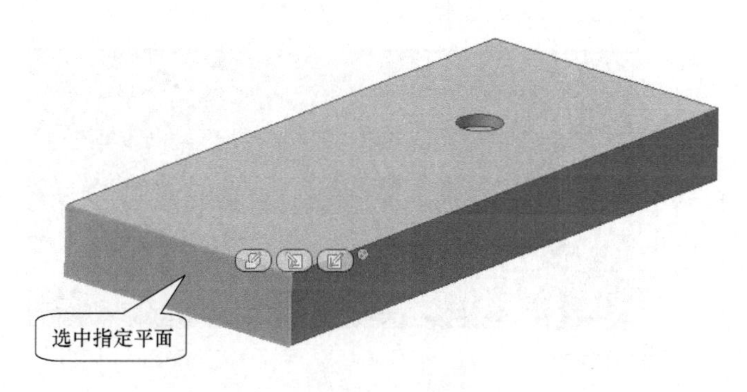

图 6-28　选中指定平面

步骤 7：单击模型面板上的“拉伸”按钮，选择上一步骤所画的草图，设置拉伸方式为差集，距离为 10，生成如图 6-30 所示图形。

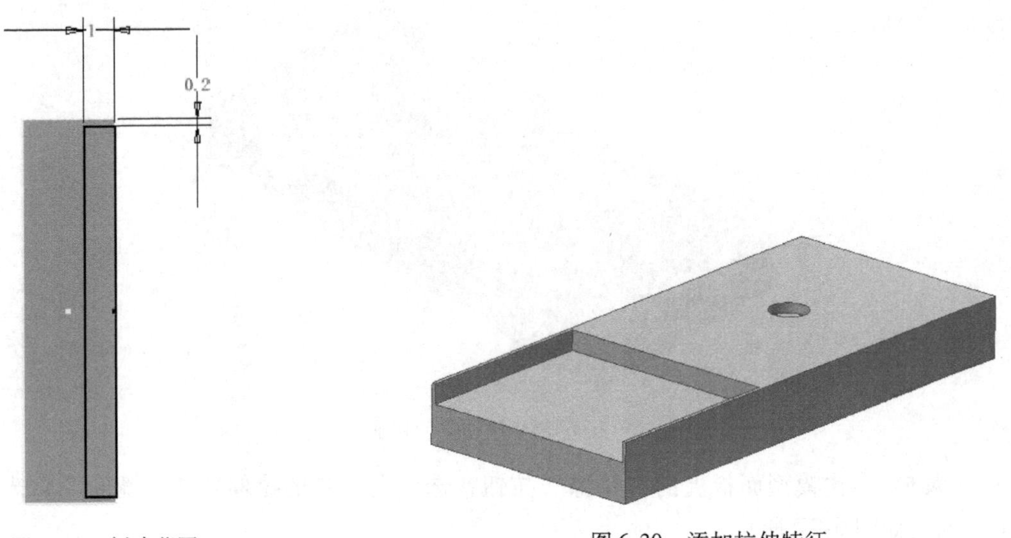

图 6-29　创建草图　　　　图 6-30　添加拉伸特征

步骤 8：在指定平面（图 6-31）内创建草图，如图 6-32 所示。

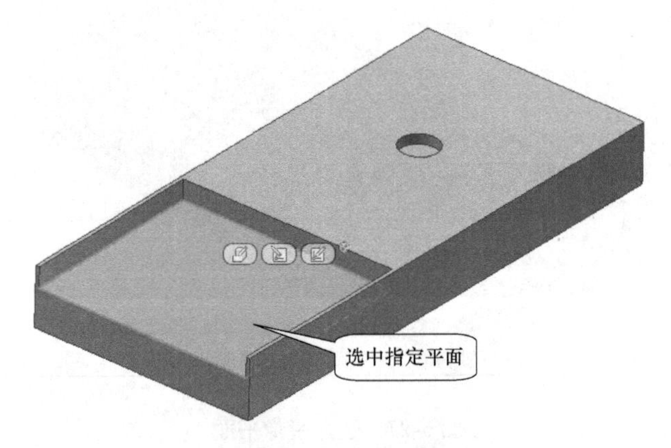

图 6-31　选中指定平面

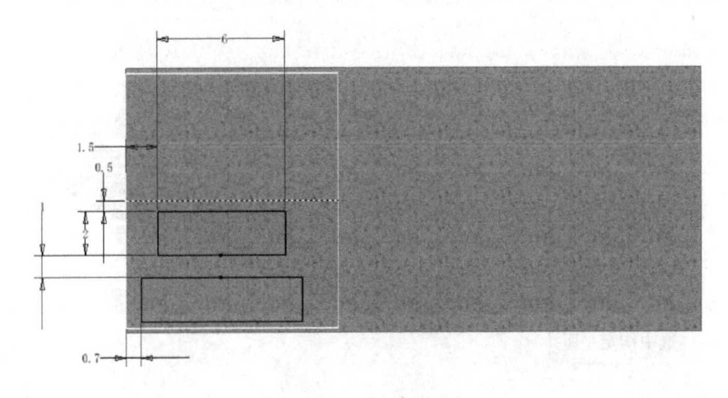

图 6-32　创建草图

步骤9：单击模型面板上的“拉伸”按钮，选择上一步骤所画的草图，设置拉伸方式为反向，深度为0.05，生成如图6-33所示图形。

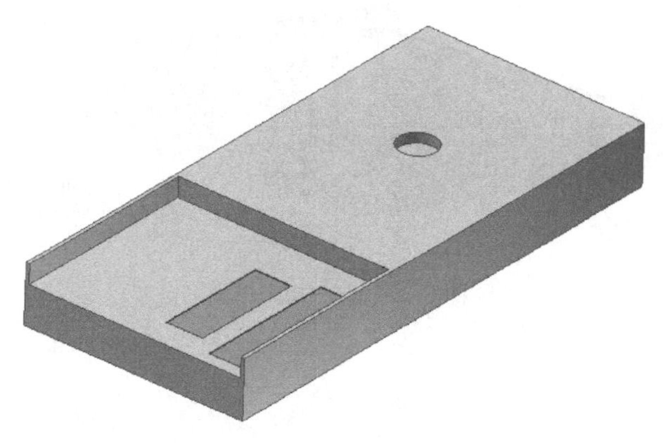

图6-33　添加拉伸特征

步骤10：单击模型面板上的“圆角”按钮，设置圆角半径为R0.2，完成倒圆角，如图6-34所示。

图6-34　倒圆角R0.2

步骤11：单击模型面板上的“镜像”按钮，选中上两步的拉伸特征和圆角，镜像平面选择为XZ平面，如图6-35所示。

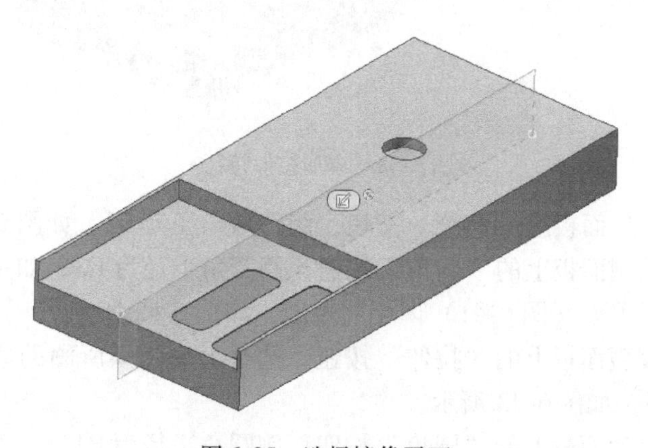

图6-35　选择镜像平面

步骤 12：在指定平面（图 6-36）内创建草图，如图 6-37 所示。

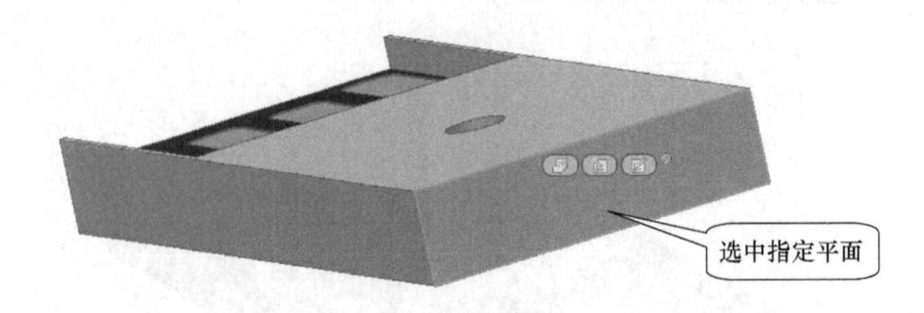

图 6-36　选中指定平面

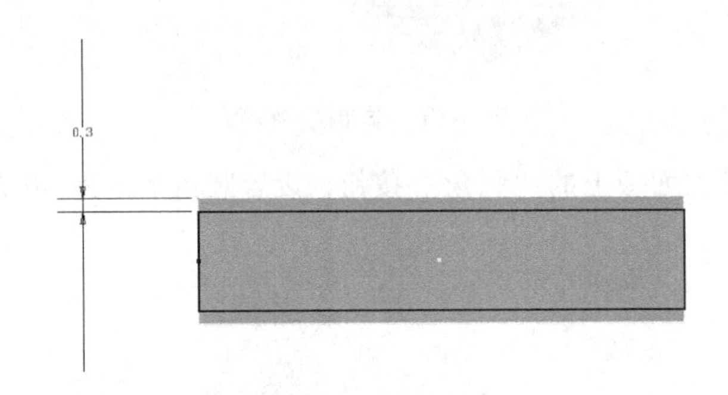

图 6-37　创建草图

步骤 13：单击模型面板上的“拉伸”按钮，设置拉伸方式为求并，距离为 10，生成如图 6-38 所示图形。

图 6-38　添加拉伸特征

步骤 14：单击模型面板上“圆角”按钮，倒圆角半径为 R5，如图 6-39 所示。

步骤 15：单击模型面板上的“圆角”按钮，倒圆角半径为 R3，如图 6-40 所示。

步骤 16：在指定平面（图 6-41）内创建草图，如图 6-42 所示。

步骤 17：单击模型面板上的“拉伸”按钮，选择上一步骤所画的草图，设置拉伸方式为差集，范围为贯通，如图 6-43 所示。

步骤 18：单击模型面板上的“圆角”按钮，倒圆角半径为 R1.5，如图 6-44 所示。

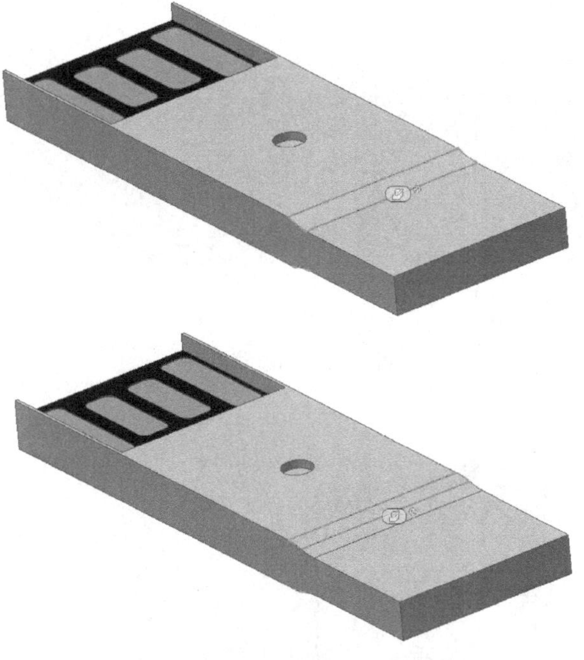

图6-39 倒圆角R5

图6-40 倒圆角R3

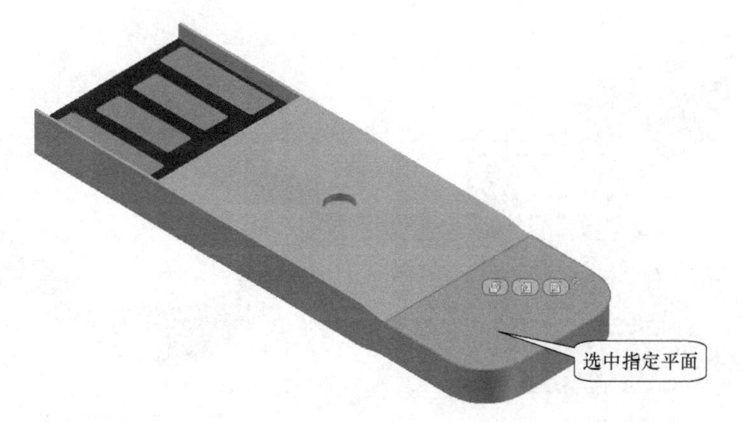

图6-41 选中指定平面

图 6-42　创建草图

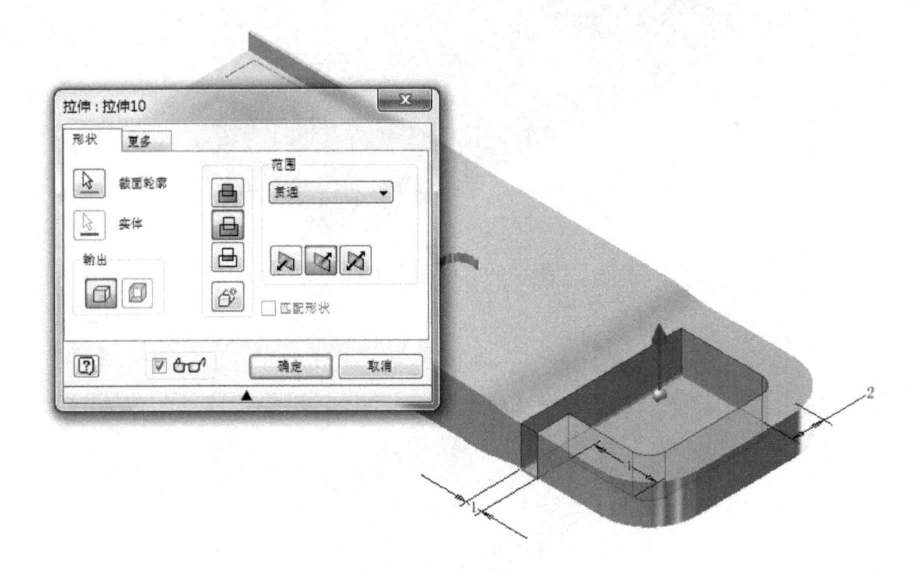

图 6-43　设置拉伸参数

步骤 19：单击模型面板上的“圆角”按钮，倒圆角半径为 R2，如图 6-45 所示。

步骤 20：单击模型面板上的“圆角”按钮，倒圆角半径为 R0.5，如图 6-46 所示。

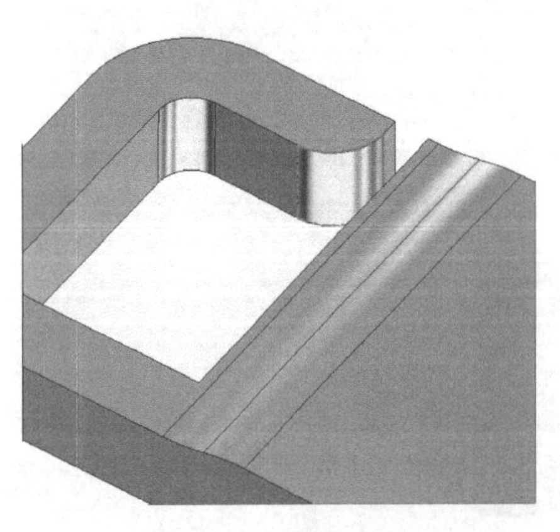

图 6-44　倒圆角 R1.5

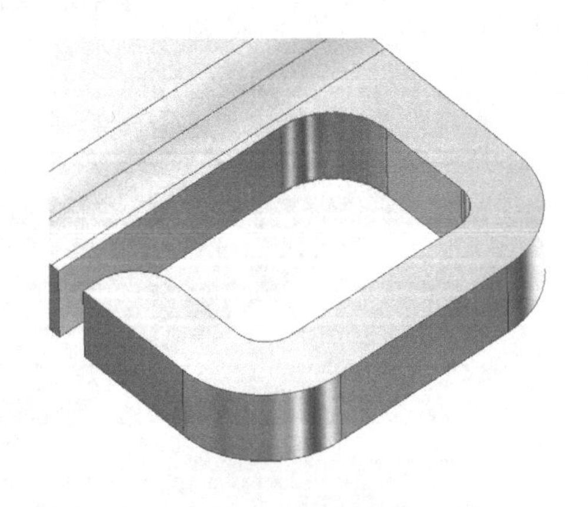

图 6-45　倒圆角 R2

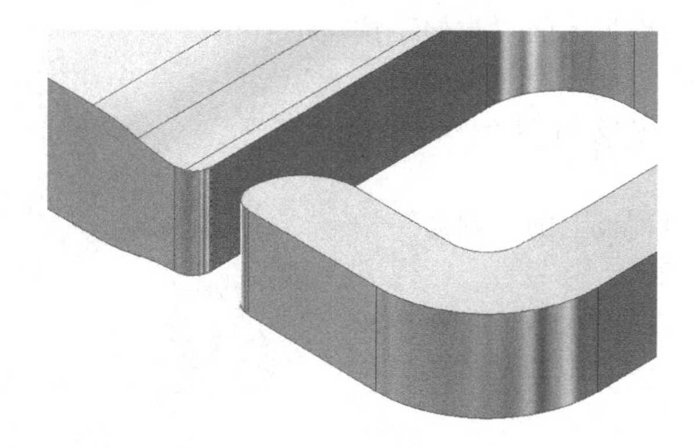

图6-46 倒圆角R0.5

步骤21：在指定平面（图6-47）内创建草图，如图6-48所示。

图6-47 选中指定平面

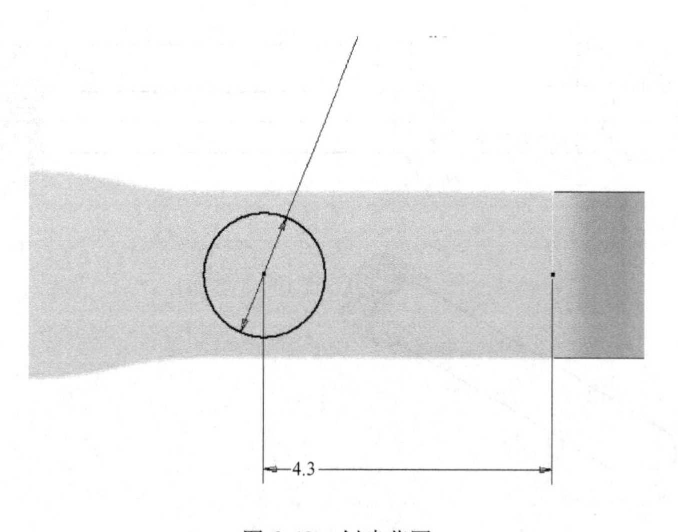

图6-48 创建草图

步骤 22：单击模型面板上的“拉伸”按钮，选择上一步骤所画的草图，设置拉伸方式为差集，距离为 11，生成如图 6-49 所示图形。

步骤 23：单击模型面板上的“圆角”按钮，倒圆角半径为 R0. 2。

至此，U 盘主体设计完成，如图 6-50 所示。

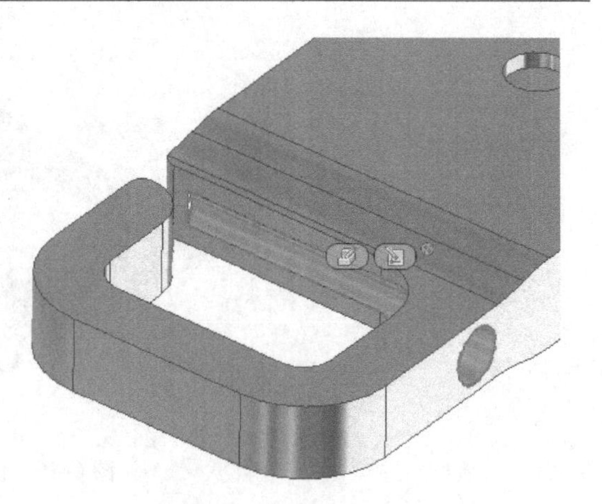

图 6-49　添加拉伸特征

6. 1. 3　销的设计

设计要求：根据图 6-51 所示图样，建立销的三维模型。

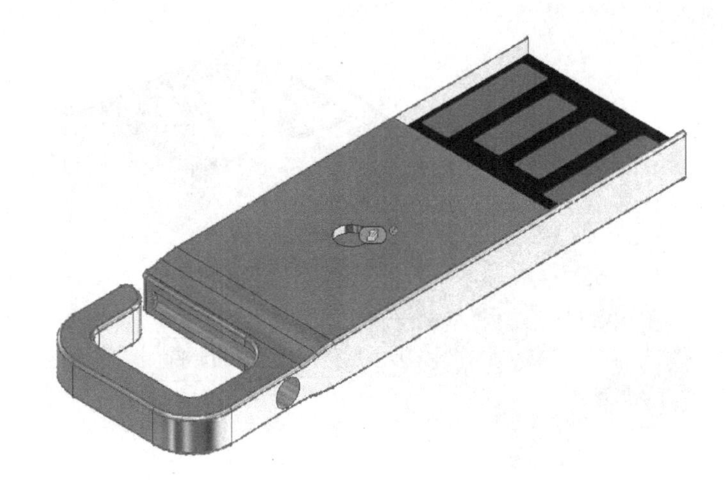

图 6-50　U 盘主体

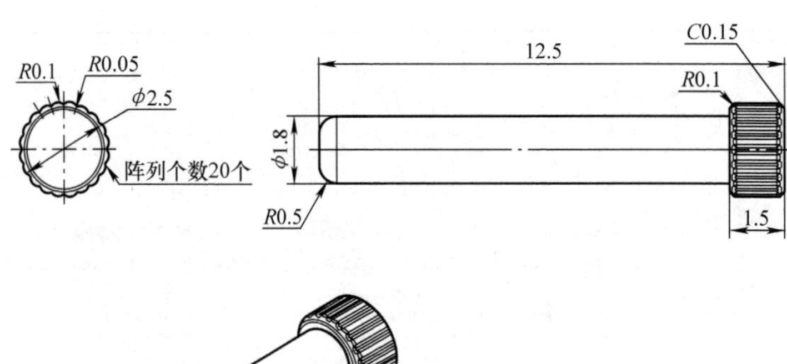

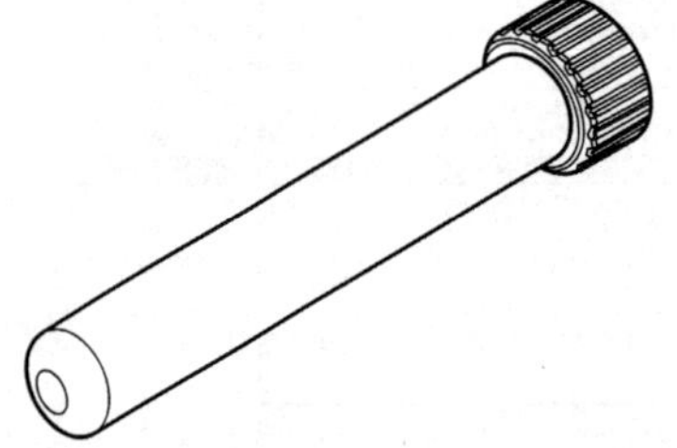

图 6-51　销零件图

训练内容：

1）旋转功能的基础应用。

2）阵列功能的基础应用。

3）倒角功能的基础应用。

设计流程：

步骤1：创建用于旋转的草图，如图6-52所示。

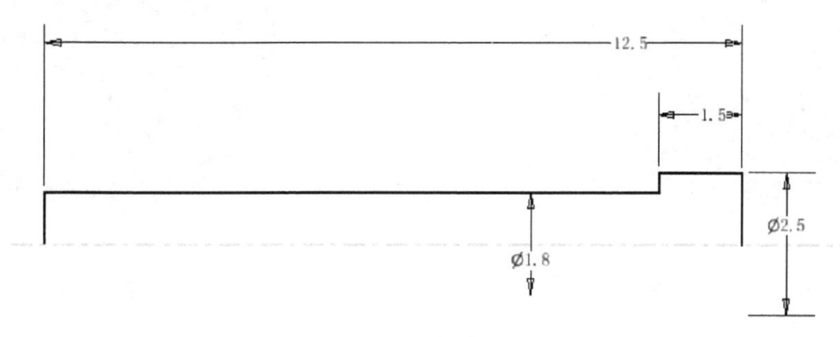

图6-52　创建草图

步骤2：单击模型面板上的“旋转”按钮，旋转出轴主体，如图6-53所示。

步骤3：单击模型面板上的“倒角”按钮，倒角C0.15，如图6-54所示。

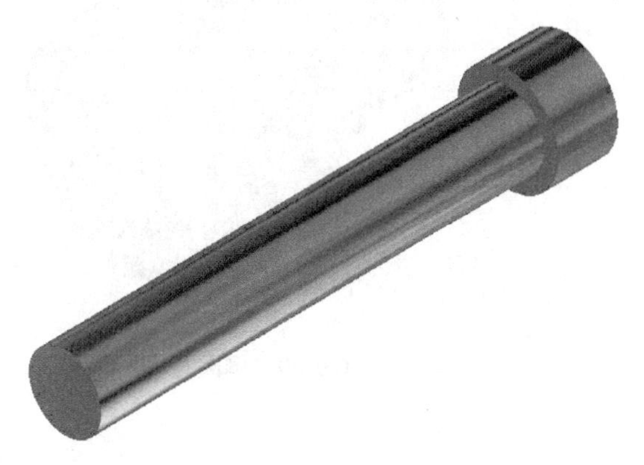

图6-53　旋转出轴主体

图6-54　倒角C0.15

步骤4：单击模型面板上的“圆角”按钮，倒圆角R0.1，如图6-55所示。

步骤5：在指定平面（图6-56）内创建草图，如图6-57所示。

步骤6：单击“拉伸”按钮，选中上一步的草图，在范围中选择“贯通”，生成如图6-58所示图形。

步骤7：单击“圆角”按钮，倒圆角R0.1，如图6-59所示。

步骤8：单击模型面板上的“阵列”按钮，选中上两步的拉伸特征和圆角，选择阵列个数为20个，范围为360°，如图6-60所示。

至此，销的设计完成，如图6-61所示。

图6-55　倒圆角R0.1

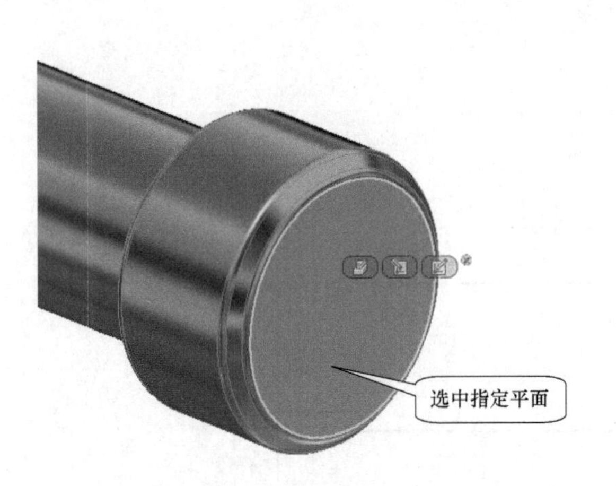

图 6-56　选中指定平面

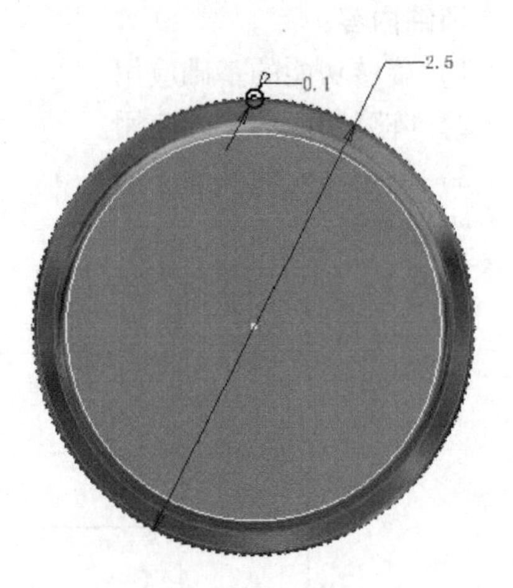

图 6-57　创建草图

图 6-58　添加拉伸特征

图 6-59　倒圆角 R0.1

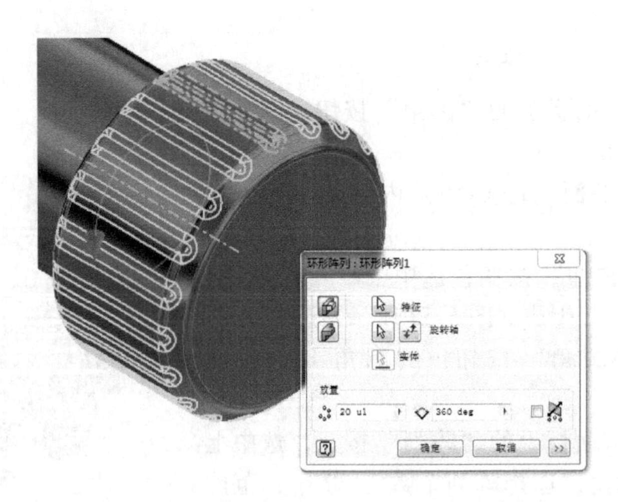

图 6-60　阵列

图6-61　销

6.1.4　U盘的装配设计

设计要求：根据如图6-62所示爆炸图，进行U盘的装配设计。

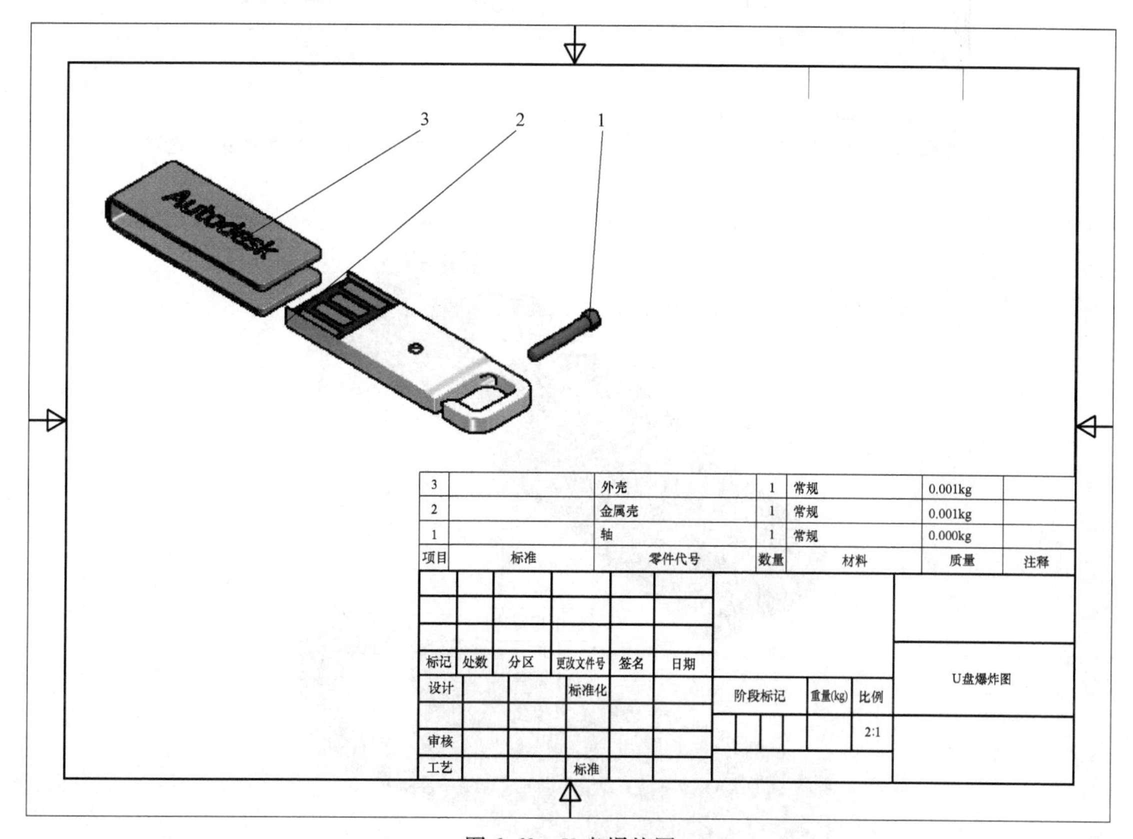

图6-62　U盘爆炸图

训练内容：

1）配合约束功能的应用。

2）插入约束功能的应用。

设计流程：

步骤 1： 单击“新建”文件选项卡里面的“部件”按钮 Standard.iam ，新建部件文件。

步骤 2： 单击装配面板上的“放置”按钮（图 6-63），先将外壳放置进来。

步骤 3： 再次单击“放置”按钮，将主体和销也放置进来。

步骤 4： 单击装配面板上的“约束”按钮，如图 6-64 所示。

步骤 5： 如图 6-65 所示设置“放置约束”选项卡，选择外壳的指定边，再选择主体的指定边，完成后单击“确认”按钮，如图 6-66 所示。

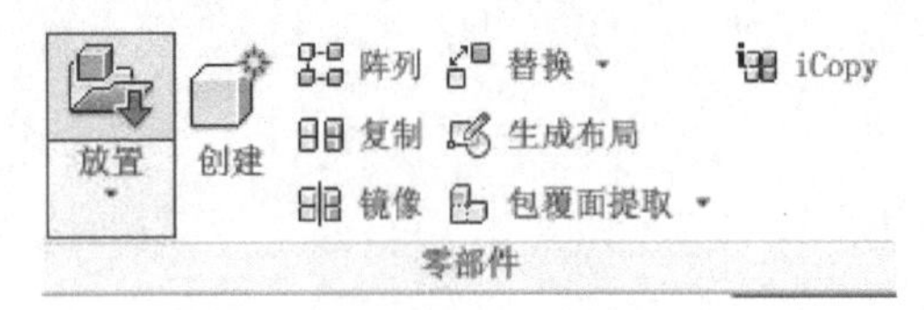

图 6-63 “放置”按钮的位置

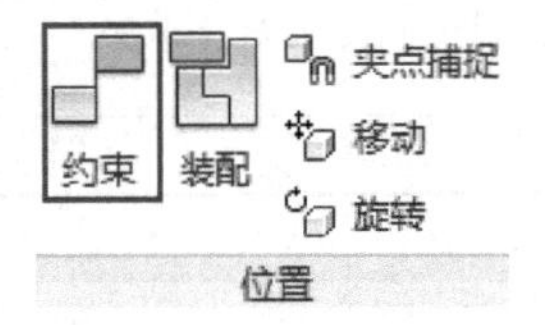

图 6-64 “约束”按钮

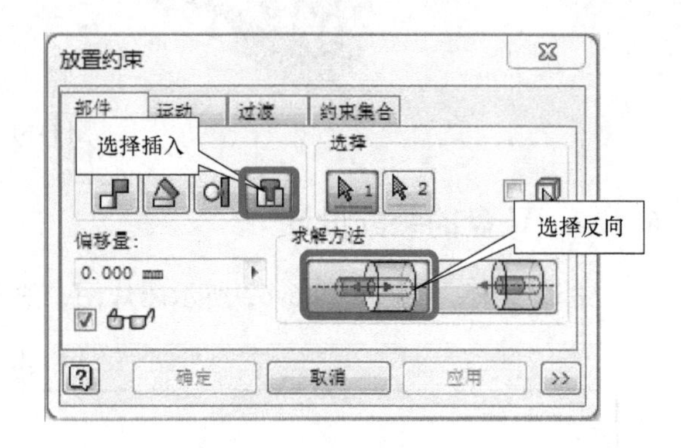

图 6-65 设置“放置约束”选项卡

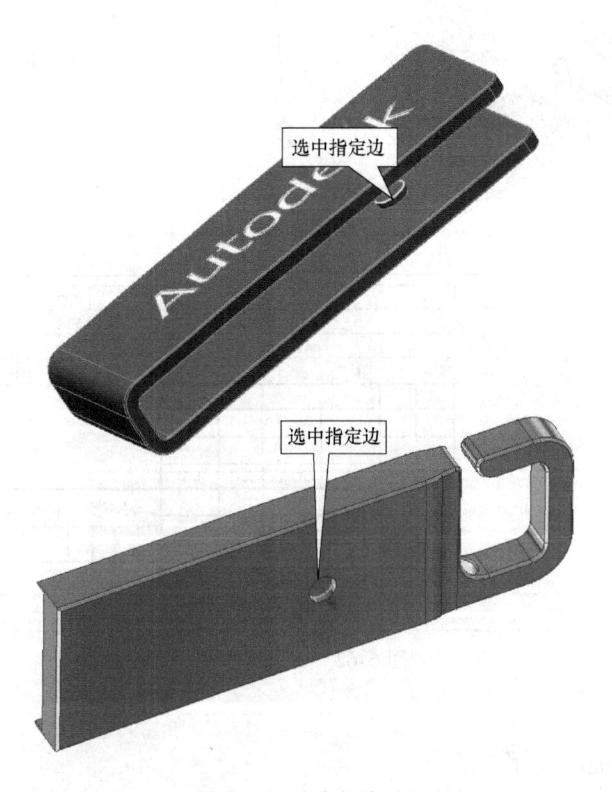

图 6-66 选中指定边

步骤6：继续下一个插入约束，选择主体的指定边，再选择销的指定边，如图6-67所示。

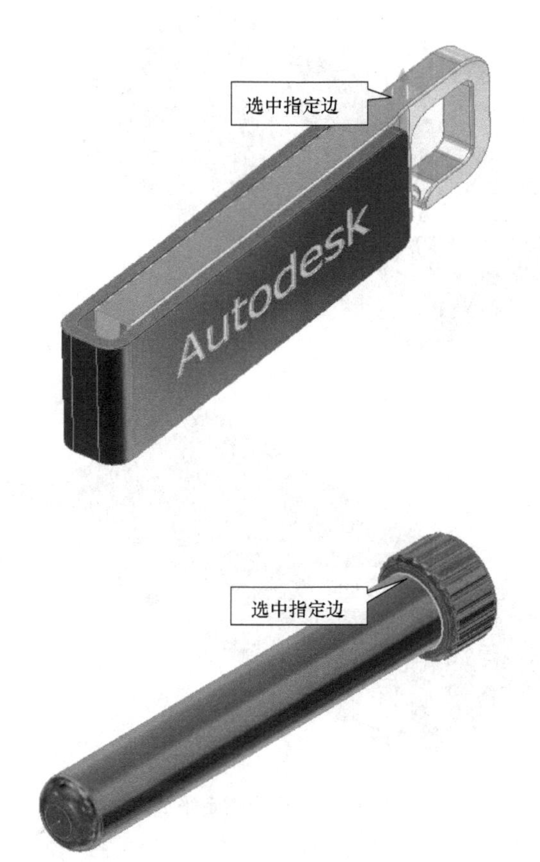

图6-67　选中指定边

步骤7：如图6-68所示设置“放置约束”选项卡，选择外壳的指定面，再选择主体的指定面，如图6-69所示。

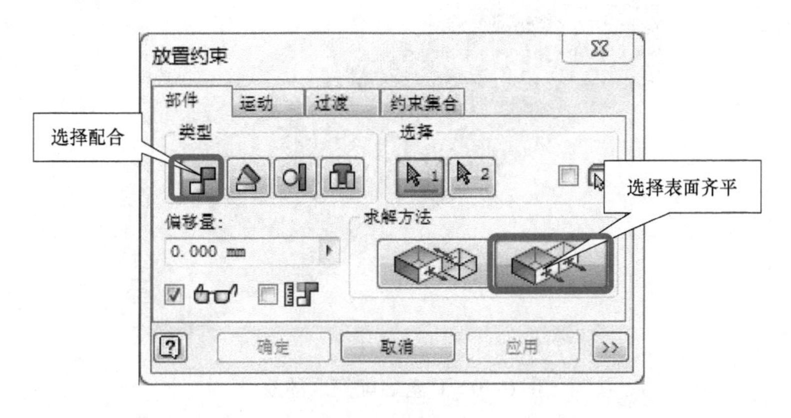

图6-68　设置“放置约束”选项卡

步骤8：检查无误后，保存U盘部件文件。

至此，U盘的装配设计完成，效果如图6-70所示。

图 6-69　选择指定平面

图 6-70　U 盘装配完成的效果

6.1.5　U 盘的渲染设计

设计要求：输出 U 盘的渲染效果图。

训练内容：

1）选择材料和外观。

2）调整场景样式。

设计流程：

步骤1：打开部件文件。

步骤2：单击环境面板下的“Inventor Studio”，如图6-71所示，跳转到渲染界面。

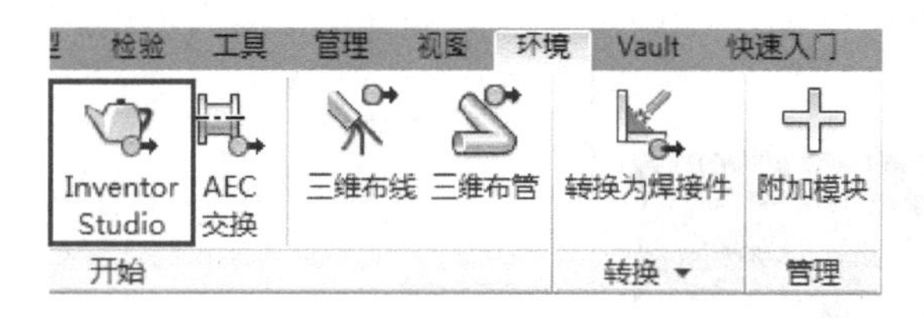

图6-71 环境面板

步骤3：选中零件，单击最上方的材料框选择材料，如图6-72所示。

图6-72 选择材料

步骤4：如果需要自己调整场景，单击渲染面板下的“场景样式”按钮（图6-73），弹出“场景样式”选项卡，如图6-74所示。如果平面位置不适合，可以进入“场景样式”选项卡中的“环境”里进行调整，如图6-75所示。

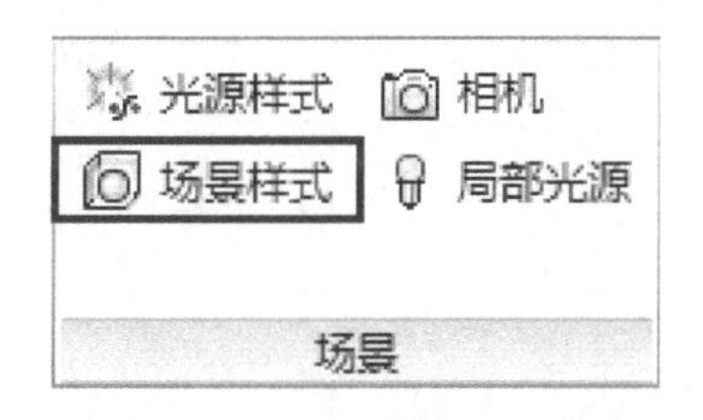

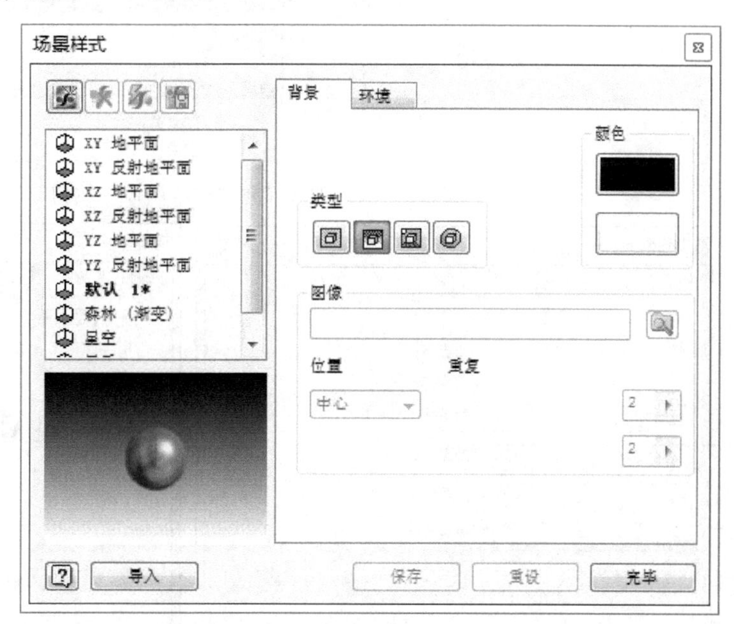

图6-73 “场景样式”按钮

图6-74 “场景样式”选项卡

步骤5：完成设置后，单击渲染面板上的“渲染图像”按钮（图6-76），设置渲染属性，如图6-77所示，完成渲染后的效果如图6-78所示。

图 6-75　环境选项

小贴士：渲染靠的是自己的感觉来定，需要慢慢地修改，不断地调整。在刚开始渲染时，建议先用低反走样，以节约时间，等调整好后再用高反走样渲染出图。

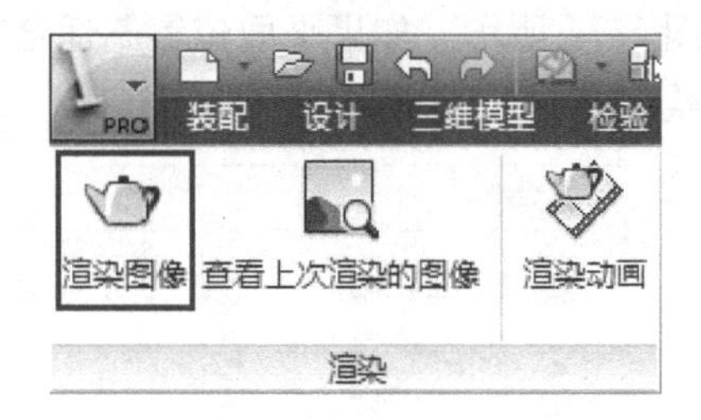

图 6-76　“渲染图像”按钮

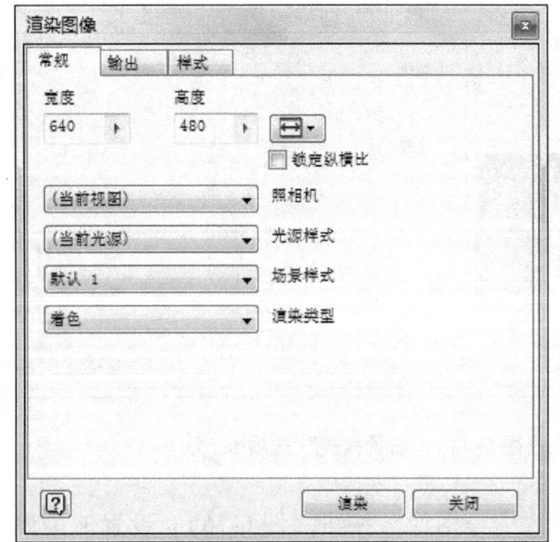

图 6-77　设置渲染属性

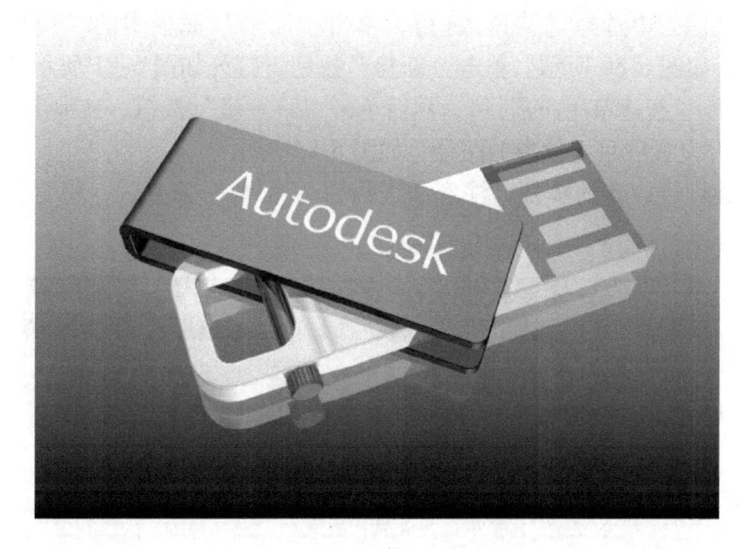

图6-78 完成渲染后的效果

6.2 工作灯的设计

6.2.1 灯罩的设计

训练内容：

1）创建旋转用草图。

2）旋转功能的基础应用。

3）环形阵列功能和抑制功能的应用。

4）工作平面、工作轴的创建与应用。

设计要求： 根据如图6-79所示图样，建立灯罩的三维模型。

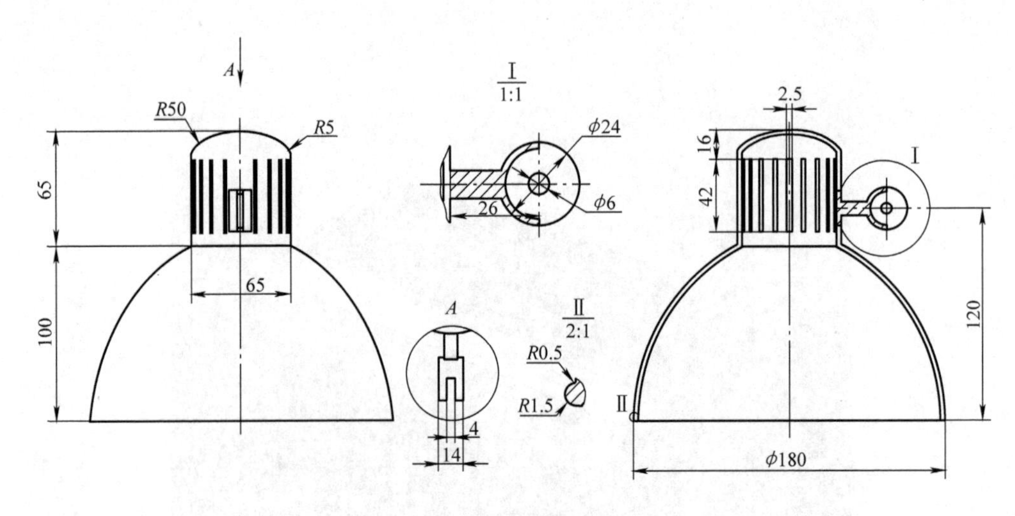

图 6-79　灯罩图样

设计流程：

步骤 1： 在功能区中选择【快速入门】，单击“启动”面板中的“项目”选项，打开“项目”编辑器，如图 6-80 所示。单击“新建”按钮，打开如图 6-81 所示的新建“项目向导”对话框，选择“新建单用户项目”，然后单击“下一步”按钮，在弹出的对话框中输入名称为工作灯，并设置项目文件夹的路径，如图 6-82 所示。

步骤 2： 创建用于旋转的草图，注意最先沿着 Y 轴画一条直线，将它变成中心线，如图 6-83所示。

图 6-80　“项目”编辑器

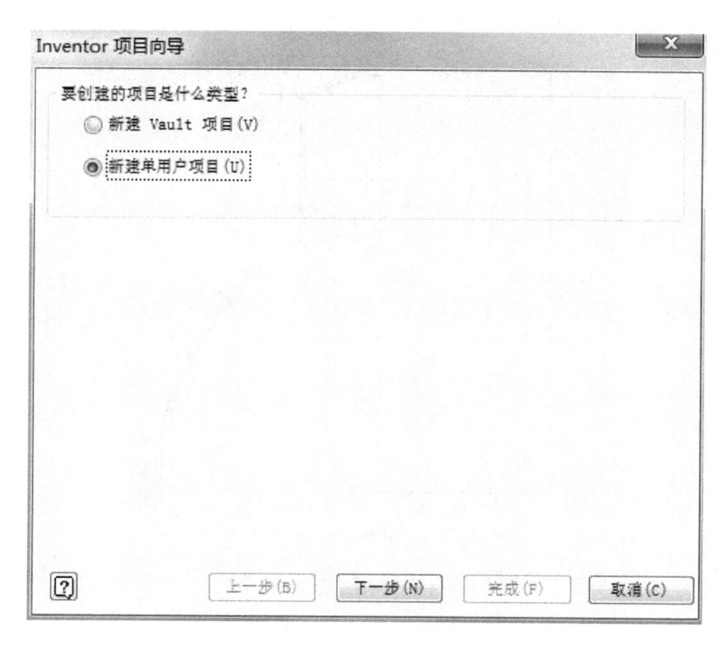

图6-81 “项目向导”对话框

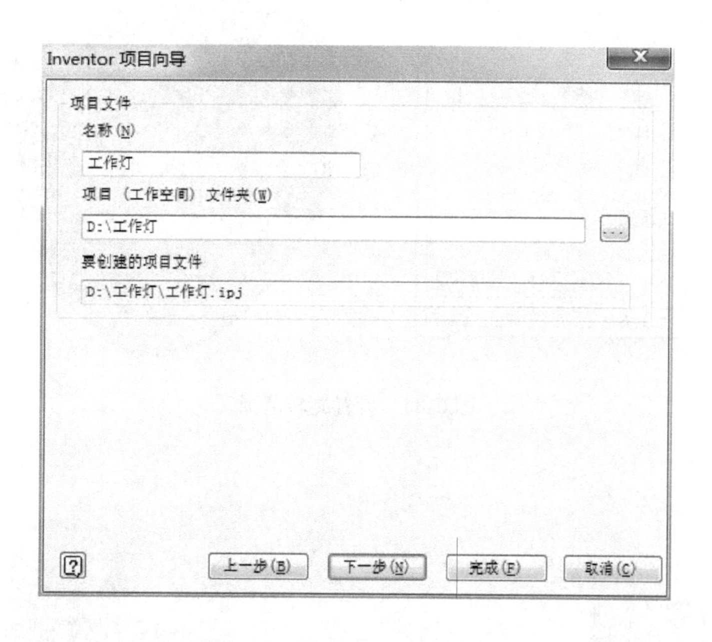

图6-82 设置项目文件夹路径

步骤3：单击模型面板上的“旋转”按钮，选中上一步骤画好的草图，旋转范围选择为全部，如图6-84所示。旋转后的图形如图6-85所示。

步骤4：完成旋转后，新建一个平行于XY平面且与灯罩圆柱面相切的工作平面，如图6-86所示，创建如图6-87所示草图。

单击模型面板上的“拉伸”按钮，选中上一步骤画好的草图，在范围中选择拉伸到表面，设置拉伸方式为差集，拉伸方向为方向2，如图6-88所示。

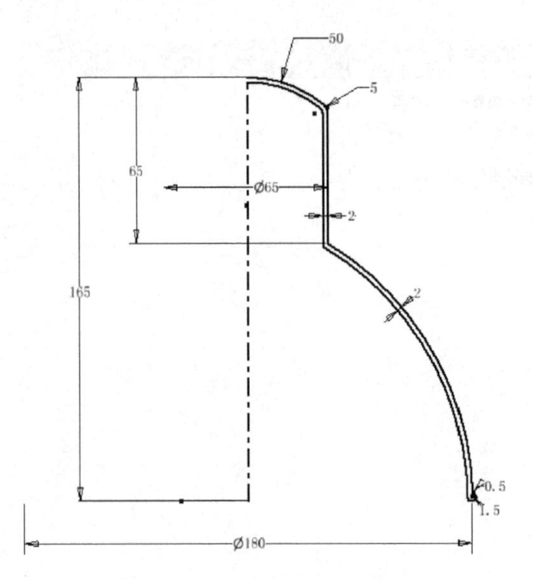

图 6-83　创建用于旋转的草图

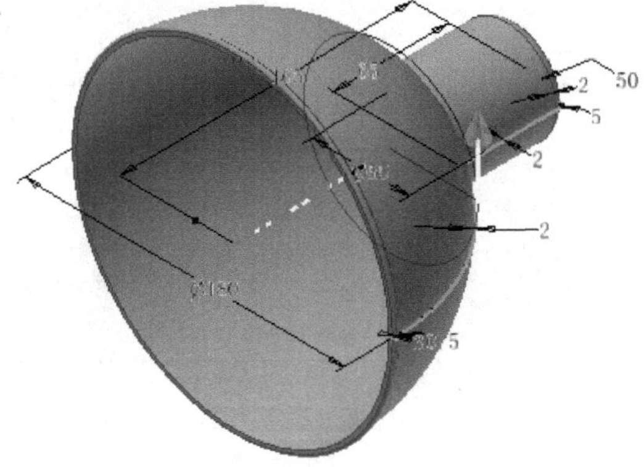

图 6-84　设置旋转范围

图 6-85　旋转后的图形

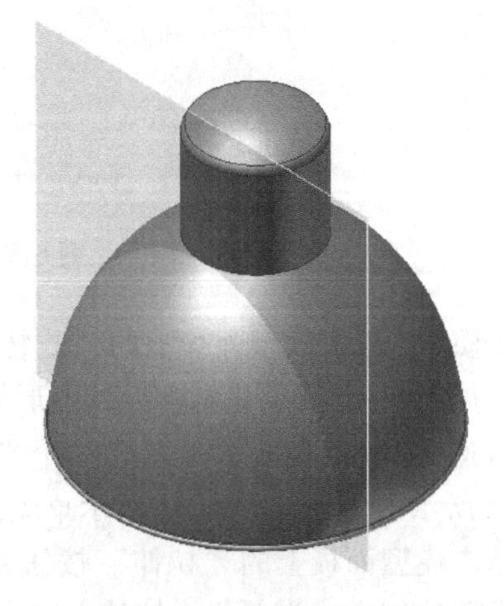

图 6-86　新建工作平面

图6-87 创建草图

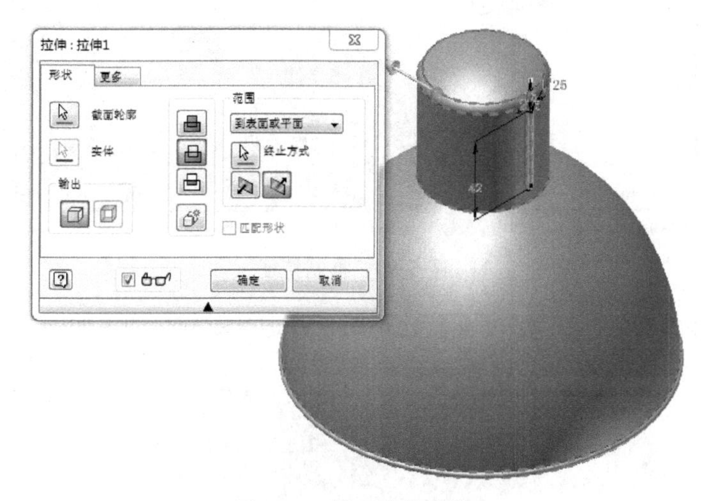

图6-88 设置拉伸参数

步骤5：单击模型面板上的“环形阵列”按钮，选择上一步的拉伸特征，选择旋转轴为Y轴，旋转个数为20个，旋转角度为360°，单击“确定”按钮，完成环形阵列，如图6-89所示。

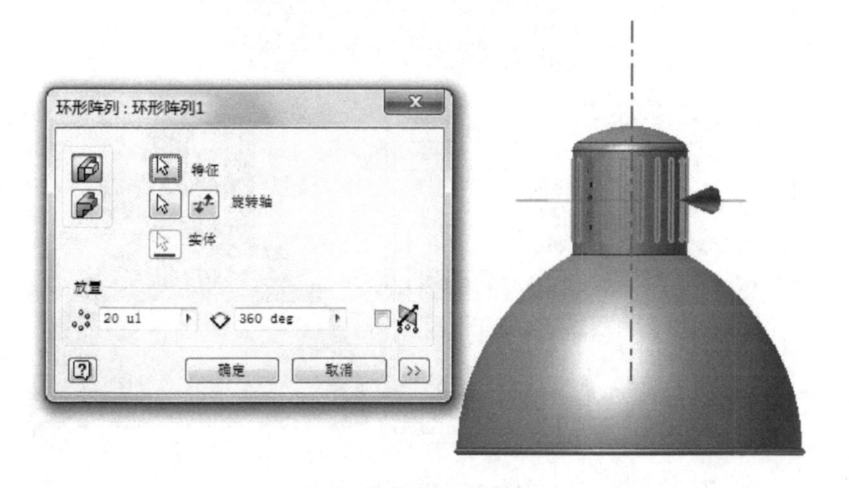

图6-89 环形阵列

步骤 6：完成环形阵列后，单击左边任务栏环形阵列步骤，找到上一步骤拉伸的相对面的结构，用鼠标右键单击抑制其结构，创建如图 6-90 所示图形。

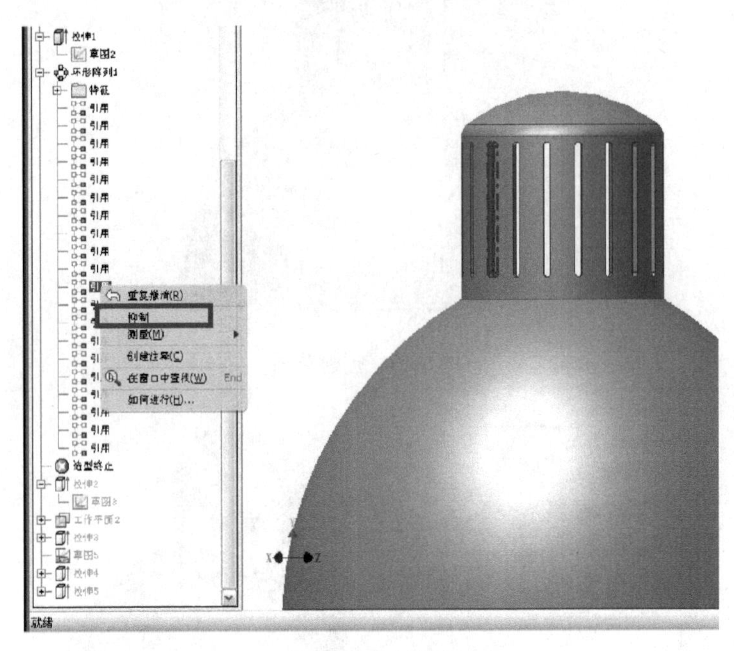

图 6-90　抑制特征

步骤 7：完成抑制后，在 YZ 平面新建草图，并进行对称拉伸，如图 6-91 所示。

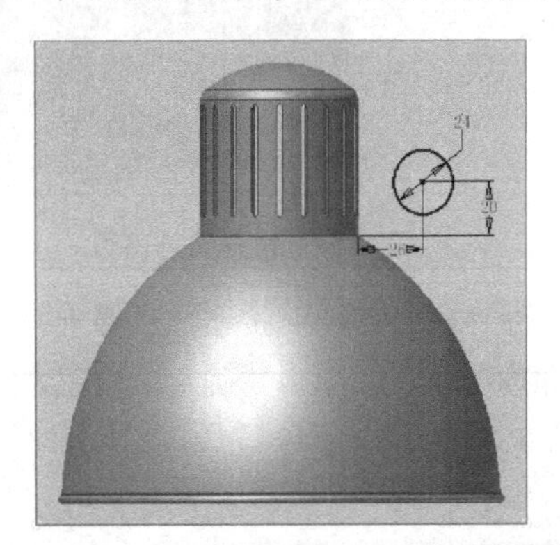

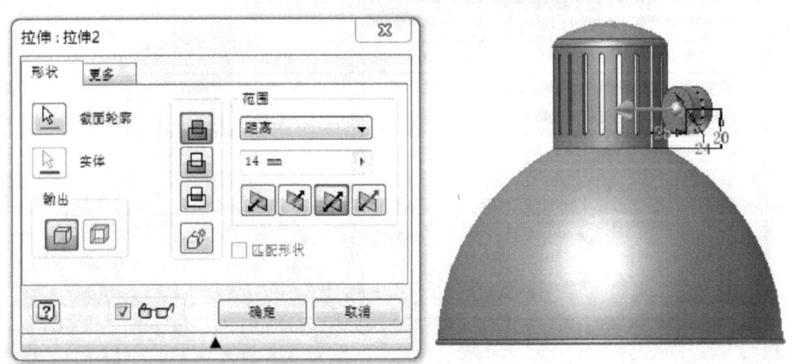

图 6-91　添加拉伸特征

步骤8：拉伸完后，选中“轴”按钮，单击下拉框并选择“通过旋转面或特征”，建立如图6-92所示轴。

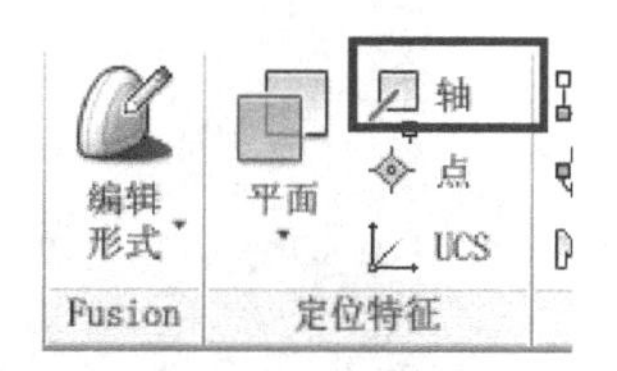

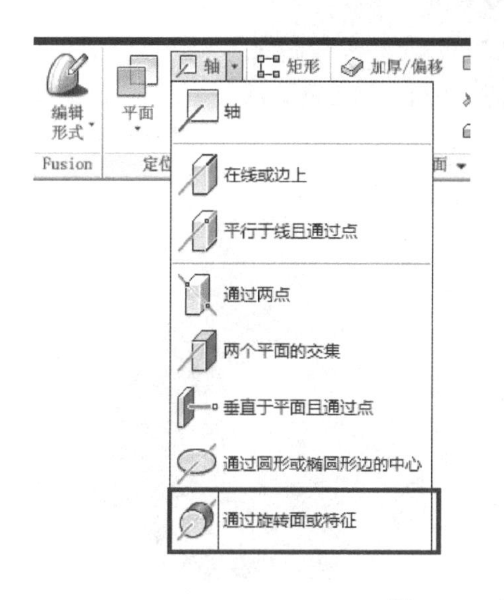

图6-92 建立轴

步骤9：通过上一步骤建立的轴，建立一个平行于XY平面的工作平面，在此工作平面上建立草图，并进行“拉伸”，设置范围为“到”，单击灯罩外圆柱表面，完成拉伸操作，如图6-93所示。

图6-93 拉伸操作

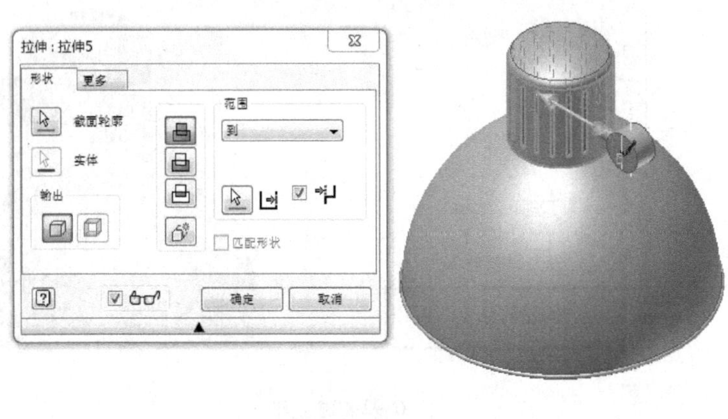

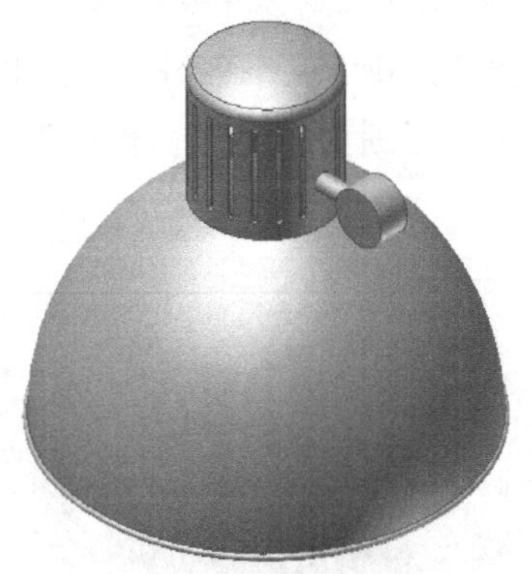

图 6-93　拉伸操作（续）

步骤 10：在 YZ 平面新建草图，并进行两步拉伸：第一步拉伸中间圆，范围选择为“贯通”；第二步拉伸草图外围，选择对称拉伸，拉伸距离选择为 4，方式为差集，如图 6-94 所示。至此，灯罩设计完成。

6.2.2　底座的设计

设计要求：根据如图 6-95 所示图样，建立底座的三维模型。

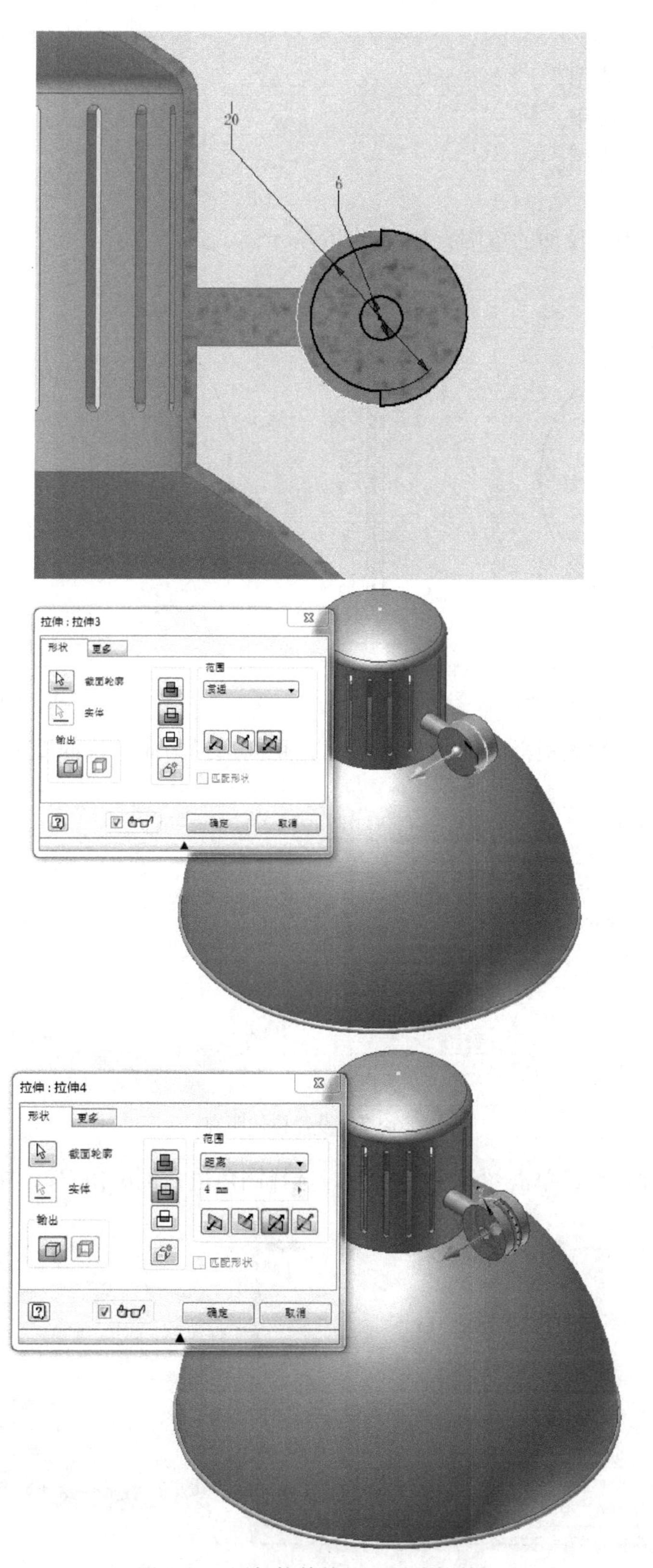

图6-94　添加拉伸特征（两步拉伸）

训练内容：

1）创建拉伸用草图。

2）凸雕功能的应用。

3）抽壳功能的应用。

设计流程：

步骤 1： 创建用于拉伸的草图，如图 6-96 所示。

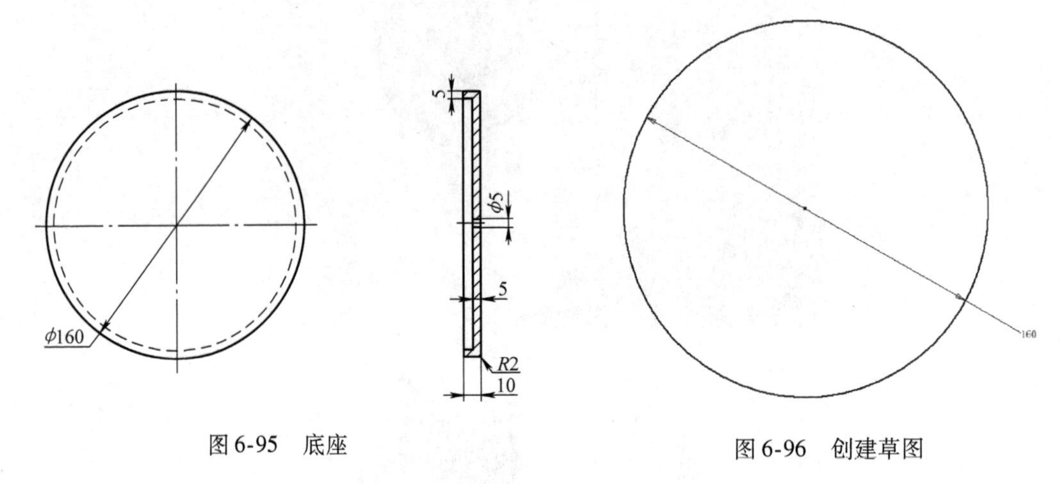

图 6-95　底座　　　　图 6-96　创建草图

步骤 2： 单击模型面板上的“拉伸”按钮，距离选择为向上拉伸 10，如图 6-97 所示。

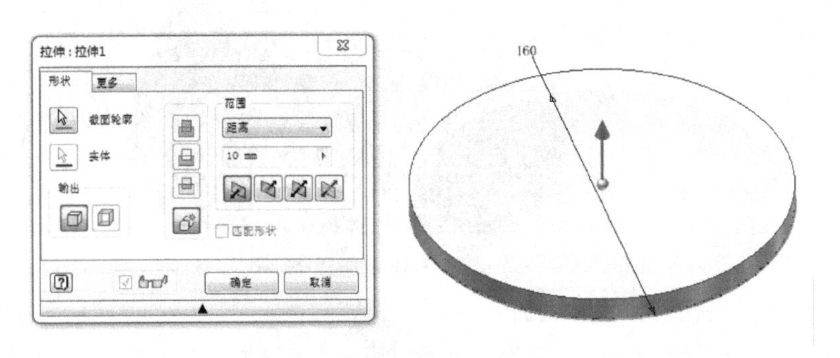

图 6-97　设置拉伸距离

步骤 3： 拉伸完后，单击“圆角”按钮，选择圆角边，倒圆角 R2，如图 6-98 所示。

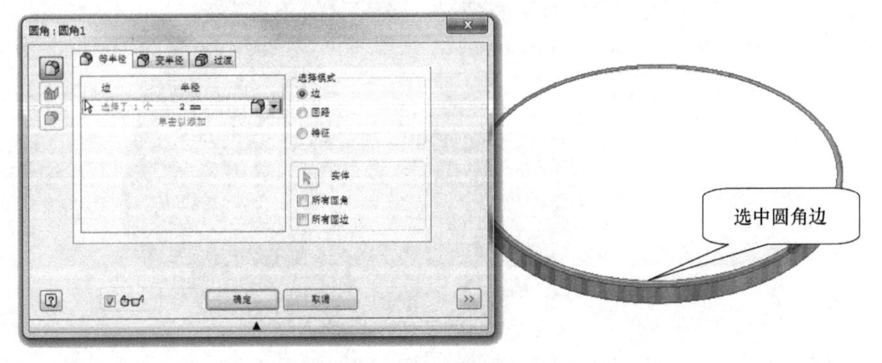

图 6-98　倒圆角 R2

步骤 4：单击模型面板上的“抽壳”按钮，选中开口面，如图 6-99 所示，设置抽壳方式为向内，厚度为 5，结果如图 6-100 所示。

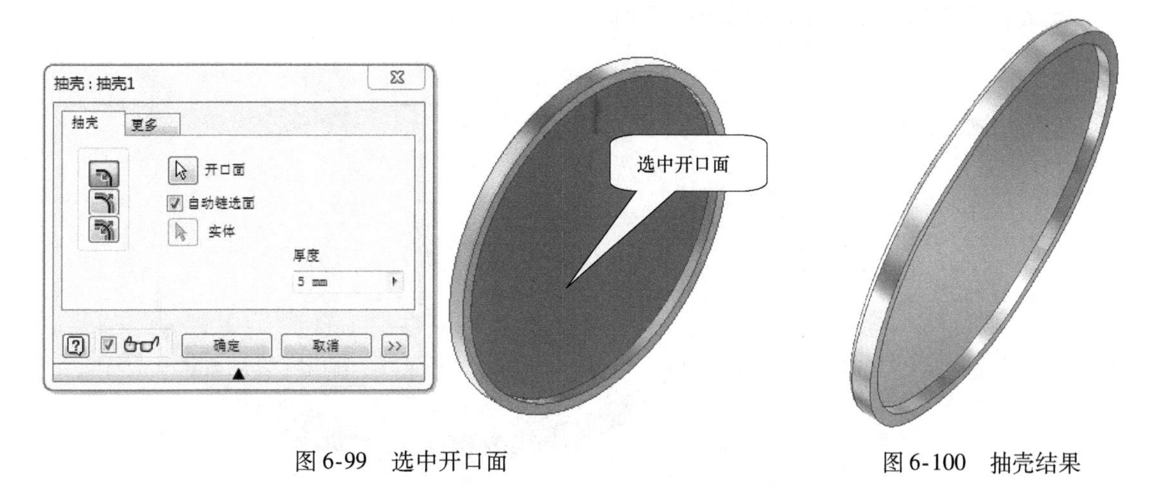

图 6-99　选中开口面　　图 6-100　抽壳结果

步骤 5：选择步骤 2 创建的实体上表面，创建如图 6-101 所示草图，并进行拉伸操作，范围选择为贯通，方式为差集。

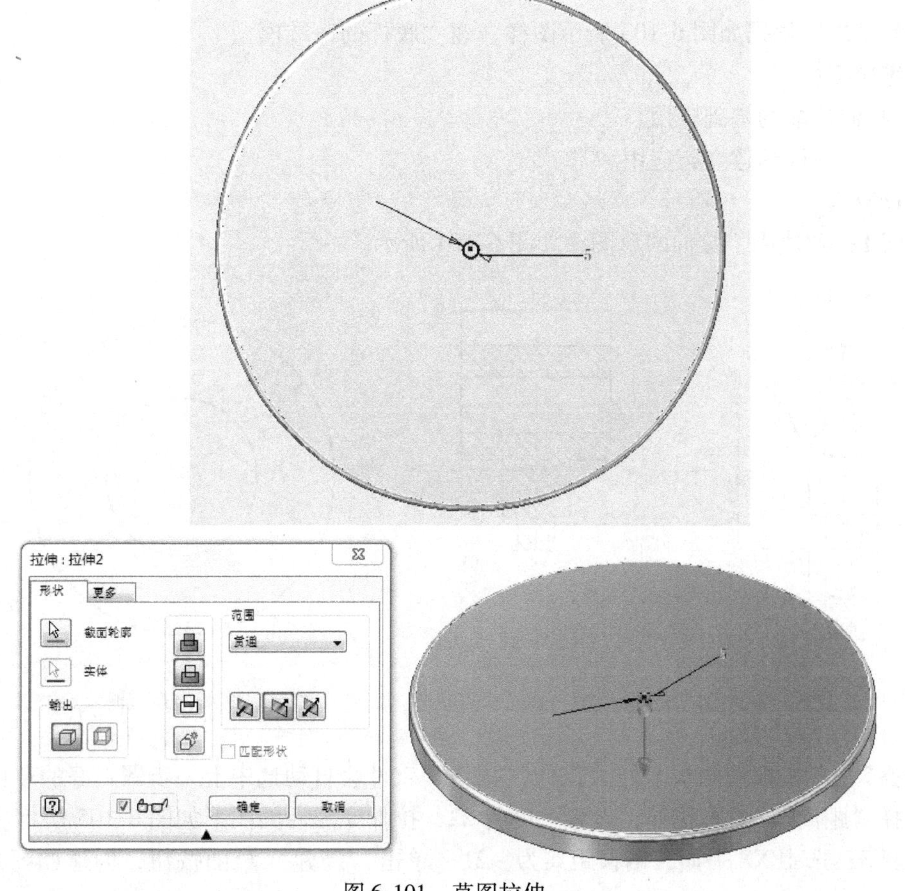

图 6-101　草图拉伸

步骤 6：在上表面建立凸雕草图。单击模型面板上的“凸雕”按钮，选择上一步骤绘制的草图，选择“从面凹雕”，设置深度为 0.1。

至此，底座的设计完成，如图 6-102 所示。

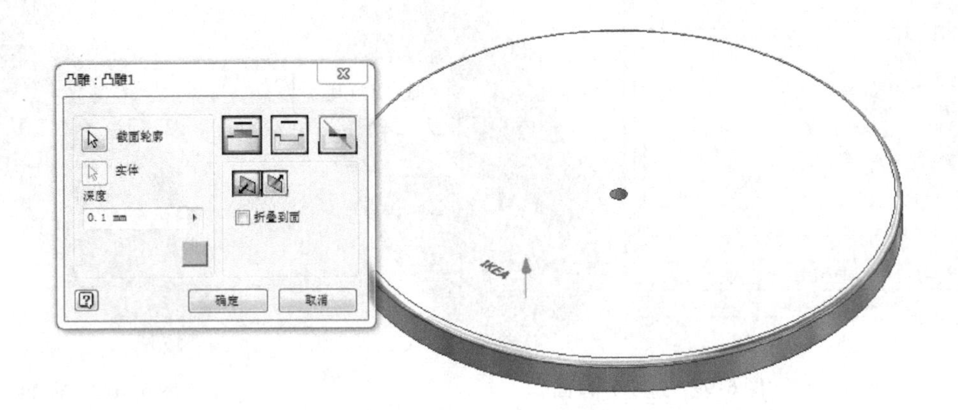

图 6-102　完成底座设计

6.2.3　底杆的设计

设计要求：根据如图 6-103 所示图样，建立底杆的三维模型。

训练内容：

1）拉伸功能的基础应用。

2）工作平面的建立与应用。

设计流程：

步骤 1：创建用于拉伸的草图，如图 6-104 所示。

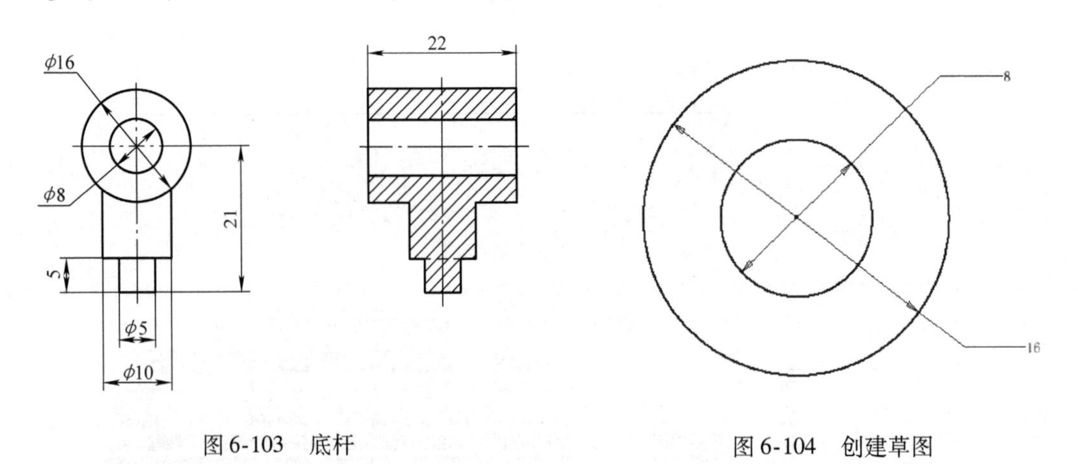

图 6-103　底杆　　　　图 6-104　创建草图

步骤 2：单击模型面板上的“拉伸”按钮，软件会自动选中上一步骤画好的草图，在范围中选择“距离”，对称拉伸，设置长度为 22，拉伸完成后的图形如图 6-105 所示。

步骤 3：选中 XZ 平面，偏移距离为 -21，单击“新建”草图按钮，创建如图 6-106 所示草图。

图6-105 拉伸完成后的图形

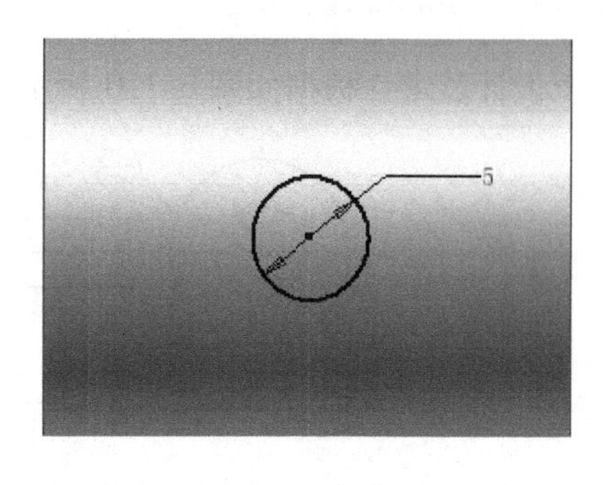

图6-106 创建草图

步骤4：单击模型面板上的“拉伸”按钮，设置拉伸方式为求并，拉伸距离为5，完成拉伸后如图6-107所示。

步骤5：在上步骤的拉伸面上新建草图，创建如图6-108所示草图。

图6-107 添加拉伸特征

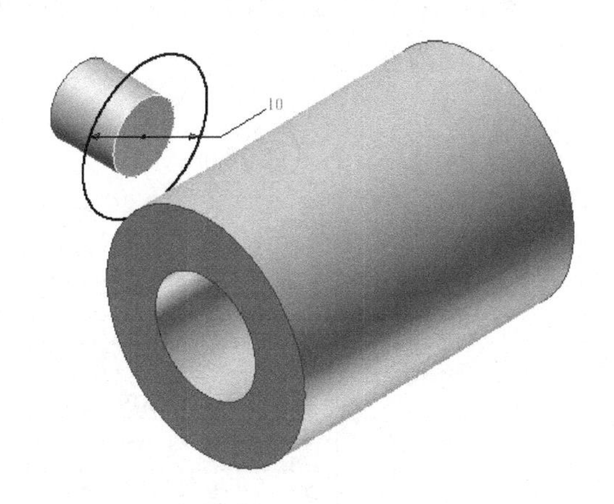

图6-108 创建草图

步骤6：单击模型面板上的“拉伸”按钮，选择拉伸方式为拉伸到表面或平面。

至此，底杆的设计完成，如图6-109所示。

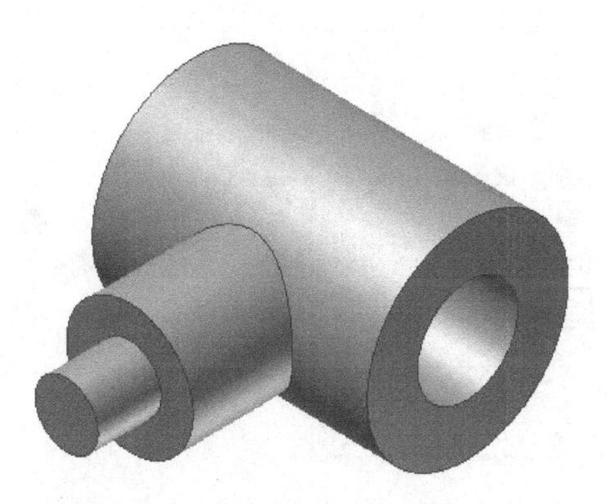

图6-109 底杆设计完成

6.2.4　下杆的设计

设计要求：根据如图 6-110 所示图样，建立下杆的三维模型。

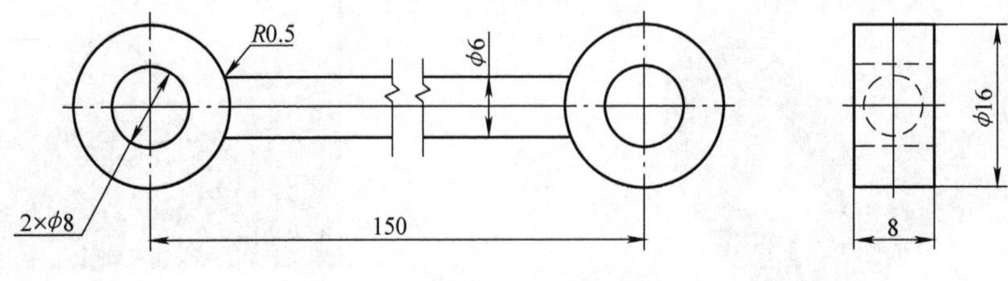

图 6-110　下杆

训练内容：

1）创建旋转用草图。

2）旋转功能的基础应用。

3）工作平面的创建与应用。

步骤 1：在 YZ 平面创建拉伸草图，如图 6-111 所示，并进行“拉伸”操作，方式为对称拉伸，距离为 8。

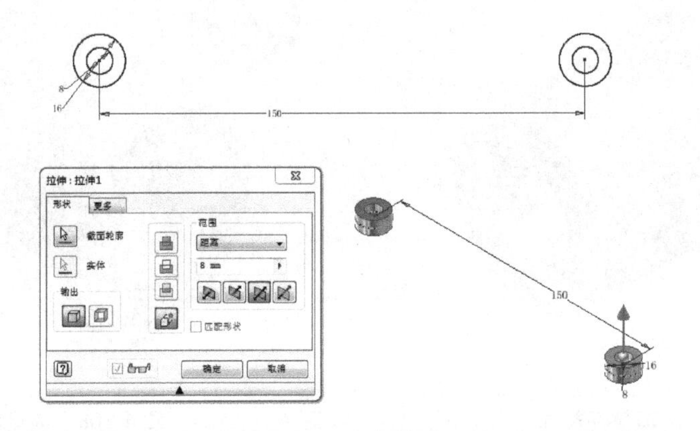

图 6-111　创建拉伸草图

步骤 2：拉伸完成后，在 YZ 平面上新建草图，如图 6-112 所示，并进行旋转。

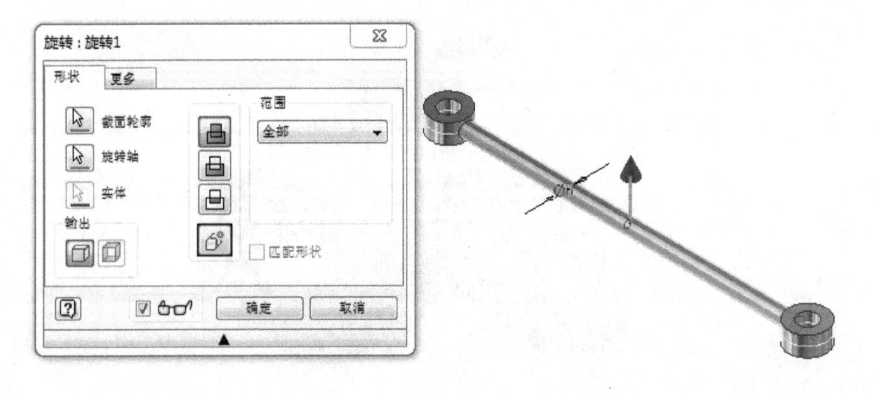

图 6-112　新建草图并旋转

步骤3：旋转完成后将草图中需要倒圆角处进行倒圆角，倒圆角半径为R0.2。

至此，下杆的设计完成，如图6-113所示。

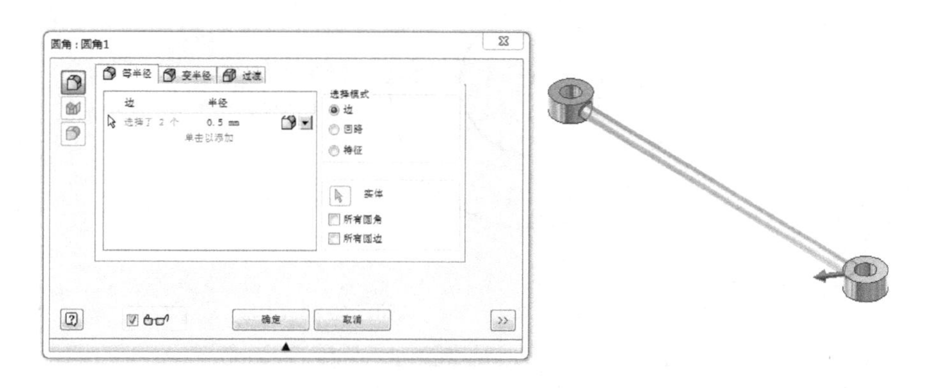

图6-113 完成下杆设计

6.2.5 上杆的设计

设计要求：根据如图6-114所示图样，建立上杆的三维模型。

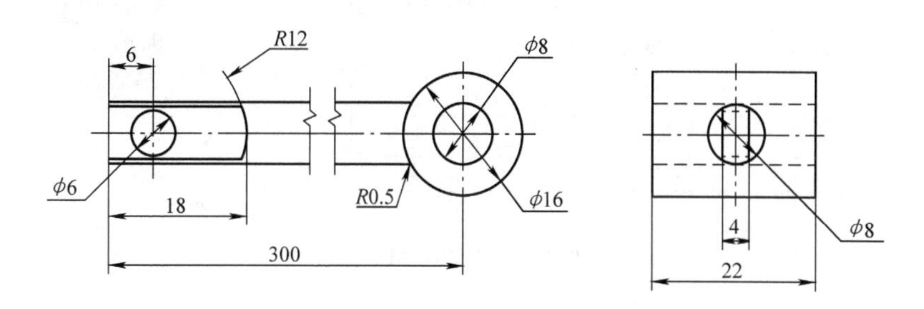

图6-114 上杆

训练内容：

1）创建拉伸、旋转用草图。

2）拉伸、旋转功能的基础应用。

3）工作平面的创建与应用。

步骤1：创建拉伸草图，如图6-115所示，并进行"拉伸"操作，方式为对称拉伸，距离为22。

步骤2：拉伸完成后，在XY平面上绘制旋转草图，如图6-116所示，并对草图生成旋转特征。

步骤3：旋转完成后，进行平面偏移，偏移XY平面2mm，并在新建平面上新建草图，如图6-117所示。

步骤4：完成上面步骤后，进行"拉伸"草图，拉伸距离为贯通，拉伸方式为差集，如图6-118所示。

步骤5：拉伸完成后进行"镜像"操作，镜像特征为上一步拉伸，镜像平面为XY平面，如图6-119所示。

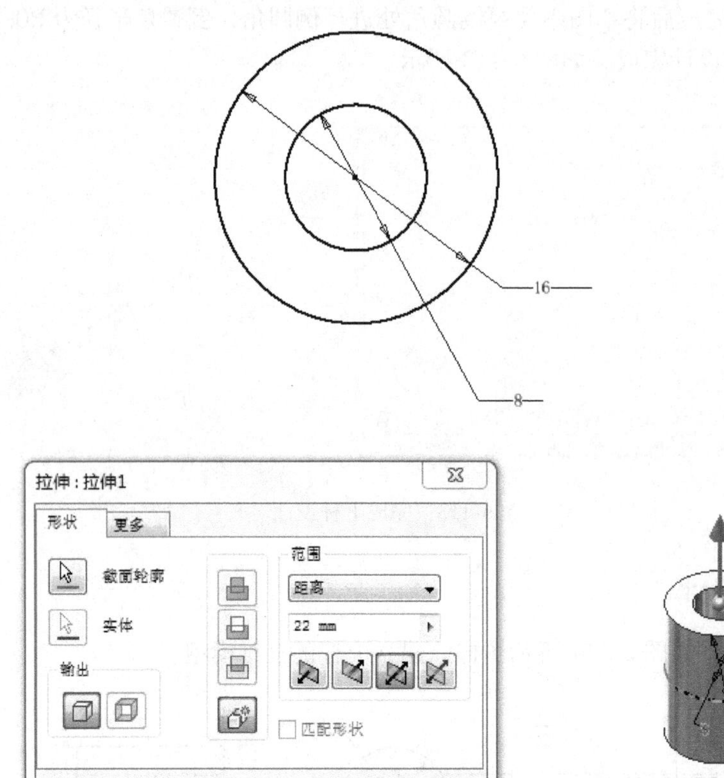

图 6-115　创建草图并拉伸

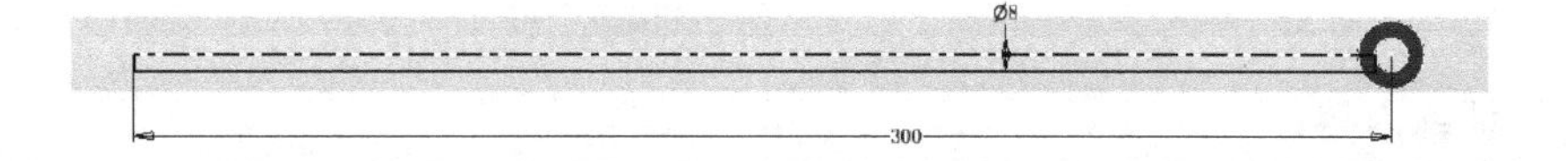

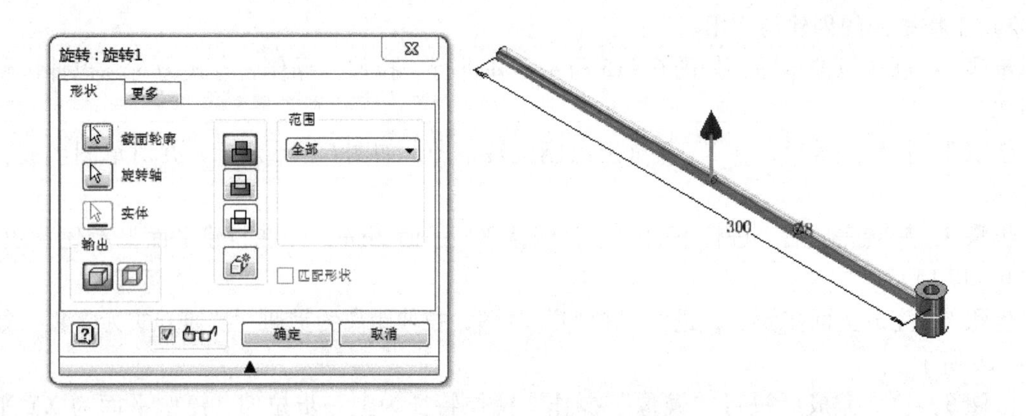

图 6-116　创建草图并旋转

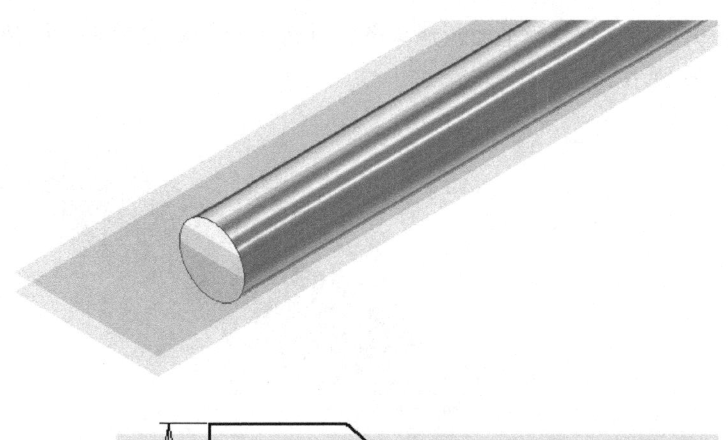

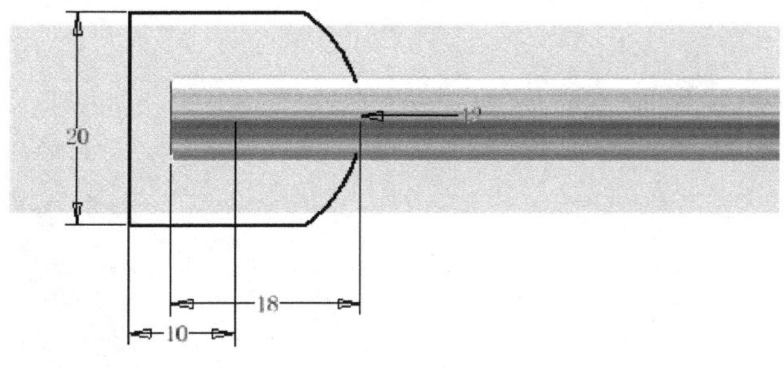

图6-117　平移并新建草图

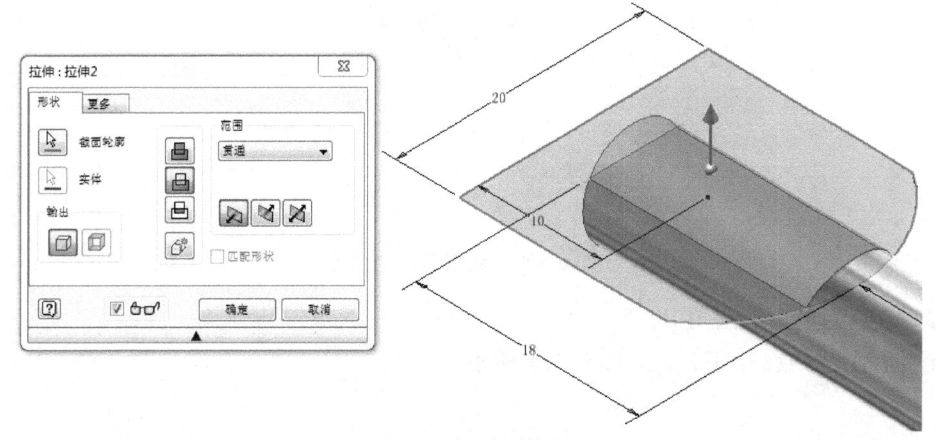

图6-118　添加拉伸特征

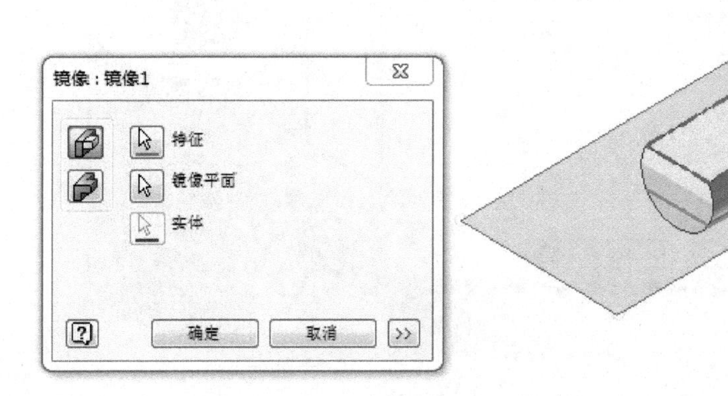

图6-119　镜像

步骤 6：镜像完成后，在 XY 平面新建草图，并进行草图对称拉伸，距离为贯通，方式为差集，如图 6-120 所示。

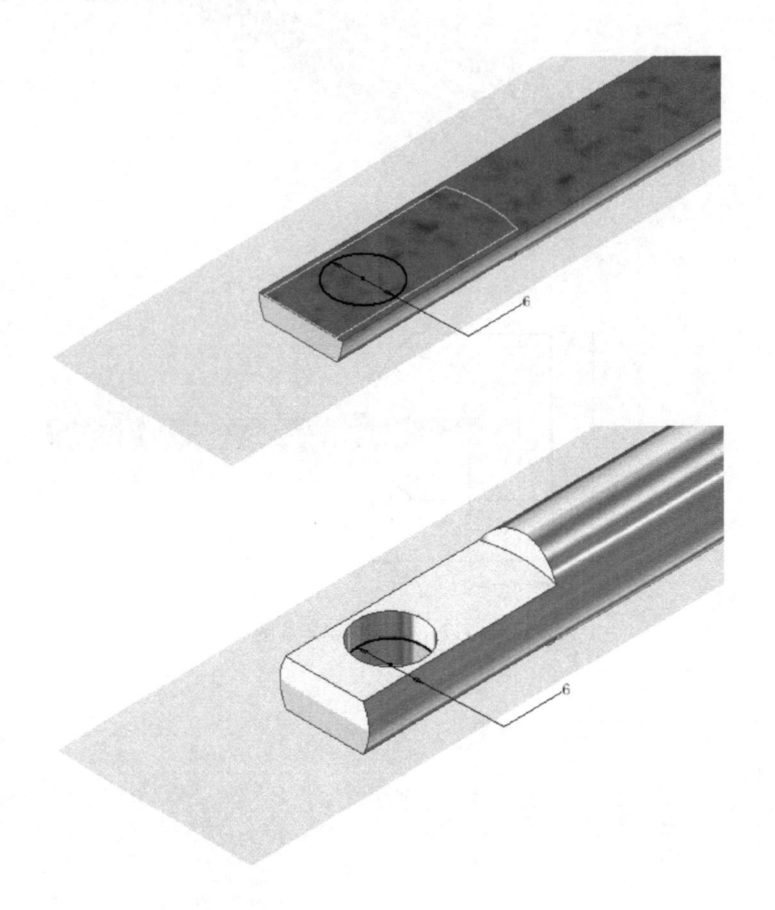

图 6-120　新建草图并拉伸

步骤 7：为模型倒圆角 R0.5。

至此，上杆的设计完成，如图 6-121 所示。

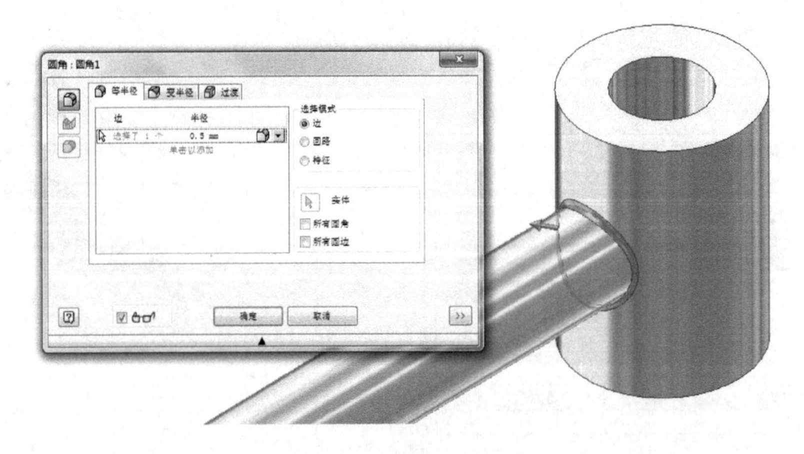

图 6-121　完成上杆设计

6.2.6　旋钮的设计

设计要求：根据如图 6-122 所示图样，建立旋钮的三维模型。

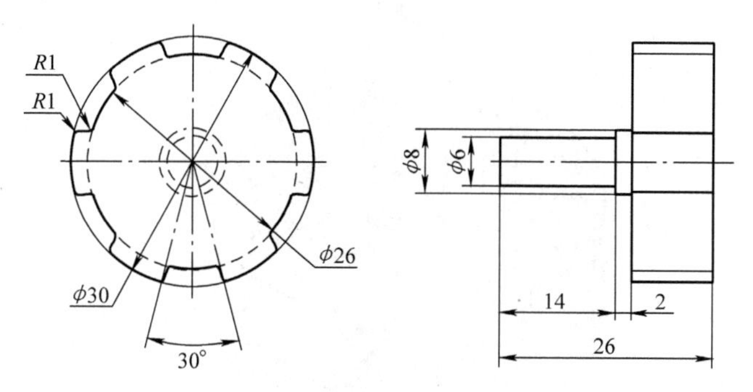

图 6-122　旋钮

训练内容：

1）创建旋转用草图。

2）旋转功能的基础应用。

3）环形阵列功能的应用。

步骤 1：建立拉伸草图，如图 6-123 所示，并拉伸直径为 ϕ30 的草图，拉伸距离为 10。

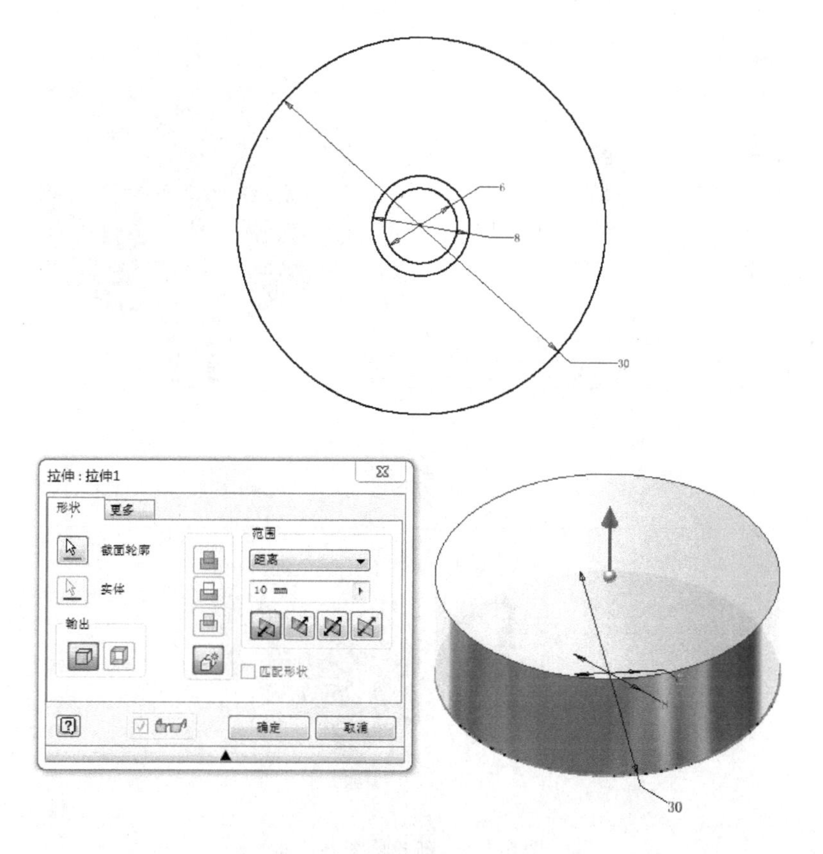

图 6-123　创建草图并拉伸

步骤 2：完成上一步拉伸后，反向拉伸中间的草图圆，拉伸直径为 φ8 的圆时，拉伸距离为 2。拉伸直径为 φ6 的圆时，拉伸距离为 16，如图 6-124 所示。

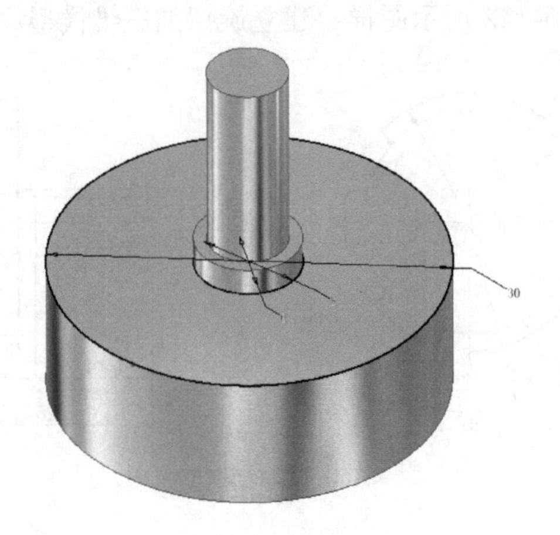

图 6-124　拉伸圆

步骤 3：完成上面的几步拉伸后，在 XY 平面上新建草图，如图 6-125 所示，并进行拉伸操作，距离为贯通，方式为差集。

步骤 4：拉伸完成后，进行倒圆角，圆角半径为 R1，如图 6-126 所示。

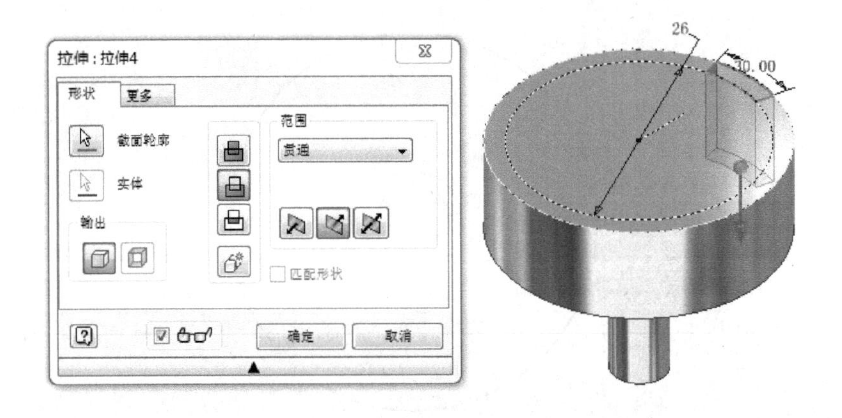

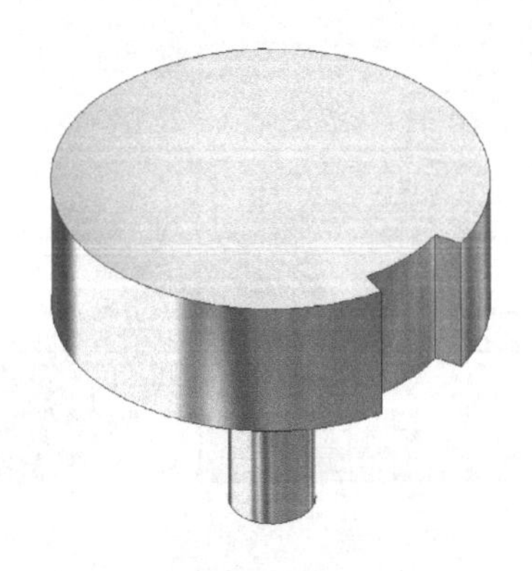

图 6-125　新建草图并拉伸

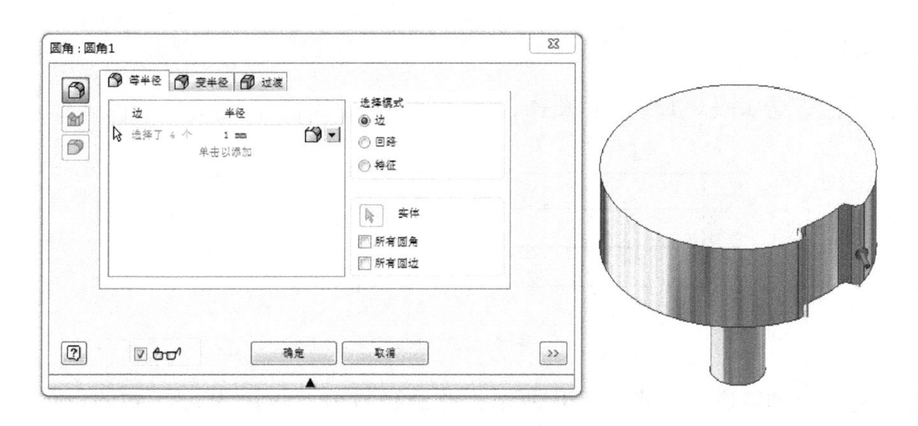

图 6-126 倒圆角 R1

步骤 5：最后进行环形阵列，阵列上两步完成的特征（拉伸和倒圆角），如图 6-127 所示。

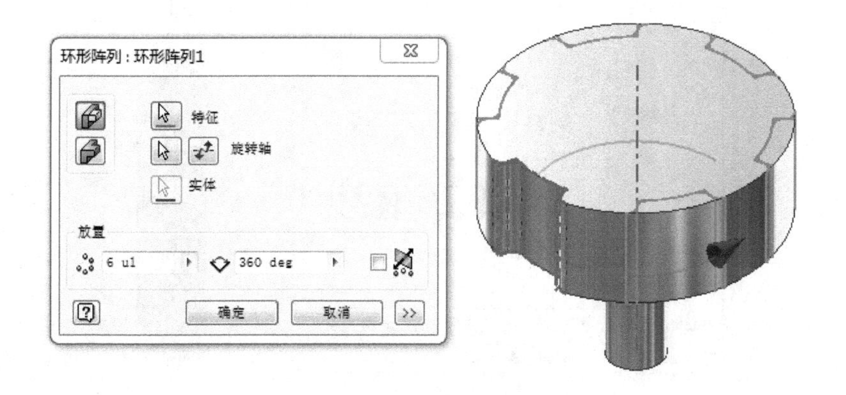

图 6-127 阵列拉伸和倒圆角

至此，旋钮的设计完成，如图 6-128 所示。

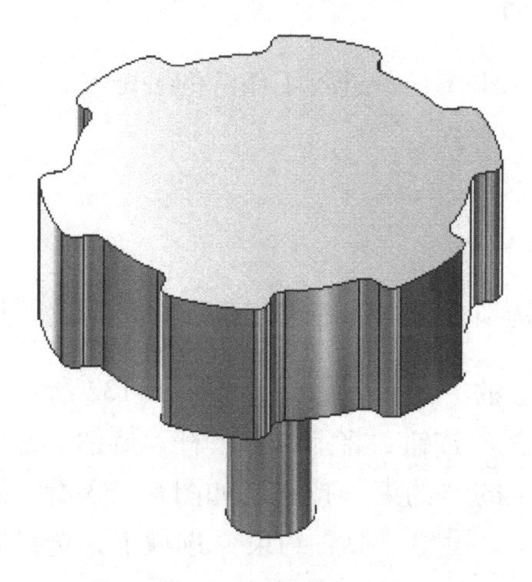

图 6-128 旋钮设计完成

6.2.7　轴的设计

设计要求：根据如图 6-129 所示图样，建立轴的三维模型。

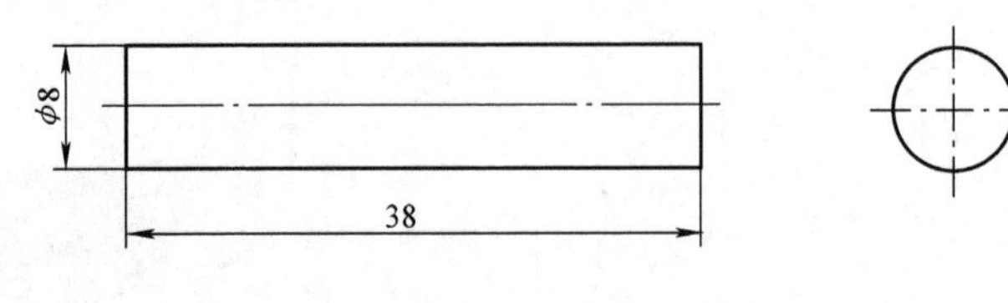

图 6-129　轴

步骤：建立拉伸草图，如图 6-130 所示，并进行拉伸，距离为 38。轴的设计只需要此一步。

至此，工作灯所有零部件的设计完成，接下来进行装配设计。

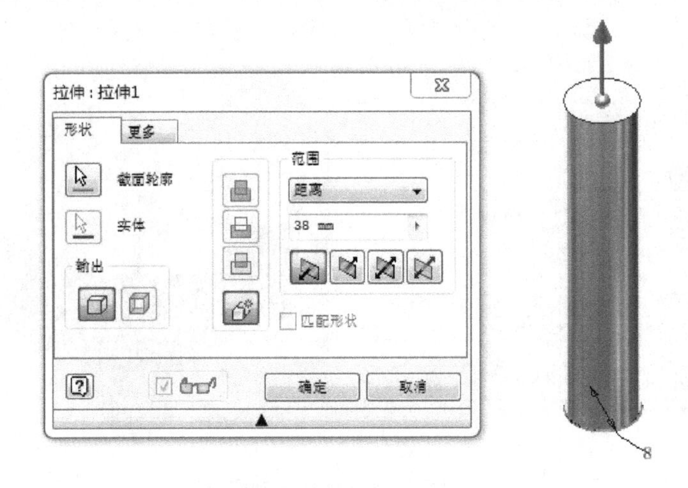

图 6-130　建立轴草图并拉伸

6.2.8　工作灯的装配设计

设计要求：根据如图 6-131 图样，进行工作灯的装配设计。

训练内容：

插入约束功能的应用。

设计流程：

步骤 1：单击新建文件选项卡里面的部件按钮 Standard.iam，新建部件文件。

步骤 2：单击装配面板上的“放置”按钮，如图 6-132 所示，先将底座放置进来。

步骤 3：再次单击“放置”按钮，将上杆、下杆、旋钮、灯罩、底杆和轴也放置进来。

步骤 4：单击装配面板上的“约束”按钮，如图 6-133 所示。

步骤 5：如图 6-134 所示，设置“放置约束”选项卡，选择底座的指定边，再选择底杆的指定边，如图 6-135 所示。

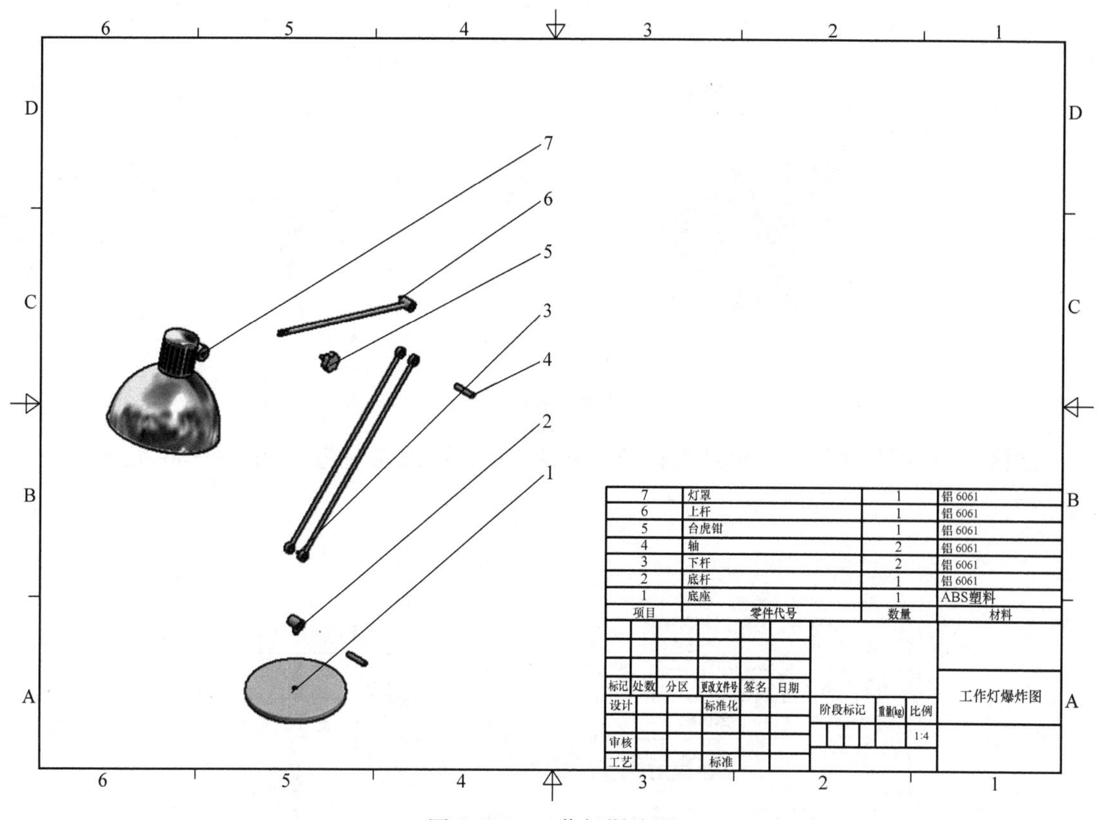

图 6-131　工作灯爆炸图

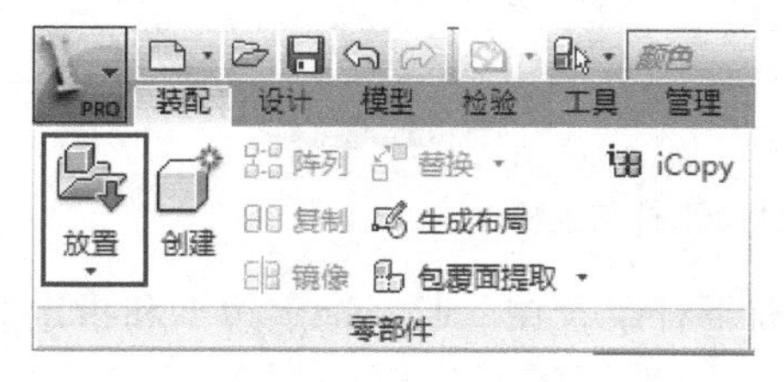

图 6-132　“放置”按钮的位置

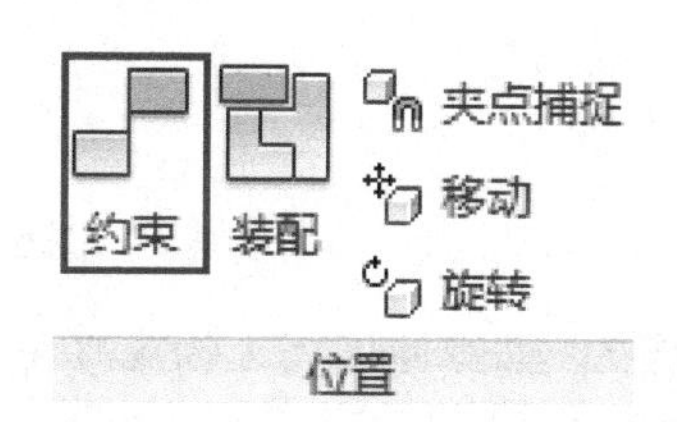

图 6-133　单击“约束”按钮

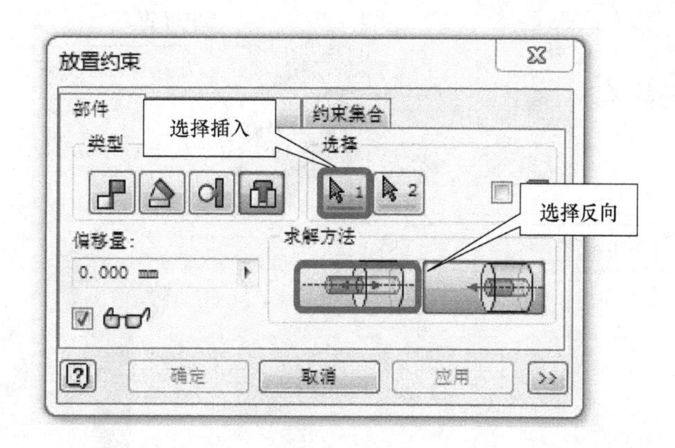

图 6-134　设置“放置约束”选项卡

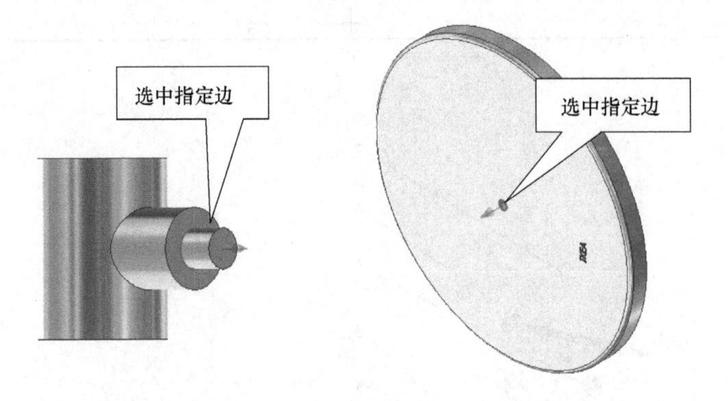

图 6-135　选中指定边

步骤 6：继续使用插入约束功能将两个下杆与底杆约束在一起，如图 6-136 所示。

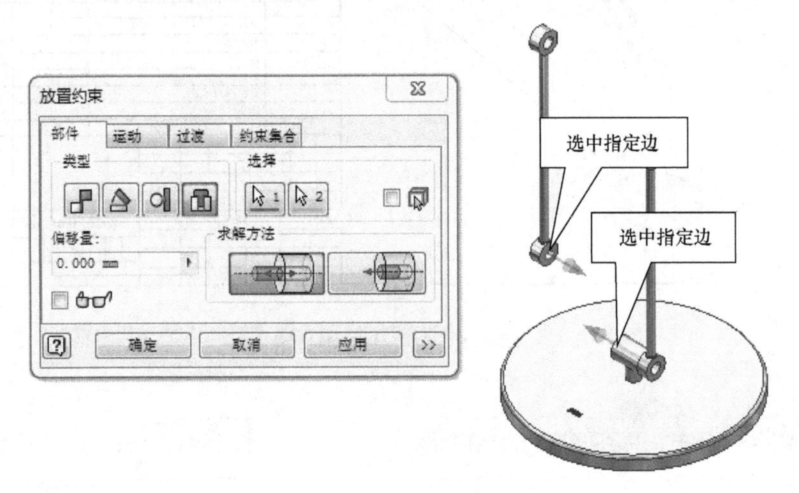

图 6-136　约束两个下杆与底杆

步骤 7：继续使用插入约束功能，将上杆和下杆组合在一起，指定边 1 和指定边 2，如图 6-137 所示。

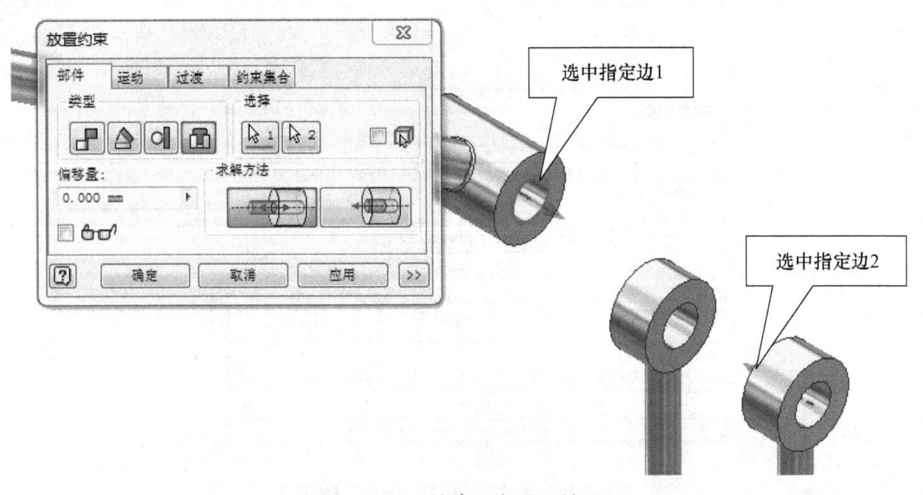

图 6-137　约束上杆和下杆

步骤8：继续使用插入约束，选择上杆的指定边，再选择灯罩的指定边，如图6-138所示。

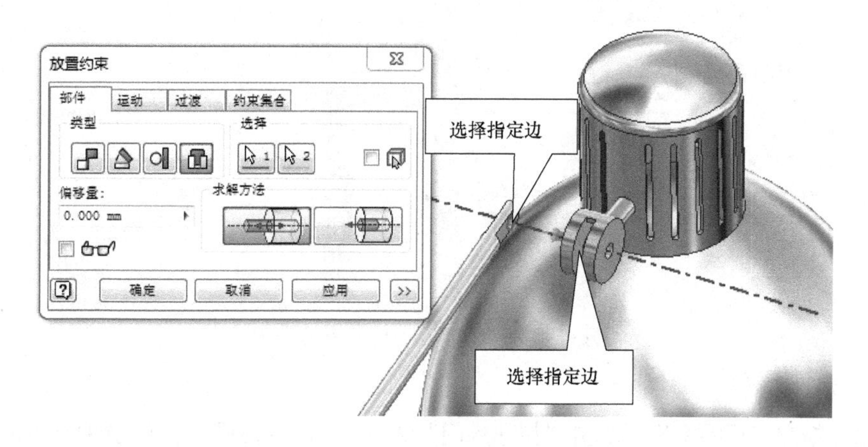

图6-138　选择指定边进行约束

步骤9：继续使用插入约束功能，选择旋钮的指定边，再选择灯罩的指定边，如图6-139所示。

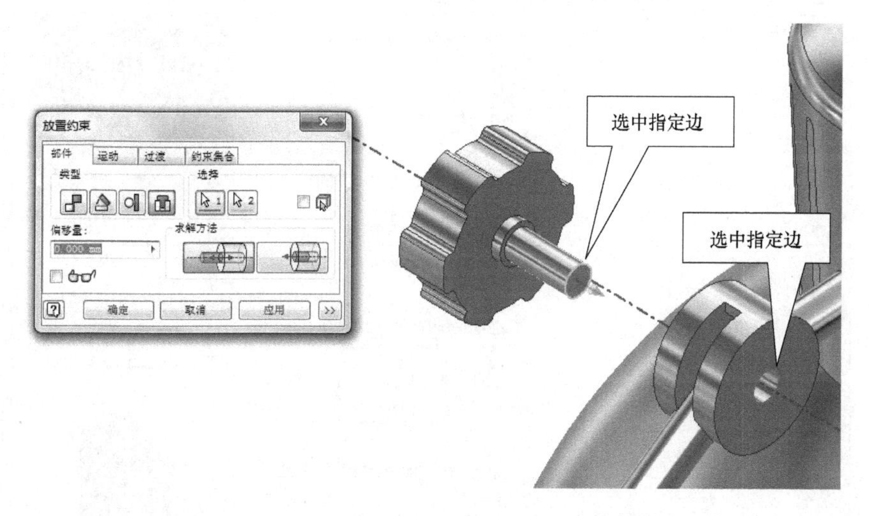

图6-139　选择旋钮和灯罩的指定边进行约束

步骤10：最后使用插入约束功能将轴插入到上杆和下杆孔中，如图6-140所示。

至此，工作灯的装配设计完成。

6.2.9　工作灯的工程图设计

设计要求：参考所给工程图，创建工作灯爆炸图的工程图及明细栏。

训练内容：

1）装配视图的生成。

2）装配视图中零件编号的创建。

3）装配视图中明细栏的创建。

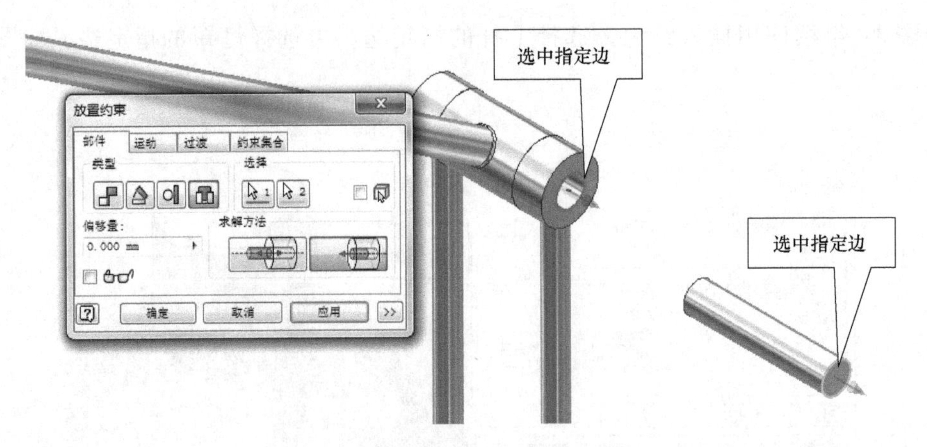

图 6-140　将轴插入上杆和下杆孔中

设计流程：

步骤 1：新建工程图文件，单击“快速入门”面板中的“新建”按钮，选择“Standard. idw”文件，然后单击“确定”按钮，如图 6-141 所示。

图 6-141　新建工程图文件

步骤 2：单击视图面板上的“基础视图”按钮，如图 6-142 所示。在弹出的选项卡中，单击“打开现有文件”按钮，如图 6-143 所示，找到“工作灯 . ipn”文件名如图 6-144 所示，然后单击“打开”按钮。在“方向”选项中选择合适的方向，然后单击“确定”按钮，如图 6-145所示，在“视图/比例标签”中选择合适的比例，如图 6-146 所示，在“显示方式”中选择“不显示隐藏线”，如图 6-147 所示，最后将视图拖到合适的位置，如图6-148所示。

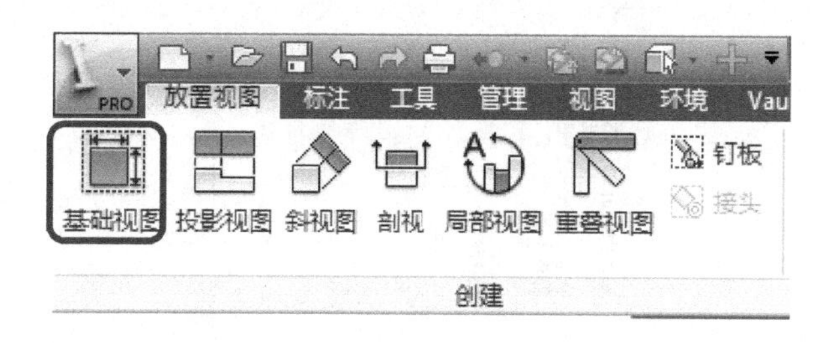

图 6-142 单击“基础视图”按钮

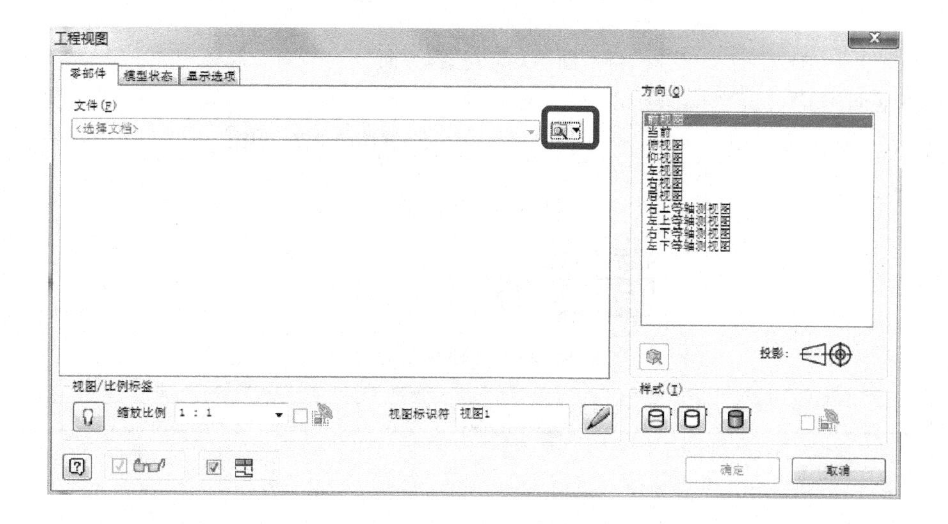

图 6-143 打开现有文件

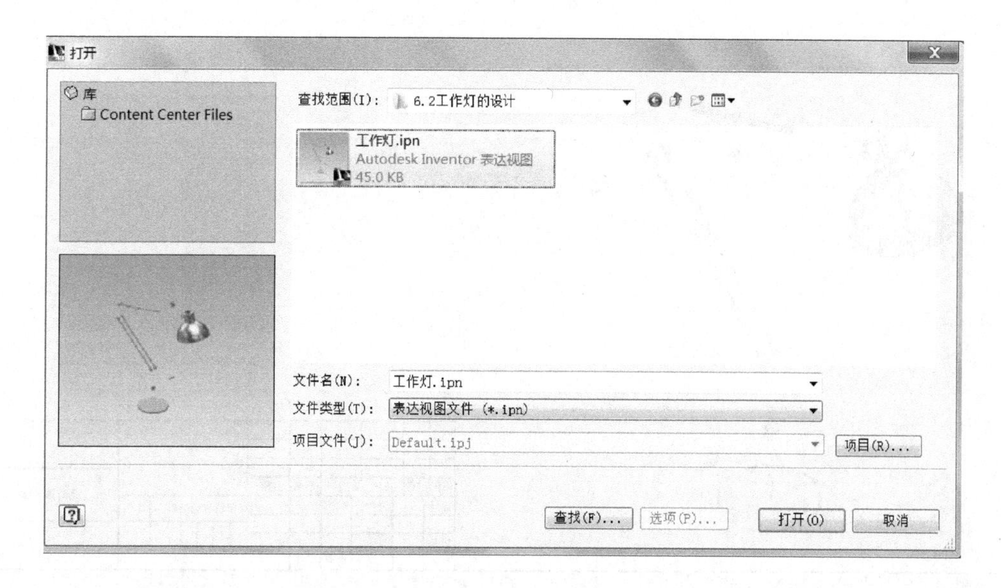

图 6-144 找到工作灯.ipn

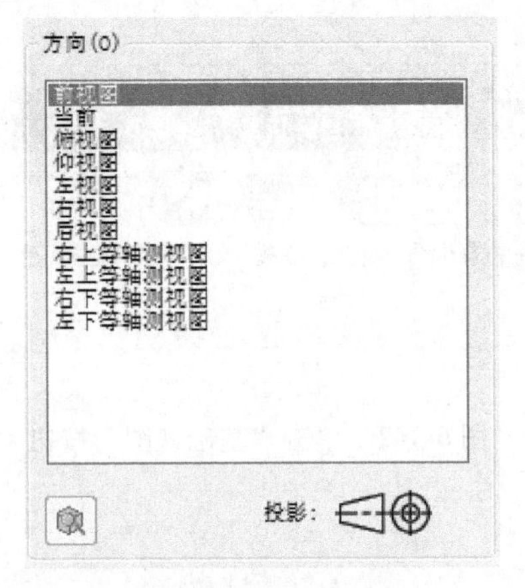

图 6-145　选择方向

图 6-146　选择比例

图 6-147　选择显示方式

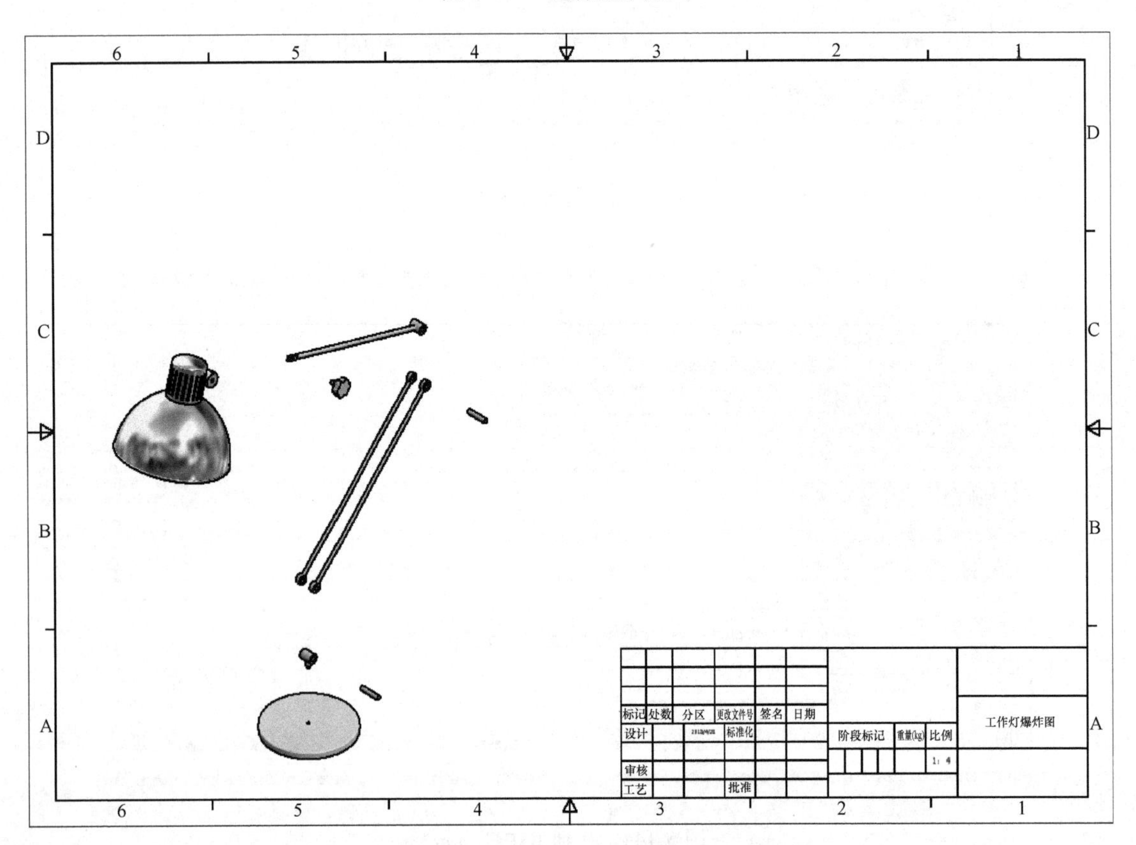

图 6-148　将视图拖到合适的位置

步骤3：单击标注面板中的“引出序号”按钮，如图6-149所示，选中基础视图，依次选中底座、上杆、下杆、底杆、轴、旋钮和灯罩，并编辑引出序号，使之按照逆时针方向排列，如图6-150所示。

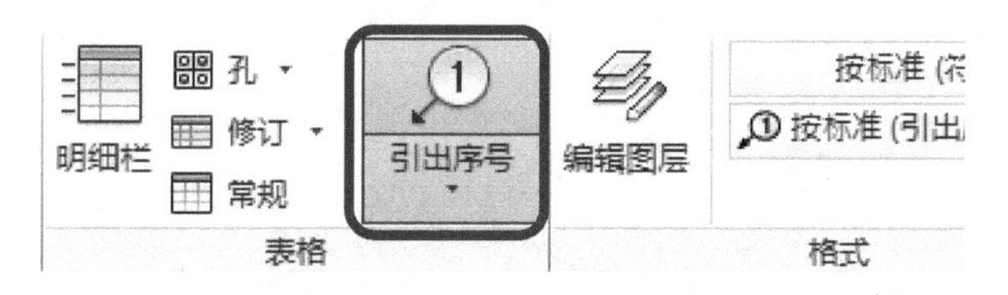

图6-149 单击“引出序号”按钮

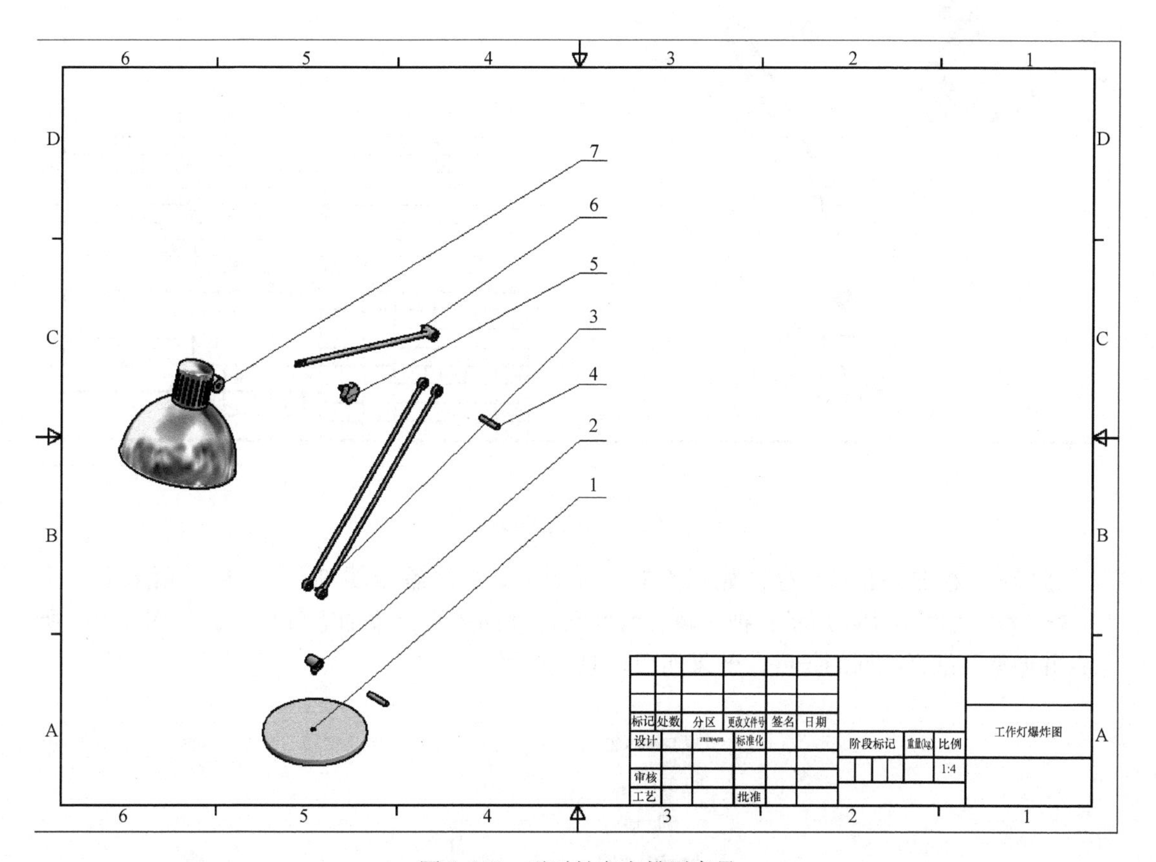

图6-150 逆时针方向排列序号

步骤4：单击标注选项上的“明细栏”按钮，如图6-151所示，然后选择基础视图，单击“确定”按钮，将明细栏放到正确位置，如图6-152所示。

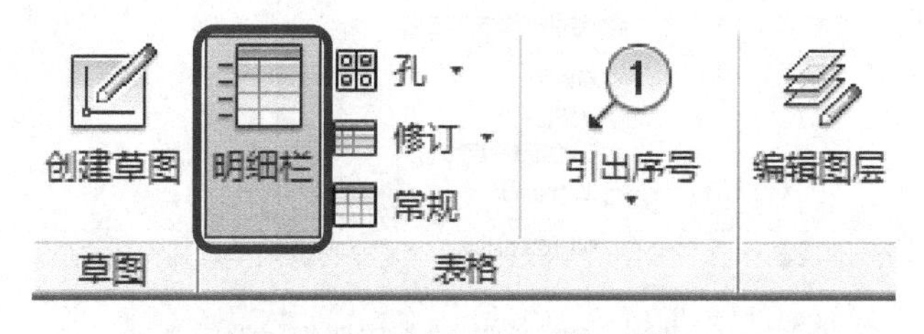

图6-151 单击“明细栏”按钮

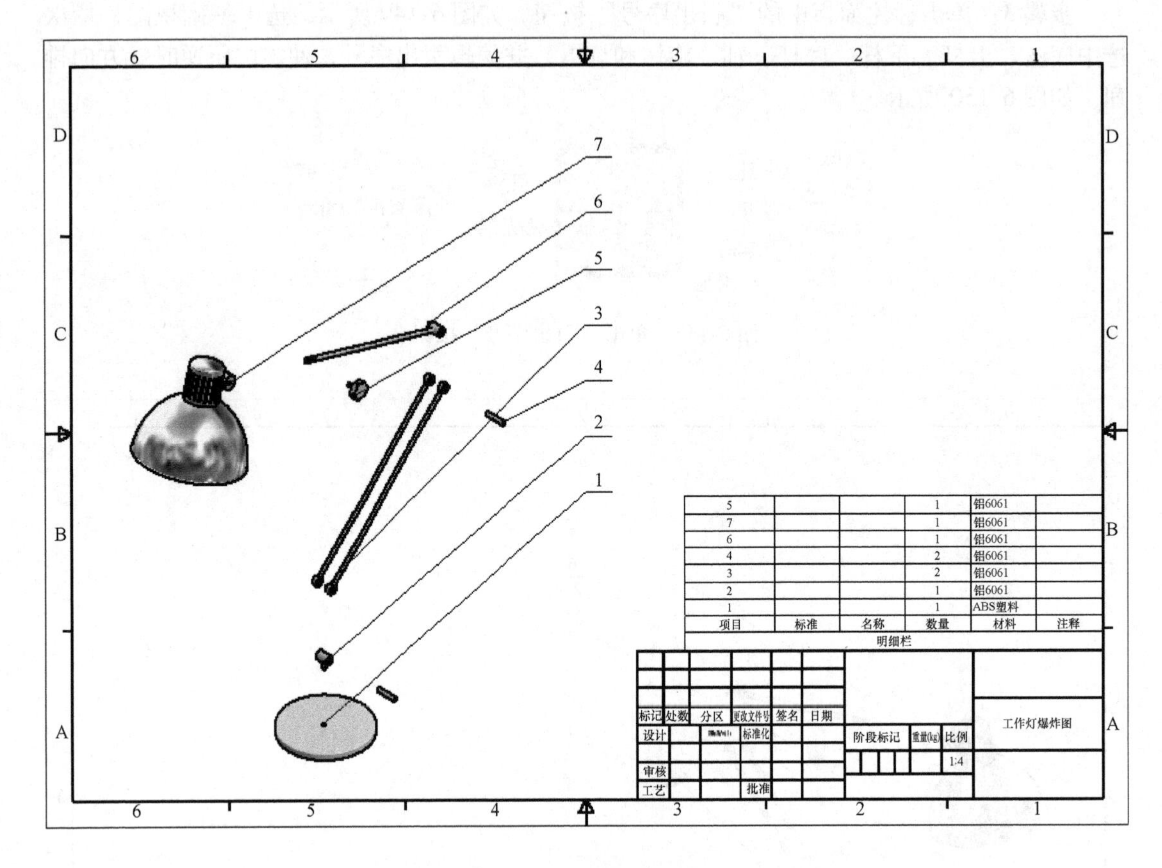

图 6-152　放置明细栏

步骤 5：右键单击明细栏，如图 6-153 所示，单击“编辑明细栏”，在选项卡上单击“列选择器”如图 6-154 所示，把注释、名称和标准都删除，添加零件代号，如图 6-155 所示，并调整明细栏各列的长度，效果如图 6-156 所示。

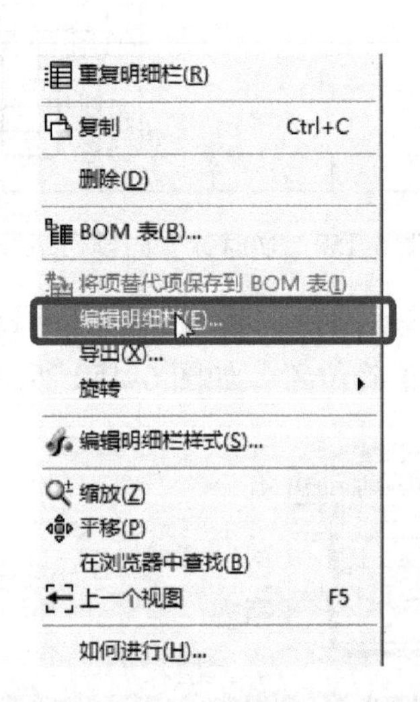

图 6-153　单击“编辑明细栏”

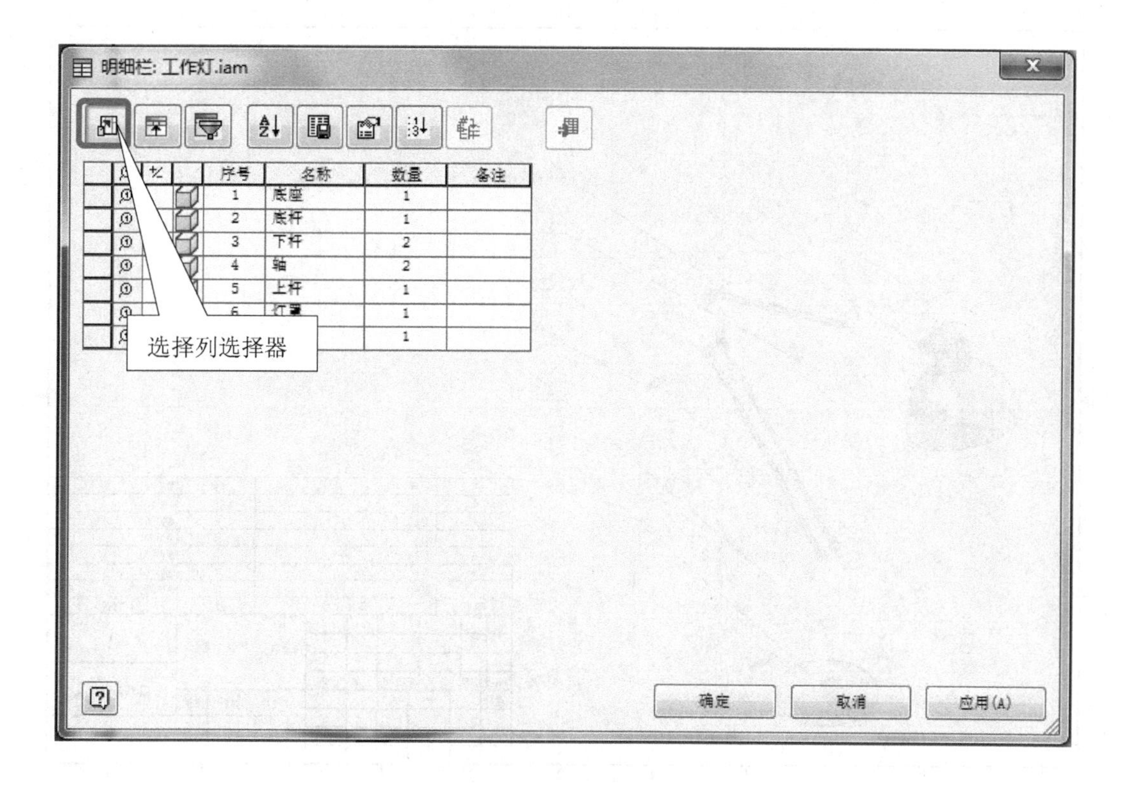

图 6-154　选择列编辑器

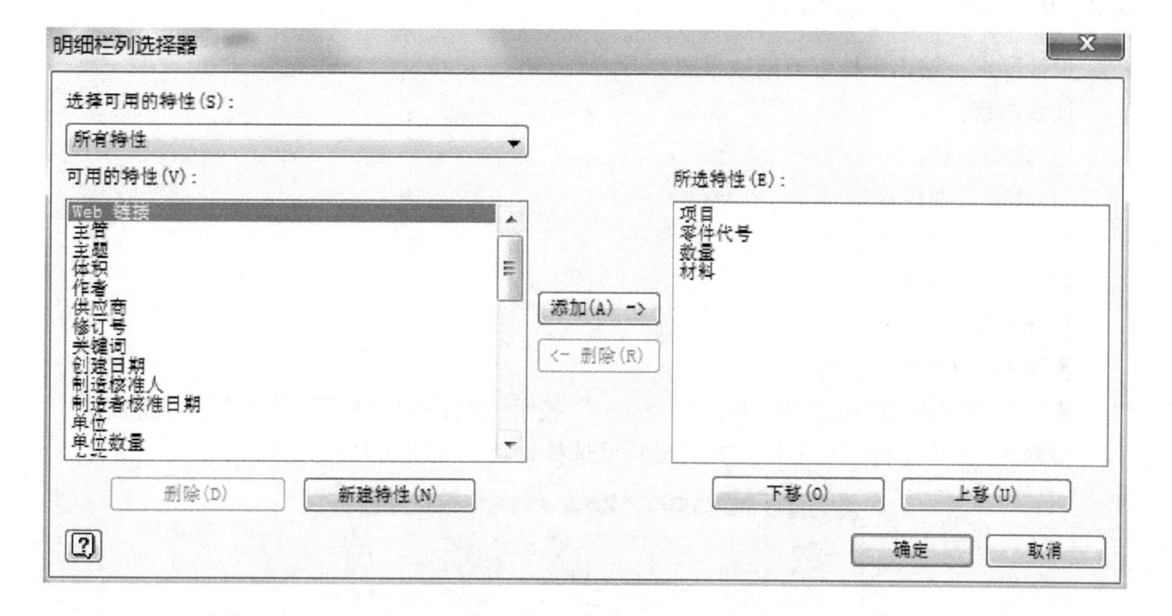

图 6-155　添加零件代号

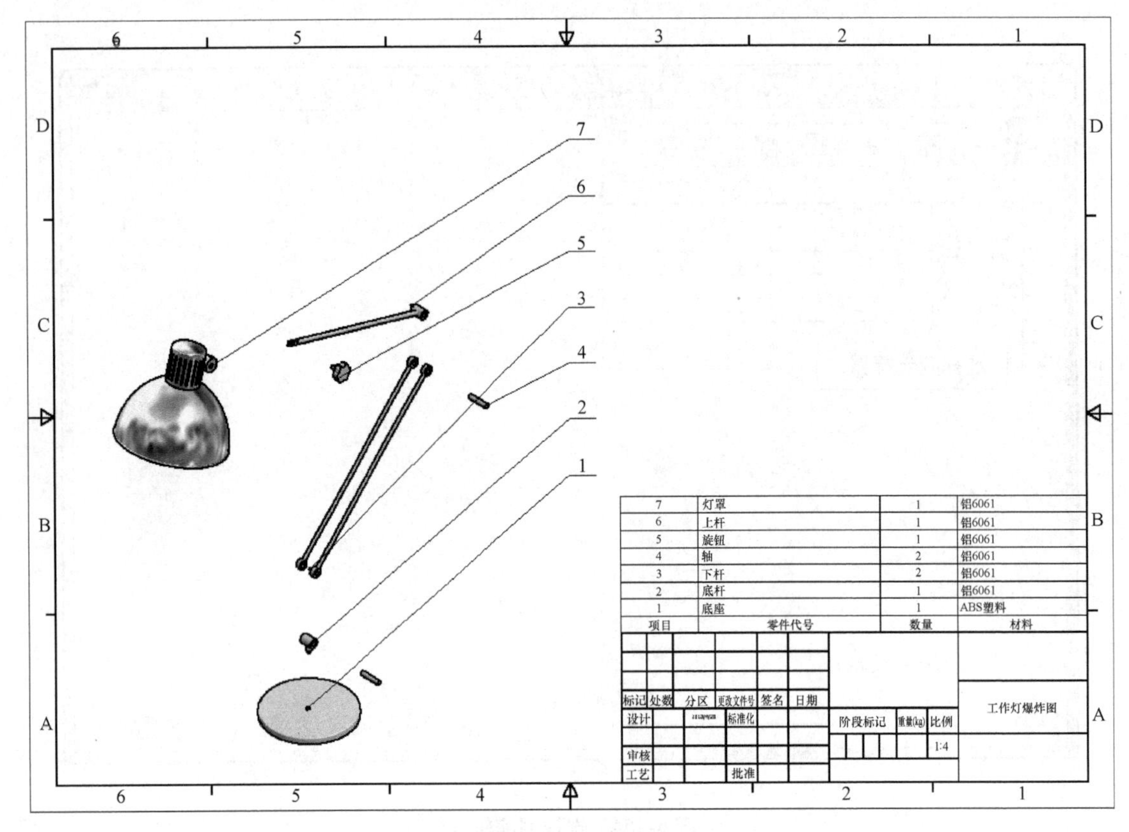

图 6-156　调整明细栏

6.2.10　工作灯的渲染设计

设计要求： 输出工作灯渲染效果图。

训练内容：

1）选择材料。

2）调整表面样式。

3）调整光源样式。

4）调整场景样式。

设计流程：

步骤 1： 打开部件文件。

步骤 2： 单击环境面板下的“Inventor Studio”按钮，如图 6-157 所示，跳转到渲染界面。

步骤 3： 选中零件，单击最上方的材料框选择材料，如图 6-158 所示。

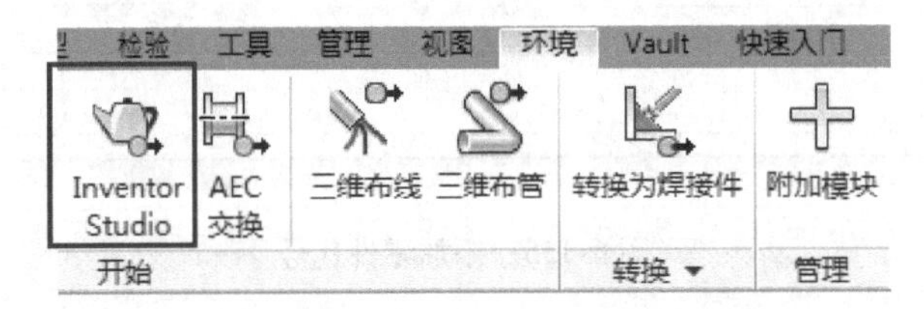

图 6-157　单击“Inventor Studio”按钮

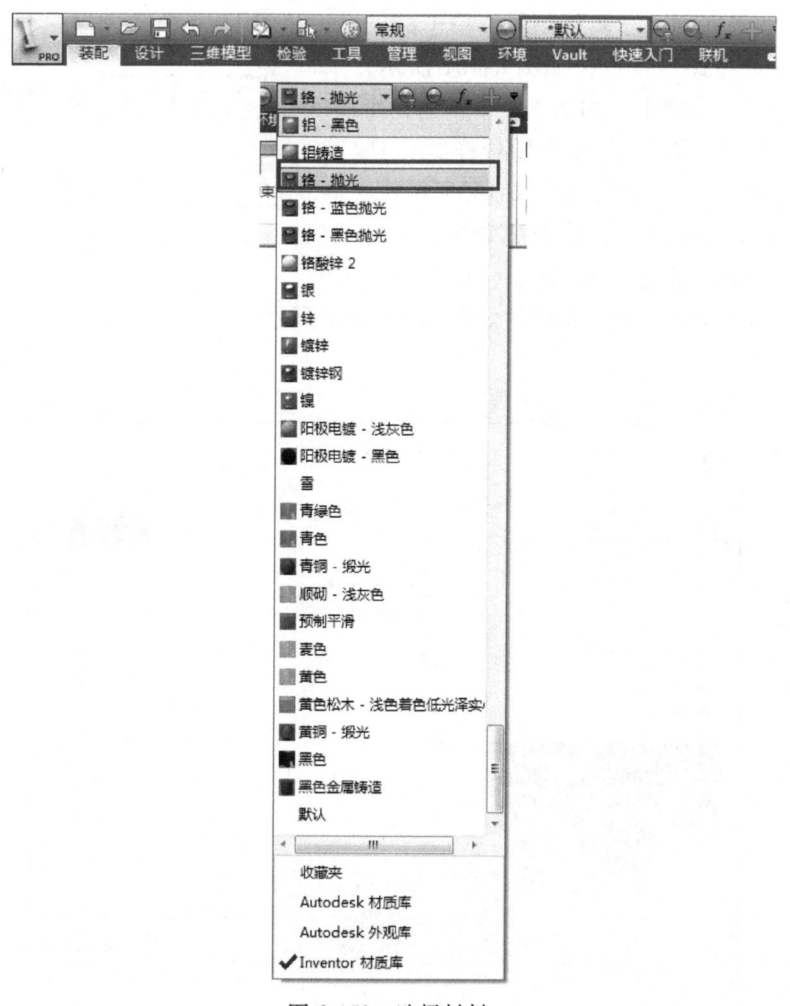

图 6-158　选择材料

步骤 4：调整灯光，单击渲染面板下的“光源样式”按钮，如图 6-159 所示，弹出“光源样式”选项卡，如图 6-160 所示，灯光的具体调整看要求而定，最好控制在 3 ~ 6 盏。

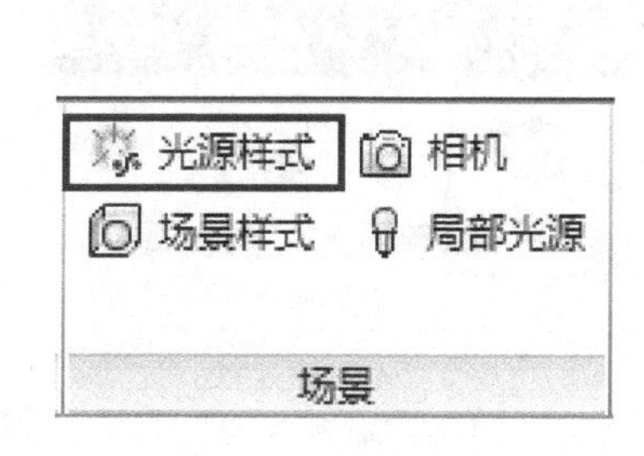

图 6-159　单击“光源样式”按钮

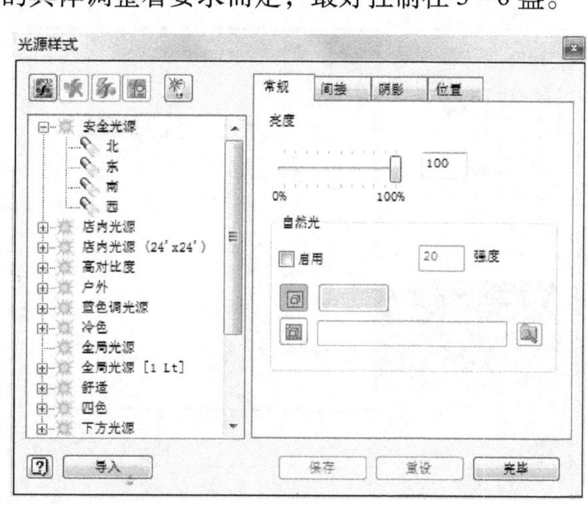

图 6-160　“光源样式”选项卡

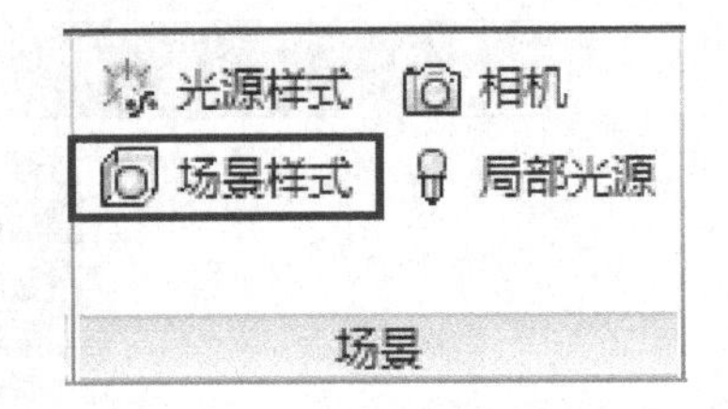

图 6-161　单击“场景样式”按钮

步骤 5：如果需要自己调整场景，单击渲染面板下的“场景样式”按钮，如图 6-161 所示，弹出“场景样式”选项卡，如图 6-162 所示。如果平面位置不适合，可以进入“场景样式”选项卡中的“环境”进行调整，如图6-163所示。

步骤 6：设置完成之后，单击渲染面板上的“渲染图像”按钮，如图 6-164 所示，设置渲染属性，如图 6-165 所示，渲染完成的效果如图 6-166 所示。

图 6-162　“场景样式”选项卡

图 6-163　调整平面位置

图 6-164　单击“渲染图像”按钮

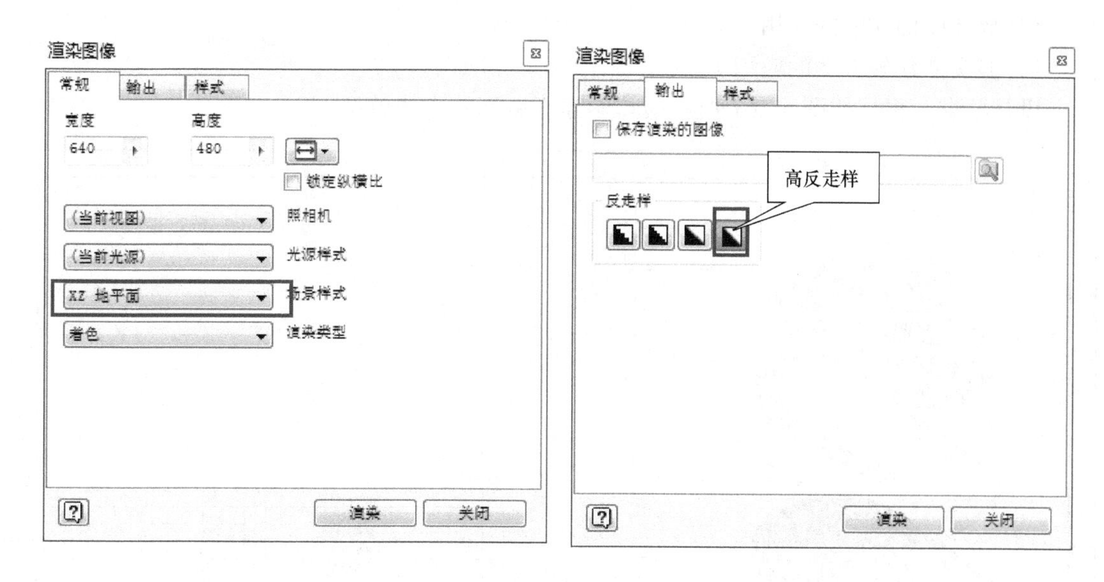

图 6-165　设置渲染属性

图 6-166　渲染完成的效果

6.3　鼠标的设计

训练内容：

1）拉伸、旋转、圆角等基础功能的应用。

2）抽壳、凸雕、分割等功能的应用。

3）放样曲面功能的应用。

4）多实体建模方法的应用。

设计要求：根据如图 6-167 所示爆炸图建立鼠标的实体模型。

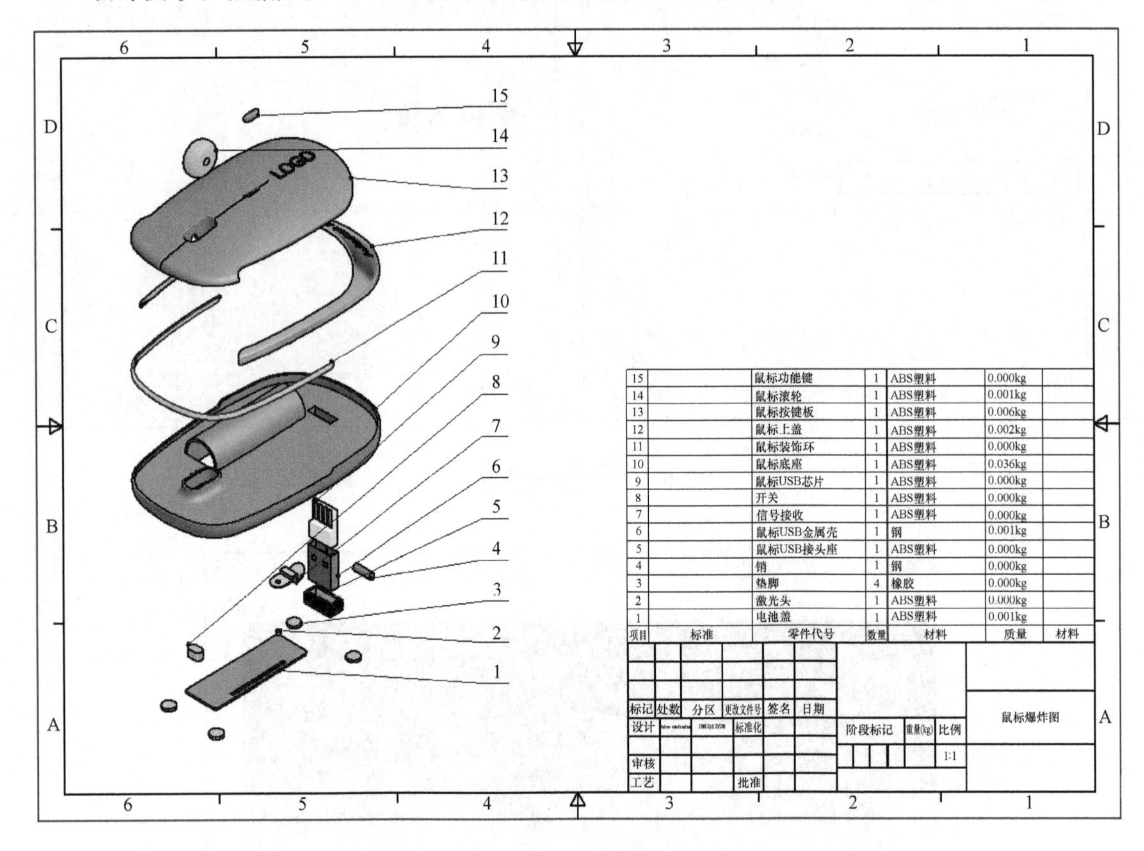

15		鼠标功能键	1	ABS塑料	0.000kg	
14		鼠标滚轮	1	ABS塑料	0.001kg	
13		鼠标按键板	1	ABS塑料	0.006kg	
12		鼠标上盖	1	ABS塑料	0.002kg	
11		鼠标装饰环	1	ABS塑料	0.000kg	
10		鼠标底座	1	ABS塑料	0.036kg	
9		鼠标USB芯片	1	ABS塑料	0.000kg	
8		开关	1	ABS塑料	0.000kg	
7		信号接收	1	ABS塑料	0.000kg	
6		鼠标USB金属壳	1	钢	0.001kg	
5		鼠标USB接头座	1	ABS塑料	0.000kg	
4		销	1	钢	0.000kg	
3		垫脚	4	橡胶	0.000kg	
2		激光头	1	ABS塑料	0.000kg	
1		电池盖	1	ABS塑料	0.001kg	
项目	标准	零件代号	数量	材料	质量	材料

图 6-167　鼠标爆炸图

注：本例中鼠标的建模较为得复杂，这里采用了多实体建模方法完成，主要介绍重要步骤。详细建模过程请参见光盘第 6 章实战训练 \ 6.3 鼠杆的设计文件夹中的模型文件。

设计流程：

步骤 1：在功能区中选择“快速入门”单击“启动”面板中的“项目”选择，打开项目编辑器，如图 6-168 所示，单击其中的“新建”按钮，打开如图 6-169 所示的新建“项目向导”对话框，选择“新建单用户项目”，然后单击“下一步”按钮，在弹出的对话框中输入名称“鼠标”，并设置项目文件夹的路径，如图 6-170 所示。

步骤 2：通过拉伸和圆角功能绘制鼠标底座基体，如图 6-171 所示。

步骤 3：通过抽壳功能完成底座的建模，如图 6-172 所示。

步骤 4：通过放样曲面做出上盖轮廓分割面，如图 6-173 所示。

步骤 5：以下盖截面轮廓草图拉伸出上盖基础，此次拉伸选择新建实体，生成独立实体，以便后面分割去料后形成独立上盖，如图 6-174 所示。

步骤 6：利用分割命令制作出上盖基体，如图 6-175 所示。

步骤 7：通过圆角和抽壳功能完成上盖造型，如图 6-176 所示。

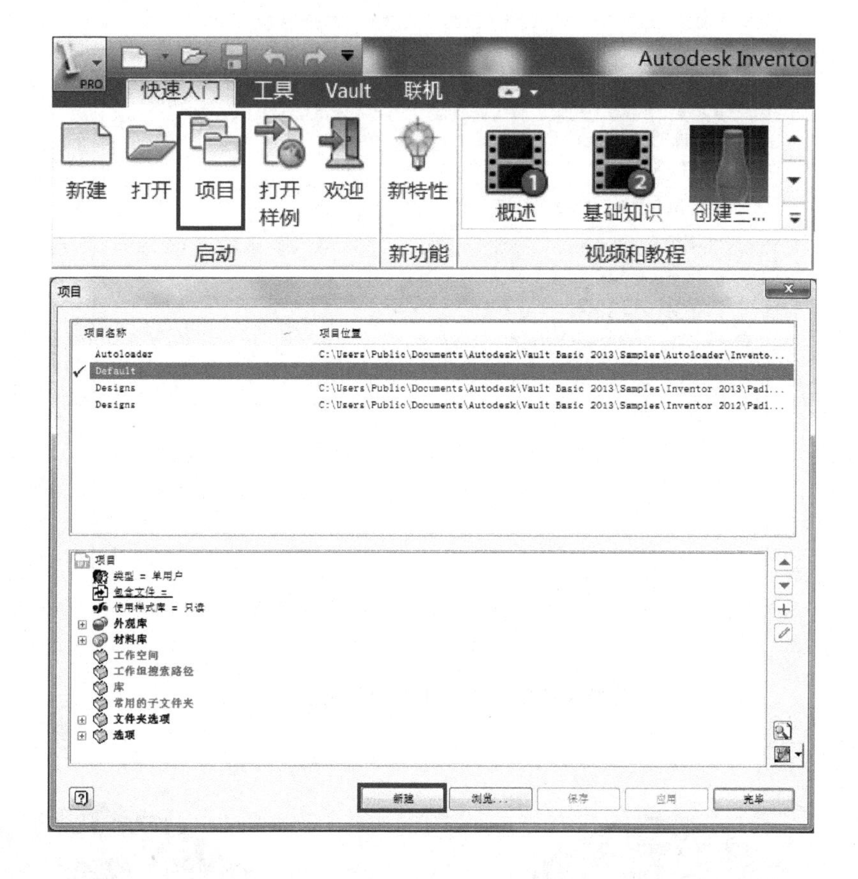

图 6-168 “项目”编辑器

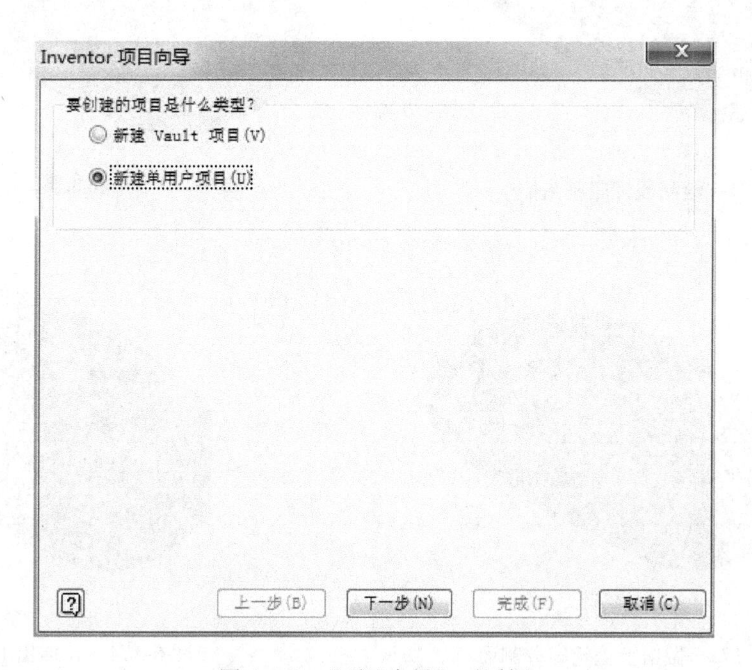

图 6-169 “项目向导”对话框

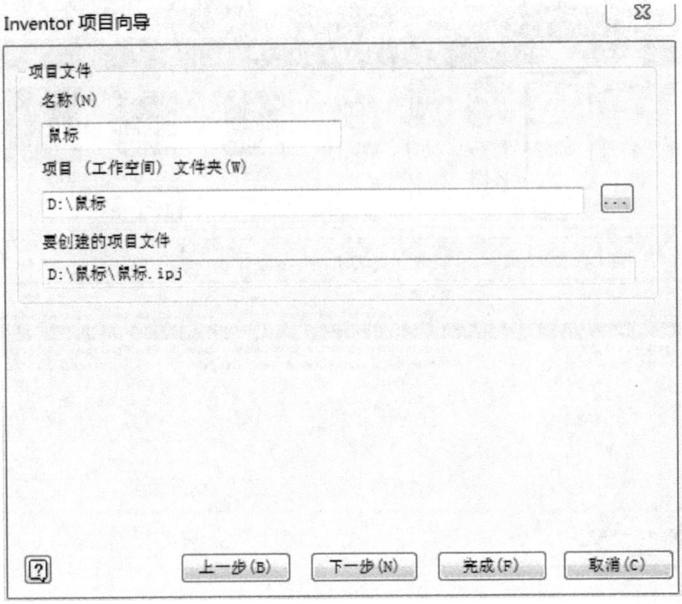

Inventor 项目向导

项目文件

名称(N)

鼠标

项目（工作空间）文件夹(W)

D:\鼠标

要创建的项目文件

D:\鼠标\鼠标.ipj

上一步(B)　下一步(N)　完成(F)　取消(C)

图 6-170　设置项目文件夹的路径

图 6-171　绘制鼠标底座基体

图 6-172　完成底座的建模

图 6-173　做出上盖轮廓分割面

图 6-174　拉伸出上盖基础

图6-175 制作出上盖基体

图6-176 完成上盖造型

步骤8：利用分割命令分出鼠杆按键板，如图6-177所示。

步骤9：利用拉伸和圆角功能细化按键板的内部结构，如图6-178所示。

图6-177 分出鼠标按键板

图6-178 细化按键板的内部结构

步骤10：利用圆角和拉伸等工具细化按键板的表面结构，如图6-179所示。

步骤11：通过分割功能制作出鼠标的装饰环，如图6-180所示。

图6-179 细化按键板的表面结构

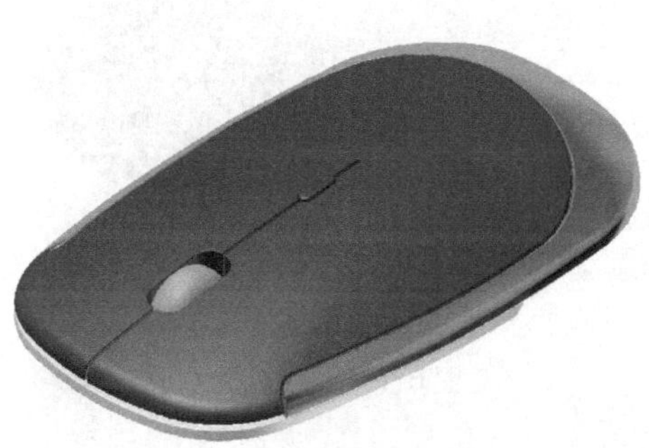

图6-180 制作鼠标装饰环

步骤 12：通过拉伸和圆角功能制作与按键板滚轮衔接的部分，如图 6-181 所示。

步骤 13：利用拉伸功能制作出与底座相配合的 USB 接口，如图 6-182 所示。

图 6-181　制作与按键板滚轮衔接的部分

图 6-182　制作 USB 接口

步骤 14：通过拉伸和凸雕功能制作出电池仓和开关等部件，如图 6-183 所示。

步骤 15：通过拉伸功能制作出电池盖，如图 6-184 所示。

图 6-183　制作电池仓和开关等

图 6-184　制作电池盖

步骤 16：制件鼠标光电部分，位伸出激光口和激光头，如图 6-185 所示。

步骤 17：凸雕底部商品介绍，如图 6-186 所示。

图 6-185　制作鼠标光电部分

图 6-186　凸雕底部商品介绍

步骤 18：利用拉伸功能制作出鼠标的四个脚垫部分，如图 6-187 所示。

步骤 19：凸雕商标 LOGO 完成制作，如图 6-188 所示。

图 6-187　制作鼠标的四个脚垫　　　　图 6-188　凸雕商标 LOGO

步骤 20：建模完成后，将多实体零件生成零部件，单击生成零部件按钮，如图 6-189 所示。

图 6-189　生成零部件

步骤 21：选中所有零件，单击"下一步"按钮，如图 6-190 所示。

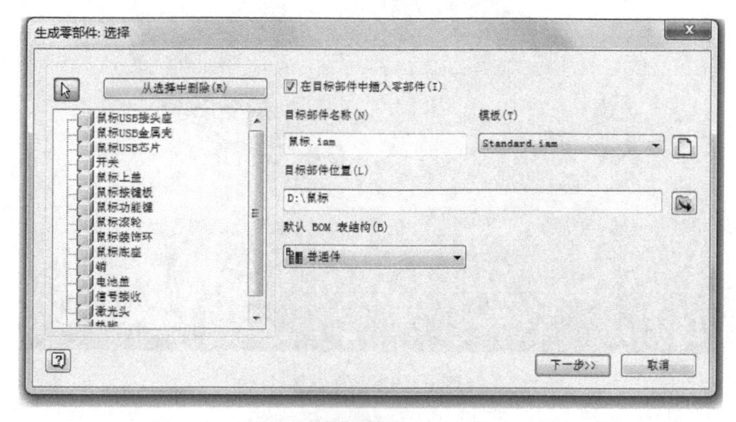

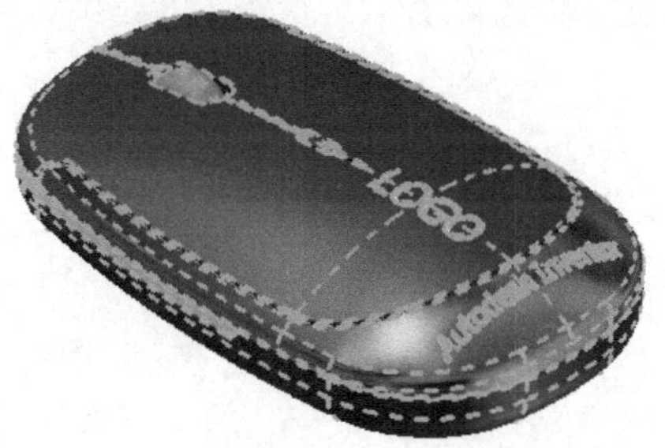

图 6-190　选中所有零件，进入下一步

步骤 22：单击“确定”按钮，生成零部件，如图 6-191 所示。

步骤 23：渲染后输出效果图，如图 6-192 所示。

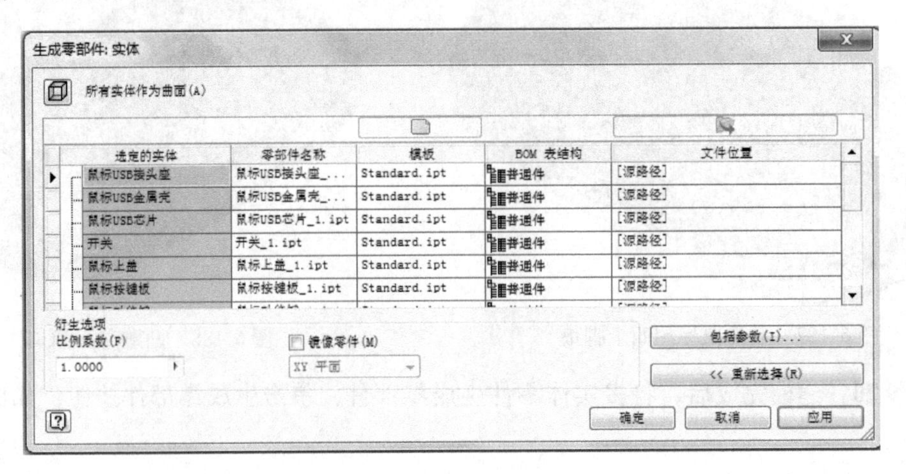

图 6-191　生成零部件

图 6-192　效果图

参考文献

[1] Autodesk, Inc. Autodesk Inventor 2010 官方标准教程 [M]. 北京：高等教育出版社，2010.
[2] Autodesk, Inc. Autodesk Inventor 2011 基础培训教程 [M]. 北京：电子工业出版社，2011.
[3] Autodesk, Inc. Autodesk Inventor 2011 进阶培训教程 [M]. 北京：电子工业出版社，2011.
[4] Autodesk, Inc. Autodesk Inventor 2011 高级培训教程 [M]. 北京：电子工业出版社，2011.
[5] 陈伯雄，董仁扬，张云飞，等. Autodesk Inventor Professional 2008 机械设计实战教程 [M]. 北京：化学工业出版社，2008.
[6] 许睦旬. Inventor2009 三维机械设计应用基础 [M]. 北京：高等教育出版社，2009.
[7] 赵卫东. 工业产品设计 Inventor2012 进阶教程 [M]. 上海：同济大学出版社，2012.
[8] 窦忠强，杨光辉. 工业产品类 CAD 技能二、三级（三维几何建模与处理）Autodesk Inventor 培训教程 [M]. 北京：清华大学出版社，2012.

参考文献